Michael Hütte

Ökologie und Wasserbau

Michael Hütte

Ökologie und Wasserbau

Ökologische Grundlagen von Gewässerverbauung und Wasserkraftnutzung

Mit einem Geleitwort von Jürgen Schwoerbel

Mit 134 Abbildungen

Parey Buchverlag Berlin 2000

Parey-Buchverlag im
Blackwell Wissenschafts-Verlag
Kurfürstendamm 57, 10707 Berlin
Firmiangasse 7, 1130 Wien

e-mail: parey@blackwis.de
Internet: http://www.blackwell.de
http://www.parey.de

Weitere Verlagsniederlassungen:

Blackwell Science Ltd
Osney Mead, Oxford OX2 0EL, UK
25 John Street, London WC1N 2BL, UK
23 Ainslie Place, Edinburgh EH3 6AJ, UK

Blackwell Science, Inc.
Commerce Place, 350 Main Street
Malden, Massachusetts 02148-5018, US

Blackwell Science Asia Pty Ltd
54 University Street
Carlton, Victoria 3053, Australien

Blackwell Science KK
MG-Kodemmacho Building, 3F
7-10, Kodemmacho
Nihonbashi, Chuo-ku
Tokio 103-0001, Japan

Gewährleistungsvermerk

Die Verfasser dieses Werkes haben sich intensiv bemüht, in den jeweiligen Anwendungen exakte Dosierungshinweise entsprechend dem aktuellen Wissensstand zu geben. Diese Dosierungshinweise entsprechen den Standardvorschriften der Hersteller. Verfasser und Verlag können eine Gewährleistung für die Richtigkeit von Dosierungsangaben dennoch nicht übernehmen. Dem Praktiker wird dringend empfohlen, in jedem Anwendungsfall die Produktinformation der Hersteller hinsichtlich Dosierungen und Kontraindikationen entsprechend dem jeweiligen Zeitpunkt der Produktanwendung zu beachten.

Die Deutsche Bibliothek –
CIP-Einheitsaufnahme

Hütte, Michael:
Ökologie und Wasserbau : ökologische Grundlagen von Gewässerverbauung und Wasserkraftnutzung / Michael Hütte. Mit einem Geleitw. von Jürgen Schwoerbel. – Berlin ; Wien : Parey, 2000

© 2000 Blackwell Wissenschafts-Verlag, Berlin Wien

Einbandgestaltung: Rudolf Hübler, Berlin, unter Verwendung einer Abbildung des Autors
Herstellung und Satz: Schröders Agentur, Berlin
Druck und Bindung: Betz-Druck, Darmstadt

ISBN 978-3-528-02583-0

Gedruckt auf chlorfrei gebleichtem Papier.

Geleitwort

Fließgewässer sind Transportwege für den oberirdischen Abfluß des Wassers vom Festland zum Meer. Ihr Lauf ist durch die geomorphologische Dynamik der Landschaft und die darin wirksamen Kräfte vorgegeben, ihre Talform durch das Zusammenwirken von Denudation und Erosion. Die hydraulischen Kräfte des fließenden Wassers prägen Struktur und Stabilität der Gewässersohle und das Strömungsmuster am Grund. Licht und Beschattung werden durch die Ufervegetation modifiziert. Die gelösten und partikulären anorganischen und organischen Nähr- und Abfallstoffe aus Boden und Vegetation werden überwiegend aus dem Einzugsgebiet und den Inundationsräumen in die Fließgewässer eingetragen.

In dieser von Hydrologen, Hydraulikern, weitestgehend den Ingenieuren des Wasserwesens sowie Hydrochemikern, meßbaren Welt leben Organismen in einer nahezu unübersehbaren Fülle von Formen und Funktionen. Für sie ist das Gewässer mit seinem Einzugs- und Inundationsgebiet durch die Gesamtheit der meßbaren Fakten eine ökologische Umwelt, an die sie seit Jahrmillionen angepaßt sind und die ihnen bietet, was sie für ihre Existenz und ihren Fortbestand benötigen. Dies zu ermitteln ist das Arbeitsfeld der Biologen. Beide – Ingenieur und Biologe – arbeiten gleichermaßen als Ökologen, um Struktur und biologische Funktion des Fließgewässers zu erkennen. Gerade für einen Ingenieur ist es doch sicherlich auch interessant zu messen, welche Staudruck-, Reibungs- und Auftriebskräfte auf einen typischen Organismus, etwa der Larve einer *Ecdyonurus*-Eintagsfliege, auf der Sohle eines Gebirgsbaches einwirken: Durch ihre ideal strömungsangepaßte Körperform hat sie einen Widerstandsbeiwert von $c_w = 0,2$–$0,3$, vergleichbar dem Wert, den die modernen Highspeed-Rennwagen erreichen.

Ist das Leben im Fließgewässer nicht für Biologen und Ingenieure gleichermaßen faszinierend? Sollten sich die Ingenieure des Wasserbaus und die Fließwasserbiologen nicht gemeinsam der Bewahrung und dem Schutz dieser bewundernswerten Welt verbunden fühlen und für eine intakte Ökologie der Fließgewässer gemeinsam eintreten?

Ich habe mit Befriedigung und Dankbarkeit erlebt, daß seit einigen Jahren diese Bereitschaft von Ingenieuren und Biologen zur Zusammenarbeit im Wasserbau stetig zunimmt und beide bereit sind, voneinander zu lernen. Ich denke hierbei aber auch an meinen früh verstorbenen Freund Herbert Knöpp: Für ihn war schon vor mehr als 30 Jahren „Der biologische Wasserbau" ein besonderes Anliegen. Seither sind weitere Darstellungen erschienen, die unterschiedliche Aspekte eines ökologisch orientierten Wasserbaus an Fließgewässern betreffen, aber keines verklammert Ingenieurwissen und Ökologie so unmittelbar wie das vorliegende Buch.

Aber wir müssen sehen, daß auch der Mensch Teil des Lebensraums Fließ-
gewässer ist und den Schutz seiner selbst und seiner Güter mit Recht in
Anspruch nehmen darf. Die Abwägung dieser Schutzziele ist eine gemeinsame
Aufgabe von Wasserbauingenieuren und Biologen.

Das Buch von Michael Hütte kommt zur rechten Zeit: Es ergänzt die schon
vorhandenen Publikationen und verknüpft in Theorie und Anwendung, in
Denken und Handeln Ingenieurwissenschaften und Ökologie in hervorragen-
der Weise. Es wird das Verständnis füreinander und die Zusammenarbeit miteinander weiter fördern und intensivieren. Ich freue mich, daß ich das Buch
„Ökologie und Wasserbau" mit dieser Erwartung in die Öffentlichkeit geleiten
darf.

Jürgen Schwoerbel   November 1999

Vorwort

Gewässerverbauungen und Wasserkraftnutzung haben sehr häufig gravierende Auswirkungen auf die ökologische Funktionsfähigkeit eines Gewässers. Bei der Planung und Ausführung von wasserbaulichen Maßnahmen sollten neben technisch-ökonomischen Gesichtspunkten daher stets auch ökologische Aspekte Berücksichtigung finden. Hierzu ist eine interdisziplinäre Zusammenarbeit zwischen Wasserbauern und (Gewässer-)Ökologen unerläßlich. Jede dieser beiden Berufsgruppen sollte zumindest die Grundlagen des Fachgebietes der anderen kennen. So werden in diesem Buch sowohl hydrologische, hydraulische und morphologische Grundlagen (Kap. 1) wie auch die Grundzüge der Gewässerbiologie (Kap. 2) vermittelt.

Die moderne Fließgewässerökologie sieht das Gewässer als ein vernetztes System. Von Bedeutung sind hierbei insbesondere die Abfluß- und Feststoffdynamik sowie die Wechselwirkungen des Fließgewässers mit dem Grundwasser und Umland (Kap. 3). Aufbauend auf diesen Erkenntnissen werden die Eingriffe im Rahmen von Gewässerverbauungen und Wasserkraftnutzung beschrieben und alternative Gestaltungsmaßnahmen entwickelt (Kap. 4 und 5). Morphologische, hydrologische und biologische Erhebungen und abschnittsweise Bewertungen von Gewässern bieten die Basisinformationen für die Entwicklung von ökologisch orientierten Verbesserungsmaßnahmen im Gewässersystem (Kap. 6). Ein Glossar, in welchem zahlreiche Begriffe aus Wasserbau und Gewässerökologie erläutert werden, soll das Verständnis des Textes erleichtern.

Auf drei Aspekte des Buches sei noch hingewiesen:

- Die Wasserqualität wird in diesem Buch nur insofern berücksichtigt, als diese durch Gewässerverbauungen und Wasserkraftnutzung beeinflußt wird.
- Bei der Erläuterung der wasserbaulichen und ökologischen Zusammenhänge wurde die relevante internationale Fachliteratur berücksichtigt. Da sich dieses Buch aber vor allem auf die Gegebenheiten in Deutschland, Österreich und der Schweiz bezieht, sind die aufgezeigten Beispiele (von Fließgewässern, Pflanzen- und Tierarten) zumeist aus dem deutschsprachigen Raum gewählt worden.
- Häufig werden unter dem Begriff „naturnaher Wasserbau" Sicherungsmaßnahmen mit lebenden Pflanzen verstanden. In diesem Sinne handelt es sich hier nicht um ein Lehrbuch des naturnahen Wasserbaus, sondern im Zentrum steht ein „ökologisch orientierter Wasserbau", welcher die komplexen Wechselwirkungen des Fließgewässers im Längsverlauf und mit seiner Umgebung berücksichtigt.

Mein Dank geht an die Direktion (Herrn Ueli Bundi) der Eidgenössischen Anstalt für Wasserversorgung, Abwasserreinigung und Gewässerschutz (EAWAG), Dübendorf, die mir ermöglicht hat, dieses Buch zu schreiben. Für weitere finanzielle Unterstützung danke ich dem Bundesamt für Umwelt, Wald und Landschaft (BUWAL), Bern, sowie dem Bundesamt für Wasserwirtschaft (BWW), Biel. Frau Lydia Zweifel (EAWAG) hat die Mehrzahl der Graphiken angefertigt. Die Abbildungen 5.2.1 und 5.2.3 bis 5.2.7 sind dem Buch „Ökologische Aspekte der Wasserkraftnutzung im alpinen Raum" (Forstenlechner et al. 1997) entnommen. Abbildung 1.4.2 zeigt das Ölgemälde „Blick vom Isteinerklotz rheinaufwärts gegen Basel" von Peter Birmann aus der Öffentlichen Kunstsammlung Basel (Foto: Martin Bühler).

Großen Dank schulde ich den Kollegen, die einzelne Kapitel oder den gesamten Text gelesen und mit ihren Anmerkungen zur inhaltlichen Verbesserung des Buchinhaltes beigetragen haben: Dr. Matthias Brunke, Institut für Gewässerökologie und Binnenfischerei, Berlin; PD Dr.-Ing. Andreas Dittrich, Institut für Wasserwirtschaft und Kulturtechnik der Universität Karlsruhe; Dr. Christian Elpers, Ingenieurbüro Dr.-Ing. Ludwig, Karlsruhe; Prof. Dr. Peter Krebs, Institut für Siedlungswasserwirtschaft der TU Dresden; Dr. Christoph Matthaei, Institut für Zoologie der Universität München; Prof. Dr.-Ing. Heinz Patt, Institut für Wasserbau und Wasserwirtschaft der Universität Essen; Dr. Armin Peter, Eidgenössische Anstalt für Wasserversorgung, Abwasserreinigung und Gewässerschutz, Kastanienbaum; Dr. Wolfgang Riss, Institut für spezielle Zoologie der Universität Münster; Prof. Dr. Helmut Scheuerlein, Institut für Wasserbau der Universität Innsbruck; Prof. Dr. Rüdiger Wagner, Limnologische Flußstation des Max-Planck-Instituts für Limnologie, Schlitz/Hessen; und insbesondere Prof. Dr. Jürgen Schwoerbel, Limnologisches Institut der Universität Konstanz.

Über Anregungen zur Verbesserung des Buches würde ich mich freuen.

Michael Hütte   November 1999

Inhaltsverzeichnis

Formelzeichen

A	durchflossene Querschnittsfläche (channel capacity) in m^2
b	Breite des Fließgewässers in m
c_w	Staudruck-Widerstandsbeiwert
	quadratische Platte: $c_w = 1,1$; Kugel: $c_w = 0,2$–$0,4$
D	Korndurchmesser in mm
D_{50}	mittlerer Korndurchmesser bei 50 % Siebdurchgang in mm
D_{84}	Korndurchmesser bei 84 % Siebdurchgang in mm
D_m	maßgebender Korndurchmesser in mm

$$D_m = \sum_{i=1}^{n} D_i \cdot \Delta p_i \quad \text{(nach Meyer-Peter \& Müller 1949), mit}$$

D_i = mittlerer Korndurchmesser der Fraktion i
p_i = prozentualer Anteil einer Kornfraktion

F_s	Staudruck (dynamic pressure) in dyn = $(g \cdot cm)/s^2 = 10^{-5}$ N
F_R	Reibungskraft (frictional force) in dyn
Fr	Froude-Zahl (Froude number)
g	Erdbeschleunigung ($9,81$ m/s^2)
G	Geschiebetransport über die gesamte Sohlbreite (bed load transport) in kg/s
G_h	Geschiebetrieb in kg/s*m Sohlbreite
h	Wassertiefe in m
h_{nutz}	nutzbare Fallhöhe des Wassers in m
I_D	Druckgefälle (hydraulic gradient)
I_E	Energieliniengefälle (energy gradient)
I_{So}	Sohlgefälle (channel bed gradient)
I_T	Talsohlgefälle (valley slope)
I_W	Wasserspiegelgefälle (water level gradient)
k	geometrische Rauheitshöhe (absolute roughness) in mm
k_f	Durchlässigkeitsbeiwert (hydraulic conductivity) in m/s
	z.B. Lehm: $1 \cdot 10^{-10}$, Feinsand: $1 \cdot 10^{-4}$, Mittelkies: $3,5 \cdot 10^{-2}$
k_s	äquivalente Sandrauheit (equivalent sand roughness) in mm; Mittelkies: $k_s = 3,5 \cdot D_m$, Grobkies: $k_s = 3,5 \cdot D_{84}$ (nach Dittrich 1998)
k_{St}	Strickler-Beiwert in m$^{1/3}$/s
	$k_{St} = 21/d_{50}^{1/6}$
P	Leistung der Wasserkraftanlage in W
q	Abflußspende (discharge rate) in l/(s km^2)
Q	Abfluß (discharge) in m^3/s
Q_b	bordvoller Abfluß (bankful discharge) in m^3/s
Q_{nutz}	genutzte Wassermenge in m^3/s

R	hydraulischer Radius (hydraulic radius) in m ($R = A/U$)
Re	Reynolds-Zahl (Reynolds' number)
Re*	Reynolds-Zahl eines Körpers
Re'	Korn-Reynolds-Zahl (sediment Reynolds' number)
t_A	Wasseraufenthaltszeit in einer Stauhaltung, Pool u. a.
U	benetzter Sohlquerschnitt (wetted perimeter) in m
v	Fließgeschwindigkeit (velocity) in m/s
v*	Schubspannungsgeschwindigkeit (shear velocity) in m/s
v_m	mittlere Fließgeschwindigkeit (mean velocity) in m/s
v_s	Sinkgeschwindigkeit (fall velocity) eines Körpers in m/s
v_{We}	Wellengeschwindigkeit (wave velocity) in m/s
v_f	Strömungsgeschwindigkeit des Wassers im Boden in m/s
η_{ges}	Gesamtwirkungsgrad (efficiency) einer Wasserkraftanlage
ν	kinematische Zähigkeit (kinematic viscosity) des Wassers in cm²/s
	= Verhältnis von Viskosität zu Dichte
	= $1,3 \cdot 10^{-6}$ (m²/s) bei 10 °C
	= $1,0 \cdot 10^{-6}$ (m²/s) bei 20 °C
ρ_s	Dichte der Feststoffe (sediment density) in kg/dm³
ρ_w	Dichte des Wassers (water density) in kg/l
	= 1,000 kg/l bei 10 °C
	= 0,998 kg/l bei 20 °C
τ	Sohlschubspannung (bed shear stress) in N/m²
ζ	Reibungswiderstandsbeiwert (friction coefficient)

$$\zeta = \frac{1,328}{Re^*} \text{ laminare Strömung}$$

$$\zeta = \frac{0,074}{Re^{*1/5}} \text{ turbulente Strömung}$$

1 Hydrologie, Hydromechanik, Morphologie und Wassertemperatur

1.1 Hydrologie

1.1.1 Abflußentstehung

Das zeitliche und mengenmäßige Abflußgeschehen wird bestimmt von den Gegebenheiten im Einzugsgebiet, d. h. von
– der Art, Intensität, Dauer, räumlichen Ausdehnung und Zugrichtung des Niederschlages,
– der Luft- und Bodentemperatur,
– der Geologie, Bodenbeschaffenheit und Wassersättigung des Bodens,
– der Größe, Form und Morphologie des Einzugsgebietes sowie
– der Vegetation bzw. Bodennutzung.

Alle Fließgewässer werden – direkt oder indirekt – durch Niederschläge gespeist. Der Weg des Wassers vom Niederschlag bis zum Abfluß in den Fließgewässern beruht dabei auf vielen Einzelprozessen (Abb. 1.1.1).

Aber nicht der gesamte Niederschlag gelangt als Abfluß in die Fließgewässer. Ein Teil des Wassers wird als Wasserdampf an die Atmosphäre zurückgegeben. Dies geschieht durch Verdunstung von oberflächlich gespeichertem Regenwasser (Evaporation) sowie durch die Abgabe von Wasserdampf durch Pflanzen (Transpiration). Der Niederschlagsanteil, welcher nicht durch Evapotranspiration verloren geht, gelangt zeitlich verzögert in die Fließgewässer. Dies geschieht als **Oberflächenabfluß** auf dem Boden oder nach Infiltration in den Boden als **Zwischenabfluß** bzw. über den Grundwasserspeicher als **Basisabfluß** (Abb. 1.1.1).

Ober- und unterirdischer Abfluß in Fließgewässern

Ein Teil des Abflusses fließt gewässerbegleitend unter der Gewässersohle im Übergangsbereich von Fluß- und Grundwasser (Abschn. 3.3) ab. So beträgt der gewässerbegleitende unterirdische Abfluß in einem subalpinen Bach mit einem sehr lückenreichen Schotterboden etwa 1/10 des oberflächlichen Abflusses (Panek 1991). Beim überwiegenden Teil der Fließgewässer sind die Gewässersohlen weniger durchlässig und der unterirdisch abfließende Wasseranteil entsprechend geringer. Bei einem wasserundurchlässigen Gewässerbett (z. B. aus Fels oder Lehm) existiert schließlich nur noch der oberirdische Abfluß.

Hydrologische Kennzahlen

In Tabelle 1.1.1 sind die im deutschsprachigen Gebiet gebräuchlichen hydrologischen Kennzahlen erläutert. Für die größeren Fließgewässer lassen sich einige dieser Kennzahlen den Jahrbüchern entnehmen: „Deutsches Gewässerkundliches Jahrbuch" (herausgegeben von den zuständigen Landesämtern in

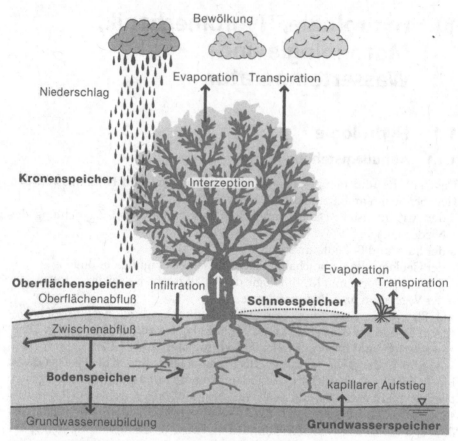

Abb. 1.1.1 Weg des Wassers vom Niederschlag bis zum Abfluß. Nach Dyck & Peschke (1995).

Tab. 1.1.1 Hydrologische Kennzahlen. Anstatt des Abflusses Q kann auch die Abflußspende q oder der Wasserstand W eingesetzt werden.

höchster bekannter Abfluß	HHQ
höchster Abfluß einer Zeitspanne (z.B. einer Jahresreihe)	HQ
arithmetisches Mittel der höchsten Abflüsse gleichartiger Zeitabschnitte	MHQ
höchster Wert der mittleren Abflüsse gleichartiger Zeitabschnitte	HMQ
arithmetisches Mittel der Abflüsse in einer Zeitspanne	MQ
niedrigster Wert der mittleren Abflüsse gleichartiger Zeitabschnitte	NMQ
arithmetisches Mittel der niedrigsten Abflüsse gleichartiger Zeitabschnitte	MNQ
niedrigster Abfluß einer Zeitspanne (z.B. einer Jahresreihe)	NQ
niedrigster bekannter Abfluß	NNQ
Zentralabfluß oder jährlicher Median; Abfluß, welcher innerhalb einer Zeitspanne gleich häufig über- wie unterschritten wird	ZQ
Abfluß mit Überschreitungszahl, z.B. Abfluß, welcher an 347 Tagen im Jahr erreicht bzw. überschritten wird	$\overline{347}$Q
Abfluß mit Unterschreitungszahl, z.B. Abfluß, welcher an 347 Tagen im Jahr unterschritten wird	$\underline{347}$Q

Deutschland), „Hydrographisches Jahrbuch von Österreich" (Bundesministerium für Land- und Forstwirtschaft, Wien) und „Hydrologisches Jahrbuch der Schweiz" (Landeshydrologie und -geologie, Bern).

1.1.2 Zeitliche Abflußveränderungen

Grundsätzlich kann man zwischen Fließgewässern mit ständiger Wasserführung (perennierende Fließgewässer), gelegentlicher Wasserführung (episodische Fließgewässer) und jahreszeitlich begrenzter Wasserführung (periodische oder intermittierende Fließgewässer) unterscheiden. Episodische Fließgewässer führen nur in unregelmäßigen Abständen kurzzeitig Wasser, so z. B. bei Regen. Bei intermittierenden Fließgewässern hingegen bleibt der Abfluß regelmäßig zu bestimmten Jahreszeiten aus. Dies zeigt sich z. B. bei der Oberen Donau oder den sommertrockenen Bächen des Tieflandes (siehe unten).

Jahreszeitliche Abflußschwankungen

Eine Möglichkeit der Typisierung von Fließgewässern ist die Einteilung in Abflußregimetypen. Diese beschreiben den Verlauf und die Größe saisonaler Abflußschwankungen aufgrund langjähriger Abflußmessungen. Abflußregimes sind vor allem abhängig von der jahreszeitlichen Verteilung des Niederschlages und der Lufttemperatur im Jahresverlauf. Im hochalpinen Bereich werden die gesamten Winterniederschläge als Schnee gespeichert und gelangen erst im Sommer zum Abfluß. Mit abnehmender Höhenlage wird dieser Effekt geringer. Im Mittelgebirge wird nur zeitweise ein geringer Anteil der Winterniederschläge als Schnee gespeichert, und im Flachland schließlich fließen die gesamten Winterniederschläge direkt ab. Durch die Vegetationsentwicklung und die erhöhte Verdunstungsrate im Sommer kommt es bei den Tiefland- und Mittelgebirgsflüssen trotz erhöhter sommerlicher Niederschläge typischerweise zu geringeren Abflüssen als in den Wintermonaten (Abb. 1.1.2).

Für verschiedene Regionen liegen Typisierungen der Abflußregimes vor, so für die Schweiz (Aschwanden & Weingartner 1985: 16 Regimetypen), für Österreich (Mader et al. 1996: 17 Regimetypen), Mitteleuropa (Keller 1968: 8 Regimetypen) und für Europa insgesamt (Grimm 1968: 9 Regimegruppen, 55 Regimetypen). Die Typisierungen wurden dabei anhand des Pardé-Koeffizienten durchgeführt:

$$PK_{Monat} = \frac{MQ_{Monat}}{MQ_{Jahr}}$$

PK_{Monat} = Pardé-Koeffizient
MQ_{Monat} = mittlerer Monatsabfluß
MQ_{Jahr} = mittlerer Jahresabfluß

Bei allen Typisierungen wird grundsätzlich unterschieden in glazial, nival und pluvial. Bei glazialen Regimetypen wird der Abfluß durch den Gletschereinfluß und die vollständige Speicherung der winterlichen Niederschläge bestimmt. Schneeschmelzvorgänge bestimmen die nivalen Regimetypen und bei den pluvialen Regimetypen dominiert der Niederschlag in Form von Regen den Abfluß.

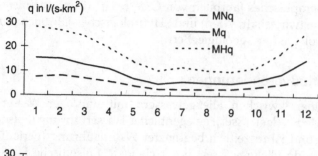
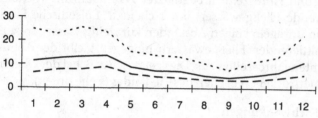
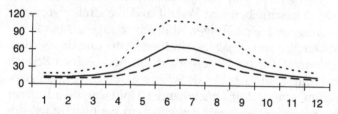

Abb. 1.1.2 Abfluß im Jahresverlauf (Jahresganglinie) bei drei verschiedenen Flüssen: Einzugsgebiet im Flachland: Ems, Pegel Versen-Wehrdurchst (OBEN), Mittelgebirge: Werra, Pegel Letzter Heller, (MITTE), alpiner Raum: Inn, Pegel Oberaudorf (UNTEN). Es sind die Abflußspenden q für den Zeitraum 1951 bis 1980 angegeben. Nach Angaben aus BfG (1996).

Wichtigstes Kriterium zur Festlegung eines Regimetypes ist dabei der Zeitpunkt des jährlichen Abflußgipfels, also des Monats mit dem größten Pardé-Koeffizienten. Die einfachen Abflußregimes (wie die der alpinen Gewässer) haben im Jahresverlauf nur einen Abflußgipfel. Hier können regionale Unterschiede anhand der mittleren Einzugsgebietshöhe und des Vergletscherungsanteils beschrieben werden. Bei den komplexen Abflußregimes sind mehrere bzw. kein eindeutiger Abflußgipfel zu erkennen. Der Abfluß im Jahresverlauf ist eher ausgeglichen und eine regionale Typisierung ist hier wesentlich schwieriger durchzuführen (Aschwanden & Weingartner 1985).

Für Tieflandbäche unterscheiden Timm et al. (1995) drei hydrologische Bachtypen: Der **sommertrockene Bach** wird jedes Jahr im Spätsommer austrocknen, ein evtl. noch vorhandener Abfluß fließt dann unterhalb der Bachsohle ab (intermittierendes Fließgewässer). Man findet diesen Bachtyp bei relativ hoch (also dicht unter der Bodenoberfläche) liegenden wasserundurchlässigen Schichten. Das geringe Grundwasservorkommen kann hier von der gewässerbegleitenden Gehölzvegetation aufgesaugt werden. Der **grundwasserarme Bach** hat einen ähnlichen Abflußgang wie der sommertrockene Bach. Im Spätsommer und Herbst ist der Abfluß zwar sehr gering, der Bach trocknet jedoch nie ganz aus. Das Verhältnis von Mittel- zu Niedrigwasser ist größer als 4:1. Der **grundwassergeprägte Bach** hat einen ausgeglichenen Jahresabflußgang. Das Verhältnis von Mittel- zu Niedrigwasser beträgt etwa 2:1. Bei diesem Bachtyp wird der

Abfluß im Längsverlauf auch ohne Zufluß durch Grundwasser stetig zunehmen. Beim sommertrockenen und grundwasserarmen Bach hingegen kommt es im Längsverlauf bei fehlenden Zuflüssen zu einer stetigen Abnahme des Abflusses.

Abflußschwankungen im Tagesverlauf

Bedingt durch die täglichen Schwankungen der Sonneneinstrahlung und Lufttemperatur kann es bei einer großflächigen Schneebedeckung im Einzugsgebiet zu periodischen Abflußschwankungen im Fließgewässer kommen. Besonders deutlich wird dies im Frühsommer bei alpinen Bächen mit vergletschertem bzw. schneebedecktem Einzugsgebiet (Abb. 1.1.3). In den Nachmittagsstunden kann unter diesen Umständen der Abfluß so stark anschwellen, daß zu diesen Zeiten Geschiebe transportiert wird. Auch bei sehr kleinen Waldbächen kann es im Sommer zu Abflußschwankungen im Tagesverlauf kommen: Durch die bei Lichteinstrahlung höhere Wasseraufnahme der Pflanzen verringert sich der Abfluß im Gewässer (Peschke et al. 1995). Allerdings bleiben diese Abflußschwankungen relativ gering.

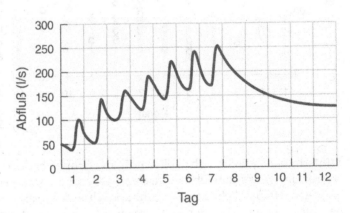

Abb. 1.1.3 Abflußschwankungen in einem etwa 2000 m ü. d. M. gelegenen Bach (Klammbach, Tirol) im Mai 1986. In den ersten sieben Tagen war durchweg sonniges Wetter mit steigenden Temperaturen, ab dem achten Tag war der Himmel bewölkt.

Hoch- und Niedrigwasserabflüsse

In kleinen Einzugsgebieten kommt es (relativ zur Einzugsgebietsgröße) zu stärkeren Hochwasserabflüssen, da hier die Wahrscheinlichkeit von flächendeckenden Starkregen höher ist als bei großen Einzugsgebieten. Dieser Zusammenhang wird ersichtlich, wenn man die Hochwasserabflußspende in Abhängigkeit zur Einzugsgebietsgröße darstellt (Abb. 1.1.4). Einen großen Einfluß auf das Hochwassergeschehen hat auch das Geländegefälle im Einzugsgebiet. Mit zunehmender „Steilheit" des Einzugsgebietes nimmt sowohl die gesamte abfließende Wassermenge zu wie auch der Hochwasserspitzenabfluß.

Der Zeitpunkt von Hoch- und Niedrigwasserabflüssen ist für die Gewässerumlandnutzung wie auch für die Gewässerökologie von Bedeutung (Abschn. 3.1). Bei hochalpinen Gewässern mit einer mittleren Einzugsgebietshöhe von über 2000 m können Hochwasser nur in den Monaten Juni, Juli, August und September auftreten. In tieferen Lagen, in denen das Einzugsgebiet in den

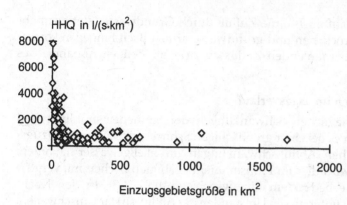

Abb. 1.1.4 Verhältnis der Abflußspende des größten beobachteten Hochwassers (HHQ) zur Einzugsgebietsgröße am Beispiel verschiedener Fließgewässer im schweizerischen Einzugsgebiet des Rheins. Nach Daten des Hydrologischen Jahrbuchs der Schweiz (1995).

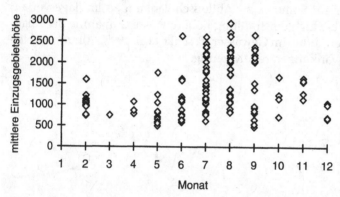

Abb. 1.1.5 Zeitpunkt des Auftretens des größten beobachteten Hochwassers (HHQ) in Abhängigkeit von der mittleren Einzugsgebietshöhe in m ü. d. M. am Beispiel verschiedener Fließgewässer der Schweiz. Nach Daten des Hydrologischen Jahrbuchs der Schweiz (1995).

Wintermonaten nicht mehr vollständig mit Schnee bedeckt ist, können Hochwasser das ganze Jahr über auftreten (Abb. 1.1.5). Trotzdem kann die Hochwasserwahrscheinlichkeit zu bestimmten Jahreszeiten erhöht sein. Es muß auch beachtet werden, daß der abflußreichste Monat nicht unbedingt auch der Monat mit der größten Hochwasserwahrscheinlichkeit ist.

Niedrigwasser wird in Fließgewässern mit einer mittleren Einzugsgebietshöhe über 2000 m ausschließlich in den Winter- und Frühjahrsmonaten auftreten. Mit abnehmender Einzugsgebietshöhe wird der Zeitpunkt des Niedrigwasserabflusses weiter zum Sommer hin verschoben (Abb. 1.1.6).

1.1.3 Anthropogene Einflüsse auf das Abflußgeschehen

Bodenversiegelung, Bodenverdichtung und jede Reduktion der Vegetationsdecke führen zu einer Verringerung von Wasserrückhalt sowie Verdunstung und damit zu einem erhöhten Oberflächenabfluß (Tab. 1.1.2). In Siedlungsgebieten wird der Abfluß zudem durch die Entwässerungskanalisation beschleunigt. Durch alle diese Veränderungen wird mehr Wasser schneller abgeführt. So erhöht sich bei einem Regenereignis sowohl die Gesamtmenge des

Abb. 1.1.6 Zeitpunkt des Auftretens des niedrigsten beobachteten Niedrigwassers (NNQ) in Abhängigkeit von der mittleren Einzugsgebietshöhe in m ü. d. M. am Beispiel verschiedener Fließgewässer der Schweiz. Nach Daten des Hydrologischen Jahrbuchs der Schweiz (1995).

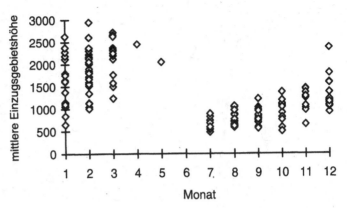

Tab. 1.1.2 Beeinflussung von Verdunstung, Versickerung und Oberflächenabfluß durch die Landnutzung im Einzugsgebiet im Vergleich mit einem naturnahen Laub-Mischwald (– – = starke Reduktion, – = Reduktion, + = Erhöhung, ++ = starke Erhöhung).

	Weide	Befestigte Fläche (z. B. Parkplatz)
Oberflächenverdunstung	–	– –
Pflanzenverdunstung	–	– –
Versickerung	–	– –
Oberflächenabfluß	+	+ +

Hochwasserabflusses (Abflußfülle) wie auch der Maximalabfluß während eines Hochwassers (Scheitelabfluß). Dies zeigen z. B. Hochwasserberechnungen für ein 250 km² großes Einzugsgebiet mit einem Waldanteil von 55 % (Mauser 1985): Wird der Wald durch eine Grasvegetation ersetzt, so wird sich bei jährlichen Hochwassern die Abflußfülle um 330 % und der Scheitelabfluß um 370 % erhöhen. Weniger dramatisch sind die Auswirkungen bei Extremhochwassern. Beim 50jährlichen Hochwasser kommt es zu einer Erhöhung der Abflußfülle um 110 % und des Scheitelabflusses um 160 %.

Abbildung 1.1.7 zeigt die Auswirkungen eines zunehmenden Versiegelungsgrades in einem 20 km² großen Einzugsgebiet. Man erkennt hier deutlich die Erhöhung der Abflußfülle, des Abflußscheitels und das zunehmend frühere Auftreten des Abflußscheitels. Durch Maßnahmen zum Hochwasserschutz wie die Errichtung von Flußdeichen können diese Effekte noch verstärkt werden (Abschn. 4.2.1).

Durch die genannten Eingriffe wird nicht nur der Hochwasserabfluß verstärkt, sondern es verringert sich auch die Wasserspeicherung im Boden, so daß in Zeiten ohne Niederschlag der Niedrigwasserabfluß reduziert wird. Letzteres zeigt sich auch bei Fließgewässern mit Meliorationsmaßnahmen im Einzugsgebiet.

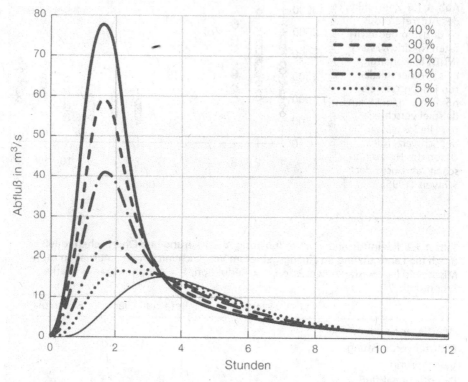

Abb. 1.1.7 Beispielhafte Darstellung von Abflußganglinien bei gleicher Niederschlags-
höhe und unterschiedlichem Versiegelungsgrad (0–40 %) in einem 20 km² großen Einzugsgebiet. Aus Emschergenossenschaft (1979).

1.1.4 Ordnungszahl nach Strahler

Eine einfache, grobe Charakterisierung der Fließgewässer nach der Höhe ihrer
Abflüsse wird durch die Zuteilung der Ordnungszahl nach Strahler (1957) ermöglicht. Bei dieser Methode erhalten Quellbäche die Ordnungszahl 1. Fließt
ein weiterer Bach der Ordnungszahl 1 hinzu, so erhält der Bach unterhalb des
Zuflusses die Ordnungszahl 2. Immer wenn ein Fließgewässer derselben Ordnungszahl zufließt, steigt die Ordnungszahl um 1 an. Fließen zwei Gewässer mit
unterschiedlicher Ordnungszahl zusammen, behält das Gewässer die größere
Ordnungszahl bei (Abb. 1.1.8).

Die Zuteilung der Ordnungszahl erfolgt aufgrund der Gewässerdarstellung
in Karten. Von Bedeutung ist dabei der Kartenmaßstab, da z. B. bei M. 1:5000
mehr Gewässer dargestellt sind als bei M. 1:100 000. Im allgemeinen wird auf
den M. 1:25 000 Bezug genommen. Für 392 Gewässerstellen in Österreich wurde die Ordnungszahl ermittelt (Wimmer & Moog 1994). Vergleicht man dabei
die verschiedenen mittleren jährlichen Abflüsse (MQ) an Gewässern mit derselben Ordungszahl, so zeigen sich relativ große Schwankungen. So kann im
Ausnahmefall ein Fließgewässer der Ordnungszahl 2 durchaus einen größeren

Abb. 1.1.8 Zuteilung der Ordnungszahl nach Strahler.

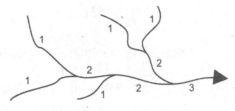

Abb. 1.1.9 Zusammenhang zwischen Ordnungszahl und mittlerem Abfluß MQ am Beispiel von 392 Pegelmeß-stellen in Österreich. Für jede Ord-nungszahl sind jeweils nur die Mittel-werte der MQ aufgetragen. Aus Wimmer & Moog (1994).

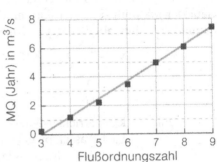

MQ haben als ein Gewässer der Ordnungszahl 6. Erst wenn man für jede Ordnungszahl die MQ-Mittelwerte bildet, zeigen sich deutliche Unterschiede (Abb. 1.1.9).

1.2 Strömung

Grundbegriffe

Die Kenntnis hydrodynamischer Vorgänge beruht zum einen auf physikalischen Gesetzmäßigkeiten und zum anderen auf Erfahrungwissen (Empirie). Die Strömungsvorgänge in stark strukturierten natürlichen oder naturnahen Gerinnen sind so kompliziert, daß sie sich physikalisch-naturwissenschaftlich meist nicht beschreiben lassen. Daher verwendet man in der Fließgewässer-hydraulik häufig empirisch entwickelte Formeln, mit denen sich die Verhält-nisse zumindest annähernd wiedergeben lassen.

In naturnahen Fließgewässern sind die Fließgeschwindigkeiten sehr unter-schiedlich verteilt. Sie sind u. a. abhängig vom Sohlgefälle, der Gerinnequer-schnittsform, der Gerinnerauheit, den Strukturen im Gerinne sowie der Abfluß-menge (siehe auch Dittrich 1998). Die maximalen Fließgeschwindigkeiten findet man bei geradlinig verlaufenden Gerinnen im allgemeinen in Oberflächennähe etwa in der Gewässermitte. Bei mäandrierenden Gewässern sind sie nahe dem Prallufer lokalisiert (Abb. 1.2.1). Das Verhältnis von mittlerer zu maximaler Fließ-geschwindigkeit beträgt nach eigenen Untersuchungen in naturnahen Gerin-nen bei einer groben Kies-Stein-Sohle etwa 0,5–0,6 und bei einer Sand-Kies-Sohle etwa 0,65–0,75.

Sind der Abfluß Q und die durchflossene Querschnittsfläche A (Abb. 1.2.2) bekannt, so läßt sich die mittlere Fließgeschwindigkeit v_m wie folgt berechnen:

$$v_m = \frac{Q}{A}$$

Gl. 1.2.1

mit v_m = mittlere Fließgeschwindigkeit in m/s
Q = Abfluß in m³/s
A = durchflossene Querschnittsfläche in m² (Abb. 1.2.2)

Bei Kenntnis von Gerinnegeometrie, Rauheit und Gefälle kann mittels der Gauckler-Manning-Strickler-Formel die mittlere Fließgeschwindigkeit (und damit der Abfluß) abgeschätzt werden:

$$v_m = k_{St} \cdot I_w^{1/2} \cdot R^{2/3}$$

Gl. 1.2.2

und $$R = \frac{A}{U}$$

Gl. 1.2.3

mit k_{St} = Strickler-Beiwert in m$^{1/3}$/s
I_w = Wasserspiegelgefälle
  (bei stationär-gleichförmigem Abfluß = Normalabfluß)
R = hydraulischer Radius in m
A = durchflossene Querschnittsfläche in m²
U = benetzter Umfang in m (Abb. 1.2.2)

In Tabelle 1.2.1 sind Strickler-Beiwerte für naturnahe Gerinne aufgeführt. Die Gauckler-Manning-Strickler-Formel ist allerdings nur gültig, wenn das Verhält-

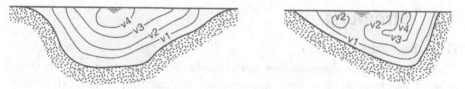

Abb. 1.2.1 Verteilung der Fließgeschwindigkeiten in einem gerade verlaufenden Fließ-gewässer (links) und einem Gewässerbogen (rechts). Die Fließgeschwindigkeit steigt von v1 zu v4. Aus Morisawa (1985).

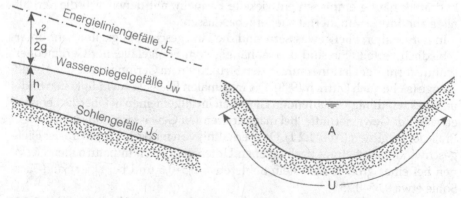

Abb. 1.2.2 Darstellung einiger hydraulischer Begriffe (A = durchflossene Querschnitts-fläche, U = benetzter Umfang).

Tab. 1.2.1 Rauheitsbeiwerte für verschiedene Gerinne. Nach Lecher (1993).

Trapezprofil mit regelmäßigen, glatten Böschungen. Lehmiges Bodenmaterial, schwach mit Gras überwachsen.	$k_{St} = 42 \ m^{1/3}/s$
Trapezprofil in alluvialen Ablagerungen. Sandige Gerinnesohle, stärkerer Graswuchs im Uferbereich.	$k_{St} = 35 \ m^{1/3}/s$
Natürlicher, gehölzbewachsener Gewässerquerschnitt mit unregelmäßigen Böschungen aber regelmäßiger Sohle.	$k_{St} = 29 \ m^{1/3}/s$
Natürlicher Gewässerquerschnitt mit unregelmäßigen, stark gehölzbewachsenen Böschungen und unregelmäßiger Sohle.	$k_{St} = 22 \ m^{1/3}/s$
Mit Weidenbewuchs verwachsener kleiner Graben mit einer Sohlbreite von 2–3 m.	$k_{St} = 12 \ m^{1/3}/s$

nis von Wassertiefe h zu äquivalenter Sandrauheit k_S größer als 5 ist (Dittrich 1998). Somit ist diese Formel bei Fließgewässern mit einer Stein-Kies-Sohle während Niedrigwasserabfluß im allgemeinen nicht anwendbar.

Bei ausgebauten, größeren Fließgewässern findet man häufig „Vorländer", also Landbereiche zwischen Gerinne und Flußdeich, die nur bei Hochwasser überschwemmt werden. Diese müssen bei einer Hochwasser-Abflußberechnung gesondert berücksichtigt werden (DVWK 1991a).

Strömender und schießender Abfluß – die Froude-Zahl

Die Froude-Zahl gibt das Verhältnis von der Fließgeschwindigkeit des Wassers zur Wellenschnelligkeit (also der Ausbreitungsgeschwindigkeit von Wasserwellen) wieder (Gl. 1.2.4). Ist dieses Verhältnis kleiner als 1, so ist der Abfluß „strömend", ist dieses Verhältnis größer als 1, so liegt ein „schießender" Abfluß vor.

$$Fr = \frac{v_m}{v_{We}}$$

Gl. 1.2.4

und $$v_{We} = \sqrt{g \cdot t}$$

Gl. 1.2.5

mit Fr = Froude-Zahl (dimensionslos)
           bei $Fr > 1$ schießend
           bei $Fr < 1$ strömend
         v_m = siehe Gl. 1.2.1
         v_{We} = Wellengeschwindigkeit in m/s
         g = Fallbeschleunigung (9,81 m/s^2)
         t = Wassertiefe in m

Die Abflußformen strömend und schießend kann man anhand der Oberflächenwellen unterscheiden. Bei strömendem Abfluß werden sich die Oberflächenwellen (die beispielsweise von einem in den Fluß geworfenen Stein ausgehen) auch stromaufwärts ausbreiten, während sie sich bei schießendem Abfluß immer nur stromabwärts ausweiten (Abb. 1.2.3).

Zu dem Übergang von strömend zu schießend kommt es, wenn die Fließgeschwindigkeit gleich groß wie die Wellengeschwindigkeit wird. Dieser Übergang erfolgt kontinuierlich, während die Umwandlung von schießend zu strö-

Abb. 1.2.3 Oberflächenwellen bei strömendem Abfluß (LINKS), beim Übergang von strömend zu schießend (MITTE) und bei einem schießenden Abfluß (RECHTS).

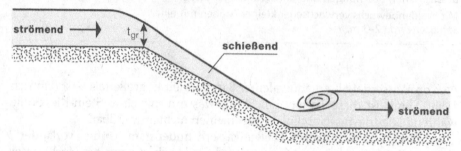

Abb. 1.2.4 Übergang der Abflußarten strömend – schießend – strömend bei einer Veränderung des Sohlgefälles.

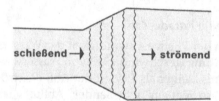

Abb. 1.2.5 Übergang von schießendem zu strömendem Abfluß bei einer Gerinneverbreiterung in der Draufsicht. Im Bereich der Aufweitung kommt es durch die Reduktion der Fließgeschwindigkeit zur Ausbildung einer Deckwalze.

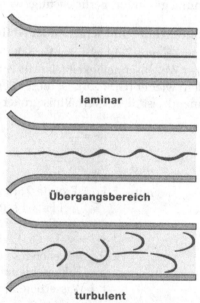

Abb. 1.2.6 Übergang von laminarer zu turbulenter Strömung in einem Rohr, dargestellt mittels eines Farbfadens. Aus Chadwick & Morfett (1993).

mend als Wechselsprung sichtbar ist (Abb. 1.2.4, Abb. 1.2.5). Bei einer Froude-Zahl von 1–1,7 kommt es zu einem gewellten Abfluß, bei Froude-Zahlen über 1,7 entsteht eine Deckwalze (Naudascher 1992).

Bei den unverbauten Fließgewässern ist der Abfluß im allgemeinen strömend, lediglich sehr kleinräumig (z. B. über größeren Steinen), oder in Gewässerabschnitten mit einer Felssohle und hohem Sohlgefälle kommt es zu einem schießenden Abfluß.

Laminare und turbulente Strömung – die Reynolds-Zahl

Eine **laminare** Fließbewegung ist durch parallel verlaufende Stromfäden gekennzeichnet, d. h., alle Wasserteilchen bewegen sich in Fließrichtung parallel zueinander. Bei der **turbulenten** Fließbewegung hingegen durchsetzen sich die Stromfäden, d. h., die Wasserteilchen unterliegen (zusätzlich zur Bewegung in der allgemeinen Fließrichtung) turbulenten Schwankungsbewegungen (Abb. 1.2.6).

In Fließgewässern (wie auch in stehenden Gewässern) treten überwiegend turbulente Strömungen auf. Laminare Strömungen findet man nur bei Grundwasserbewegungen und in der Grenzschicht (siehe unten). Mittels der Reynolds-Zahl lassen sich die beiden Strömungsarten unterscheiden:

$$Re = \frac{v_m \cdot R}{\nu} \qquad\qquad \text{Gl. 1.2.6}$$

bzw. $\quad Re^* = \frac{v \cdot L}{\nu} \qquad\qquad \text{Gl. 1.2.7}$

mit   Re = Reynolds-Zahl für ein Gerinne
   Re^* = Reynolds-Zahl für einen umströmten Körper
   v_m = mittlere Fließgeschwindigkeit (Gl. 1.2.1)
   R = hydraulischer Radius (siehe Gl. 1.2.3)
   ν = kinematische Zähigkeit von Wasser (siehe Formelzeichen)
   v = charakteristische Fließgeschwindigkeit in m/s
   L = charakteristisches Längenmaß
      (Durchmesser bzw. Länge eines umströmten Körpers)

Wirksame Kräfte an der Gewässersohle – die Schubspannung

Durch die Fließgeschwindigkeit und das Gewicht des Wassers wird auf die Sohlfläche eine Kraft in Form der Sohlschubspannung ausgeübt. Diese wird in N(ewton) pro Flächeneinheit Gerinnesohle angegeben. Zur rechnerischen Ermittlung werden Wassertiefe und Sohlgefälle benötigt:

$$\tau = \rho \cdot g \cdot R \cdot I_{So} \qquad\qquad \text{Gl. 1.2.8}$$

mit τ = Sohlschubspannung in N/m^2
   ρ = Dichte des Wassers in kg/l (siehe Formelzeichen)
   g = Fallbeschleunigung (9,81 m/s^2)
   R = hydraulischer Radius (siehe Gl. 1.2.3)
   I_{So} = Sohlgefälle

Ein häufig benutzter Wert ist die Schubspannungsgeschwindigkeit, welche die Schubspannung in eine Geschwindigkeitsgröße verwandelt:

$$v^* = \frac{\tau}{\rho}$$

Gl. 1.2.9

mit v^* = Schubspannungsgeschwindigkeit in m/s
       τ = Schubspannung (siehe Gl. 1.2.8)
       ρ = Dichte des Wassers (siehe Formelzeichen)

Fließgeschwindigkeiten entlang fester Oberflächen – die Grenzschicht

Bewegt sich eine Flüssigkeit entlang einer festen Wandung, so wird die Fließgeschwindigkeit durch Wandhaftung abgebremst. Direkt an der Wandung ist die Fließgeschwindigkeit schließlich Null. Den Bereich der durch Reibung beeinflußten Fließgeschwindigkeiten bezeichnet man als **Grenzschicht**. Alle Körper, die von einer Flüssigkeit über- oder umströmt werden (z. B. Steine im Fließgewässer oder Fische, die gegen die Strömung schwimmen), sind von einer Grenzschicht umgeben. Die Dicke der Grenzschicht ist abhängig von

– der Fließgeschwindigkeit (mit zunehmender Fließgeschwindigkeit wird die Grenzschicht dünner),
– der Rauheit der Wandung bzw. der Körperoberfläche (mit zunehmender Rauheit wird die Grenzschicht dicker),
– der kinematischen Zähigkeit und damit der Temperatur der Flüssigkeit (mit zunehmender Temperatur nimmt die Zähigkeit ab, die Grenzschicht wird dünner).

In der Grenzschicht kann laminare oder turbulente Strömung vorherrschen. Wird ein Körper angeströmt, so bildet sich anfangs (d. h. bei geringer Lauflänge) immer zunächst eine laminare Grenzschicht aus, welche bei größer werdender Lauflänge turbulent wird (Abb. 1.2.7). Die Lage des Umschlagpunktes ist dabei nicht ohne weiteres zu bestimmen (Truckenbrodt 1992). Bleiben die Umfeldparameter konstant, so wird die Grenzschicht eine gleichbleibende Dicke erreichen.

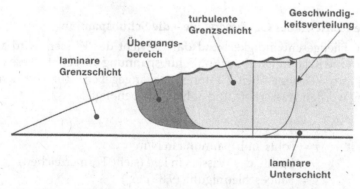

Abb. 1.2.7 Entwicklung der (laminaren und turbulenten) Grenzschicht an einer angeströmten, glatten, ebenen Fläche. Nach Chadwick & Morfett (1993).

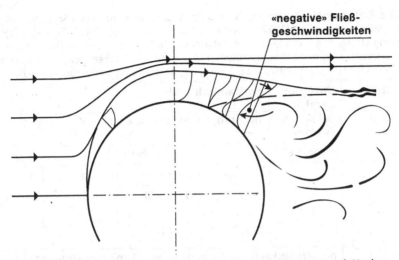

Abb. 1.2.8 Verlauf der Grenzschicht entlang einer angeströmten Kugel. Nach Chadwick & Morfett (1993).

Nimmt die Fließgeschwindigkeit ab, wie z. B. hinter einem umströmten, gewölbten Körper, wird die Grenzschichtdicke zunehmen bis zu einem kritischen Punkt, an dem sich die Strömung von der Wandung ablöst. Hinter diesem Ablösepunkt kann es zu einer Rückströmung kommen (Abb. 1.2.8).

Strömung über natürlichen Fließgewässersohlen

In Fließgewässern mit natürlichen Sohlsubstraten läßt sich die Strömung in drei Erscheinungsbilder unterteilen: hydraulisch rauh, hydraulisch glatt und ein Übergangsbereich (Tab. 1.2.2). Die **hydraulisch glatte Strömung** findet man nur über glatten, ebenen Gewässersohlen aus Fels, Lehm oder feinem Sand. Die Fließgeschwindigkeit des Wassers nimmt hierbei exponentiell zur Sohle hin ab. Direkt über der Sohle kann sich dabei eine laminare Unter(grenz)schicht ausbilden, die Höhe der Rauheitselemente bleibt innerhalb dieser laminaren Unterschicht. Der Abfluß kann hier quasi über seine laminare Unterschicht gleiten. Eine **hydraulisch rauhe Strömung** findet sich bei eher groben Sedimenten mit einem Korndurchmesser von größer als etwa 8 mm. Eine durchgehende laminare Unterschicht existiert hier nicht bzw. nur innerhalb kleinerer Vertiefungen und direkt auf überströmten Steinen. Die Rauhigkeitselemente sind der Strömung voll ausgesetzt. Die Strömungen können auch anhand der Korn-Reynolds-Zahl Re' unterschieden werden (Dittrich 1998):

$$Re' = \frac{v^* \cdot k_s}{\nu} \qquad \text{Gl. 1.2.10}$$

mit   Re' = Korn-Reynolds-Zahl (dimensionslos)
         v^* = Schubspannungsgeschwindigkeit (siehe Gl. 1.2.9)
         k_s = äquivalente Sandrauheit (siehe Formelzeichen)
         ν = kinematische Zähigkeit von Wasser (siehe Formelzeichen)

Tab. 1.2.2 Einteilung der Strömung in Fließgewässern mit natürlichen Sohlsubstraten nach Angaben von Carling (1992), Davis & Barmuta (1989), Morris (1955), Vogel (1994) und Young (1992). Die Turbulenz nimmt dabei von links nach rechts zu (h = Wassertiefe; k = mittlere Höhe der Rauheitselemente; j = mittlere Lückenbreite zwischen den Rauheitselementen; $j_{krit.}$ = kritische Lückenbreite, Berechnung siehe Young 1992).

hydraulisch glatt	Übergangs-bereich	hydraulisch rauh			
bei ebenem Fels und Lehm	bei Sand u. Feinkies	bei Korngrößen über ca. 8 mm			
Re* < 5	5 < Re* <70	Re* > 70			
		gleitend	interaktiv	unabhängig	chaotisch
		bei h > 3k			bei h < 3k
		$j < j_{krit.}$		$j > j_{krit.}$	
		k < j	k > j		
durchgehend laminare Unter-schicht über der Sohle	nur sehr lückenhafte Ausbildung einer laminaren Unterschicht, in tieferliegenden engen Lücken und teilweise an der Oberfläche überströmter, größerer und glatter Steine				

Bei einer Korn-Reynolds-Zahl unter 5 wird sich eine hydraulisch glatte Strömung einstellen, während bei einem Wert über 70 eine hydraulisch rauhe Strömung vorliegt (Tab. 1.2.2).

Die hydraulisch rauhe Strömung kann man stark vereinfacht (und hydraulisch nicht ganz korrekt) in vier verschiedene Typen unterteilen (Carling 1992b, Davis & Barmuta 1989, Vogel 1994, Young 1992, auf Grundlage der Arbeit von Morris 1955): chaotisch (chaotic flow), unabhängig (independent flow, isolated roughness flow), interaktiv (interactive flow, wake interference flow) und gleitend (skimming flow, quasi-smooth flow). Bei der chaotischen Strömung ist das Verhältnis von Wassertiefe zu Rauheitshöhe kleiner als 3. Unter diesen Umständen kommt es zu starken Verwirbelungen über der gesamten Wassersäule und kleinräumig (etwa über Steinen) wird es zu einem Wechsel der Fließarten strömend – schießend – strömend kommen. Die Unterteilung in die Strömungstypen unabhängig, interaktiv und gleitend erfolgt anhand des Abstandes der Rauheitselemente. Bei der unabhängigen Strömung erreicht die Verwirbelung, welche durch ein Rauheitselement erzeugt wird, nicht das nachfolgende Rauheitselement, während dies bei der interaktiven Strömung der Fall ist. Bei der gleitenden Strömung kommt es in den Lücken zwischen den Rauheitselementen zu einer rollenden Strömung mit sehr niedrigen Fließgeschwindigkeiten. Die im Gewässer transportierte Wassermenge gleitet so über die Sohle (Abb. 1.2.9).

Fließgeschwindigkeit im Porenraum der Gewässersedimente

Die Fließgeschwindigkeit im Porenraum der Sedimente läßt sich mittels des Filtergesetzes von Darcy berechnen:

$$V_f = k_f \cdot I_D$$

Gl. 1.2.11

mit V_f = Strömungsgeschwindigkeit des Wassers in Sedimenten in m/s
k_f = Durchlässigkeitsbeiwert in m/s
     z. B. Lehm: $1 \cdot 10^{-10}$, Feinsand: $1 \cdot 10^{-4}$, Mittelkies: $3,5 \cdot 10^{-2}$
I_D = Druckgefälle

Abb. 1.2.9 Drei verschiedene Strömungsarten bei hydraulisch rauher Sohle: unabhängig (OBEN), interaktiv (MITTE) und gleitend (UNTEN). Nach der Klassifikation von Morris (1955) aus Vogel (1994).

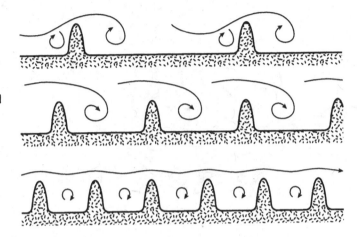

Ermittlung der sohlnahen Strömungskräfte

Die hydraulischen Bedingungen in Sohlnähe haben für die dort lebenden Organismen eine zentrale Bedeutung (Abschn. 2.2). Um die sohlnahen Strömungen zu erfassen, wurden zunächst einfache Flügelmeßgeräte eingesetzt. So benutzte Mutz (1989) einen Kleinmeßflügel, mit dem die Fließgeschwindigkeit im Bereich von 0–8 mm über den Sohlsubstraten gemessen wurde. Mittels Flügelmeßgeräten können in kurzer Zeit viele Messungen durchgeführt werden und bei einer entsprechenden elektronischen Einheit automatisch abgespeichert werden. Da mit dieser Methode nur die Messung der Fließgeschwindigkeit in einer Richtung möglich ist, wird auch nur ein Aspekt der sohlnahen Hydraulik erfaßt.

Eine einfache, robuste Methode zur integrativen Ermittlung der sohlnahen hydraulischen Bedingungen ist die FST-Halbkugelmethode (Statzner & Müller 1989). Für diese Methode werden 22 Halbkugeln (Durchmesser jeweils 7,8 cm) unterschiedlicher Dichte (von 1,015 bis 7,73 g/cm³) benötigt. Eine Platte (13 x 18 cm) wird substrateben auf die Gewässersohle aufgesetzt und mittels zweier Libellen horizontal ausgericht. Die Halbkugeln werden nun von Hand auf die Bleiplatte gelegt (Abb. 1.2.10) und so die schwerste, gerade noch von der Strömung verdriftete Halbkugel ermittelt.

Mit den FST-Halbkugeln werden insbesondere die auf die Halbkugel wirkenden Schub- und Liftkräfte gemessen (Dittrich & Schmedtje 1994). Die Sohlrauheit hat auf die Verdriftung der Halbkugeln einen großen Einfluß (Abb. 1.2.11).

Bei einer Überprüfung der Halbkugelmethode kam es unter gleichen Bedingungen zu einer gewissen Streubreite der Meßergebnisse. Die Gründe hierfür waren vor allem die unterschiedlichen Aufsetzmethoden, Effekte aufgrund des Verschleißes von Halbkugel und Grundplatte sowie eine Strömungsbeeinflus-

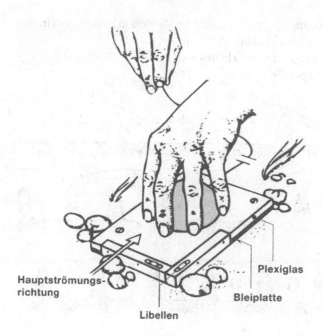

Abb. 1.2.10 Einsatz einer FST-Halbkugel nach der ursprünglichen Vorgehensweise. Nach Statzner & Müller (1989).

Plexiglas

Hauptströmungs-richtung

Bleiplatte

Libellen

sung durch den Anwender (Heilmair & Strobl 1994). Inzwischen ist die FST-Halbkugelmethode weitergehend standardisiert worden (Dittrich & Scherer 1996): Durch eine Neugestaltung der Auflageplatte wurde der Ansaugeffekt stark reduziert und die Verschleißerscheinungen der Halbkugel auf ein zu vernachlässigendes Maß reduziert. Mittels eines neu eingebauten Festhalte- und Auslösemechanismus wird eine Strömungsbeeinflussung durch Hand und Arm beim Einsatz der Halbkugeln eliminiert. Der Unterschied zwischen neuer und alter Methode ist jedoch nur gering, so daß die bisher von verschiedenen Bearbeitern erhobenen Halbkugelverteilungen mittels der alten Methode nicht umgerechnet werden müssen (Dittrich & Scherer 1996). Die Entwicklung und Anwendung dieser Methode hat in Deutschland und Österreich eine intensive Zusammenarbeit von Biologen und Wasserbauingenieuren bewirkt. Dabei wurden vor allem angewandte Fragestellungen bearbeitet, wie die Festlegung von ökologisch begründeten Restwassermengen (siehe Abschn. 5.4.4.2).

Inzwischen sind auch Geräte erhältlich, mittels derer die Strömung mehrdimensional, elektromagnetisch-induktiv gemessen wird. Hierbei wird die sohlnahe Geschwindigkeit als Datenreihe der Werte der Einzelkomponenten erfaßt und als Geschwindigkeitsvektor (zwei- oder dreidimensional) aufgezeichnet. Die Daten der einzelnen Strömungskomponenten sind als Zeitreihe gespeichert, so daß für die Einzelkomponenten wie auch für die Resultierende Mittel- und Maximalwerte der Fließgeschwindigkeit ermittelt werden (Mader & Meixner 1995).

Mader & Meixner (1995) verglichen die drei Methoden (Flügel-, Halbkugel- und elektromagnetisch-induktive Messung) miteinander und resümieren: „Die sehr komplexen Fließvorgänge im sohlnahen Bereich eines naturnahen Fließgewässers sind mit entsprechender Genauigkeit nur mit Meßinstrumenten

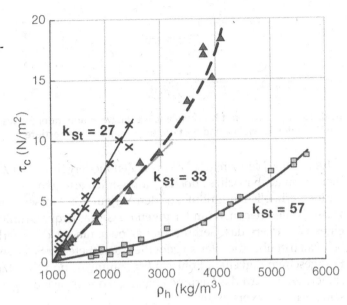

Abb. 1.2.11 Zusammenhang zwischen der kritischen Schubspannung τ und der Halbkugeldichte ρ_h bei verschiedenen Sohlrauheiten k_{St}. Aus Dittrich & Schmedtje (1995).

erfaßbar, die für die Aufnahme des im Raum und in der Meßzeit starken Schwankungen unterworfenen Strömungssektors geeignet sind (FST-Halbkugeln, mehrdimensional messende Strömungssensoren)." Der Vorteil bei mehrdimensional messenden Geräten ist, daß sie – im Gegensatz zu den FST-Halbkugeln – auch bei großer Wassertiefe und einer Trübung des Wassers eingesetzt werden können.

Instationäre Abflüsse – Hochwasserwellen und Wasserschwalle

Bisher wurden ausschließlich stationäre Strömungen betrachtet, bei welchen Abfluß und Fließgeschwindigkeit über einen betrachteten Zeitraum konstant bleiben. Bei instationären Strömungen kommt es zu einer Erhöhung oder Verminderung des Abflusses. Man unterscheidet „allmählich veränderliche Strömungen" und „plötzlich veränderliche Strömungen" (Kummer 1989, Martin 1989). Zu ersteren rechnet man natürliche Hochwasser durch Regen oder Schneeschmelze, welche zu einem langsamen Anstieg von Abfluß und Fließgeschwindigkeiten führen. Mit zunehmender Entfernung vom Entstehungsort ändert sich der Verlauf der Hochwasserwelle: Der Abflußanstieg erfolgt langsamer, der Scheitelabfluß wird kleiner und der Abflußrückgang verzögert sich mehr und mehr.

Bei plötzlich veränderlichen Strömungen handelt es sich um Schwall- oder Sunkwellen, je nachdem ob die Welle mit einer Wasserspiegelhebung (Schwall) oder mit einer Wasserspiegelabsenkung (Sunk) verbunden ist. Schwallwellen können hinter Wasserkraftwerken (Abschn. 5.4.5.1) und bei Entsanderspülungen (Abschn. 5.4.5.3) entstehen. Auch der Bruch eines Biberdammes oder einer Verklausung kann einen Wasserschwall verursachen. Durch Niederschlag wird es in der Regel nicht zu einem schwallartigen Abfluß kommen, auch wenn

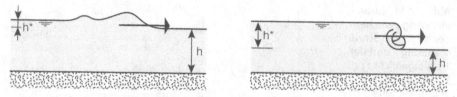

Abb. 1.2.12 Schwall mit Kopfwelle (LINKS) bzw. brandender Schwall (RECHTS). h* ist die Höhe des Schwalles und h ist die ursprüngliche Wassertiefe.

extrem große Mengen in sehr kurzer Zeit niedergehen. Der Abflußanstieg wird hier, wenn auch rasch, so doch kontinuierlich erfolgen.

Einen erheblichen Einfluß auf den Verlauf von Wasserschwallen und Hochwasserwellen haben Veränderungen im Gewässerquerschnitt. Wird im Verlauf eines Gewässers das Gerinne breiter oder nimmt die Uferhöhe ab und der Schwall tritt über die Ufer, so geht die Wassertiefe der Schwallwelle zurück und Fließgeschwindigkeiten, Sohlschubspannungen und Geschiebetransport verringern sich. Wird das Gerinne enger, so können sich die genannten hydraulischen Faktoren verstärken.

Man kann bei einem Schwall zwei Formen unterscheiden: „Schwall mit Kopfwelle" und „brandender Schwall" (Abb. 1.2.12). Nach Martin (1989) kommt es zu einer Schwallwelle mit brandendem (luftuntermischtem) Schwallkopf, wenn das Verhältnis von Schwallhöhe (h*) zu Wassertiefe (h) bei ungestörtem Abfluß den Wert 0,37 überschreitet. Mit anderen Worten: Ist der Schwall höher als etwa 1/3 der Ausgangswassertiefe, so entsteht ein brandender Schwall (dieses Phänomen kann man sehr schön am Meer beobachten bei auf den Strand zulaufenden Wellen, wenn diese in immer seichteres Wasser einlaufen und schließlich brechen). Auch Wasserschwalle ändern sich mit zunehmender Entfernung vom Entstehungsort. Der maximale Abfluß wird sich verringern, der Abflußrückgang wird sich mehr und mehr verzögern. Im Gegensatz zu einem Hochwasserabfluß erfolgt der Abflußanstieg jedoch immer plötzlich, unabhängig von der Entfernung zum Entstehungsort. Ein brandender Schwall wird allerdings zu einem Schwall mit Kopfwelle, sobald es zu den oben geschilderten hydraulischen Gegebenheiten kommt.

Da die Begriffe „Wasserschwall" und „künstliches Hochwasser" unterschiedlich gehandhabt werden, befindet sich in Tabelle 1.2.3 ein Vorschlag für eine einheitliche Definition.

Tab. 1.2.3 Einteilung der Begriffe „natürliches Hochwasser", „künstliches Hochwasser", „natürlicher Wasserschwall" und „künstlicher Wasserschwall".

	Hochwasser (allmählich veränderliche Strömung)	**Wasserschwall** (plötzliche Abflußerhöhung, brandender Schwall oder Schwall mit Kopfwelle)
natürlich	durch Niederschlag oder Schneeschmelze	z. B. durch Aufbrechen von Verklausungen
künstlich	z. B. Stauraumspülungen	z. B. Entsanderspülungen

1.3 Feststofftransport

Grundbegriffe

Die vom Gewässer transportierten Feststoffe können in Schwimmstoffe, Schwebstoffe und Geschiebe eingeteilt werden. Die **Schwimmstoffe** bestehen zumeist aus Pflanzenteilen (Laubblätter, Äste, Sträucher, Bäume, Gras u. a.). Die Schwimmstoffzusammensetzung und -menge ist damit vor allem von der Umlandvegetation abhängig. Schwimmstoffe haben sowohl wasserbaulich (Verstopfung von Durchlässen, Bildung von Verklausungen) wie auch ökologisch als Strukturelement und Nahrungsquelle (siehe Abschn. 3.2.1) eine erhebliche Bedeutung.

Geschiebe besteht aus Gesteinen oder Gesteinsteilen, welche auf der Sohle gleitend, rollend oder springend transportiert werden. **Schwebstoffe** werden durch die Turbulenzen im Wasser in Schwebe gehalten. Das Wasser in Sohlnähe enthält im allgemeinen mehr Schwebstoffe als das Wasser an der Oberfläche. Eine scharfe Grenze zwischen den beiden Feststoff(transport)arten läßt sich nicht ziehen. Ob das transportierte Material als Schwebstoff oder Geschiebe vorliegt, ist von den jeweils herrschenden hydraulischen Gegebenheiten abhängig. Ein Korn, welches bei einem mittleren Hochwasser als Geschiebe bewegt wird, kann bei einem stärkeren Hochwasser als Schwebstoff transportiert werden. Außerdem können Feststoffe, welche im Oberlauf eines Gewässers als Schwebstoffe vorliegen, im Gewässermittellauf bei geringerem Sohlgefälle als Geschiebe weiterbefördert werden. Abbildung 1.3.1 zeigt die Korngrößenverteilung von Geschiebe, Schwebstoffen und Sohlmaterial am Beispiel der Donau.

Als Richtlinie für eine Unterscheidung der Feststofftransportarten gilt nach Raudkivi (1990):

$$6 \quad > v_s/v^* \quad > 2 \quad \text{Geschiebetransport}$$
$$2 \quad > v_s/v^* \quad > 0{,}6 \quad \text{Übergangsbereich}$$
$$0{,}85 \quad > v_s/v^* \quad > 0 \quad \text{Schwebstoffe}$$

$$\text{mit} \quad v_s = \text{Sinkgeschwindigkeit eines Korns in m/s}$$
$$\text{(Berechnung siehe z. B. Zanke 1982)}$$
$$v^* = \text{Schubspannungsgeschwindigkeit (siehe Gl. 1.2.9)}$$

Abb. 1.3.1 Korngrößenverteilung der Schwebstoffe, des Geschiebes und des Sohlmaterials am Beispiel der Donau bei km 1120. Aus Westrich (1988) nach Bruk & Miloradov (1967).

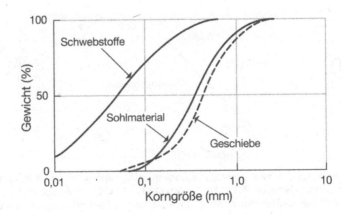

1.3.1 Geschiebe

Die zu einem bestimmten Zeitpunkt in einem betrachteten Gewässerabschnitt transportierte Geschiebemenge hängt von der Verfügbarkeit und Mobilisierbarkeit des Geschiebes sowie der Geschiebetransportkapazität ab.

Herkunft und Verfügbarkeit der Feststoffe

Bezüglich der Herkunft kann man allochthone und autochthone Feststoffe unterscheiden. Allochthones Material gelangt aus dem näheren oder weiteren Gewässerumland in das Gewässersystem. Autochthones Material hingegen stammt aus dem Gewässersystem selber. Der Eintrag von Geschiebe erfolgt zumeist aus einzelnen Feststoffherden, nur selten existieren längere Gewässerstrecken mit Erosion (Karl 1970). Bei Wildbächen können durch Hangrutschungen plötzlich große Mengen an Geschiebe in das Gewässer gelangen. Bei den anderen Fließgewässern ist das Geschiebe autochthonen Ursprungs und entsteht bei der Erosion von Sohle und/oder Ufer.

Geschiebemobilisation

Der Transportbeginn kann u. a. über die kritische Fließgeschwindigkeit oder die kritische Schubspannung (Grenzschubspannung, Schleppspannung) ermittelt werden. Im Diagramm von Hjulström ist die kritische mittlere Geschwindigkeit in Abhängigkeit vom mittleren Korndurchmesser aufgetragen (Abb. 1.3.2, links). Dabei werden die Hauptbereiche „Erosion" (Herauslösen der Körner aus der Sohle und Weitertransport) und „Sedimentation" (Ablagerung und Ruhe)

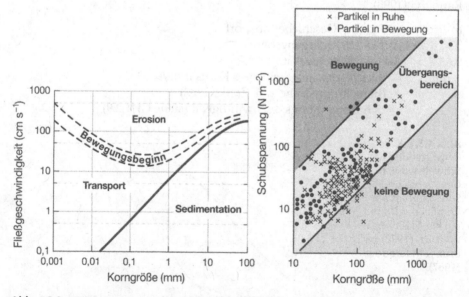

Abb. 1.3.2 LINKS: Bewegungsbeginn in Abhängigkeit von Fließgeschwindigkeit und Korndurchmesser. Nach Hjulström (1935). RECHTS: Bewegungsbeginn in Abhängigkeit von der Sohlschubspannung nach Daten aus Feldmessungen. Aus Williams (1983).

Tab. 1.3.1 Grenzschubspannungen. Nach DIN 19661.

Sohlbeschaffenheit	Grenzschubspannung (N/m²)
Feinsand, 0,063–0,2 mm Korngröße	1
Mittelsand, 0,2–0,63 mm Korngröße	2
Grobsand, 0,63–2 mm Korngröße	6
Kies-Sand-Gemisch, 0,36–6,3 mm Korngröße, festgelagert, langanhaltend überströmt	9
Kies-Sand-Gemisch, 0,36–6,3 mm Korngröße, festgelagert, vorübergehend überströmt	12
Mittelkies, 6,3–20 mm Korngröße	15
Grobkies, 20–63 mm Korngröße	45
lockerer Schlamm	2,5
festgelagerter Lehm, Ton	12

unterschieden. Der Bereich „Transport" umfaßt Geschwindigkeiten, bei welchen keine Erosion erfolgt, aber bereits erodiertes Material weitertransportiert wird. Das Hjulström-Diagramm gilt für locker gelagertes, gleichförmiges Sohlmaterial. Daher kann als Korngröße d_{50} oder d_m angenommen werden. Da nahezu sämtliche, für die Sohlstabilität maßgebenden, hydraulischen und sedimentologischen Größen vernachlässigt werden, sollte man das Hjulström-Diagramm nur zu einer ersten groben Abschätzung des Bewegungsbeginns heranziehen (Dittrich 1998).

Die Grenzschubspannung bezeichnet jenen (Grenz-)Wert, bei dem das Sohlmaterial voraussichtlich in Bewegung gerät. Bei den in Tabelle 1.3.1 angegebenen Grenzschubspannungen handelt es sich um grobe Schätzwerte, da auch Faktoren wie Lagerungsdichte, Korngrößenzusammensetzung und Kornform einen großen Einfluß auf den beginnenden Geschiebetransport haben. Zudem werden kleinere Körner häufig durch größere Steine abgeschirmt (Hiding-Effekt), und ein Teil der Steine ist zwischen anderen eingeklemmt. Bei Feldmessungen zeigt sich daher ein relativ großer Schwankungsbereich (Übergangsbereich) der Grenzschubspannungen (Abb. 1.3.2, rechts).

Bei zunehmender Fließgeschwindigkeit werden kleinere Körner aus der oberen Sohlschicht herausgespült. Durch diesen Effekt kommt es zu einer Abpflasterung der Sohle (Deckschichtbildung). Die Deckschicht besteht somit aus gröberen Komponenten als die Unterschicht (Abb. 1.3.3), welche durch die Deckschichtbildung vor Erosion geschützt wird. Erst wenn ein größeres Hochwasser die Deckschicht aufreißt, kann auch die Unterschicht erodiert werden. Unter diesen Umständen kommt es relativ plötzlich zum Transport sehr großer Feststoffmengen.

Geschiebetransportkapazität und Abfluß

Wie geschildert, kommt es erst ab einer bestimmten kritischen Schubspannung zur Bewegung der Sohlsedimente. Ist eine Deckschicht vorhanden, beginnt die die Sohlerosion und der hierdurch verursachte Geschiebetransport erst, wenn die Deckschicht aufgerissen ist (Abb. 1.3.4). Mit zunehmendem Abfluß nimmt

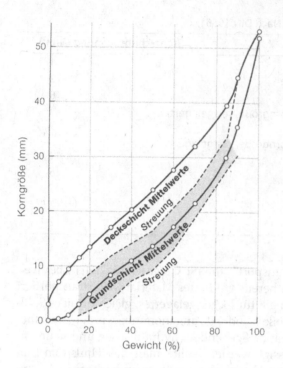

Abb. 1.3.3 Korngrößenverteilung der Deckschicht und der Grundschicht (Unterschicht) am Beispiel der unteren Isar. Es sind jeweils die Mittelwerte aus zwölf (Deckschicht) bzw. neun Proben (Grundschicht) eingezeichnet. Aus Knauss (1995).

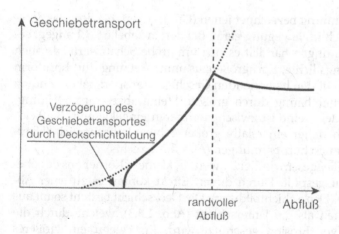

Abb. 1.3.4 Zusammenhang zwischen Abfluß und Geschiebetransport bei Flüssen mit einer Deckschichtbildung.

auch die Sohlschubspannung zu (Gl. 1.2.8) und die Transportkapazität steigt weiter an. Sobald das Gerinne den Abfluß nicht mehr fassen kann, kommt es zu einer Überschwemmung des Umlandes, wobei die Fließwiderstände zunehmen und die Transportkapazität leicht zurückgeht (Abb. 1.3.4).

Geschiebetransportkapazität und Sohlbreite

Der zweite Einflußfaktor auf die Geschiebetransportkapazität ist die Gewässersohlbreite. Mit zunehmender Sohlbreite kann bei gleichem Abfluß im Prinzip

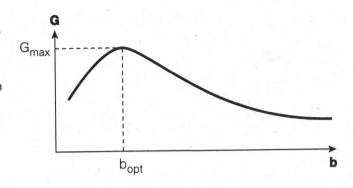

Abb. 1.3.5 Einfluß der Gerinnesohlbreite b auf die Geschiebetransportkapazität G bei konstantem Gefälle und konstantem Abfluß. Bei der optimalen Breite b_{opt} erreicht die Geschiebetransportkapazität ihr Maximum G_{max}. Nach Hunzinger & Zarn (1997).

mehr Geschiebe transportiert werden. Da aber mit zunehmender Sohlbreite die Wassertiefe abnimmt, gibt es eine bestimmte Sohlbreite b_{opt} mit maximaler Geschiebetransportkapazität (Abb. 1.3.5).

Sofern nicht die Talsohlbreite die Gerinnebreite einschränkt, liegt bei natürlichen Fließgewässern die Sohlbreite deutlich über der Breite b_{opt} der maximalen Transportkapazität. Das Gerinne kann dabei in einzelne Verzweigungen aufgegliedert sein, so daß bei niedrigen Abflüssen nur diese Verzweigungen Wasser führen. Der Geschiebetransport bei Hochwasser wird hierbei bevorzugt in den einzelnen Gerinnearmen stattfinden, so daß man vermuten kann, daß die Geschiebetransportkapazität trotz zunehmender Breite nicht weiter abnimmt (Abb. 1.3.5). Bei nahezu allen verzweigten Fließgewässern wurde die Gerinnebreite künstlich eingeschränkt und so die Geschiebetransportkapazität erhöht (siehe Abschn. 4.2.1).

Erosion, Anlandung und Sohlgefälle

„Grundsätzlich gilt, daß der Fluß einem Gefälle zustrebt, das unter den gegebenen Abflußbedingungen gerade ausreicht, das angelieferte Geschiebe fortzubewegen" (Mangelsdorf & Scheurmann 1980). Das Sohlgefälle hängt also von zwei Faktoren ab: erstens von der Menge des antransportierten Geschiebes (Geschiebezufuhr) und zweitens von der weiteren Transportkapazität des Fließgewässers. Dieser Zusammenhang wird deutlich, wenn man einen Gewässerabschnitt während eines geschiebeführenden Hochwassers betrachtet. Oberhalb des betrachteten Abschnittes sei die Transportkapazität gleich groß wie der tatsächlich herrschende Geschiebetransport. Ist nun in dem betrachteten Gewässerabschnitt die Transportkapazität verringert (z. B. durch eine Gerinneaufweitung), so kommt es durch Sedimentablagerung zu einer Auflandung der Sohle. Als Folge davon wird sich ein erhöhtes Sohlgefälle ergeben (Abb. 1.3.6). Ist im betrachteten Abschnitt hingegen die Transportkapazität erhöht (z. B. durch eine verringerte Sohlbreite), so kann die Sohle erodieren und das Sohlgefälle wird sich im betrachteten Gewässerabschnitt verringern.

Mit dem hier gezeigten Zusammenhang zwischen Transport und Sohlgefälle deuten sich die Auswirkungen von Maßnahmen an, welche das Transportvermögen verändern (Abschn. 4.2.1).

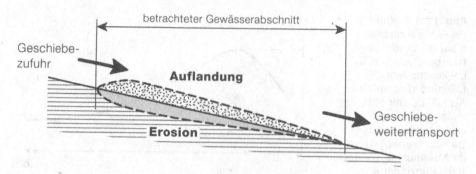

Abb. 1.3.6 Zusammenhang zwischen Sohlerosion, Auflandung und Sohlgefälle.

1.3.2 Schwebstoffe

Während Geschiebetransport vor allem bei Hochwasser erfolgt, werden Schwebstoffe immer transportiert. So enthält auch das klare Wasser eines Fließgewässers immer noch bis zu 15 mg Schwebstoffe pro Liter (Mangelsdorf & Scheurmann 1980).

Schwebstofftransport entsteht – wie auch der Geschiebetransport – durch die Erosion von Sohle und Ufer sowie bei Hangrutschungen in das Gewässer. Schwebstoffe entstehen aber auch durch den Abrieb des bewegten Geschiebes und vor allem durch Oberflächenabtrag aus dem Einzugsgebiet. So beträgt der Oberflächenabtrag im Einzugsgebiet des Rheins ca. 3,5 Tonnen pro km^2 und Jahr. Durch die Landnutzung (Verringerung der Vegetationsdecke) wird der Bodenabtrag und damit die Schwebstoffführung massiv erhöht. So ergab sich in einem Gebiet in Niedersachsen durch Flurbereinigungsmaßnahmen eine Erhöhung der Bodenerosion um das Fünfzigfache (Bork 1988).

Der Schwebstofftransport dominiert im allgemeinen den Feststofftransport. Nur in alpinen Fließgewässern leistet der Geschiebetransport einen bedeutenden Beitrag (> 10 %) zum Gesamttransport (Bremer 1989). Schon bei der Mündung des Alpenrheins in den Bodensee stellt der Geschiebetransport nur noch 1 % des Gesamttransportes dar (Waibel 1962). In den Gewässern des Tieflandes wird der Gesamttransport fast ausschließlich durch die Schwebstoffe bestimmt.

Die Schwebstoffführung hat eine große Bedeutung bei der Verlandung von strömungsberuhigten Fließgewässerbereichen (Altarme, Buchten, Mündungen in stehende Gewässer, Aufstauungen), für die Entwicklung von Auen (Abschn. 3.2.3) und bei der Sohlkolmation (Abschn. 3.3). Der organische Schwebstoffanteil ist die Nahrungsgrundlage für die filtrierenden wirbellosen Kleintiere (Abschn. 2.2.4).

1.4 Morphologie natürlicher Fließgewässer

1.4.1 Morphologie eines Fließgewässers von den Alpen bis zum Meer

Die meisten alpinen Fließgewässer haben ein großes Sohlgefälle und verlaufen in mehr oder weniger tief eingeschnittenen Tälern. Die Linienführung ist gestreckt, d. h., das Fließgewässer ist durch seitliche Talhänge eingezwängt, so daß nur geringfügige seitliche Auslenkungen möglich sind. Durch Hangrutschungen sowie durch Tiefen- und Seitenerosion haben diese Gewässer zumeist eine hohe Feststofffracht. Die Sohle besteht aus groben Steinblöcken, Steinen, Kies und Sand. Das Sohlgefälle ist zumeist nicht einheitlich, sondern es gibt im Gewässerverlauf ständig Gefällesprünge, welche man für eine Typisierung alpiner Bäche heranziehen kann (Schälchli 1991).

Wenn der Bach die Talsohle erreicht, kommt es relativ plötzlich zu einer Reduktion des Sohlgefälles. Hier werden große Mengen an Geschiebe abgelagert, es entsteht ein Schuttkegel. Der Abfluß teilt sich auf dem Schuttkegel in verschiedene Abflußrinnen auf. Durch weitere Ablagerungen erhöht sich der Schuttkegel, und sobald eine gewisses kritisches Gefälle erreicht ist, wird durch Sohlerosion das im Schuttkegel abgelagerte Geschiebe weitertransportiert. Schließlich gelangen die Feststoffe zu dem alpinen oder voralpinen Talfluß. Bei starken Hochwassern werden hier große Mengen an Geschiebe transportiert, und bei nachlassendem Hochwasser kommt es im Gerinne und teilweise auch im gesamten Überschwemmungsgebiet zu Geschiebeablagerungen. Typischerweise entwickelt sich unter diesen Bedingungen ein „verästeltes" (braided) Gerinne, welches die gesamte Talsohlbreite in Anspruch nehmen kann. Im Gerinne befinden sich zahlreiche Kiesbänke, so daß sich der Abfluß bei niedrigem und mittlerem Wasserstand in die zahlreichen Rinnen („Verästelungen") aufspaltet (Abb. 1.4.1). In der älteren Literatur wird diese Gerinneform als „verwildert" bezeichnet. Die Kiesbänke im Gerinne werden mehrmals jährlich umgelagert.

Weiter flußabwärts bei geringerem Sohlgefälle und größerer Gerinnebreite werden die Kiesbänke weniger häufig umgelagert. Es können sich zunächst einjährige Gräser entwickeln und bei noch geringerer Umlagerungsfrequenz auch Büsche und Bäume. Durch die Vegetation werden die Bänke stabilisiert. Schließlich kommt es im weiteren Flußverlauf zur Ausbildung von mit Bäumen bewachsenen Inseln, welche von Flußverzweigungen umflossen werden. Die Gerinneform wird dementsprechend als „verzweigt" (anastomosed) bezeichnet. Ursprünglich hatte z. B. der Rhein bei Basel diese Morphologie (Abb. 1.4.2).

Schon beim verzweigten Fließgewässer beginnen die verschiedenen Abflußrinnen zu schlängeln. Weiter flußabwärts, im Bereich mit noch geringerem Geländegefälle, erfolgt kontinuierlich der Übergang zu stark gewundenen Gerinnen (Abb. 1.4.3). Die Bögen können sich so stark ausweiten, daß die Fließrichtung teilweise rückläufig (also entgegengesetzt zur eigentlichen Laufrichtung des Flusses) ist. Die Linienführung bezeichnet man hier als „mäandrierend" (meandering). Die langsamen, kontinuierlichen Veränderungen des Gewässerverlaufes beruhen auf einer fortwährenden Erosion der Bogenaußen-

Abb. 1.4.1 Beispiel für ein verästeltes (braided) Fließgewässer (Greina, Graubünden, Schweiz). Foto: Herbert Maeder.

Abb. 1.4.2 Beispiel für ein verzweigtes (anastomosed) Fließgewässer (Gemälde des Rheins nördlich von Basel um 1800).

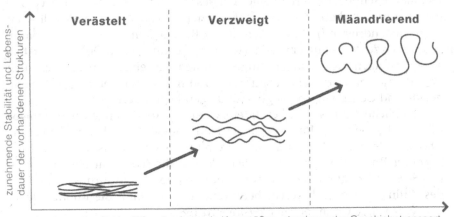

Abb. 1.4.3 Gerinneformen im Verlauf eines natürlichen Fließgewässers.

seiten (Prallhang) und Anlandung der Sedimente an der Bogeninnenseite (Gleithang).

Weiter flußabwärts vergrößert sich bei zunehmendem Abfluß die Mäanderwellenlänge. Durch die zunehmende Lauflänge verringern sich die Fließgeschwindigkeiten, und die Erosion am Prallhang nimmt ab. Auch die Korngrößen des Bodens beeinflussen die Wellenlänge: Ein großer Ton- und Schluffanteil reduziert die Wellenlänge (Schumm 1960, 1977). Über lange Zeiträume gesehen, wandern die Mäanderbögen talabwärts (Migration). Bei leicht erodierbaren Ufern erfolgt die Migration schneller als bei schwerer erodierbaren Ufern.

Der Feststofftransport besteht hier nahezu ausschließlich aus Schwebstoffen. Zum einen werden die von oben antransportierten Schwebstoffe weitertransportiert, und zum anderen wird ein Teil der bei der Ufererosion freiwerdenden Feststoffe als Schwebstoffe weitertransportiert. Betrachtet man sehr lange Zeiträume, so wird sich ein mäandrierender Fluß durch Bogenausweitung und Migration im Verlauf der Zeit über die gesamte Talsohle bewegen. Somit erfolgt bei mäandrierenden Flüssen ein eher flächenhafter Feststoffabtrag.

Bei der Mündung des Flusses ins Meer schließlich kommt es zur Ablagerung der Schwebstoffe. In einem Meeresgebiet mit einem ausgeprägten Gezeitenhub wird der Großteil der (abgelagerten) Sedimente mit der Gezeitenströmung fortgespült. Es entsteht ein offener Trichter (Ästuar). Beispiele sind die Mündungen von Elbe und Weser in die Nordsee. Münden feststoffführende Flüsse in Meeresgebiete mit geringem Gezeitenhub, so kommt es zu umfangreichen, dauerhaften Feststoffablagerungen. Wie auch bei einem Schuttkegel teilt sich der Abfluß in verschiedene Teilgerinne auf; es entsteht ein Flußdelta. Beispiele hierfür sind die gemeinsame Mündung von Rhein und Maas in die Nordsee (die südliche Nordsee hat im Gegensatz zur übrigen Nordsee nur einen geringen Gezeitenhub!), die Mündung der Weichsel in die Ostsee oder die Mündung der Donau ins Schwarze Meer. Auch bei der Mündung eines feststoffführenden Flusses in einen See kommt es zur Ausbildung eines Deltas.

Der hier beschriebene Verlauf eines Flusses von den Alpen bis zum Meer mit einem kontinuierlichen Übergang der Gerinnetypen (gestreckt – verästelt – verzweigt – mäandrierend) ist idealisiert. In der Realität kommt es – sowohl räumlich wie auch zeitlich – immer wieder zu Unterbrechungen und Diskontinuitäten:

- Veränderungen des Talquerschnitts können zu einer Aufweitung oder Verengung der Gerinnebreite führen, wodurch Geschiebetransport, Sohlgefälle und Gerinnemorphologie grundlegend verändert werden.
- Auch seitliche Zuflüsse – insbesondere, wenn sie große Mengen an Geschiebe führen – können die Morphologie des Hauptflusses beeinflussen. So hat die Rhone im französischen Jura zumeist eine verzweigte Linienführung. Kurz bevor die Rhone das Jura verläßt, fließt sie über die Sedimente eines ehemaligen Sees und zeigt hier eine stark mäandrierende Linienführung. Unterhalb des Zuflusses der stark geschiebeführenden Ain nimmt die Rhone wieder eine verzweigte Gerinneform ein (Bravard 1987).
- Ändert sich im Verlauf eines Fließgewässers der geologische Untergrund, so kann sich auch die Erodierbarkeit der Sohle verändern, was zu einer anderen Gefälleentwicklung führt. So verliert der Oberrhein einen Großteil seines Gefälles in der Oberrheinebene oberhalb des Rheinischen Schiefergebirges, welches im Längsverlauf des Rheins einen höhenmäßigen Fixpunkt darstellt.
- Ein Fluß, welcher einen See durchfließt, transportiert unterhalb des Sees kaum noch Feststoffe. Aus diesem Grund hat ein Seeausfluß typischerweise eine gerade Linienführung.

Fließgewässer werden häufig in Ober-, Mittel- und Unterlauf unterteilt: Nach dieser Einteilung nimmt das Fließgewässer im Oberlauf bei großem Sohlgefälle Feststoffe durch Sohlerosion auf, welche im Mittellauf weitertransportiert werden und sich schließlich bei geringem Sohlgefälle im Unterlauf bzw. im Meer ablagern. Wie oben gezeigt, entspricht diese Vorstellung (zumindest in Mitteleuropa) nicht der Realität. Das im Oberlauf aufgenommene Geschiebe wird allenfalls bis zum Mittellauf transportiert und dort im Gerinne oder Überschwemmungsgebiet abgelagert. Nur ein sehr geringer Anteil gelangt als Schwebstoff in den Unterlauf oder ins Meer.

1.4.2   Bäche des Mittelgebirges und der Tiefebene

Untersuchungen zur Morphologie von Fließgewässern beziehen sich zumeist auf Flüsse. Die Ausbildung der Bachmorphologie ist hingegen kaum untersucht. Im Prinzip beruht aber die morphologische Entwicklung der Bäche auf denselben Gesetzmäßigkeiten wie die der Flüsse. Vollkommen unterschiedlich wirkt sich bei Flüssen und Bächen jedoch die Ufervegetation aus. Bei Fließgewässern mit einer Breite von ca. 20–30 m hat die Ufervegetation keinen großen Einfluß auf die Gerinnemorphologie. Bei kleineren Fließgewässern ist der Einfluß der Ufervegetation um so größer, je kleiner die Gewässerbreite ist.

Die Bäche des Mittelgebirges und Tieflandes würden natürlicherweise zumeist in einem Laubmischwald verlaufen. Im Gegensatz zu Flüssen, an welchen sich ein Uferbereich mit Sedimentablagerungen oder ausgedehnten Röhrichten ausbildet, wachsen bei Bächen die Bäume auch direkt am Gewässerrand. Die charakteristischen Ufergehölze sind nicht Weiden wie an den Flüssen, sondern Erlen. Sie wurzeln bis unter das Sohlniveau und sind dadurch sehr erosionsstabil. „Der Uferwald prägt an den Bächen von Natur aus die gesamte Laufentwicklung und Profilentwicklung des Baches, die Struktur, die hydraulischen Eigenschaften und die Stabilität des Bachbettes" (Otto 1991).

Entgegen dem häufig dargestellten Schema, wonach die Fließgeschwindigkeit im Verlauf eines Fließgewässers (vom Bergbach zum Tieflandfluß) abnimmt, ist die Fließgeschwindigkeit in Bächen im allgemeinen geringer als in Flüssen. In den flachen Gerinnen der Bäche mit geringer Wassertiefe werden die Geschwindigkeiten durch die (groben) Sohl- und Uferstrukturen wesentlich stärker abgebremst, als dies in Flüssen der Fall wäre. Nur bei den Bächen in Erosionstälern (Klamm- und Kerbtälern) kann es bei Hochwasser im größeren Umfang zu einer Erosion der Sohle kommen. Bei allen anderen Bächen kommt es schon bei einem geringen Anstieg des Abflusses zu einer Überschwemmung des Umlandes, so daß Sohlschubspannung und Sohlerosion eher gering bleiben. Die Fließgewässer des Mittelgebirges und Tieflandes sind also im Vergleich zum alpinen Raum natürlicherweise erosionsarm und weisen somit auch eine eher geringe Feststofffracht auf. Dementsprechend kommen auch verästelte/ verzweigte Gerinne bei diesen Bächen eher selten vor. Die natürliche Linienführung ist gestreckt (in Erosionstälern), bogig (bei eher hohem Talsohlgefälle) bis mäandrierend (in der Ebene). Während bei Flüssen die Bögen oder Mäander eine gewisse geometrische Gleichmäßigkeit zeigen, kommt es bei Bächen, bedingt durch Ufergehölze und Inhomogenitäten im Untergrund, zu Unregelmäßigkeiten in der Linienführung. Nur in sumpfigen Gebieten ohne Ufergehölze findet man natürlicherweise regelmäßige Mäander.

1.4.3 Einfluß von Totholz und Bibern auf die Gewässermorphologie

Betrachtet man die mitteleuropäischen Fließgewässer in ihrem jetzigen Zustand, so ist kaum vorstellbar, welchen großen Einfluß Totholz und Biber ursprünglich auf die Morphologie der Gewässer hatten. Nahezu an allen kleineren und mittelgroßen Fließgewässern unterhalb der Baumgrenze waren Totholzansammlungen und Biberbauten vorhanden. Als Totholz bezeichnet man die im Gerinne liegenden „toten" Äste und Baumstämme der umgebenden Gehölzvegetation. Totholz fördert den morphologischen Strukturreichtum, indem kleinräumig Bereiche von Sedimentation (z. B. vor querliegendem Totholz) und Erosion (hinter Totholzansammlungen) entstehen (Abschn. 4.2.5). Durch Totholzansammlungen kann es auch zu „Verklausungen" (debris dams) kommen: Angeschwemmte Baumstämme verkeilen sich im Gerinne, weiteres Totholz sammelt sich an, und schließlich kommt es zu einer Sperrung des Gerinnequerschnitts. Das zufließende Wasser wird aufgestaut und mitgeführte Sedimente lagern sich ab. Hierdurch kann der Feststofftransport in einem Gewässer erheblich reduziert werden. Dies zeigt sich, wenn man das Totholz entfernt (Abb. 1.4.4). Andererseits können bei extremen Hochwassern die Verklausungen aufbrechen, so daß sich der Feststofftransport dramatisch verstärkt.

Die Häufigkeit solcher Verklausungen in natürlichen Fließgewässern zeigen Untersuchungen aus Nordamerika (Gregory et al. 1993): Bei kleinen Bächen (1. Ordnung nach Strahler) findet man etwa 16 bis 40 Verklausungen auf 100 m Fließgewässerlänge, bei Bächen 2. Ordnung etwa 10 bis 15 und bei größeren Bächen (3. Ordnung) etwa 1 bis 6 Verklausungen pro 100 m Bachlauf. Bei größeren Fließgewässern (etwa ab 5. Ordnung) kann sich das Totholz nicht mehr über der Gewässersohle ablagern, sondern es wird sich eher am Ufer oder an und auf den Kiesbänken ansammeln (Keller & Swanson 1979).

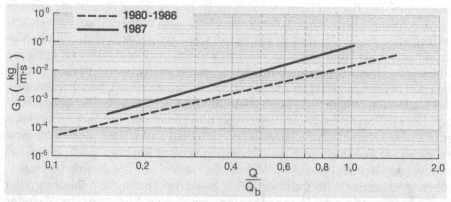

Abb. 1.4.4 Transport von Sedimenten vor (1980 bis 1986) und nach (1987) der Entfernung von Totholz aus einem Gewässer (Beispiel Bambi Creek, Alaska). Aufgetragen sind der Geschiebetransport bei bordvollem Abfluß G_b in kg pro s und m Gewässerbreite sowie das Verhältnis von Abfluß zu bordvollem Abfluß (Q/Q_b). Nach Smith et al. (1993).

Abb. 1.4.5 Veränderung der Morphologie und des Verlaufs eines Fließgewässers durch den Einfluß des Bibers. Aus Gerken (1988).

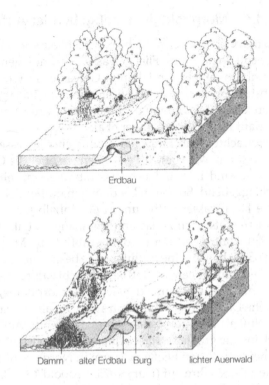

Erdbau

Damm   alter Erdbau Burg   lichter Auenwald

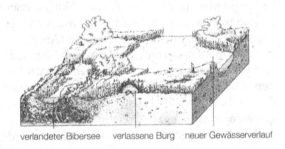

verlandeter Bibersee   verlassene Burg   neuer Gewässerverlauf

Auch durch Biberdämme kommt es in natürlichen Fließgewässern zu Aufstauungen. Der Biber gestaltet seinen Lebensraum, indem er mit selbstgefällten Bäumen (vor allem Weiden und Erlen), mit Ästen, Steinen und Erde Dämme baut, um das Wasser in kleineren und mittelgroßen Fließgewässern aufzustauen (siehe auch Abschn. 2.1.6). Nur selten ist ein Biberdamm höher als 2 m, im allgemeinen ist er niedriger als 1 m (Bisson & Montgomery 1996). Durch den Aufstau wird häufig ein Teil des angrenzenden Waldes unter Wasser gesetzt. Ein Großteil der Bäume des eingestauten Bereiches stirbt ab. Die vom Gewässer mitgeführten Feststoffe sedimentieren, so daß der gesamte Staubereich mit der Zeit verlandet und das Fließgewässer sich einen neuen Weg sucht (Abb. 1.4.5). In einem natürlichen Gewässersystem entsteht so ein Fleckenteppich von ungestauten und gestauten Fließgewässerbereichen mit und ohne umgebende Ufergehölze.

1.4.4 Morphologisch maßgebender Abfluß

Extremhochwasser mit einer Jährlichkeit von 50 oder 100 können Verlauf und Morphologie eines Fließgewässers grundlegend verändern. So wurden im Lainbach, einem randalpinen Gewässer in Oberbayern mit einem typischen Absturz-Becken-System, bei einem etwa 100jährlichen Hochwasser alle Pool-Bereiche mit Sedimenten aufgefüllt, was zu einer Glättung der Sohle im Längsverlauf führte (Ergenzinger et al. 1996).

Betrachtet man hingegen die für ein Gewässer typischen morphologischen Strukturen, wie Pool-Riffle-Sequenzen oder die Geometrie von Mäanderschleifen, so sind hierfür Hochwasserabflüsse mit einer geringen Jährlichkeit ausschlaggebend. So waren bei dem genannten Beispiel Lainbach etwa zehn mittlere Hochwasser nötig, um in eineinhalb Jahren wieder ein Absturz-Becken-System entstehen zu lassen (Ergenzinger et al. 1996). Nach Ackers & Charlton (1970) kontrolliert der bordvolle Abfluß die Mäandergeometrie, nach Carlston (1965) ist hierfür eine Abflußmenge bestimmend, welche etwas unter dem bordvollen (randvollen) Abfluß liegt. Es gibt zahlreiche weitere Abflußangaben, welche für die Ausprägung der Gewässermorphologie ausschlaggebend sein sollen (siehe Diskussion in Knighton 1998). Im allgemeinen wird jedoch der bordvolle Abfluß als der morphologisch maßgebende Abfluß angesehen, da bei diesem Abfluß die größte Geschiebemenge transportiert werden kann (Abschn. 1.3.1).

Bei natürlichen Fließgewässern in Nordamerika tritt der bordvolle Abfluß ca. alle 1,5–2,3 Jahre auf (Dury 1973, Leopold 1994, Leopold et al. 1964). Kern et al. (1999) gehen bei mittelgroßen Flüssen in Deutschland von einer Wiederholungszeitspanne für ausufernde Hochwasser von zwei Jahren aus. Da nahezu alle mitteleuropäischen Fließgewässer verbaut sind und dabei die Abflußkapazität beträchtlich erhöht wurde (Abschn. 4.2), kann der bordvolle Abfluß der natürlichen Gerinne zumeist nicht mehr direkt ermittelt werden. Aus diesem Grund empfiehlt es sich, eine der hydrologischen Kennzahlen zu verwenden. Der MHQ tritt statistisch alle 2,33 Jahre auf und entspricht somit zumindest näherungsweise dem morphologisch maßgebenden Abfluß. Bei Fließgewässern mit Pegelaufzeichnungen kann der MHQ im allgemeinen den hydrologischen Jahrbüchern entnommen werden.

1.4.5 Randbedingungen für verästelte/verzweigte und mäandrierende Fließgewässer

Die Frage, unter welchen Voraussetzungen ein verästeltes/verzweigtes oder ein mäandrierendes Fließgewässer entsteht, ist von großer flußbaulicher und gewässerökologischer Bedeutung. In Abbildung 1.4.6 sind verschiedene Funktionen dargestellt, anhand derer aufgezeigt wird, unter welchen Randbedingungen welche Gerinneform entsteht. Mit diesen Graphiken kann z. B. geprüft werden, welche Gerinneform ein heute verbautes Gewässer ursprünglich hatte. Die aufgeführten Parameter beziehen sich alle auf den maßgebenden, d. h. bordvollen Abfluß.

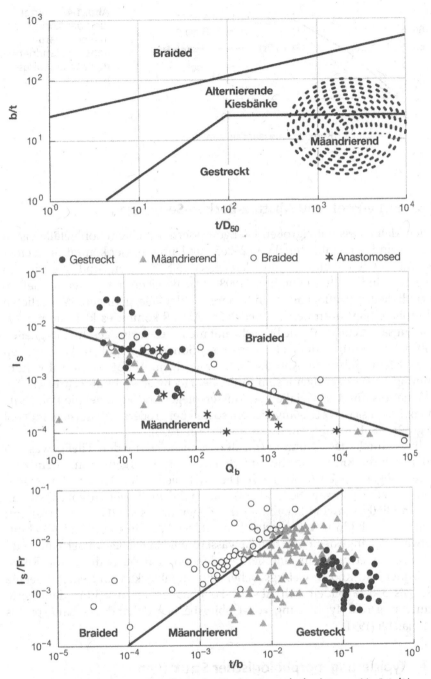

Abb. 1.4.6 Diagramme zur Einteilung der Gerinnemorphologietypen Verästelt/ Verzweigt (Braided/Anastomosed), Mäandrierend und Gestreckt auf Grundlage des bordvollen Abflusses. Es bedeuten: I_s = Sohlgefälle, Q_b = bordvoller Abfluß, Fr = Froude-Zahl, b = Breite, t = Wassertiefe, D_{50} = Korndurchmesser bei 50 % Siebdurchgang. Obere Grafik schematisch nach da Silva (1994), mittlere Grafik nach Leopold & Wolman (1957) und untere Grafik nach Parker (1976).

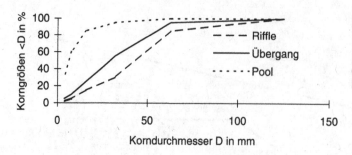

Abb. 1.4.7 Verteilung der Korngrößen in einem naturnahen, mäandrierenden Mittelgebirgsbach.

1.4.6   Riffle-Pool- und Absturz-Becken-Sequenzen

In allen kleinen bis mittelgroßen Fließgewässern mit einem Sohlgefälle bis zu etwa 3 % und mit Sohlmaterial von 2–265 mm Durchmesser kommt es zu einer wiederkehrenden Abfolge von Bereichen mit höheren und niedrigeren Fließgeschwindigkeiten (Knighton 1998). Die Bereiche mit höheren Fließgeschwindigkeiten (Riffle) haben ein höheres Sohlgefälle, geringere Wassertiefen und gröbere Sohlsubstrate. Bei niedrigem Abfluß kommt es kleinräumig zur Strömungsart „Schießen". Die Bereiche mit niedrigeren Fließgeschwindigkeiten (Pool) haben geringes (teilweise negatives) Sohlgefälle, größere Wassertiefen und eher feine Substrate (Abb. 1.4.7). Bei niedrigem Abfluß ist die Sohlschubspannung im Pool geringer als im Riffle. Bei Hochwasserabfluß kehrt sich dieses Verhältnis um. Das Gefälle von Wasserspiegel und Energielinie von Riffle und Pool wird sich in etwa angleichen, so daß bei größerer Wassertiefe im Pool eine größere Sohlschubspannung auftritt (Lisle 1979).

Bedingt durch das Strömungsmuster in mäandrierenden Fließgewässern werden sich die Riffle-Bereiche typischerweise im Übergang von einem zum anderen Bogen zeigen (Abb. 1.4.8). Die Pools liegen im Bereich der Bogenaußenseite am Prallhang (Seiten-Pool). Durch die auch bei bordvollem Abfluß geringen Fließgeschwindigkeiten an der Bogeninnenseite (Gleithang) kommt es hier zur Ausbildung von Kiesbänken (Abb. 1.4.8). Ein Riffle-Pool-Abschnitt hat etwa eine Länge der 5–7fachen Gewässerbreite. In Fließgewässern mit einer Sandsohle findet man nur eine geringe Tendenz zur Ausbildung von Riffle-Pool-Sequenzen, und in Gebirgsbächen mit Steinblöcken und einem Gefälle größer als 3–5 % bilden sich Absturz-Pool-Sequenzen aus. Eine detaillierte Beschreibung und Typisierung von Gebirgsbächen anhand des Längsprofils gibt Schälchli (1991).

1.4.7   Typisierung morphologischer Strukturen

Gerinneabschnitte mit schnell fließendem Wasser

Eine grundlegende, morphologische Typisierung von Gerinneabschnitten führten Hawkins et al. (1993) durch. Dabei wird zwischen „schnell fließend" (fast water) und „langsam fließend" (slow water) unterschieden. Zur Kategorie

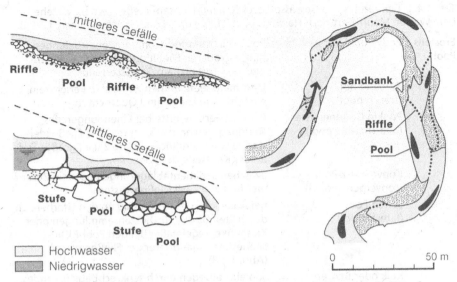

Abb. 1.4.8 LINKS: Längsprofil von Riffle-Pool- und Absturz-Becken-Abschnitten (aus Knighton 1998). RECHTS: Lage der Riffle-Pool-Bereiche und Kiesbänke in einem naturnahen Bach (Skirden Beck, Nordwest-England). Nach Thompson (1986).

Tab. 1.4.1 Typisierung von schnell fließenden Gewässerbereichen. Modifiziert nach Hawkins et al. (1993) und Bisson & Montgomery (1996).

Typ	mittlere Fließgeschwindigkeit	Sohlgefälle	Beschreibung
Absturz (fall)	++++++	++++++	senkrechter Überfall über Steinblöcke, Felsen u. a., typisch als Absturz-Becken-Sequenzen in Gebirgsbächen
Schußrinne (chute)	+++++	++++	schmale, sehr steile Rinne im Felsgestein
Stromschnelle (rapid)	++++	+++	mäßig steile Abschnitte mit groben Substraten, ebener Sohlbereich ohne Stufen
Riffle	+++	++	typisch bei bogigen/mäandrierenden Fließgewässern (Abb. 1.4.8), die Substrate sind etwas kleiner als bei Stromschnellen
Sheet	++	variabel	bei geringer Tiefe fließt das Wasser ruhig über glatten Felsen mit wechselndem Gefälle
Run	+	+	bei geringem Gefälle, feinen Substraten und größerer Wassertiefe als bei Riffles, Wechselsprung kaum sichtbar

„schnell fließend" werden Bereiche gezählt, in denen stellenweise die Fließart „Schießen" auftritt. Beim Übergang von „Schießen" zu „Strömen" kommt es zum Wechselsprung mit Lufteintrag ins Wasser (Abschn. 1.2), was dann zumeist als „weißes Wasser" sichtbar ist. In Tabelle 1.4.1 sind die Gerinneabschnittstypen zur Kategorie „schnell fließend" beschrieben.

Tab. 1.4.2 Typisierung von Gewässerbereichen mit langsam fließendem bzw. stehendem Wasser. Modifiziert nach Hawkins et al. (1993) und Bisson & Montgomery (1996).

Erosions-Pool	Eddy-Pool	Pools durch starke Strömungsverwirbelungen hinter größeren Fließhindernissen (z.B. Baumwurzeln, Totholz) am Gewässerrand
	Rinnen-Pool (trench pool)	U-förmige, tiefe Rinnen zumeist in Felsgestein, einheitlich in Längs- und Querrichtung
	Pool in Gerinnemitte (mid-channel pool)	Pools in Gerinnemitte bei Einengungen des Gerinnequerschnitts durch seitliche Fließwiderstände wie Steinblöcke, Totholz u.a., größte Tiefe an der Kopfseite des Pools
	Konvergenz-Pool (convergence pool)	zwischen Sedimentablagerungen bei dem Zusammenfluß von zwei Fließgewässern
	Seiten-Pool (lateral pool)	bei Ablenkung der Strömung an den Uferbereich, durch Steinblöcke, Totholzansammlungen oder Kiesbänke, regelmäßig bei den Pool-Riffle-Sequenzen mäandrierender Fließgewässer (Abb. 1.4.8)
	Kolk oder Becken (plunge)	Sohleintiefungen durch senkrecht abstürzendes Wasser (z. B. Absturz-Becken)
Aufstauung	Verklausung (debris dam)	(siehe Abschn. 1.4.3)
	Biberdamm	(siehe Abschn. 1.4.3)
	Hangrutschung (landslide)	Aufstau des abfließenden Wassers vor einer Hangrutschung
	Altwasser (backwater)	(siehe Text)

Gerinneabschnitte mit langsam fließendem Wasser

In die Kategorie „langsam fließend" fallen nur Gerinneabschnitte mit strömendem Wasser. Es wird zwischen Erosions-Pools (scour pools) und Aufstauungen (dammed pools) unterschieden. Bei Erosions-Pools wird durch die Strömung Material aus der Sohle ausgetragen, so daß Eintiefungen in der Sohle entstehen. Aufstauungen entstehen bei Absperrungen des Gerinnes durch Verklausungen, Biberdämme oder Hangrutschungen (Tab. 1.4.2). Der aufgestaute Bereich vor Gerinneabsperrungen wird mit der Zeit durch Ablagerung von Geschiebe und Schwebstoffen aufgefüllt.

Auegewässer

Berühren sich Mäanderbögen, so kommt es zum Durchbruch mit einer plötzlichen Laufverkürzung. Der abgeschnürte Mäanderbogen wird nicht mehr durchflossen. Bei verästelten/verzweigten Flüssen können durch die Um- bzw. Ablagerung von Sedimenten einzelne Verzweigungen vom Hauptgerinne abgetrennt werden. Amoros et al. (1987) haben für diese Gewässer folgende Einteilung vorgeschlagen (Abb. 1.4.9): Hauptfluß (Eupotamon); Altarm, bei welchem das untere Ende noch Kontakt zum Hauptgewässer hat (Parapotamon); Altarm ohne direkten Kontakt zum Hauptfluß (Paläopotamon); vom Hauptfluß abgetrennte Flußverzweigung (Plesiopotamon). Auch die vom Hauptfluß abgetrennten Auegewässer haben durch das Grundwasser und bei Überflutungen

Abb. 1.4.9 Eintei-
lung von Auegewäs-
sern. Nach Amoros et
al. (1987).

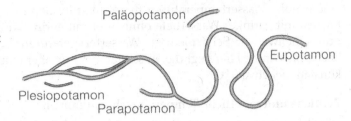

noch einen hydrologischen Kontakt zum Hauptfluß (Abschn. 3.2.3). Nach DIN 4047 wird das Parapotamon als „Altarm" bezeichnet, während Paläo- und Plesiopotamon zu den „Altwassern" gezählt werden.

1.5 Licht und Wassertemperatur

Lichtverhältnisse

Man unterscheidet die direkte Sonneneinstrahlung und die diffuse Himmels-strahlung, welche auch in beschatteten Bereichen vorhanden ist. Beide Strahlungen zusammen werden als Globalstrahlung bezeichnet. Ein Teil des Lichtes wird von der Wasseroberfläche reflektiert. In Mitteleuropa sind dies im Sommer etwa 3 % und im Winter etwa 7 %. Der Teil der Strahlung, welcher in das Wasser eindringt, kann direkt bis zur Sohle gelangen, ein anderer Teil wird gestreut und ein weiterer Teil absorbiert. Mit zunehmender Tiefe nimmt die Lichtintensität exponentiell ab. Eine Trübung des Wassers durch Schwebstoffe verringert die Lichtdurchlässigkeit, wodurch die Primärproduktion im Fließ-gewässer herabgesetzt wird. Auch die Bildung von Oberflächeneis reduziert die Lichtdurchlässigkeit, wobei weniger der Eiskörper selber dies bewirkt, sondern vielmehr die Oberflächenrauheit des Eises bzw. der aufliegende Schnee.

Einen bedeutenden Einfluß auf die Lichtverhältnisse (und die hierdurch beeinflußten Parameter wie Wassertemperatur, Primärproduktion, Sauerstoff-produktion u. a.) haben Ufergehölze. Ein geschlossener Laub- oder Nadelwald setzt die Lichtintensität auf der Wasseroberfläche auf 1–2 % herab (Schwoerbel 1993a). Nur bei alpinen Bächen und breiteren Fließgewässern (> ca. 10 m Breite) findet man natürlicherweise eine durchgehende direkte Sonneneinstrahlung auf die Wasseroberfläche.

Einflußfaktoren auf die Wassertemperatur

Die Wassertemperatur eines Fließgewässers an einer betrachteten Stelle ist ab-hängig von
– der Intensität der Sonneneinstrahlung und der Expositionszeit,
– der Wassertiefe (bzw. dem Verhältnis von Wasseroberfläche zu Wasservolu-men),
– der Menge und der Temperatur von ggf. zutretendem Grundwasser,
– der Lufttemperatur und
– der Entfernung zur Quelle sowie der Temperatur des Quellwassers.

Sehr hohe Wassertemperaturen findet man im Sommer an unbeschatteten Bächen mit geringer Wassertiefe ohne oder mit geringem Zufluß von Grund- und Quellwasser. Sehr niedrige Wassertemperaturen haben (hoch-)alpine Bäche im Winter. Hier liegt die Wassertemperatur über einige Monate hinweg konstant bei etwa 0 °C.

Zeitliche und räumliche Temperaturschwankungen

Die Wassertemperatur schwankt im **Jahresverlauf** (Tab. 1.5.1) wie auch im **Tagesverlauf** (Abb. 1.5.1). Sehr ausgeprägt sind diese Rhythmen bei sehr flachen, breiten Fließgewässern ohne Beschattung der Wasserspiegelfläche, ohne Grundwassereinfluß und in einer gewissen Entfernung von der Quelle.

Die Wassertemperatur von der Quelle bis zur Mündung wird sich (idealisiert betrachtet) kontinuierlich ändern: Die Temperatur an der Quelle ist relativ konstant. Sie entspricht in etwa der mittleren Jahrestemperatur der Luft. Mit zunehmender Entfernung von der Quelle werden die mittlere Wasserjahrestemperatur und die jahreszeitlichen Temperaturschwankungen zunehmen. Die täglichen Temperaturschwankungen erreichen im Gewässermittellauf bei einer großen, durch Ufergehölze nicht mehr beschatteten Wasserspiegelbreite ihr Maximum. Im Unterlauf der Flüsse werden die täglichen Temperaturschwankungen dann durch die große Wassertiefe wieder gedämpft.

Fließt der gesamte Abfluß in einem einzelnen Gerinne, so wird die Wassertemperatur im gesamten Abflußquerschnitt durch die Turbulenzen des fließen-

Tab. 1.5.1 Wassertemperaturen bei verschiedenen Bachtypen.

	Winter bzw. Jan/Feb	Sommer bzw. Juli/Aug	gesamtes Jahr	nach Angaben von
Hochgebirgsbäche	0–2 °C	4–10 °C	2–6 °C	Braukmann (1987)
Mittelgebirgsbäche	2–4 °C	11–20 °C	6–10 °C	Braukmann (1987)
Tieflandbäche	3–4 °C	19–21 °C	10–12 °C	Braukmann (1987)
naturnaher, grundwasserarmer Tieflandbach	bis min. 0 °C	bis max. 17 °C		Timm et al. (1995)
naturnaher, grundwassergeprägter Tieflandbach	bis min. 5 °C	bis max. 14 °C		Timm et al. (1995)

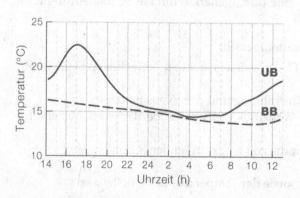

Abb. 1.5.1 Tagesgang der Wassertemperatur im Sommer im unbeschatteten (UB) und beschatteten (BB) Bereich eines Flachlandbaches. Nach Linnenkamp & Hoffmann (1990).

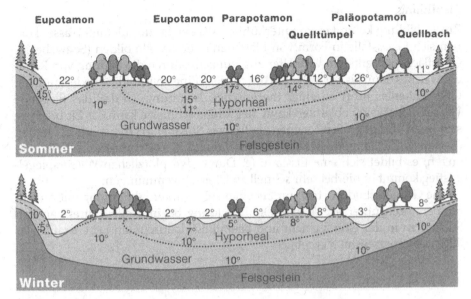

Abb. 1.5.2 Temperaturverteilung (°C) in verschiedenen Bereichen eines verzweigten Fließgewässers im Sommer und im Winter. Nach Brunke (1998).

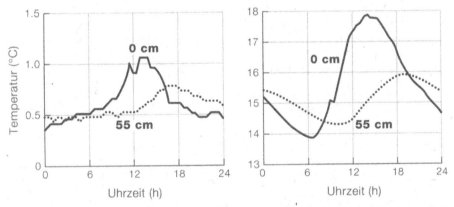

Abb. 1.5.3 Wassertemperaturverlauf an der Sohloberfläche (0 cm) und in 55 cm Tiefe an einem typischen Wintertag (LINKS) und einem typischen Sommertag (RECHTS) in einem 4 bis 5 m breiten Fließgewässer im Schwarzwald. Man beachte die unterschiedliche Skaleneinteilung bei der Wassertemperatur. Aus Pusch (1993)

den Wassers sehr homogen sein. Bei einem verästelten, verzweigten oder mäandrierenden Gewässer hingegen wird man im Sommer ein breites Spektrum an Bereichen mit stark unterschiedlichen Wassertemperaturen finden (Abb. 1.5.2). Regionen mit stehendem Wasser ohne nennenswerten Grundwassereinfluß sind extremen Schwankungen ausgesetzt.

Im Mischungsbereich von Freiwasser und Grundwasser, also im Hyporheal, werden die Wassertemperaturschwankungen stark gedämpft (Abb. 1.5.3). Die täglichen Schwankungen verlaufen zudem zeitlich verzögert.

Eisbildung

Zur Eisbildung kommt es im unterkühlten Wasser. Im turbulenten Wasser können sich Eiskristalle in Form von Plättchen oder Nadeln bilden (Schwebeeis). Oberflächeneis entsteht vom Ufer aus, zunächst durch die Bildung von Randeis, welches dann bis zur Mitte hin durchfriert. Eine vollständige Bedeckung mit Oberflächeneis führt zu einer thermischen Isolierung, so daß das fließende Wasser nicht weiter abkühlen kann. Bei Schneeschmelze kann das Eis brechen, sich lösen und in großen Mengen als Treibeis flußabwärts transportiert werden (Eisgang). Zusammengeschobenes Eis kann den Durchflußquerschnitt einengen; es bildet sich eine Eisstauung. Durch den plötzlichen Wasserspiegelanstieg kommt es hierbei sehr schnell zu Überschwemmungen.

Eine Grundeisbildung tritt nur bei einer sehr starken Abkühlung mit Außentemperaturen unter –15 °C ein. Die Eisbildung beginnt dabei direkt an den Substraten in der Grenzschicht und beeinflußt dadurch den Lebensraum der Fließwasserorganismen erheblich.

2 Biologie der Fließgewässer

2.1 Überblick über die Organismen im und am Fließgewässer

2.1.1 Einteilung der Organismen nach ihrer Bedeutung für den Stoffhaushalt

Bezüglich ihrer Bedeutung für den Stoffhaushalt kann man die Organismen in Produzenten, Konsumenten und Destruenten einteilen. Die **Primärproduzenten** bauen aus anorganischen Ausgangsstoffen (CO_2, H_2O u. a.) und unter biochemischer Fixierung von Strahlungsenergie (Sonnenlicht) organische Substanz (Kohlenstoffverbindungen, Biomasse) auf. Bei diesem Prozeß wird Sauerstoff (O_2) freigesetzt. Primärproduzenten sind vor allem grüne Pflanzen; in Fließgewässern sind dies Algen, Moose und Blütenpflanzen. Die jährliche Primärproduktion beträgt bei einem beschatteten Waldbach 3 g Kohlenstoff pro m^2 Sohlfläche (Fischer & Likens 1973). Bei einem voralpinen Fluß (Necker, Schweiz) liegt sie bei 540 g Kohlenstoff pro m^2 und in einem ruhig fließenden, unbeschatteten Bach (Glatt, Schweiz) beträgt sie etwa 4000 g Kohlenstoff pro m^2 (Uehlinger 1995). Weitere organische Substanz (vor allem Fallaub) wird von außen in das Fließgewässer eingetragen (Abschn. 3.2).

Tiere sind **Konsumenten**; sie beziehen ihre Energie durch Ab- und Umbau der vorhandenen Biomasse. Bei diesem Prozeß wird Sauerstoff verbraucht und ein Teil des in der Biomasse gespeicherten Kohlenstoffs als Kohlendioxid abgegeben (Respiration, Atmung). Da aber zudem Biomasse erneut aufgebaut wird, bezeichnet man die Konsumtion auch als Sekundärproduktion. Die jährliche Sekundärproduktion des Makrozoobenthos liegt in mitteleuropäischen Fließgewässern im Bereich von etwa 1–80 g Kohlenstoff pro m^2.

Bakterien und Pilze gehören zu den **Destruenten**, welche ihre Energie aus dem Abbau vorhandener toter Biomasse beziehen (im gewissen Sinne sind Destruenten gleichzeitig auch Konsumenten, da sie ihre eigene Biomasse aufbauen). Die Destruktion verläuft in Fließgewässern zumeist aerob, also unter Sauerstoffverbrauch. Nur wenige, kleinräumige Bereiche sind anaerob, so z. B. nichtdurchströmte Bereiche im Hyporheal, in Fallaubansammlungen oder der innere, substratnahe Bereich bei dickschichtigen Biofilmen. Die Bedeutung der anaeroben Destruenten für den Gesamtstoffhaushalt des Fließgewässers ist zur Zeit noch ungeklärt.

2.1.2 Algen

Algen können frei im Wasser schweben (Phytoplankton) oder auf den Substraten im Gewässer (Aufwuchsalgen) wachsen. Phytoplankton in Fließgewässern hat seinen Ursprung immer in Seen oder in Fließgewässerbereichen mit stehendem Wasser. Somit haben Fließgewässer kein „eigenes" Plankton (Schwoerbel 1999). Trotzdem kann Phytoplankton vor allem in größeren, langsam fließenden Gewässern den Stoffhaushalt des Systems maßgeblich beeinflussen. Bei den Aufwuchsalgen handelt es sich um

– Blau„algen", welche aufgrund des Zellaufbaues zu den Bakterien gehören,
– Kieselalgen, die artenreichste Algengruppe der Fließgewässer,
– Grünalgen und
– Rotalgen.

Bei sehr tiefen, größeren Fließgewässern befinden sich an der Gewässersohle keine photosynthetisch aktiven Algen. Saisonal reduzierte Lichteinstrahlung, wie bei der Wassertrübung der Gletscherbäche im Sommer oder einer winterlichen Schneebedeckung, können Algen als Dauerstadien überstehen. Algen produzieren (wie alle Pflanzen) nur bei Sonnenlicht Sauerstoff, im Dunkeln hingegen verbrauchen sie Sauerstoff. Die Beschattung eines Baches durch seitliche Geländeerhöhungen oder durch Ufergehölze ist immer unvollständig, so daß sich auch hier photosynthetisch aktive Algen entwickeln können. So wurden in einem Schwarzwaldbach in den Monaten Mai bis Oktober in einem beschatteten Sohlbereich 134 g organische Masse pro m^2 produziert; die entsprechende Produktion bei unbeschatteten Flächen lag bei 166 g/m^2 (Ruhrmann 1990). Bei durch Ufergehölze beschatteten Gewässern wird allerdings durch Fallaub ein Vielfaches an organischem Material ins Gewässer eingebracht.

Einen großen Einfluß auf die Entwicklung von benthischen Algen hat neben der Sonneneinstrahlung auch die Strömungsgeschwindigkeit. Durch die verbesserte Nährstoffversorgung nimmt mit zunehmender Fließgeschwindigkeit die Biomasse der benthischen Algen zu. Allerdings wird ab einer Strömungsgeschwindigkeit von etwa 25 cm/s die Algenbesiedlung durch die zunehmende hydraulische Belastung wieder reduziert.

2.1.3 Höhere Wasserpflanzen – Moose und Blütenpflanzen

Moose wachsen vor allem auf größeren Steinen in Mittelgebirgsbächen und alpinen Bächen. Entscheidend für das Vorhandensein von Moosen in Gebirgsbächen ist die Sohlumlagerungsdynamik. Kommt es ein- oder mehrmals jährlich zu Hochwasser mit Sohlumlagerung, so können sich im allgemeinen keine Moose entwickeln. Moose wachsen nur auf Steinen, welche nicht oder nur im Abstand von mehreren Jahren bewegt werden. Auch Felswände mit extremen Strömungsbedingungen werden besiedelt. Hier sind Moose ein wichtiger Lebensraum für verschiedene Algen und Kleintiere, da unter diesen Bedingungen kaum andere besiedelbare Strukturen vorhanden sind. Die Fortpflanzung und Ausbreitung erfolgt durch Sporen, die in das Wasser abgegeben werden und in kleinen, strömungsgeschützten Bereichen keimen.

Von Bedeutung für die Besiedlung ist, ob es sich um ein Gewässer mit Silikat- oder Kalkgestein handelt, da sich auf unterschiedlichen Gesteinsarten auch unterschiedliche Moosgesellschaften entwickeln. So unterscheidet Düll (1993) kalkmeidende und kalkholde Moosarten. Moose tragen zur Verwitterung von

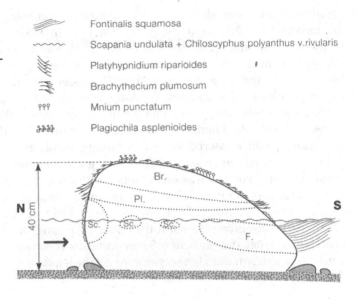

Abb. 2.1.1 Verteilung von unterschiedlichen Moosarten auf einem Felsblock (in der Fichtelnaab, Nordost-Bayern). Aus Hertel (1974).

Fontinalis squamosa

Scapania undulata + Chiloscyphus polyanthus v.rivularis

Platyhypnidium riparioides

Brachythecium plumosum

Mnium punctatum

Plagiochila asplenioides

Kalkgestein bei, da ihre Wurzelhaare (Rhizoiden) tief in die Klüfte des Gesteins eindringen. Außerdem wirken Moose wie Algen bei der Bildung von Kalktuff mit, da sie eine Oberfläche bilden, an der sich Kalziumkarbonat absetzt.

Die wasserbezogenen Moosarten bzw. Moosgesellschaften sind an unterschiedliche Überschwemmungshäufigkeiten angepaßt. Dies zeigt sich z. B. in Form der vertikalen Zonierung der Moosarten auf Steinen im Fließgewässer (Abb. 2.1.1). Submerse (untergetauchte) Moose entwickeln sich nur in einem ständig unter Wasser liegenden Bereich, während die Moose der Spritzwasserzone sich oberhalb dieses Bereiches entwickeln. Je größer der Abstand zum MW-Wasserspiegel ist, desto weniger gut werden zeitweilige Überschwemmungen toleriert.

Durch starke Strömung, grobe Sohlsubstrate und eine reduzierte Sonneneinstrahlung durch Ufergehölze wird das Vorkommen von **Blütenpflanzen** in Fließgewässern begrenzt. Eine typische Blütenpflanze, welche Fließgewässer bevorzugt, ist der Flutende Hahnenfuß (*Ranunculus fluitans*), der in den Gewässern der Ebene und des Mittelgebirges bis etwa 800 m Höhe vorkommt. Er bildet untergetaucht flutende, bis zu 6 m lange Stengel aus. Der Flutende Hahnenfuß kann auch starker Strömung standhalten, benötigt aber eine feinkörnige Sohle. Bei einer hydraulischen Überbeanspruchung brechen die Stengel, so daß die im Boden verbleibenden Pflanzenteile wieder austreiben können (Haslam 1978).

Die meisten der in Fließgewässern vorkommenden Blütenpflanzen findet man auch in stehenden Gewässern. Diese Pflanzen tolerieren die Wasserströmung, sind aber nicht auf sie angewiesen. Da aber durch die Strömung die Konkurrenz gemindert wird, können sich diese Pflanzen im Fließgewässer besser entwickeln.

Das Artenspektrum der submersen Wasserpflanzen wird hauptsächlich durch die Wasserqualität und Fließgeschwindigkeit bestimmt, die Wasserpflanzendichte hängt vor allem von der Sonneneinstrahlung ab (Hilgendorf & Brinkmann 1980, Niemann 1980). Eine Massenentwicklung findet bei voller Sonneneinstrahlung, Schlammböden, hohen Wassertemperaturen, niedrigen Fließgeschwindigkeiten und einem großen Nährstoffangebot statt. Jorga & Weise (1977) fanden in einem solchen Gewässer bei drei Krautschnitten in einem Jahr eine Biomassenentwicklung von 60 Tonnen pro ha, was einer Trockenmasse von 600 g pro m^2 entspricht. Die submersen Wasserpflanzen produzieren (wie alle Pflanzen) bei Tageslicht Sauerstoff. Bei einer Massenentwicklung von Wasserpflanzen mit ruhiger, wenig turbulenter Wasserströmung kann es zur einer Sauerstoffübersättigung kommen. Kahnt et al. (1989) ermittelten in solchen Gewässern Sauerstoffsättigungen bis zu 140 %. Bei Sauerstoffsättigungen von über 120 % kann es zum Massensterben der Fische kommen („Gasblasenkrankheit"). Wenn die vom Licht abgeschirmten, unteren Pflanzenteile absterben, so kann dies durch die sauerstoffzehrenden Abbauprozesse zu einer dramatischen Sauerstoffunterversorgung führen. Dadurch wird das Überleben der Fließwassertiere gefährdet, da nahezu alle stark sauerstoffbedürftig sind (Abschn. 2.2.3).

2.1.4 Mikro- und Mesofauna

Die Tiere der Fließgewässersohle werden im allgemeinen in Mikro-, Meso- (oder Meiofauna) und Makrozoobenthos eingeteilt; allerdings werden unterschiedliche Definitionen verwendet: McIntyre et al. (1984) verstehen unter Makrofauna die wirbellosen Tiere, die bei einer Siebung auf dem 500-μm-Netz verbleiben. Tiere, welche in ausgewachsenem Zustand mindestens 3–5 mm groß sind, bezeichnet Cummins (1975) als Makrofauna. Downing (1984) verwendet die Begriffe Meio- und Mikrofauna synonym und zählt hierzu verschiedene „kleine" Tiergruppen wie Einzeller, Kleinkrebse, Fadenwürmer u. a. Die Definitionen der beiden letzten Autoren beziehen sich also auf Taxa, während McIntyre et al. die Individuengröße zum Zeitpunkt der Untersuchung als Kriterium heranziehen. Im folgenden wird eine eigene Definition verwendet:

Die **Mikrofauna** umfaßt alle einzelligen Tiere (Protozoa) und besteht in Fließgewässen vor allem aus Wimperntierchen (Ciliata) und Geißeltierchen (Zooflagella). Diese mit bloßem Auge nicht sichtbaren Tiere leben vor allem im Aufwuchs, einem Biofilm, in dem sich außer Protozoen auch Bakterien, Pilze, Algen und verschiedene mehrzellige Tiere befinden. Alle festen Oberflächen (von Steinen, Wasserpflanzen, Totholz u. a.) sind mit Aufwuchs überzogen. Bisher gibt es nur wenige Untersuchungen über die ökologische Bedeutung der Mikrofauna in Fließgewässern. Zum einen sind diese Tiere relativ schwer zu bestimmen (nur durch Spezialisten möglich) und zum anderen lassen sie sich kaum quantifizieren.

Die **Mesofauna** umfaßt die mehrzelligen Tiere, welche ihren gesamten Lebenszyklus im Lückenraumsystem unter der Gewässersohle verbringen. Es handelt sich hierbei vor allem um Rädertierchen (Rotatoria), Fadenwürmer (Nematoda), Wenigborster (Oligochaeta), Muschelkrebse (Ostracoda) und Ruderfußkrebse (Copepoda). Mit Ausnahme einiger Wenigborster (z. B.

Eiseniella tetraedra) sind diese Tiere sehr klein, aber mit bloßem Auge gerade noch sichtbar. Auch die Mesofauna ist taxonomisch schwer zu bearbeiten, und über ihre Ökologie ist im allgemeinen wenig bekannt. In der angewandten Fließwasserökologie werden Mikro- und Mesofauna eher selten untersucht.

2.1.5 Makrozoobenthos

Der Begriff Makrozoobenthos bezeichnet alle im ausgewachsenen Stadium sehr gut sichtbaren Tiere, die zumindest in ihrem letzten Entwicklungsstadium an der Gewässersohle leben oder als fliegendes Insekt das Wasser verlassen. Die artenreichste Tiergruppe des Makrozoobenthos sind die Insekten. In Tabelle 2.1.1 sind die Artenzahlen der wichtigsten Insektengruppen der einheimischen Fließgewässer aufgeführt.

Die Mehrzahl der Wasserinsekten lebt als ausgewachsenes, fortpflanzungs-fähiges Insekt (Imago) an Land. Die Eiablage erfolgt

- als Eiabwurf der fliegenden Weibchen direkt über dem Wasserspiegel (bei manchen Zuckmücken, Köcherfliegen, Libellen),
- durch das Eintauchen des Hinterleibendes während des Fluges (bei manchen Eintagsfliegen, Steinfliegen),
- an Ufersubstrate direkt unterhalb des Wasserspiegels (bei Steinfliegen),
- durch das Eintauchen des ganzen Tieres und Ankleben der Eier an Pflanzen oder Steine (bei einigen Eintagsfliegen, Köcherfliegen),
- an oder in Wasserpflanzen ober- oder unterhalb des Wasserspiegels (bei manchen Libellen, Köcherfliegen).

Die Eientwicklung dauert zumeist einige Wochen, bei Überwinterung auch mehrere Monate (Tab. 2.1.2). Eine extrem lange Eientwicklung von 3 Jahren hat die Steinfliege *Perla grandis* im Oberlauf der Thur in der Ostschweiz (Frutiger & Imhof 1997).

Auf die Eientwicklung folgt die Entwicklung der Larven. Während des Wachstums erfolgen Häutungen, bei denen die Larven ihre Außenhaut (Exo-

Tab. 2.1.1 Artenzahl der wichtigsten Insektengruppen in den Fließgewässern des deutschsprachigen Raumes. Es wird unterschieden zwischen Bächen bzw. kleinen Flüssen (Rhithral-Gewässer) und größeren Flüssen bzw. Strömen (Potamal-Gewässer). Abgeschätzt nach Angaben aus Illies (1978).

Tiergruppe	Lebensraum	Alpen	Mittel-gebirge	Tiefland	Σ Arten
Eintags-fliegen	Bach, kleiner Fluß	44	52	41	
	großer Fluß, Strom	39	55	58	104
Stein-fliegen	Bach, kleiner Fluß	57	63	17	
	großer Fluß, Strom	18	36	24	96
Köcher-fliegen	Bach, kleiner Fluß	170	161	115	
	großer Fluß, Strom	70	77	85	229
Zuck-mücken	Bach, kleiner Fluß	224	231	187	
	großer Fluß, Strom	99	110	115	363

Tab. 2.1.2 Dauer der verschiedenen Entwicklungsstadien einiger wichtiger bzw. typischer Insektengruppen in mitteleuropäischen Fließgewässern. Nach Angaben aus Armitage et al. (1995), Bellmann (1987), Burmeister & Reiss (1983), Elliot & Humpesch (1983), Engelhardt (1985), Frutiger & Imhof (1997), Jacob et al. (1978), Studemann et al. (1992), Wichard (1988).

Tiergruppe	Entwicklungs-stadium	aquatisch (mit Überwinterung)	terrestrisch
Eintagsfliegen	Ei	im Mittel 10–20 Tage	
	Larve	Monate (bis 2 Jahre)	
	Subimago		Minuten bis Tage
	Imago		im Mittel ca. 30 Stunden
Steinfliegen	Ei	Wochen (max. 3 Jahre)	
	Larve	1 Jahr (max. 4 Jahre)	
	Imago		meist 4–6 Wochen
Köcherfliegen	Ei	2–3 Wochen (Monate)	
	Larve	4 (bis 10 Monate)	
	Puppe	2 bis max. 4 Wochen	
	Imago		Tage bis 4 Wochen
Libellen	Ei	3–4 Wochen bis Monate	
	Larve	Monate (bis 5 Jahre)	
	Imago		Wochen
Zuckmücken (Familie der Zweiflügler)	Ei	Tage bis Wochen	
	Larve	Monate (bis 1 Jahr)	
	Puppe	Minuten bis 2 Wochen	
	Imago		Stunden bis Tage
Kriebelmücken (Familie der Zweiflügler)	Ei	Tage bis (Monate)	
	Larve	Monate (bis 1 Jahr)	
	Puppe	Tage bis Wochen	
	Imago		Tage bis Wochen

skelett) abstreifen und dann eine neue (größere) Außenhaut bilden. Die Anzahl der Häutungen liegt zwischen 4 (bei Zuckmücken) und 15–25 (bei Eintagsfliegen). Die Entwicklungszeiten können Tabelle 2.1.2 entnommen werden. Die Larven ernähren sich von

– dem allochthonen Detritus (vor allem Fallaub),
– den mit der Strömung transportierten kleineren organischen Partikeln autochthoner und allochthoner Herkunft (Abschn. 1.3.2)
– dem Algenaufwuchs und seltener den höheren Wasserpflanzen oder
– räuberisch (also von anderen wirbellosen Wassertieren).

Aufgrund dieser unterschiedlichen Ernährungsweisen können die Fließwassertiere in Ernährungstypen eingeteilt werden (Abschn. 2.2.4).

Bei manchen Insekten – wie den Steinfliegen und Libellen – folgt nach dem Larvenstadium direkt die Imago. Bei anderen Insekten hingegen ist ein Puppenstadium zwischengeschaltet (z. B. bei Köcherfliegen sowie Zweiflüglern wie Zuckmücken und Kriebelmücken). Eintagsfliegen sind die einzige Tiergruppe, bei welcher der Imago ein Subimaginal-Stadium vorausgeht (Tab. 2.1.2). Manche Imagines nehmen keine Nahrung zu sich (Eintagsfliegen) oder nur Flüssigkeit (Köcherfliegen). Bei einigen Arten benötigen die Weibchen Säugetierblut zur Entwicklung der Eier (manche Kriebelmückenweibchen) oder leben als Räuber (Libellen).

Neben den genannten Insektengruppen findet man in Fließgewässern noch weitere Insekten wie Käfer (Coleoptera), Wanzen (Heteroptera), Schlammfliegen (Megaloptera) und weitere Vertreter der Zweiflügler wie Ibisfliegen (Athericidae), Lidmücken (Blephariceridae) u. a.

Außer den Insekten werden noch weitere Tiergruppen zu dem Makrozoobenthos gezählt:
- „höhere" Krebse (Malacostraca) mit den Bachflohkrebsen (*Gammarus*), Asseln (Isopoda) und Flußkrebsen (Astacidae),
- Weichtiere (Mollusca) mit Muscheln (Bivalvia) und Schnecken (Gastropoda) und
- Strudelwürmer (Turbellaria).

2.1.6 Fische

Übersicht über die potentiell natürliche Fischfauna

Zoologisch gesehen umfaßt der Begriff Fische „alle primär wasserlebenden Wirbeltiere, die als erwachsene Tiere mit Kiemen atmen" (Remane et al. 1992).

Eine eigenständige Gruppe innerhalb der Fischfauna sind die Rundmäuler (Cyclostomata), welche im Süßwasser mit der Familie der **Neunaugen** (Petromyzontidae) vertreten sind. Schon vor etwa 500 Mio. Jahren haben sich die Rundmäuler von den übrigen Fischen getrennt. Neunaugen besitzen weder Knochen, Schuppen noch paarige Extremitäten. Die Körperform ist aalartig, und der Mund ist zu einem Saugmund ausgebildet, mit dem sie sich an anderen Tieren oder Steinen anheften können. Seitlich haben die Neunaugen sieben Paar Kiemenöffnungen. Im deutschsprachigem Raum hat das Bachneunauge (*Lampetra planeri*) die größte Verbreitung. Diese Art fehlt allerdings – wie alle Neunaugen – im Einzugsgebiet der Donau. Bachneunaugen leben typischerweise in den Fließgewässeroberläufen. Das Ablaichen erfolgt in grobschottrigen, schnellfließenden Streckenabschnitten, und die frisch geschlüpften Larven wechseln in ein sandiges Sediment mit hohem Laubanteil. Nach 3–4 Jahren sind die Tiere geschlechtsreif. Nun nehmen sie keine Nahrung mehr zu sich und sterben kurz nach dem Ablaichen (Lelek & Buhse 1992). Das Meerneunauge (*Petromyzon marinus*) ist ein anadromer Wanderer, d. h., das Hauptwachstum findet im Meer statt, während das Tier zum Ablaichen ins Süßwasser wandert. Die Eier werden im schottrigen Substrat abgelegt und die Larven entwickeln sich über einen Zeitraum von 4–5 Jahren in den feinen Sedimenten des Uferbereiches (Lelek & Buhse 1992). Danach verlassen sie das Süßwasser und ziehen ins Meer. Dort ernähren sie sich parasitisch und erreichen eine Länge von bis zu 60 cm (max. 1 m). Flußneunaugen (*Lampetra fluviatilis*) werden nicht ganz so groß wie Meerneunaugen, die Lebensweise ist ähnlich.

Nahezu alle übrigen Süßwasserfische gehören zu den Knochenfischen (Osteichthyes). Innerhalb dieser Klasse nehmen die **Störe** (Acipenseridae) eine besondere Stellung ein. Störe sind eine stammesgeschichtlich sehr alte Gruppe. Das Schuppenkleid ist weitgehend reduziert, und es finden sich Reihen von

Knochenplatten in der Haut. Der Mund ist unterständig, d. h., der Oberkiefer ist länger als der Unterkiefer. Mittels der vor dem Mund liegenden Barteln können Störe Nahrungstiere am Boden aufspüren, die durch den vorstülpbaren Mund aufgenommen werden. Wirtschaftlich von Bedeutung sind (waren) Störe nicht nur als Speisefische, sondern auch als Produzenten von Kaviar. Werden die Eier vor der Eiablage aus dem Körper entfernt, so können diese zu Kaviar aufbereitet werden. Das Gewicht der Eier vor der Ablage kann dabei bis zu weit über 10 % des Gesamtgewichts des Störweibchens ausmachen. Die größte Verbreitung hatte im deutschsprachigen Raum der Gemeine Stör (*Acipencer sturio*), welcher in allen großen Flüssen vorkam. Im vergangenen Jahrhundert wurden z. B. in der Elbe so viele Störe gefangen, daß eine Vorschrift erlassen werden mußte, nach der man Dienstmägden nicht mehr als zweimal wöchentlich Stör vorsetzen durfte. Der Stör ist wie das Meerneunauge ein anadromer Wanderfisch. Die erwachsenen Störe leben im Meer in Mündungsnähe großer Flüsse. Zum Ablaichen wandert der Stör flußaufwärts, wobei er hohe Fließgeschwindigkeiten überwinden und Hindernisse überspringen kann (Mohr 1952). Das Ablaichen findet in tiefen, gut durchströmten Kolken auf kiesigem Substrat statt (Lelek & Buhse 1992). Weibliche Störe werden bis zu über 40 Jahre alt. Alle anderen in Mitteleuropa ehemals vorkommenden Störarten haben ihre Verbreitung vornehmlich im Einzugsgebiet des Schwarzen Meeres und waren somit früher auch in der Donau zu finden. Der Sterlet (*Acipenser ruthenus*), der kleinste einheimische Stör, lebt nur im Süßwasser. Weiter heimisch in der Donau waren Glattdick (*Acipencer nudiventris*), Sternhausen (*Acipenser stellatus*), Waxdick (*Acipenser güldenstädti*) und Hausen (*Huso huso*). Letzterer ist der größte lebende Süßwasserfisch; früher wurden Exemplare mit einer Länge von bis zu 9 m und einem Gewicht bis 1500 kg gefangen (Mohr 1952). Bis auf den Sterlet, welcher auch gezüchtet und ausgesetzt wird, gibt es heute im deutschsprachigen Raum keine Störe mehr.

Aale (Anguillidae) sind in Mitteleuropa nur mit einer Art vertreten, dem Europäischen Aal (*Anguilla anguilla*). Im Einzugsgebiet des Schwarzen Meeres wird der Aalbestand nur durch Besatzmaßnahmen aufrecht erhalten. Der Aal ist ein katadromer Wanderfisch, dessen Wachstum im Süßwasser stattfindet, während er im Meer ablaicht. Das Laichgebiet ist (vermutlich) die Sargassosee südlich der Bermudas. Die Eier treiben zur Wasseroberfläche, wo dann die Larven aus den Eiern schlüpfen. Mit dem Golfstrom treiben die Aallarven nach Osten und erreichen im Alter von 3 Jahren die europäischen Küsten. Vor den Mündungen der großen Flüsse erfolgt die Umwandlung zum Glasaal, welcher dann in den Flüssen aufwandert. Ursprünglich durchschwamm ein Teil der Aale den gesamten Rhein bis zum Bodensee. Da der Aal auch in der Lage ist, sich über eine gewisse Strecke an Land fortzubewegen, konnten von einigen Individuen auch Hindernisse wie der Rheinfall bei Schaffhausen überwunden werden. Im Süßwasser leben die Aale etwa 7–8 Jahre und können dabei 50–80 cm lang werden (Lelek & Buhse 1992). Als Blankaal kehren die Tiere schließlich wieder zur Sargassosee zurück.

Der Maifisch (*Alosa alosa*), welcher zu der Familie der **Heringe** (Clupeidae) gehört, ist ein anadromer Wanderfisch, welcher früher in den Flüssen im

Abb. 2.1.2 Laichgebiet und Lebensraum von Bach-, See- und Meerforelle.

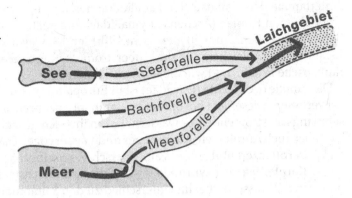

Einzugsgebiet des Atlantik lebte. Im Rhein erstreckte sich das Laichgebiet des Maifischs ursprünglich vom Niederrhein bis nach Basel.

Die **Lachsfische** (Salmonidae) leben vorwiegend im kalten, sauerstoffreichen Wasser von rhithralen Fließgewässern und in Seen. Alle Salmoniden ernähren sich räuberisch. Zum Ablaichen schlagen die Weibchen eine flache Laichgrube in die Kiessohle schnellfließender Gewässerabschnitte. Die Larven bleiben im Interstitial, bis der Dottersack aufgebraucht ist, und begeben sich dann in das fließende Wasser. Der Atlantische Lachs (*Salmo salar*) ist ein anadromer Wanderfisch, welcher früher in großen Mengen in den Atlantikzuflüssen vorkam. Die meisten der erwachsenen Fische sterben bereits nach dem ersten Ablaichen, nur etwa 10 % der Lachse erreichen wieder das Meer und nur etwa 5 % steigen erneut in den Flüssen hoch, um ein zweites Mal abzulaichen. Nur sehr selten kommt es vor, daß Atlantische Lachse ein drittes Mal ablaichen (Wheeler 1969). Die sich entwickelnden Jungfische bleiben zumeist 2–3 Jahre in den Fließgewässern und wandern dann ins Meer ab. Im vorigen Jahrhundert war der Atlantische Lachs im Rhein massenhaft zu finden. Er hatte – ähnlich wie der Stör für das Elbegebiet – eine große wirtschaftliche Bedeutung für diese Region.

Bei den Forellen (*Salmo trutta*) kann man verschiedene Standort- bzw. Wanderformen unterscheiden (Elliot 1994, Abb. 2.1.2): Die Meerforelle (*Salmo trutta trutta*) ist wie der Lachs ein anadromer Wanderfisch der Atlantikzuflüsse. Die Seeforelle (*Salmo trutta lacustris*) lebt in großen, tiefen Seen und laicht in der Regel in deren Zuflüssen. Bei der Bachforelle (*Salmo trutta fario*) kann eine Wanderform (welche zum Ablaichen flußaufwärts oder in die Zuflüsse zieht) und eine stationäre Form (welche in ihrem eigentlichen Lebensraum ablaicht) unterschieden werden. Die Regenbogenforelle (*Oncorhynchus mykiss*, früher: *Salmo gairdneri*) wurde als Wirtschaftsfisch gegen Ende des letzten Jahrhunderts aus Nordamerika importiert und ist heute in ganz Europa zu finden. Die Regenbogenforelle ist im Vergleich zur Bachforelle schnellwüchsiger, unempfindlicher gegen höhere Wassertemperaturen sowie gegen einen niedrigeren Sauerstoffgehalt des Wassers und weniger anspruchsvoll bei der Futterwahl. Der Huchen (*Hucho hucho*) war ursprünglich nur in der mittleren und oberen Donau heimisch, kommt heute aber auch im oberen Rhein- und Rhonegebiet vor. Die Äsche (*Thymallus thymallus*) wird in der Fachliteratur entweder als

Unterfamilie Thymallinae der Familie Salmonidae untergeordnet oder aber einer eigenen Familie (Äschen, Thymallidae) zugeteilt. Äschen haben in etwa denselben Lebensraum (kalte, schnellfließende Gewässer) und dieselbe Lebensweise (Ablaichen auf stark überströmten Kiesbänken in Laichgruben, räuberische Ernährung) wie die übrigen Salmoniden.

Die Familie der **Hechte** (Esocidae) ist in Europa nur mit dem Hecht *(Esox lucius)* vertreten. Dieser lebt bevorzugt in klaren, pflanzenreichen, stehenden oder sehr langsam strömenden Gewässern. Er ernährt sich größtenteils von Fischen, frißt aber auch Amphibien, Kleinsäuger und Wasservögel. Das Ablaichen erfolgt an Wasserpflanzen und an Gras auf Überschwemmungsflächen.

Die **Karpfenfische** (Cyprinidae) sind die artenreichste Familie der europäischen Süßwasserfische. Im Unterschied zu den Salmoniden können die verschiedenen Arten der Karpfenfische sehr unterschiedliche Lebensräume besiedeln. So leben z. B. Elritze *(Phoxinus phoxinus)*, Schneider *(Alburnoides bipunctatus)* und Strömer *(Leuciscus souffia agassizi)* in den sauerstoffreichen, schnell fließenden Gewässern der Flußober- und Flußmittelläufe, während Schleie *(Tinca tinca)*, Brachsen *(Abramis brama)*, Karpfen *(Cyprinus carpio)*, Karausche *(Carassius carassius)* und Bitterling *(Rhodeus sericeus amarus)* nur in pflanzenreichen, langsam fließenden oder stehenden Gewässern vorkommen. Karpfenfische sind zumeist Allesfresser (pflanzliche und tierische Nahrung). Sie laichen an Wasserpflanzen (Schleie, Brachsen, Rotauge), an Steinen bzw. Kies (z. B. Schneider, Nase) oder ähnlich wie die Salmoniden in einer Kiesgrube (Elritze). Eine Besonderheit im Laichverhalten zeigt der Bitterling. Das Bitterlingweibchen setzt mit einer Legeröhre seine Eier in der Teich- oder Malermuschel ab, wo sie anschließend vom Männchen befruchtet werden. Dort erfolgt die Eientwicklung und schlüpfen die Larven. Nachdem der Dottersack aufgebraucht ist, verlassen die Bitterlinglarven die Muschel.

Von den **Schmerlen** (Cobitidae) haben im mitteleuropäischem Raum zwei Arten eine größere Verbreitung: der Steinbeißer *(Cobitis taenia)* bevorzugt die untere Fließwasserregion mit sandig-schlammigem Untergrund, und der Schlammpeitzger *(Misgurnus fossilis)* hingegen lebt in flachen, stehenden, schlammigen Teichen und Tümpeln. Die Bachschmerle *(Barbatula barbatula)* gehört zur Familie der **Plattschmerlen** (Balitoridae) und kommt in der oberen und mittleren Gewässerregion vor.

Der (Europäische) **Wels** *(Silurus glanis)* aus der Familie der Welse (Siluroidea) lebt räuberisch in der unteren Fließwasserregion und in Altarmen. Er kann über 100 Jahre alt werden (Reichenbach-Klinke 1980) und erreicht bei einer Länge von 3 m ein Gewicht von bis zu 150 kg.

Die Quappe oder (Aal-)Rutte *(Lota lota)* ist in Europa der einzige Vertreter der **Dorschfische** (Gadidae). Die Quappe findet man im Brackwasser der Flußmündungen bis in den über 1200 m hohen Alpenfließgewässern (Terofal 1984). Die abgelaichten Eier schwimmen im Freiwasser, während die geschlüpften Larven sich an die Gewässersohle begeben.

Der Dreistachlige Stichling *(Gasterosteus aculeatus)* und der Neunstachlige Stichling *(Pungitius pungitius)* gehören zur Familie der **Stichlinge** (Gasterosteidae). Beide Arten können in Süß-, Brack- und Salzwasser leben. Sie sind in

Tab. 2.1.3 Anzahl der Fischarten in den Gewässersystemen Donau, Elbe, Rhein und Weser. Nach Angaben aus Lozan et al. (1996b).

	Donau	Elbe	Rhein	Weser
einheimisch	83	46	46	40
eingeführt	12	13	17	12
ausgestorben	Stör, Glattdick	Stör, Maifisch, Lachs, Nordseeschnäpel, Schneider	Stör, Lachs, Nordseeschnäpel	Stör, Maifisch, Lachs, Nordseeschnäpel
stark gefährdet	7	12	8	–
gefährdet	4	5	5	5

Mitteleuropa weit verbreitet, fehlen aber natürlicherweise im Einzugsgebiet des Schwarzen Meeres. Im Süßwasser leben beide Arten bevorzugt in kleineren, teilweise mit Pflanzen bewachsenen Tümpeln und Gräben. Die Küstenpopulationen des Dreistachligen Stichlings verbringen den Winter im Meer und ziehen zum Laichen im Frühjahr flußaufwärts (Pecl 1989).

Die häufigsten einheimischen Arten der **Barsche** (Percidae) sind (Fluß-)Barsch (*Perca fluviatilis*), Zander (*Sander lucioperca*) und Kaulbarsch (*Gymnocephalus cernus*). Alle ernähren sich räuberisch. Während der Flußbarsch die mittleren und unteren Zonen eines Fließgewässers bewohnt, findet man den Zander eher weiter unten. Der Kaulbarsch lebt schließlich nur im untersten Bereich eines Flusses. Vier Barscharten leben ausschließlich in der Donau (Spindler 1995): Schrätzer (*Gymnocephalus schraetzer*), Streber (*Zingel streber*), Zingel (*Zingel zingel*) und Donaukaulbarsch (*Gymnocephalus baloni*).

Die **Groppen** (Cottidae) sind im deutschsprachigen Raum mit zwei Arten vertreten: Während die Sibirische Groppe (*Cottus poecilopus*) in den sauerstoffreichen sandig-kiesigen Gewässern des norddeutschen Tieflandes lebt, ist die Koppe oder Groppe (*Cottus gobio*) in allen Fließgewässern mit einer starken Strömung bis auf eine Höhe von etwa 2200 m heimisch (Terofal 1984). Allerdings konnten Groppen auch schon im Niederrhein in über 9 m Tiefe nachgewiesen werden (Schleuter 1991) und offensichtlich sind sie auch in der Lage, in stehenden Gewässern erfolgreich abzulaichen (Moll 1997). Groppen laichen in Gruben oder Höhlen unter Steinen.

Tabelle 2.1.3 zeigt eine Zusammenstellung der Fischartenzahl für die Flußgebiete Donau, Elbe, Rhein und Weser mit Angabe des Gefährdungsstatus. Vergleicht man die Vorkommenshäufigkeit von den Fischarten der Gewässer im heutigen Zustand mit der Vorkommenshäufigkeit in einem früheren natürlichen/naturnahen Zustand, so zeigen sich zumeist deutliche Unterschiede. Nur sehr wenige, in ihren Lebensraumansprüchen flexible Fischarten (wie z. B. Brachsen und Rotaugen) haben sich in ihrer Vorkommenshäufigkeit nicht verändert.

Laichverhalten und Laichsubstrat

Ein Großteil der einheimischen Fische benötigt zum Ablaichen ein bestimmtes Substrat, ohne das keine erfolgreiche Fortpflanzung möglich ist. Balon (1975)

Tab. 2.1.4 Einteilung von Fischen in Gruppen mit unterschiedlichem Laichverhalten bzw. Laichsubstrat. Modifiziert nach Balon (1975).

Laichverhalten bzw. Laichsubstrat	Code
Eier werden im Freiwasser abgelaicht.	F
Eier werden auf Kies- oder Steinsubstraten abgelegt, die Larven leben im Freiwasserraum.	KF
Eier werden in einer kleinen Kiesgrube abgelegt, und die Embryonalentwicklung findet im Interstitial (Lückenraumsystem) statt.	iK
Eier werden auf Kies bzw. Steinen abgelegt.	K
Eier werden auf Kies, Steinen oder an (Wasser)Pflanzen abgelegt.	KP
Eier werden an (Wasser)Pflanzen abgelegt.	P
Eier werden in selbsterrichteten Nestern aus Pflanzenmaterial abgelegt.	N
Eier werden auf oder über feinem Sand abgelegt.	S
Eier werden in Muscheln abgelegt.	M
Eier werden in Hohlräume unter größeren Steinen abgelegt.	H

hat die Fischfauna bezüglich des Laichverhaltens bzw. Laichsubstrates in verschiedene Gruppen (reproductive guilds) eingeteilt. Die für die Gewässer des deutschsprachigen Raumes relevanten Gruppen sind in Tabelle 2.1.4 beschrieben und in Tabelle 2.1.5 sind ausgewählte einheimische Fischarten diesen Gruppen zugeordnet.

Fischwanderungen und Fischbewegungen

Northcote (1978) definiert Migrationen (Wanderungen) als zielgerichtete Bewegungen zwischen unterschiedlichen Habitaten, die mit einer gewissen Regelmäßigkeit (z. B. saisonal) und von großen Teilen einer Population durchgeführt werden. Dabei können drei verschiedene Arten von Migrationen unterschieden werden (Abb. 2.1.3): Laichwanderungen, Wanderungen zur Vermeidung ungünstiger Umweltbedingungen (z. B. Überwinterungswanderungen) und Wanderungen zum Aufsuchen von Nahrungsplätzen.

Laichmigrationen sind die katadromen Wanderungen der Aale oder die anadromen Wanderungen mancher Salmoniden oder Störe. Aber auch reine Süßwasserfischarten können zum Ablaichen in ein anderes Habitat wechseln, wie z. B. die Seeforelle, welche nur zum Ablaichen den See verläßt und in die Fließgewässer zieht. Laichmigrationen werden vor allem durch die Umweltfaktoren Licht, Abfluß und Wassertemperatur beeinflußt (Jonson 1991). Diese Parameter bestimmen sowohl den Zeitpunkt wie auch die Intensität der Wanderungen. Da **(Tages-)Licht** die Wanderungsaktivität unterdrückt, finden die Migrationen vor allem bei Nacht oder in der Dämmerung statt. Salmoniden und Aale zeigen bei **erhöhten Abflüssen** sowohl eine verstärkte Auf- wie auch Abwärtswanderung. Bei großen Hochwasserabflüssen mit sehr hohen Fließgeschwindigkeiten kann die Aufwärtswanderung allerdings wiederum gebremst werden. Die **Wassertemperatur** beeinflußt vor allem den Zeitpunkt des Wanderungsbeginns. So wandern die jungen Lachse (smolts) im Frühjahr bei zunehmender Wassertemperatur dem Meer zu. Der Zeitpunkt der Abwärtswande-

Tab. 2.1.5 Ausgewählte einheimische Fischarten der Fließgewässer des deutschsprachigen Raumes, mit Angaben zum Laichsubstrat (Code aus Tab. 2.1.4), zum Lebensraum bzw. Laichgebiet (Code aus Tab. 2.1.6) und zu den möglichen Wanderdistanzen.

	Code Tab. 2.1.4	Code Tab. 2.1.6	Wanderdistanzen in km		
			<1	1–100	> 100
Neunaugen					
Bachneunauge	F		X		
Lachsfische					
Bachforelle	iK	1	X	X	
Seeforelle	iK		X	X	
Huchen	iK	1	X	X	
Äsche	iK	1	X	X	
Hechte					
Hecht	P	4	X		
Karpfenfische					
Rotauge, Plötze	PK	4	X	X	
Moderlieschen	P	5	X		
Hasel	PK	2	X		
Döbel, Aitel, Alet	K	4	X		
Strömer	PK	2	X		
Orfe, Aland, Nerfling	PK	3	X	X	
Elritze	iK	1	X	X	
Schleie	P	5	X		
Nase, Näsling	K	2	X	X	X
Gründling, Weber	S	3	X		
Barbe	K	2	X	X	X
Laube, Ukelei	PK	4	X		
Schneider	K	2	X		
Güster, Blicke,	P	3	X		
Brachsen, Blei	PK	4	X	X	
Bitterling	M	5	X		
Karpfen	P	4	X		
Plattschmerlen, Schmerlen					
(Bach)Schmerle	S	2	X		
Steinbeißer	P	3	X		
Welse					
Wels, Waller	PK	4	X		
Dorschfische					
Quappe, (Aal-)Rutte	KF	1	X	X	
Stichlinge					
Dreistachliger Stichling	N	5	X	X	
Barsche					
Barsch, Flußbarsch	PK	4	X		
Zander, Schill	N	4	X		
Kaulbarsch	PK	4	X		
Groppen					
Groppe, (Mühl-)Koppe	H	2	X		

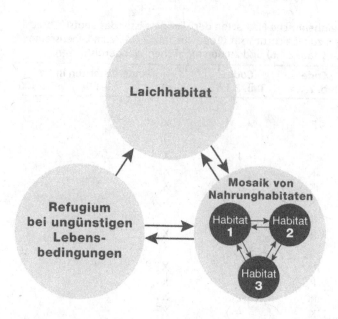

Abb. 2.1.3 Fischmigrationen zwischen verschiedenen Habitaten. Nach Schlosser & Angermeier (1995).

rung wird dabei sowohl von der gegenwärtigen Wassertemperatur wie auch dem Temperaturanstieg während des Frühjahrs gesteuert (Jonson & Ruud-Hansen 1985).

Schiemer & Waidbacher (1992) haben die Fische der Donau nach ihren bevorzugten Aufenthaltsorten und ihren Laichhabitaten eingeteilt. Dabei werden fünf ökologische Hauptgruppen unterschieden (Tab. 2.1.6, Abb. 2.1.4). In Tabelle 2.1.5 sind verschiedene, mitteleuropäische Süßwasserfischarten diesen ökologischen Gruppen zugeordnet.

Überwinterungsmigrationen zeigen sich besonders deutlich bei den Fischen kleiner Fließgewässer in der arktischen und subarktischen Region. Diese Bäche frieren häufig im Winter vollkommen zu, so daß sich Fische vor dem Winter einen neuen Lebensraum suchen müssen. Aber auch in unserer Region findet man Überwinterungsmigrationen, auch wenn diese nicht so deutlich ausgeprägt sind. Dabei müssen nicht alle Individuen einer Art dieses Verhalten zeigen, je nach vorhandenen Umweltbedingungen können ganze Populationen oder nur Teile von Populationen an solchen Migrationen teilnehmen. Nachgewiesen wurden solche Migrationen bei einzelnen Populationen von Bachforellen, Äschen, Groppen, Karpfen, dem Dreistachligen Stichling und der Quappe (Peter 1996).

Nahrungsmigrationen findet man bei vielen Fischarten im Verlauf ihrer verschiedenen Entwicklungsphasen. Larven, Jungfische und ausgewachsene Fische benötigen zumeist ein anderes Nahrungsspektrum, so daß ein anderes Habitat aufgesucht werden muß. Häufig geht dies einher mit weiteren, veränderten Ansprüchen wie einem größeren Platzbedürfnis, einem veränderten Sauerstoffbedürfnis, dem Ausweichen vor Feinden u. a.

Von großer ökologischer Bedeutung sind die **Wanderdistanzen**. In der älteren Literatur wurde eine Einteilung in Stand- und Wanderfische vorgenommen. Es

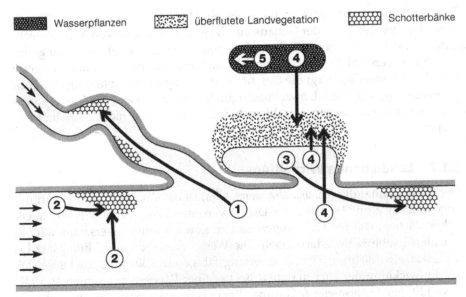

| Wasserpflanzen | überflutete Landvegetation | Schotterbänke |

Abb. 2.1.4 Darstellung des bevorzugten Lebensraumes (Kreise) und der Laichhabitate (Pfeile) von Fischen. Nach Schiemer & Waidbacher (1992). Siehe auch Tabelle 2.1.6.

Tab. 2.1.6 Einteilung der Fische bezüglich des bevorzugten Lebensraumes und Laichhabitats (ohne die anadromen und katadromen Wanderfische). Nach Angaben aus Schiemer & Waidbacher (1992) und Schiemer et al. (1994). Siehe auch Abb. 2.1.4.

Gruppe	Strömungs-präferenz	bevorzugter Aufenthaltsort der adulten Fische	Fortpflanzung
1	strömungs-liebend	Rhithral des Hauptflusses	klare, sommerkalte, sauer-stoffreiche Zuflüsse der Forellen- oder Äschenregion
2	strömungs-liebend	Hauptfluß	Uferbereich des Haupt-flusses
3	strömungs-liebend	zumindest zu bestimmten Jahres-zeiten in mit dem Fluß verbun-denen Altarmen lebend (als Nahrungs- oder Winterhabitat)	Kiesbänke in der Barbenregion
4	strömungs-indifferent	Hauptfluß (Brachsenregion), aber auch abgetrennte und nicht abgetrennte Flußarme	an Pflanzenbeständen, an überfluteten Wiesen
5	stillwasser-liebend	vom Hauptfluß abgetrennte, ruhige, pflanzenreiche Altarme	

hat sich aber gezeigt, daß auch die sogenannten Standfische regelmäßig größere Strecken zurücklegen können. In Tabelle 2.1.5 sind verschiedene einheimische Fischarten in drei Wanderdistanzklassen (< 1 km, 1–100 km, > 100 km) einge-teilt worden.

Neben den zielgerichteten Migrationen gibt es die mehr oder weniger **zufäl-ligen und zumeist nicht zielgerichteten Ortsveränderungen**, welche nur kleine

Teile von Populationen oder auch nur einzelne Individuen durchführen. Durch diese Bewegungen wird der Genaustausch zwischen Teilpopulationen aufrechterhalten. Werden hingegen Teilpopulationen isoliert, so besteht bei einer geringen Individuenzahl die Gefahr einer genetischen Verarmung. Eine verringerte genetische Variabilität birgt die Gefahr einer verringerten Anpassungsfähigkeit gegenüber veränderten Umweltbedingungen in sich. Isolierte Populationen unterhalb einer kritischen Anzahl an Individuen können nicht dauerhaft existieren.

2.1.7   Landlebende Wirbeltiere

Der **Feuersalamander** (*Salamandra salamandra*) ist die einzige Amphibienart mit engem Bezug zum Fließgewässer. Die Larven entwickeln sich in kleinen, quellnahen Bächen, während die jungen und ausgewachsenen Feuersalamander in feuchten Laubmischwäldern leben. Die Weibchen setzen von Mitte März bis Mai bis zu etwa 30 (max. 60) voll bewegungsfähige, etwa 30 mm große Larven ab. Die Entwicklung der Larven dauert bei bei einer Wassertemperatur von 10 °C etwa 120 Tage (Thiesmeier & Günther 1996). Feuersalamander können über 20 Jahre alt werden. Die Larven benötigen einen reich strukturierten Lebensraum, so daß sie sich bei erhöhten Abflüssen in strömungsgeschützte Bereiche zurückziehen können. Die Nahrung der Larven spiegelt die gesamte wirbellose Bachfauna wider. Betrachtet man die Längszonierung im Fließgewässer, so liegt der Lebensraum des Feuersalamanders oberhalb dem der Bachforelle bzw. Groppe, ohne daß es eine wesentliche Überschneidung gibt (Thiesmeier 1992).

Unter den in Mitteleuropa heimischen Reptilienarten kann nur die **Würfelnatter** (*Natrix tesselata*) als flußgebunden bezeichnet werden (Nettmann 1996). Man findet sie nur an wärmebegünstigten Standorten. Sie benutzt bevorzugt ufernahe Sand- und Kiesbänke als Sonnenplätze (Gruschwitz 1985). Die Nahrung besteht zum überwiegenden Teil aus kleinen Fischen.

Es existieren in Mitteleuropa sicher weit über hundert Vogelarten mit in irgendeiner Form wassergebundener Lebensweise. Diese Vögel entnehmen dem Gewässer oder dem vom Gewässer beeinflußten Land ihre Nahrung, sind aber ansonsten vom Gewässer unabhängig. Nur wenige Vogelarten leben ausschließlich oder bevorzugt an Fließgewässern:

Die **Wasser- oder Bachamsel** (*Cinclus cinclus*) lebt an klaren, schnell fließenden Gebirgsgewässern mit grobsteiniger Sohle. Bevorzugt werden Bäche mit einer Wasserführung von etwa 1–2 m³/s, teilweise findet man sie aber auch an Flüssen. Die Nahrung der Wasseramsel besteht aus dem gesamten Spektrum der wirbellosen Kleintiere der Gewässersohle sowie zu einem geringen Anteil auch aus kleinen Fischen. Der tägliche Nahrungsbedarf liegt nach Pastuchov (1961) bei etwa 100–120 % des eigenen Körpergewichtes, welches etwa 60–70 g beträgt. Die Brutreviere sind etwa 0,6–1,5 km lange Gewässerabschnitte (Creutz 1986). Wie die Wasseramsel bevorzugt auch die **Gebirgsstelze** (*Motacilla cinerea*) schnellfließende Gebirgsbäche. Sie kann auf der Wasseroberfläche schwimmende Insekten im Flug aufnehmen. Den **Eisvogel** (*Alcedo atthis*) findet man hingegen an langsam fließenden, seichten Bächen oder Flüssen mit dicht bewachsenen Ufern. Für den Nestbau benötigt der Eisvogel einen Steilhang aus sandigem Lehm. Die Nahrung besteht aus kleinen, bis ca. 8 cm langen Fischen. Die häufigsten Beutetiere sind Elritzen. Nach Boag (1982) benötigt der Eisvogel etwa 17 Elritzen pro Tag. Beim Fischen kann er bis zu 30 cm tief ins Wasser eintauchen. Die Reviere bestehen aus etwa 3–5 km langen Gewässerabschnitten.

Auch bei den Säugetieren gibt es nur wenige Arten, welche an Fließgewässer gebunden sind:

Die **Wasserspitzmaus** (*Neomys fodiens*) gehört zur Ordnung der Insektenfresser. Sie lebt vor allem an Bächen und Flüssen mit klarem, sauberem und schnell fließendem Wasser und mit stark strukturierten, vegetationsreichen Ufern. Die Wasserspitzmaus ist daher eine guter Indikatororganismus für natürliche Uferbereiche (Schröpfer & Klenner-Fringes 1994). Sie frißt bevorzugt die Insektenlarven, Würmer und Weichtiere der Gewässersohle. Bedingt durch ihre hohe Stoffwechselrate benötigt sie eine Nahrungsmenge von täglich mehr als dem eigenen Körpergewicht (etwa 20 g). Am Fließgewässer können noch andere Spitzmäuse vorkommen, so die Sumpfspitzmaus (*Neomys anomalus*) oder im alpinen Raum auch die Alpenspitzmaus (*Sorex alpinus*).

Die **Gemeine Schermaus** (*Arvicola terrestris*) gehört zur Ordnung der Nagetiere. Sie baut Röhrensysteme an vegetationsreichen Gewässerufern, kann ausgezeichnet schwimmen und tauchen und ernährt sich von Wasserpflanzen, Schilf und Kräutern. Die Reviere bestehen aus 50–200 m langen Uferbereichen.

Der **Biber** (*Castor fiber*) ist das größte europäische Nagetier. Er lebt an eher langsam fließenden oder stehenden Gewässern mit umgebenden Gehölzen (Weiden, Erlen, Pappeln, Espen, Birken u. a.). Biber sind reine Pflanzenfresser. Sie ernähren sich im Sommer von Wasser- und Uferpflanzen (Mädesüß, Brennesseln, Ampfer- und Knötericharten, Schilf, Rohrkolben u. a.) und im Winter vor allem von der Rinde von Weiden und Pappeln. Im Verlauf eines Winters benötigt eine Biberfamilie zwischen 50 und 150 Silberweiden oder Pappeln. Biberreviere erstrecken sich über eine Uferlänge von 600–2000 m (Reichholf 1988). Da Biber ihren Lebensraum selber gestalten, haben sie einen großen Einfluß auf die Gewässermorphologie (Abschn. 1.4.3). Der Biber war ursprünglich weit verbreitet, wurde aber in der zweiten Hälfte des 19. Jahrhunderts im deutschsprachigen Raum bis auf eine kleine Population an der Elbe (zwischen Dessau und Magdeburg) vollkommen ausgerottet. Inzwischen gibt es zahlreiche Bestrebungen zur Wiedereinbürgerung des Bibers.

Der **Fischotter** (*Lutra lutra*) gehört zur Ordnung der Raubtiere (Carnivora). Er lebt an vom Menschen ungestörten Gewässern mit einer dichten Ufervegetation. Die Reviergröße erstreckt sich über Fließgewässerabschnitte von wenigen Kilometern bis etwa 20 km Länge. Fischotter ernähren sich vor allem von Fischen aber auch von terrestrischen Wirbeltieren wie Fröschen, Wasservögeln und Kleinsäugern. Auch der Fischotter wurde fast ausgerottet. Er wurde wegen seines wertvollen Fells bejagt, und zudem zerstörte man durch Gewässerverbauungen und Wasserverschmutzung seinen Lebensraum.

2.2   Beispielhafte Anpassungen der Fließwasserorganismen an ihren Lebensraum

2.2.1   Strömung, Körperform und Retention

Bedeutung der Strömung

Der Lebensraum Fließgewässer wird vor allem durch die Strömung geprägt. Alle Organismen, welche ausschließlich oder vorwiegend in Fließgewässern leben, haben im Verlaufe ihrer Entwicklungsgeschichte Anpassungen verschiedenster Art an das Leben im fließenden Wasser hervorgebracht. Diese Anpassungen zeigen sich in zweierlei Hinsicht:

– Um nicht aus ihrem Lebensraum weggeschwemmt zu werden, haben viele Fließwasserorganismen Mechanismen entwickelt, um (mit möglichst geringem Energieaufwand) einer Abdrift zu widerstehen oder diese auszugleichen.
– Häufig haben Fließwasserorganismen auch Mechanismen zur Nutzung der Strömung entwickelt, so bei der Atmung und der Nahrungsaufnahme.

Viele Anpassungen von Fließwasserorganismen zeigen sich auch deshalb besonders deutlich, weil Fließgewässer erdgeschichtlich sehr alte Lebensräume sind. Während Seen mit der Zeit verlanden, bleiben Fließgewässer bestehen, auch wenn sie ihren Lauf verändern. Auch während Eiszeiten wird der Lebensraum Fließgewässer nicht grundlegend verändert, sondern er wird nur in eisfreie, tiefere Lagen verschoben. So konnten sich schon früh Lebewesen entwickeln, welche in ihren Körperfunktionen, ihrer Gestalt und ihrem Verhalten über Jahrmillionen unverändert blieben, wie z. B. die Köcherfliege *Rhyacophila*. Einen umfassenden Überblick über die Bedeutung der Strömung für die Fließwasserorganismen geben Statzner et al. (1988).

Körperform

Ein in der Strömung exponierter Körper (oder Organismus) unterliegt zwei Kräften:
– der Reibungskraft und
– dem Staudruck.

Durch die Massenträgheit der strömenden Flüssigkeit, deren Geschwindigkeit an der Körperoberfläche auf Null abgebremst wird, entsteht die Reibungskraft. Bei einer überströmten Platte beträgt diese

$$F_R = \zeta \cdot \frac{\rho_w}{2} \, v^2 \cdot l \cdot b \qquad\qquad \text{Gl. 2.2.1}$$

mit F_R = Reibungskraft in dyn
    ρ_w = Dichte des Wassers (siehe Formelzeichen)
    v = Fließgeschwindigkeit des anströmenden Wassers
    l, b = Länge, Breite der überströmten Platte
    ζ = Reibungswiderstandsbeiwert

$\zeta = \dfrac{1{,}328}{\sqrt{Re^*}}$ laminare Strömung, Re* siehe Gl. 1.2.7

$\zeta = \dfrac{0{,}074}{Re^{*1/5}}$ turbulente Strömung

Abb. 2.2.1 Zusammenhang Widerstandsbeiwert c_w und Reynolds-Zahl Re bei einer Kugel. Nach Zierep (1993).

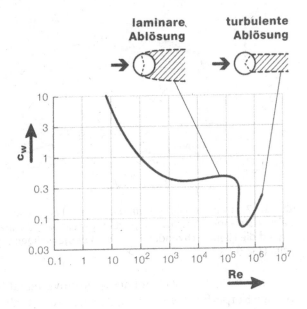

Bei gleicher Reynolds-Zahl ist der Reibungswiderstand bei turbulenter Strömung größer als bei laminarer Strömung.

Die Berechnung des Staudrucks erfolgt nach

$$F_s = \frac{\rho_w}{2}\, v^2 \cdot A \cdot c_w \qquad\qquad \text{Gl. 2.2.2}$$

mit F_s = Staudruck in dyn = (g · cm)/s^2 = 10^{-5} N
  ρ_w = Dichte des Wassers
  v = Fließgeschwindigkeit des anströmenden Wassers
  A = charakteristische Querschnittsfläche des Körpers
  c_w = Staudruck-Widerstandsbeiwert, z. B.
    quadratische Platte: c_w = 1,1; Kugel: c_w = 0,2–0,4

Der Staudruck (auch Schubkraft genannt) ist also unter anderem abhängig vom Widerstandsbeiwert, welcher wiederum von der Form des Körpers und von der Reynolds-Zahl abhängig ist (Abb. 2.2.1). Auch hier zeigt sich die Bedeutung der laminaren bzw. turbulenten Strömung. Bei Re* zwischen 105 und 106 erfolgt der Umschlag von laminar zu turbulent. Da die turbulente Strömung sich wesentlich später von der Kugel ablöst, nimmt der Reibungswiderstand plötzlich zu, was durch die Abnahme des Druckwiderstandes überkompensiert wird, derart, daß der Gesamtwiderstand beträchtlich sinkt (Zierep 1993).

Bei der Umströmung von Organismen dominiert bei kleinen Reynolds-Zahlen (etwa unter 100) die Reibungskraft, bei großen Reynolds-Zahlen überwiegt die Staudruckkraft. Makroinvertebraten leben nun typischerweise in ihren ersten Entwicklungsphasen bei einer Reynolds-Zahl zwischen 1 und 10 und am Ende des Wachstums bei Reynolds-Zahlen über 1000. Daher sollte erwartet werden, daß die Tiere in ihrer ersten Lebensphase eine kugelige und in der späteren Lebensphase eine stromlinienförmige Körperform haben

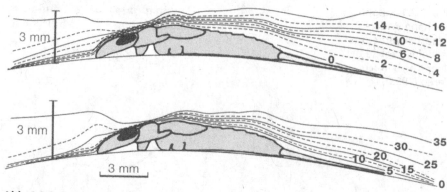

Abb. 2.2.2 Strömungsverlauf um die Eintagsfliege *Ecdyonurus*. Es sind die Linien gleicher Strömungsgeschwindigkeit eingezeichnet, die angegebenen Zahlen beziehen sich auf die Fließgeschwindigkeit in cm/s der jeweiligen Stromlinie. Aus Statzner & Holm (1982).

(Statzner 1988). Eine Vielzahl der Makroinvertebraten haben diese stromlinienförmige Körperform entwickelt, wie die Arten der Eintagsfliegenfamilie Heptageniidae. Eine rundliche Körperform findet man auch bei kleineren Organismen eher selten. Da die kleinsten Benthostiere, wie auch die ersten Larvenstadien der Insekten, zumeist im strömungsgeschützten Lückenraumsystem leben, ist allerdings hier auch keine besondere Strömungsanpassung erforderlich.

In Abbildung 2.2.2 ist die Strömung um die sehr gut strömungsangepaßte Larve der Eintagsfliege *Ecdyonurus* dargestellt. Die Linien gleicher Strömungsgeschwindigkeit verdichten sich stark im Bereich des Vorderkörpers, so daß hier der stärkste Unterdruck entsteht. Weissenberger et al. (1991) untersuchten bei verschiedenen stromlinienförmigen Insektenlarven Staudruck- und Liftkräfte. Bei der Eintagsfliege *Epeorus* nimmt der Staudruck im Quadrat der Strömungsgeschwindigkeit zu, wie die Theorie vorhersagt (siehe Gl. 2.2.2). Die Liftkräfte variieren mit der individuellen Körperhaltung. Bei *Ecdyonurus* können auch negative Liftkräfte auftreten.

Bei den Fischen erkennt man deutliche Unterschiede in der Querschnittsform bei Arten, welche in schnellfließenden Gewässern leben und solchen, welche in sehr langsam fließenden oder stehenden Gewässern leben (Abb. 2.2.3). Im Freiwasserraum von schnellfließenden Gewässern findet man stromlinienförmige Fische mit eher rundlichen Querschnittsformen (z. B. Salmoniden). Auch die bodenorientiert lebenden Fische in diesen Gewässern (z. B. Groppen) haben verschiedene morphologische Anpassungen entwickelt, wie z. B. eine dorsoventrale Abflachung und hoch liegende Augen (Hynes 1970). Die Fische in langsam fließenden oder stehenden Gewässern haben typischerweise einen eher hochkantigen Körperquerschnitt, mit welchem sie in ruhigem Wasser gut manövrieren können.

Strömungsretention

Eine weitere Möglichkeit, der Abdrift zu widerstehen, ist die Ausbildung von Strukturen, mittels derer die Organismen auf dem festen Substrat Halt finden.

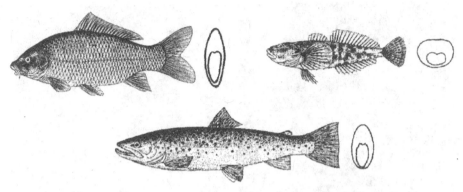

Abb. 2.2.3 Körperform von Karpfen (OBEN LINKS), Groppe (OBEN RECHTS) und Bachforelle (UNTEN).

So bilden z. B. manche Blau„algen" Schleim, durch welchen sie sich an den Substratoberflächen festheften (z. B. *Chamaesiphon, Phormidium*). Verschiedene fädige Grünalgen können sich wurzelartig im Untergrund verankern, während der übrige Teil der Alge frei im Wasser flottiert (z. B. *Cladophora*). In Bächen mit Kalkgestein produzieren manche Algenarten eine Säure, mittels derer sie eine strömungsgeschützte Vertiefung im Gestein erzeugen. Mit Hilfe seiner Wurzelhaare (Rhizoiden) ist das Fieber-Quellmoos (*Fontinalis antipyretica*) so fest auf Steinen oder Felsen verankert, daß man diese Pflanze von Hand nicht entfernen kann, ohne sie zu zerreißen.

Noch deutlicher zeigen sich diese Anpassungsmechanismen beim Makrozoobenthos. Die Larven der Kriebelmücken findet man vorwiegend in Bereichen mit hohen Strömungsgeschwindigkeiten, so z. B. an der Überfallkante von Abstürzen. Die Larven produzieren mittels ihrer beiden Speicheldrüsen ein Sekret, welches sie am Substrat festkleben. Mit ihrem Hakenkranz am Ende des Hinterleibes verankern sie sich nun in diesem Sekret.

Eine ausgezeichnete Strömungsanpassung haben auch die Netzflügelmücken (Blephariceridae) entwickelt. „Wo das Wasser in rauschenden, schäumenden Kaskaden über die Steine des Flußbettes hinwegstürzt, im brausenden Getöse der Wasserfälle saugen sich diese merkwürdigen Larven fest" (Wesenberg-Lund 1943). Dazu verfügen die Larven über sechs runde Saugnäpfe auf der Unterseite ihres Körpers (Abb. 2.2.4). Diese Saugnäpfe funktionieren nach dem Prinzip einer Vakuumpumpe: Der feinbeborstete Haftscheibenrand wird auf das Substrat aufgesetzt und angepreßt, wobei das Wasser aus dem Saugnapfinnenraum durch einen Spalt im Haftscheibenrand nach außen gedrückt wird. Durch Anheben eines zentralen Kolbens entsteht ein Unterdruck, der die Larven auch bei stärkster Strömung fest an der Unterlage hält (Wichard et al. 1995). Vorwärtsbewegungen und Richtungsänderungen sind auch noch bei Fließgeschwindigkeiten von über 2 m/s möglich und werden durch Lösen und Festsaugen einzelner Haftscheiben durchgeführt. Um nicht mit der Strömung abgeschwemmt zu werden, bleiben bei allen Bewegungen zumindest zwei Haftscheiben am Substrat festgesaugt (Frutiger 1998).

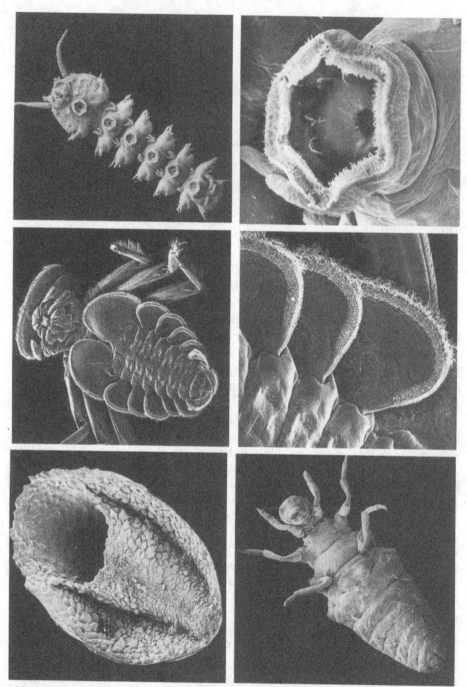

Abb. 2.2.4 OBEN: Ventralansicht einer Netzflügelmückenlarve und Darstellung eines Saugnapfes. MITTE: Ventralansicht der Larve der Eintagsfliege *Epeorus sylvicola* und Darstellung der Haftstrukturen am Kiemenaußenrand. UNTEN: Köcher und Larve der Köcherfliege *Thremma gallicum* (Rasterelektronenmikroskopaufnahmen). Aus Wichard et al. (1995).

Abb. 2.2.5 Larvenköcher, Larve und Puppenköcher der Köcherfliege *Silo nigricornis*. Aus Moretti (1983).

Die Larve der Eintagsfliege *Epeorus sylvicola* (Abb. 2.2.4) verfügt zwar nicht über Saugnäpfe im eigentlichen Sinn, aber durch die Anordnung der Kiemen an der Ventralseite des Hinterleibes bildet sich eine Art Haftscheibe aus. Die weit verbreitete Flußnapfschnecke (*Ancylus fluviatilis*) kann sich mit ihrer breiten Fußscheibe an Steinen festsaugen. Auch das mützenförmige Gehäuse erleichtert den Aufenthalt bei starker Strömung. Eine analoge Struktur zum mützenförmigen Gehäuse der Flußnapfschnecke sind die Köcher der Köcherfliegengattung *Thremma* (Abb. 2.2.4). Diese Gattung ist in Südeuropa verbreitet. Einzig *Thremma gallicum* findet man auch weiter nördlich, so in einigen sauberen, schnellfließenden Schwarzwaldbächen (Wichard et al. 1995). Die Larven der Köcherfliege *Silo* leben ebenfalls im rasch fließenden Wasser. Sie haben an ihren Steinköcher seitlich zusätzliche Steinchen angebracht (Abb. 2.2.5). Eine derartige Erhöhung des Gewichtes dient auch dazu, die Abdrift zu erschweren.

2.2.2 Drift und Driftkompensation

Drift

Trotz der genannten Mechanismen kommt es in allen Fließgewässern zu einer ständigen Abdrift von Organismen. Durch die Turbulenzen des fließenden Wassers werden die Organismen ein Stück gewässerabwärts transportiert, bevor sie wieder die Gewässersohle erreichen. Bei einer quantitativen Beschreibung der Drift müssen folgende Begriffe unterschieden werden (in Anlehnung an Pegel 1980):

Die **Driftdichte** (DD) ist die Anzahl von Organismen pro Volumeneinheit Wasser. Bezüglich des Makrozoobenthos liegt sie im allgemeinen zwischen einigen bis etwa 100 Tieren pro m^3 Wasser. Bei Hochwasserabfluß oder Wasserschwallen kann die Driftdichte auf 30 000 Tiere pro m^3 ansteigen (Hütte 1994).

Die **Driftintensität** (DI) ist die Anzahl von Organismen, die in einem bestimmten Zeitraum durch einen Gewässerquerschnitt hindurchdriften. Multipliziert man die Driftdichte mit dem Abfluß Q, so erhält man die Driftintensität (DI = Q · DD).

Die **Abdrift** gibt an, wie viele Organismen pro Flächeneinheit und Zeit von der Sohle in die Drift gelangen. Dies wird von vielen Faktoren beeinflußt, so von der Tageszeit (bzw. vom Hell-Dunkel-Wechsel), von Änderungen der Wasser-

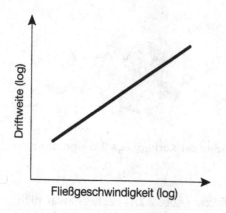

Abb. 2.2.6 Zusammenhang zwischen Driftweite und Fließgeschwindigkeit.

temperatur und des Sauerstoffgehaltes u.v.a. (siehe Brittain & Eikeland 1988). Bleibt der Abfluß und damit die Fließgeschwindigkeit konstant, so werden bei einer erhöhten Abdrift auch Driftdichte und Driftintensität zunehmen. Komplizierter sind die Verhältnisse bei einer Abflußzunahme bzw. -abnahme. Hier kann z. B. die Driftintensität zunehmen, während die Driftdichte abnimmt (entsprechend obiger Formel).

Die **Driftweite** ist zum einen abhängig von den Strömungsbedingungen, d. h. vor allem von den Fließgeschwindigkeiten sowie der Sinkgeschwindigkeit und dem Schwimmvermögen der driftenden Tiere. Mit zunehmender Fließgeschwindigkeit nimmt auch die Driftweite zu (Abb. 2.2.6). Dies hat zwei Ursachen: 1. Bei gleicher Aufenthaltsdauer in der fließenden Welle werden die Organismen weitertransportiert. 2. Bei erhöhter Fließgeschwindigkeit nimmt die Turbulenz zu, wodurch ein dynamischer Auftrieb erzeugt wird, welcher die Sinkgeschwindigkeit vermindert. Die Sinkgeschwindigkeit ist ferner abhängig von der Größe der Organismen: Mit zunehmender Körpergröße bzw. zunehmendem Gewicht nimmt die Sinkgeschwindigkeit zu. Ein weiterer Einflußfaktor ist die Bewegungsfähigkeit der verschiedenen Tiere. Über ein gutes Schwimmvermögen verfügen allerdings nur die Larven der Eintagsfliegen-Gattung *Baetis*.

Eine Zunahme des Abflusses (und der Fließgeschwindigkeiten) wird damit auch eine Erhöhung der Driftintensität mit sich bringen, sofern die Abdrift nicht geringer wird. Bei bekannten Driftintensitäten und Driftweiten läßt sich die Abdrift berechnen (siehe Pegel 1980). Sehr kleine Tiere, wie die des Mesozoobenthos sowie die jüngsten Entwicklungsstadien des Makrozoobenthos können durchaus „potentiell unendliche" Driftweiten haben. In Versuchsgerinnen genügen schon Fließgeschwindigkeiten, wie sie in jedem Mittelgebirgsbach vorkommen, um kleinere Organismen ständig in Schwebe zu halten. In natürlichen Fließgewässern jedoch gibt es immer wieder Bereiche mit stehendem Wasser oder mit reduzierten Fließgeschwindigkeiten, wo diese Organismen dann absinken können.

Die **ökologische Bedeutung** der Drift besteht in
– der Möglichkeit zu einem schnellen, abwärtsgerichteten Ortswechsel,
– der Wiederbesiedlungsmöglichkeit von gestörten Gewässerabschnitten,

– der Ausbreitung von Populationen sowie
– der Drift als potentielle Nahrungsquelle für Fische.

Ein schneller abwärtsgerichteter Ortswechsel kann vorteilhaft sein bei der Bedrohung durch Räuber, drohender Austrocknung oder einsetzender Sohlumlagerung. Bei gestörten Gewässerbereichen mit einem starken Besiedlungsrückgang (z. B. nach einem Hochwasser mit Sohlumlagerung) kann eine Neubesiedlung durch zudriftende Organismen erfolgen, sofern sich oberhalb oder in seitlichen Zubringern genügend hohe Besiedlungsdichten befinden. Die Drift dient auch der Organismenverteilung und Erschließung neuer Lebensräume. Viele Fischarten der Fließgewässer ernähren sich vorwiegend von driftendem Makrozoobenthos. So findet man häufig Fische in Seen im Bereich einmündender Fließgewässer, da sie von hier aus ohne größeren Energieaufwand die eindriftenden Kleintiere erbeuten können.

Driftkompensation

Durch Drift werden die Benthostiere von oben nach unten verlagert. Um dies zu kompensieren, gibt es drei Mechanismen: 1. ein gegen die Strömung gerichtetes Fortbewegungverhalten (positive Rheotaxis). 2. ein bachaufwärts gerichteter Flug der Insektenweibchen vor der Eiablage (Kompensationsflug). 3. (Wieder-)Besiedlung durch nachrückende Entwicklungsstadien aufgrund einer Überproduktion an Nachkommen.

Eine **positive Rheotaxis** ist für viele Benthostiere nachgewiesen worden (Söderström 1987). Im allgemeinen kann zumindest ein Teil der Benthostiere den Driftverlust teilweise oder vollständig durch Aufwärtswanderung ausgleichen (Abschn. 3.4.2). Gut untersucht wurde in dieser Hinsicht der Bachflohkrebs (*Gammarus*). Bei Gammariden kann die Aufwärtswanderung bis zu 40 m pro Stunde betragen (Meijering 1972). Die Aufwärtswanderung ist (wie auch die Drift) von vielen Umgebungsfaktoren (Jahreszeit, Tageszeit bzw. Helligkeit, Wassertemperatur, Strömungsgeschwindigkeit u. a.) abhängig. Ein **Kompensationsflug** ist für zahlreiche Fließwasserinsekten nachgewiesen worden (z. B. Zwick 1990). Bei manchen untersuchten Insekten konnte hingegen kein oder sogar ein abwärtsgerichteter Flug der Weibchen festgestellt werden (z. B. Williams & Williams 1993). Die Fortbewegung auf der Stromsohle und der Flug der Insektenweibchen vor der Eiablage, ob aufwärts oder abwärts gerichtet, dienen, wie die Drift, in jedem Fall auch der Verbreitung im Gewässersystem. Bei einer **Überproduktion** an Nachkommen kann ein Teil durch Drift verlorengehen, ohne daß das Überleben der Population gefährdet wird. Zudem leben viele Fließwassertiere während ihrer ersten Entwicklungsstadien im strömungsgeschützten Hyporheal und bilden so eine Reserve für eine neue Besiedlung der Gewässersohle (Abschn. 3.1).

2.2.3 Atmung

Nahezu alle Gewässertiere sind auf Sauerstoff angewiesen. Lediglich einige Tiere können zeitweise ohne Sauerstoff (anaerob) leben. So ist der Schlammröhrenwurm (*Tubifex*) in der Lage, seine Energie monatelang aus „Gärung" zu beziehen. Andere Tiere, die man vorwiegend in Flachwasserbereichen oder im Wasser-Land-Grenzbereich findet, können Luftsauerstoff aufnehmen (Luftatmer), wie einige Familien der Zweiflügler (z. B. Schwebfliegen, Waffenfliegen, Tastermücken, Schmetterlingsmücken, Stelzmücken). Der Körper dieser Tiere befindet sich zumeist vollständig im Wasser, während mit dem Hinterleibsende Luft aufgenommen wird. So verfügt z. B. die Rattenschwanzlarve (*Eristalis*) über eine 35 mm lange Atemröhre am Hinterleib, während die eigentliche Körperlänge der Larve nur 20 mm beträgt. Luftatmer sind unabhängig vom Sauerstoffgehalt des Wassers; Rattenschwanzlarven leben sogar in Jauchegruben.

Die meisten Tiere sind aber auf den im Wasser gelösten Sauerstoff angewiesen. Die Aufnahme von gelöstem Sauerstoff erfolgt durch Diffusion. Die Verteilung des gelösten Sauerstoffs im Wasser ergibt sich durch die Wasserbewegung. In ruhigem Wasser wird sich in direkter Umgebung eines sauerstoffzehrenden Organismus sehr schnell ein sauerstoffarmer Grenzbereich ausbilden, wodurch die Sauerstoffzufuhr des Organismus unterbrochen wird. Mit zunehmender Fließgeschwindigkeit wird dieser Grenzbereich dünner und damit der Diffusionsweg kürzer. Um dies zu erreichen, gibt es im wesentlichen zwei Möglichkeiten:
1. Der Organismus nützt die Bewegung des Wassers aus.
2. Der Organismus bewegt das Wasser selber.
Die Sauerstoffaufnahme (und natürlich auch die Kohlendioxidabgabe) erfolgt über die Haut. Von Bedeutung ist daher das Verhältnis von Körperoberfläche zu Körpervolumen. Ist dieses Verhältnis groß, so erleichtert dies die Atmung. Beim Wachstum der Fließwassertiere wird dieses Verhältnis bei gleichbleibender Körperform zunehmend kleiner. Die Ausbildung von Körperstrukturen, welche die Körperoberfläche vergrößern und besonders gut umströmt werden, verbessern den Gasaustausch zwischen Organismus und umgebendem Wasser. Solche atmungsaktiven Strukturen sind die Tracheenkiemen der Insektenlarven. Bei den Eintagsfliegenlarven liegen diese blattförmig seitlich am Hinterleib. Faden- und büschelförmige Tracheenkiemen findet man bei manchen Steinfliegen-, Köcherfliegen- und Zweiflüglerlarven.

Bei den verschiedenen Larven der Eintagsfliegen sind die oben genannten Strategien zur besseren Sauerstoffaufnahme sehr gut zu erkennen. Bei einigen Larven sind die Tracheenkiemen unbeweglich (z. B. *Rhithrogena*) oder bewegen sich ständig (z. B. *Ephemerella*) oder werden nur bei unzureichender Sauerstoffzufuhr bewegt (z. B. *Ecdyonurus*). Bei den Larven der Köcherfliegen zeigen sich die genannten Strategien in abgewandelter Form. Sowohl die köcherlosen Larven von *Rhyacophila* wie auch die köchertragenden Larven von *Anabolia* haben an ihrem Hinterleib Schlauchkiemen zur Unterstützung der Atmung. Während *Anabolia* mit dem Hinterleib wellenförmige Bewegungen zur Intensivierung der Durchströmung des Köchers durchführt, bleibt *Rhyacophila* unbeweglich in der Strömung.

Die Sauerstoffaufnahme bei Tieren ohne aktive Ventilationsbewegungen ist strömungsabhängig, d. h., die Sauerstoffaufnahme richtet sich nach der Fließgeschwindigkeit. Bei aktiver Unterstützung der Atmung bleibt hingegen die Sauerstoffaufnahme relativ konstant (Abb. 2.2.7).

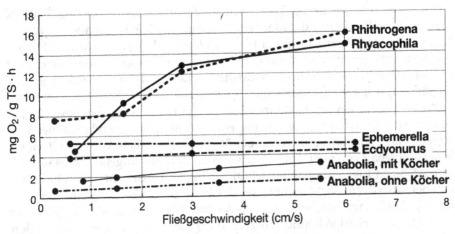

Abb. 2.2.7 Sauerstoffaufnahme (in mg O$_2$ pro g Trockensubstanz und Stunde) von einigen Insektenlarven in Abhängigkeit von der Strömungsgeschwindigkeit bei einem Sauerstoffgehalt von 8 mg pro Liter Wasser und einer Wassertemperatur von 18 °C. Vereinfacht nach Ambühl (1959).

Im allgemeinen haben die Fließwasserinsekten im Vergleich mit ihren Verwandten in stehendem Wasser eine bedeutend höhere Stoffwechselrate und damit auch einen höheren Sauerstoffverbrauch. Die Fließwassertiere, welche bezüglich ihrer Atmung strömungsabhängig sind (wie *Rhithrogena*), können in stehendem Wasser auf Dauer nicht (über)leben.

Bei den köchertragenden Larven der Köcherfliegen werden zwei verschiedene Anpassungsziele verfolgt (Bohle 1995): 1. Ausbildung eines möglichst geringen c_w-Wertes, um nicht abgetrieben zu werden und den Energieaufwand für Bewegungen in der Strömung möglichst gering zu halten, 2. Erreichen einer für die Atmung optimalen (An-)Strömung bzw. einer guten Durchströmung des Köchers. Diese beiden Anpassungsziele gelten im wesentlichen für alle strömungsliebenden (rheophilen) Makrozoobenthosarten.

In Laborexperimenten zeigte sich, daß Eintagsfliegenlarven einen deutlich höheren Sauerstoffverbrauch haben, wenn sie auf einem für sie untypischen Substrat ausgesetzt werden. So hat etwa die Eintagsfliegenlarve von *Ephemera danica* die höchste Atmungsrate in einem Glasbehälter ohne Substrat; bei Kieszugabe sinkt der Sauerstoffverbrauch und bei Sand, dem für sie typischen Substrat, ist die Sauerstoffaufnahme am geringsten (Wautier & Pattée 1955). Die erhöhte Atmungsaktivität erklärt sich durch den Streß, in welchen die Tiere geraten, sobald sie sich in einer für sie unnatürlichen Umwelt aufhalten.

Ein (unnatürlich hoher) Anstieg der Wassertemperatur ist für Wassertiere aus zwei Gründen besonders kritisch: 1. Mit einer Erhöhung der Temperatur steigt auch der Sauerstoffverbrauch. Beim Alpen-Strudelwurm (*Crenobia alpina*) erhöht sich der Sauerstoffverbrauch um etwa das 2,8fache, wenn die Wassertemperatur von 10 auf 15 °C zunimmt (Pattée & Gourbault 1981). 2. Mit zunehmender Temperatur nimmt der Sauerstoffgehalt des Wassers ab. So sinkt bei der erwähnten Temperaturerhöhung der Sauerstoffgehalt um etwa 10 %.

Die Fische nehmen den gelösten Sauerstoff im Wasser in der Regel mittels Kiemenatmung auf. Über das Maul wird bei anliegendem Kiemendeckel Wasser angesaugt, welches anschließend bei geschlossenem Maul zwischen den auf den Kiemenbögen sitzenden Kiemenblättchen nach außen strömt. Dabei wird der Sauerstoff des Wassers in die Blutbahn geleitet. Die typischen Fischarten der Gewässer mit hohen Strömungsgeschwindigkeiten sind dabei auf sauerstoffreiches Wasser angewiesen, während die Fischarten, welche man bevorzugt in ruhiger Strömung oder in stehendem Wasser findet, auch in relativ sauerstoffarmem Wasser leben können. So benötigen Bachforellen Wasser mit einem Sauerstoffgehalt von über 9 mg O_2/l, während Karpfen aufgrund ihres sehr leistungsfähigen Kiemenapparates schon 2–3 mg O_2/l ausreicht. Die Schleie hält sich bei Sauerstoffmangel dicht unter der Wasseroberfläche auf und schnappt mit dem Maul nach Luft, wodurch das Atemwasser mit Sauerstoff angereichert wird. Einige Fischarten können zusätzlich zur Kiemenatmung noch auf andere Weise Sauerstoff aufnehmen. So ist der Schlammpeitzger in der Lage, bis zu 2/3 seines Sauerstoffbedarfs über die Haut aufzunehmen. Auch die Schleie ist zur Hautatmung fähig und kann noch bei 0,4 mg Sauerstoff pro Liter existieren (Lindstedt 1941). Schlammpeitzger können ebenso wie Bachschmerlen bei Sauerstoffmangel bzw. zeitweiliger Gewässeraustrocknung Luft schlucken, welche sie über den After wieder abgeben. Bei der Darmpassage wird der Luft Sauerstoff entzogen.

2.2.4 Nahrung und Ernährung

Bezüglich der Nahrung bzw. Nahrungsaufnahme kann man das Makrozoobenthos in verschiedene Ernährungstypen einteilen. Die wichtigsten bzw. häufigsten Ernährungstypen sind Weidegänger, Zerkleinerer, Sedimentfresser, Filtrierer und Räuber.

Die **Weidegänger** ernähren sich vom Aufwuchs, einer Mischung von Algen, Bakterien, Pilzen und Mikrozoobenthos. Um den Aufwuchs zu lösen, verwenden die Benthostiere je nach Morphologie und Funktionsweise ihrer Mundwerkzeuge eine Vielzahl von Techniken. Arens (1989) unterscheidet in Anlehnung an vom Menschen gemachte Werkzeuge fünf verschiedene Funktionsprinzipien: Bürste, Meißel, Baggerschaufel, Rechen und Raspel. Die Larven der Heptageniidae (Eintagsfliegen) beispielsweise „bürsten" mit den Mundwerkzeugen den Aufwuchs zu ihrer Mundöffnung.

Zerkleinerer nehmen eher grobes organisches Material (vor allem Fallaub) auf, wobei weniger das Blattmaterial selber als vielmehr die dem Blatt anhaftenden Pilze und Bakterien verwertet werden. Als Nebeneffekt wird hierdurch das grobpartikuläre Material für die Verwertung durch andere Benthostiere (Sedimentfresser, Filtrierer) aufbereitet. Zerkleinerer sind z. B. die Larven der Köcherfliegenfamilie Sericostomatidae, die Larven der Hakenkäfer (Dryopidae) und teilweise auch Bachflohkrebse (*Gammarus*) und Wasserasseln (*Asselus aquaticus*).

Zu den **Sammlern** werden Sedimentfresser und Filtrierer gezählt. Die **Sedimentfresser** (Detritus-, Substratfresser) findet man vor allem in und auf feinem,

Abb. 2.2.8 Netz der Larve der Köcherfliege *Polycentropus flavomaculatus* (LINKS) und *Neureclipsis bimaculata* (MITTE). Bauschema von Netz und Wohnröhre von *Hydropsyche* (RECHTS). Die Strömung verläuft von rechts nach links. Aus Wesenberg-Lund (1943) und Sattler (1958).

weichem Substrat, dessen feinpartikuläre, organische Bestandteile (FPOM) aufgenommen werden. Typische Sedimentfresser sind z. B. die Wenigborster (Oligochaeta) oder die Larven der Eintagsfliegenfamilie Leptophlebiidae.

Die **Filtrierer** der fließenden Gewässer filtern das Wasser zumeist passiv, d. h., sie nutzen die Partikeldrift der Strömung. Die Kriebelmückenlarven filtrieren Algen und andere kleine organische Partikel mittels Fächern an der Oberlippe aus der Strömung. Die Larven der Köcherfliegenfamilien Philopotamidae, Polycentropodidae und Hydropsychidae weben Netze, in denen sich Partikel, aber auch lebende kleinere Benthostiere verfangen. Die Larven der Philopotamiden bauen einfache sackförmige Netze zumeist auf der Steinunterseite. Gut untersucht ist der Netzbau von *Neureclipsis bimaculata* und *Hydropsyche* durch die klassischen Arbeiten von Brickenstein (1955) und Sattler (1958). Die Netze von *Neureclipsis* sind trichterförmig, wobei sich am geschlossenen Ende des Trichters die Wohnröhre befindet. Die Trichteröffnung ist gegen die Strömung gerichtet (Abb. 2.2.8). Die *Hydropsyche*-Larven errichten am Eingang ihrer Wohnröhre ein Gerüst (Vorhof) aus Steinchen, welche miteinander verklebt werden. Zwischen diesen Steinchen wird dann das Netz aufgespannt (Abb. 2.2.8). Die Netze verschiedener Arten sind jeweils an einen bestimmten Strömungsgeschwindigkeitsbereich angepaßt. So bevorzugt die Larve der Köcherfliege *Hydropsyche instabilis* eher höhere Strömungsgeschwindigkeiten und lebt in Riffles, während die Netze von *Plectrocnemia conspera* an geringe Strömungsgeschwindigkeiten (bis 20 cm/s) angepaßt sind und diese Art Pools als Aufenthaltsort bevorzugt (Edington 1968). Zu den passiven Filtrierern gehören auch die Larven der Eintagsfliegen von *Oligoneuriella rhenana*, welche das Wasser mittels der beborsteten Vorderbeine filtrieren (Elpers & Tomka 1992). Die Larven von *Ephoron virgo* sind hingegen Aktiv-Filtrierer. Sie graben in festen Substraten (wie Lehm) an beiden Enden offene Röhren. Durch Kiemenbewegungen wird nun in der Röhre eine Wasserströmung erzeugt, aus welcher Partikel herausfiltriert werden können. Auch die Larven der Eintagsfliegengattung *Ephemera* bauen Röhren in lockerem Substrat und gehören zu den Aktiv-Filtrierern.

Räuber (Prädatoren) sind z. B. Libellenlarven, die größeren Larven der Steinfliegenfamilien Perlodidae und Perlidae, die Larven der Köcherfliegenfamilie Ryacophilidae sowie die Larven und Imagines der Schwimmkäfer (Dytiscidae).

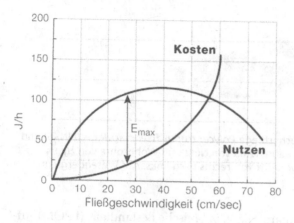

Abb. 2.2.9 Verlauf von energetischen Kosten und Nutzen (in Joule pro Stunde) beim Aufenthalt in Bereichen mit unterschiedlichen Fließgeschwindigkeiten am Beispiel der Regenbogenforelle. E_{max} gibt den Bereich mit maximalem energetischen Nutzen an. Nach Grossmann et al. (1995).

Nur ein eher geringer Anteil der Makrozoobenthosarten bedient sich einer einzigen Ernährungsweise. Viele Arten können verschiedene Nahrungsquellen nutzen. Bei der Zuordnung des Ernährungstypus muß zudem berücksichtigt werden, daß manche Arten im Verlauf ihrer Larvalentwicklung andere Nahrungsquellen benutzen. So gelten Kriebelmückenlarven allgemein als passive Filtrierer, doch das erste Larvalstadium von *Prosimulium* ernährt sich als Weidegänger (Zwick 1974). Noch komplizierter ist die Ernährungsweise der Larve von *Hydropsyche instabilis* (Schröder 1976): Die ersten Larvenstadien bauen keine Netze und ernähren sich als Weidegänger. Erst ältere Larven bauen Netze, um Nahrungspartikel aus dem Wasser herauszufiltrieren. Mit zunehmender Größe der Larven werden dabei auch zunehmend mehr Beutetiere gefangen. In diesem Fall dienen die Driftnetze eher als Stellnetze für hineinlaufende Beutetiere.

Die nicht bodenorientiert lebenden **Fische** in schnell fließenden Gewässern ernähren sich häufig von den driftenden Kleintieren. Da – wie beschrieben – mit zunehmender Fließgeschwindigkeit auch die Turbulenz zunimmt, bleiben die Kleintiere unter diesen Umständen länger in der Drift. Bei sehr hohen Fließgeschwindigkeiten können die Fische die driftenden Tiere nicht mehr auffangen, so daß es einen Bereich mit optimalem Fangerfolg bzw. Nutzen gibt (Abb. 2.2.9). Auf der anderen Seite muß der Fisch bei zunehmender Fließgeschwindigkeit auch zunehmend mehr Energie aufwenden, um der Strömung standzuhalten. Somit gibt es für diese Fische einen Strömungsbereich mit maximalem Energiegewinn, welcher beispielsweise bei Regenbogenforellen zwischen 25 und 30 cm/s liegt (Abb. 2.2.9).

2.2.5 Entwicklungszyklus und Wassertemperatur

Der Entwicklungsverlauf der Wassertiere vom Ei bis zum ausgewachsenen, geschlechtsreifen Tier ist abhängig von den genetisch vorgegebenen Anlagen, welche für jede Art verschieden sind, und von den im Lebensraum herrschenden Umweltbedingungen. Zu letzteren gehört u. a. der Tag-Nacht-Rhythmus des Lichts, die Qualität und Menge der vorhandenen Nahrung und vor allem die Wassertem-

Abb. 2.2.10 Prozentualer Anteil der aus den Eiern schlüpfenden Larven einiger Eintags- und Steinfliegen bei verschiedenen Wassertemperaturen:
(1) *Rhithrogena loyolaea*,
(2) *R. semicolorata*,
(3) *Baetis vernus*,
(4) *Ephemerella ignita*,
(5) *Leuctra digitata*,
(6) *Dinocras cephalotes*.
Nach verschiedenen Autoren aus Brittain (1990).

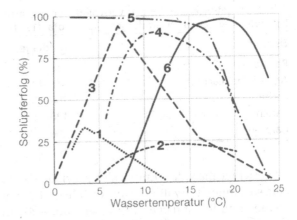

peratur, welche einen großen Einfluß auf die Geschwindigkeit der Stoffwechselvorgänge und somit auch auf Wachstum und Entwicklung der Organismen hat.

Verschiedene Entwicklungsvorgänge werden erst bei bestimmten Wassertemperaturen eingeleitet bzw. verlaufen nur bei bestimmten Temperaturen optimal. So laichen Bachforellen nur bei einer Temperatur von unter 5 °C, bei ca. 8 °C laichen Nasen, bei über 11 °C laichen Elritzen. Karpfen und Schleien laichen erst bei Temperaturen über 20 °C (DVWK 1996a). Die optimale Entwicklungstemperatur zeigt sich z. B., wenn man den Schlüpferfolg (der Larven aus dem Ei) bei verschiedenen Temperaturen untersucht, was in Abbildung 2.2.10 für sechs einheimische Insekten dargestellt ist.

Unterschiedliche Entwicklungsstadien haben zumeist auch unterschiedliche Temperaturbedürfnisse. So laicht z. B. die Bachforelle wie erwähnt bei unter 5 °C, die optimale Temperatur der Eientwicklung liegt aber bei ca. 7 °C, während der Bereich des optimalen Wachstums sich bei etwa 13–15 °C befindet (Elliot 1976, 1994). Die Ursache für die unterschiedlichen Temperaturbedürfnisse der Entwicklungsstadien liegt in deren Anpassung an die für die Jahreszeit typische Wassertemperatur. Außerdem werden häufig die verschiedenen Entwicklungsstadien in jeweils anderen Gewässerbereichen durchlaufen, was eine Anpassung an die dort herrschenden Wassertemperaturen erfordert.

Da die Entwicklung der Gewässerorganismen bei sich ändernden Wassertemperaturen abläuft, ist es sinnvoll, bei biologischen Gewässeruntersuchungen die Wassertemperatur gleicher Zeitabschnitte aufzusummieren. Die fortlaufende Addition der mittleren Tagestemperatur bezeichnet man als „Gradtage" (degree days). Kennt man die Gradtage in einem Fließgewässer und die Gradtage der Entwicklung eines Organismus, so kann die Entwicklungsdauer im Fließgewässer abgeschätzt werden. Um die jährlichen Gradtage eines Gewässers zu ermitteln, muß man lediglich die mittlere Jahrestemperatur mit 365 multiplizieren. In den mitteleuropäischen Fließgewässern liegen die jährlichen Gradtage etwa zwischen 500 (bei hochalpinen, sonnenabgewandten Bächen) und 5000 (bei sonnenbeschienenen Flachlandbächen). Gut untersucht sind bei vielen Wasserorganismen die Gradtage der Eientwicklung. In Tabelle 2.2.1 sind diese für einige einheimische Süßwasserfische angegeben.

Tab. 2.2.1 Entwicklung der Eier verschiedener Fischarten von der Eiablage bis zum Schlüpfen der Larven in Gradtagen. Aus Terofal (1984).

Fischart	Gradtage
Bachforelle	410
Atlantischer Lachs	410–420
Äsche	200
Barsch	120–160
Karpfen	60– 70

Betrachtet man den Entwicklungszyklus der Wasserinsekten im Jahresverlauf, so können univoltine, multivoltine und partivoltine Zyklen unterschieden werden (Studemann et al. 1992). Beim **univoltinen Zyklus** entwickelt sich eine Generation pro Jahr. Die Überwinterung wird dabei als Ei, Larve oder Puppe erfolgen. Einen univoltinen Entwicklungszyklus hat z. B. *Baetis alpinus* im Stocktalbach und im Piburger Bach (Abb. 2.2.11). Beim **multivoltinen Zyklus** ergeben sich zwei (bivoltin), drei (trivoltin) oder mehr Generationen pro Jahr. Viele Arten von Zuckmücken und Kriebelmücken haben einen multivoltinen Zyklus, insbesondere bei Fließgewässern in tieferen Lagen. Ein Extrembeispiel ist die Zuckmücke *Diamesa incallida*, welche bei nur 8 °C Wassertemperatur acht bis zehn Generationen pro Jahr erzeugt (Nolte & Hoffmann 1992). Im Gegensatz dazu dauert die Generationszeit bei einem **partivoltinen Zyklus** mehr als ein Jahr, so z. B. zwei Jahre bei *B. alpinus* in der Estaragne, einem Fluß in den Pyrenäen (Abb. 2.2.11). Bestimmte Libellen (Gomphidae: Flußjungfern) benötigen für ihre Entwicklung sogar bis zu fünf Jahren.

Im Stocktalbach befindet sich zu einem bestimmten Zeitpunkt die gesamte Population von *B. alpinus* in einem Entwicklungsstadium (Abb. 2.2.11). Im tiefergelegenen Piburger Bach mit einem milderen Winter hingegen findet man drei verschiedene Entwicklungstadien gleichzeitig, die Population ist hier in drei **Kohorten** aufgeteilt (Abb. 2.2.11). Diese Kohorten schlüpfen dann typischerweise nacheinander zu drei verschiedenen Zeitpunkten im Jahr.

Viele Tierarten haben Mechanismen entwickelt, um den (kontinuierlichen) Entwicklungsablauf zu verändern. Hierbei handelt es sich um ein „retardiertes Schlüpfen" und um „Diapausen" (Entwicklungshemmungen). Beim **retardierten Schlüpfen** kommt es zu einer ungleichen, verzögerten Eientwicklung. Dadurch schlüpfen die Larven nicht mehr alle zu einem bestimmten Zeitpunkt, sondern über eine bestimmte Zeitspanne. So können über einen großen Zeitraum von einer Kohorte gleichzeitig Eier, kleine und größere Larven vorhanden sein. Sind viele Entwicklungsstadien gleichzeitig vorhanden, so kann dies bei ungünstigen Umweltverhältnissen die Überlebenswahrscheinlichkeit der Population erhöhen; das Risiko wird gestreut. Ungünstige Umweltverhältnisse sind z. B. Hochwasser mit Sohlumlagerung, Niedrigwasserabfluß mit hohen Wassertemperaturen (und niedrigem Sauerstoffgehalt des Wassers), schlechte Nahrungsgrundlage u. a. Ferner wird durch eine asynchrone Entwicklung auch die innerartliche Konkurrenz vermindert, da unterschiedliche Entwicklungsstadien zumeist auch ein unterschiedliches Nahrungsspektrum haben.

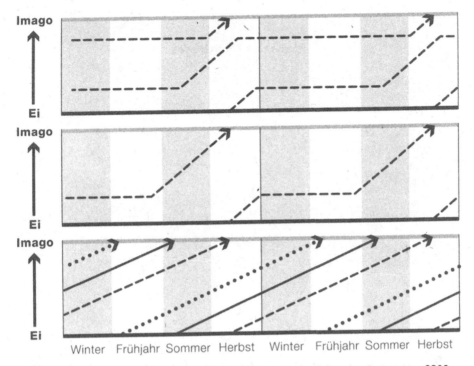

Winter   Frühjahr   Sommer   Herbst   Winter   Frühjahr   Sommer   Herbst

Abb. 2.2.11 Entwicklungszyklus der Eintagsfliege *Baetis alpinus* in einem etwa 2200 m hohen Abschnitt der Estaragne, Pyrenäen (OBEN), einem etwa 2300 m hohen Abschnitt des Stocktalbaches, Tirol, mit relativ hohen Wassertemperaturen im Sommer/Herbst (MITTE) und dem etwa 950 m hohen Piburger Bach, Tirol (UNTEN). Schematisch nach Angaben aus Lavandier (1988), Ritter (1985) und Weichselbaumer (1984).

Aber auch eine Synchronisation des Entwicklungszyklus kann für eine Population vorteilhaft sein. Bei Insektengruppen mit einem sehr kurzen Imaginalstadium müssen sich Weibchen und Männchen zur Paarung finden. Ein gleichzeitiges Vorhandensein vieler Imagines vermindert zudem das Risiko, von Feinden erbeutet zu werden.

Viele Insekten haben im Verlauf ihrer Entwicklung Phasen mit einer Entwicklungsruhe (**Diapausen**). Diapausen stellen zum einen eine Anpassung an ungünstige Umweltverhältnisse dar, und zum anderen ermöglichen sie eine Synchronisation des Entwicklungsverlaufes. Anfang und Ende von Diapausen können z. B. durch die Umgebungstemperatur oder die Länge des Tag-Nacht-Rhythmus gesteuert werden. So hat beispielsweise die Eintagsfliege *Baetis vernus* eine Ei-Diapause. Die Weibchen legen von etwa Mai bis Oktober Eier ab, aber erst während der steigenden Wassertemperaturen nach dem darauffolgenden Winter kommt es durch die Diapause zu einem (relativ synchronen) Schlüpfen der Larven (Schmidt 1984).

3 Die ökologisch maßgebenden Faktoren

Fließgewässer sind offene Ökosysteme, welche einerseits sehr stark dem Einfluß ihrer Umgebung unterliegen und andererseits auch ihre Umgebung beeinflussen. Um dies zu veranschaulichen, kann man die Wechselwirkungen des Fließgewässers mit der Umgebung in drei räumlichen Dimensionen beschreiben (Ward 1989b): Die Längsvernetzung (longitudinale V.) bezieht sich auf die Wechselwirkungen im Längsverlauf der Fließgewässer. Der Austausch von Organismen, Material und Energie mit dem Umland wird als Umlandvernetzung (laterale V.) bezeichnet, und die vertikale Vernetzung beschreibt die Interaktionen zwischen Fließwasser und Grundwasser. Bei allen drei Dimensionen kommt es zu einem Übergang von einem Ökosystem zu einem anderen. Solche Übergangsbereiche sind z. B. Flußmündungen in einen See oder ins Meer, Seeausflüsse, Auen oder die Mischungszone von Fluß- und Grundwasser unterhalb der Gewässersohle. In diesen Übergangsbereichen (Ökotonen) kommt es zu Prozessen, die sonst in keinem der beiden angrenzenden Ökosysteme stattfinden (Holland 1988). Häufig finden sich in diesen Ökotonen auch speziell angepaßte Organismen. Die Biodiversität ist hier typischerweise höher als in den angrenzenden Ökosystemen (Risser 1990).

Die Wechselwirkungen zwischen dem Fließgewässer und seiner Umgebung sowie die Gegebenheiten in den Ökotonen sind sehr stark zeitlichen Veränderungen unterworfen. Daher wird bei einer mehrdimensionalen Betrachtung der Fließgewässer auch die zeitliche Komponente in Form der Abfluß- und Feststoffdynamik berücksichtigt.

3.1 Zeitliche Veränderungen – Hochwasser und Niedrigwasser

3.1.1 Hochwasser

Fließgewässermorphologie und Hochwasser

Die morphologischen Veränderungen in einem Fließgewässer kann man in einem räumlich-zeitlichen Maßstab betrachten (Schumm & Lichty 1963, Frissell et al. 1986, Kern 1994). Kleinräumige Veränderungen der Substratzusammensetzung ergeben sich schon bei kleineren Hochwassern, wie sie mehrmals pro Jahr auftreten (Matthaei et al. 1996). Grundlegende Veränderungen des Gewässerverlaufes treten hingegen erst bei sehr starken Hochwassern auf, wie sie sich nur im Abstand von Jahrhunderten ereignen (Tab. 3.1.1).

Tab. 3.1.1 Veränderungen der Gewässermorphologie in verschiedenen räumlich-zeitlichen Maßstäben in einem Mittelgebirgsbach.

räumliche Skala: Ausdehnung in m²	zeitliche Skala: Abstand der Hochwasserereignisse	beispielhafte morphologische Prozesse
dm²: Kleinlebensräume	saisonale oder jährliche Hochwasser	kleinflächige Sohlumlagerungen, Auskolkungen und Anlandungen, Umlagerung von grobpartikulärem organischem Material (CPOM)
1 bis 10 m²: Pool-Riffle	mehrjährliche Hochwasser	großflächige Sohlumlagerungen, Ausbildung von größeren Kolken, Sandbänken, Ausbuchtungen, Uferabbrüchen
100 bis 1000 m²: Gewässerabschnitte	„Jahrhunderthochwasser"	abschnittsweise Veränderung des Sohlgefälles, Verlagerung des Gewässerlaufes, Ausbildung von Altarmen oder Verzweigungen

Auswirkungen von Hochwasser auf das Makrozoobenthos

Schon bei einer geringfügigen Abflußsteigerung kommt es durch die zunehmende Turbulenz zu einer deutlichen Zunahme der Schwebstoffe und damit zu einer sichtbaren Wassertrübung. Auch das auf der Sohle abgelagerte, grobpartikuläre organische Material (CPOM) wird verstärkt abgeschwemmt, womit gleichzeitig auch das mit dem CPOM assoziierte Makrozoobenthos verdriftet wird (O'Hop & Wallace 1977, Hütte 1987). Aufgrund der höheren Fließgeschwindigkeiten und Turbulenzen nimmt auch die Wahrscheinlichkeit zu, daß strömungsexponierte Tiere weggeschwemmt werden. Ein Teil des Makrozoobenthos sucht, bedingt durch diese Veränderungen, strömungsgeschützte Bereiche auf (Abschn. 3.3). Bei weiter zunehmendem Abfluß werden die feinkörnigen Sedimente aus der Sohle herausgespült. Dadurch verliert die Sohle ihre Stabilität, und es kommt dann in vielen Gewässern relativ plötzlich zu einer Umlagerung der gesamten Gewässersohle (Carling 1987). Dies führt nun zu einer massiven Erhöhung der Abdrift (Abschn. 2.2.2), und durch die hohen Fließgeschwindigkeiten werden die driftenden Tiere sehr weit abwärts transportiert.

Zahlreiche Autoren berichten von drastischen Verminderungen der Organismenbesiedlung durch Hochwasser mit einer Sohlumlagerung; teilweise wurden Taxazahl, Biomasse und Besiedlungsdichte reduziert (Lake 1990, Wallace 1990, Mackay 1992, Moog 1996). Von großer Bedeutung sind hierbei der **umgelagerte Flächenanteil** und die **Tiefe der Sohlumlagerung**: Je größer und tiefer der umgelagerte Sohlbereich ist, um so stärker wird die Sohlbesiedlung reduziert. Eine wichtige Rolle spielen strömungsgeschützte Bereiche, die von der Sohlumlagerung nicht betroffen sind. Um die Bedeutung von strömungsexponierten und strömungsgeschützten Sohlbereichen abzuschätzen, wurde vom Autor die Makrozoobenthosbesiedlung in einem Mittelgebirgsbach (Schwarza, Südschwarzwald) unmittelbar vor und nach einem künstlichen Hochwasser untersucht. Für eine Zeitdauer von zwei Stunden stieg der Abfluß von 90 l/s auf 10 m³/s an, wobei ein Großteil der Sohle umgelagert wurde. Dabei zeigte sich im

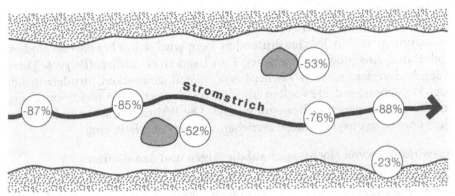

Abb. 3.1.1 Reduktion der Makrozoobenthosbesiedlung durch ein Hochwasser in verschiedenen Sohlbereichen bei einem Bach im Südschwarzwald.

Bereich mit Sohlumlagerung (Stromstrich) ein Besiedlungsrückgang des Makrozoobenthos von 76–88 %. In strömungsgeschützten Bereichen unterhalb von großen Steinen und in Ufernähe fiel der Besiedlungsrückgang mit 23–53 % wesentlich geringer aus (Abb. 3.1.1).

Interessant ist hierbei das Vorkommen der Larven der Eintagsfliegengattung *Baetis*. Auch die Besiedlungsdichte dieser Tiere wurde im Stromstrich stark reduziert (78–94 %), doch im Strömungsschatten hinter großen Steinen nahm die Besiedlung um das 7–28fache (!) zu. Offensichtlich sind die Baetiden aufgrund ihres guten Schwimmvermögens in der Lage, während des Hochwassers aktiv strömungsgeschützte Bereiche aufzusuchen und so eine allgemeine Abdrift zu verhindern. Bei dieser Untersuchung wurden auch die mittleren Körperlängen vor und nach dem Hochwasser ermittelt. Bei allen Taxa war die durchschnittliche Tiergröße nach dem Hochwasser kleiner als vor dem Hochwasser, da kleinere Tiere in den Lückenräumen eher Schutz finden und so einer Abdrift bei Hochwasser besser widerstehen können.

Palmer et al. (1992) untersuchten in einem Sandbach, ob das Hyporheal ein Rückzugsort für bestimmte Zoobenthosarten bei Hochwasser ist. Dabei konnte für verschiedene Taxa eine Wanderung ins Hyporheal von wenigen Zentimetern nachgewiesen werden, was aber einen allgemeinen Besiedlungsrückgang nicht verhinderte. In den Fließgewässern mit einer Stein-Kies-Sohle sind die Lückenräume im Hyporheal größer und somit ist hier auch die Wahrscheinlichkeit höher, daß dieser Bereich bei Hochwasser aufgesucht wird. Untersuchungen an der Rhone bestätigen diese Vermutung (Dole-Olivier et al. 1997). Voraussetzung ist allerdings, daß das Hyporheal nicht mit Feinstoffen verstopft ist (Abschn. 3.3).

Ob und wie viele Tiere des Makrozoobenthos ein Hochwasser mit Sohlumlagerung überleben, ist unklar. Die Larven der Eintagsfliegen und Steinfliegen driften relativ schnell ab und könnten auf diese Weise verhindern, daß sie vom Geschiebe zermahlen werden. Untersuchungen an Eintagsfliegen- und Steinfliegenlarven in einem alpinen Bach vor und nach einem starken Hochwasser zeigten keine Unterschiede hinsichtlich Beschädigungen (Hütte, unveröffentlicht). Inwieweit die abgedrifteten Tiere in den abwärts liegenden Gewässerabschnitten überleben, hängt von den dort herrschenden Lebensbedingungen ab. Ein Teil der driftenden Tiere wird sicher bei nachlassendem Abfluß und sinkendem Wasserspiegel an Land trockenfallen (Perry & Perry 1986). Andere Taxa wie z. B. Köcherfliegen, Netzflügelmücken, Strudelwürmer oder Wenigborster driften selten und lösen sich auch dann nicht von ihrem Substrat, wenn dieses in Bewegung gerät. Die Wahrscheinlichkeit, daß diese Tiere vom bewegten Geschiebe zerrieben werden, ist relativ groß.

Auswirkungen von Hochwasser auf die Algen und den Biofilm

Zahlreiche Untersuchungen zeigen, daß es durch die Bewegung des Geschiebes (Effekt einer Kugelmühle) und die Sandstrahlwirkung der Schwebstoffe auch zu einer drastischen Reduktion des Algenbewuchses kommt (Steinmann & McIntire 1990, Uehlinger 1991, Moog 1996, Uehlinger & Naegeli 1998). In Abbildung 3.1.2 sind die Auswirkungen von Hochwasserabflüssen auf die Algenbesiedlung in einem voralpinen Gewässer dargestellt. Die Reduktion der Algenbesiedlung zeigt sich sowohl beim Rückgang der Biomasse (bzw. der Menge an Chlorophyll a wie auch der verringerten Photosynthese (bzw. der verringerten Sauerstoffproduktion). Mit den Algen wird auch der gesamte Biofilm mit Bakterien, Pilzen und Einzellern entfernt. Durch die Beseitigung des Biofilms kommt es zu einer Reduktion des Abbaus organischer Substanz, was deutlich an dem Rückgang der Respiration zu erkennen ist (Abb. 3.1.2). Bleiben weitere Hochwasser aus, kann sich der Biofilm mit den Aufwuchsalgen innerhalb von einigen Wochen regenerieren.

3.1.2 Niedrigwasser und Austrocknung

Ebenso wie Hochwasser stellen auch Niedrigwasserabflüsse für viele Fließwasserorganismen kritische Situationen dar. Entscheidend sind dabei vor allem die geringen Fließgeschwindigkeiten und die bei Sonneneinstrahlung erhöhte Wassertemperatur bzw. der dadurch verringerte Sauerstoffgehalt. Diese Gegebenheiten erfordern besondere Anpassungen an die Atmung der Fließwassertiere (Abschn. 2.2.3). Eine weiterer kritischer Parameter ist der bei fallendem Wasserspiegel kleiner werdende Lebensraum. Hierdurch erhöht sich die Besiedlungsdichte und damit die Konkurrenz. Wenn Teile der Gewässersohle trocken fallen, können Fließwassertiere an Land zurückbleiben. Einige Organismen sind an solche Situationen angepaßt. So kann die Larve der Köcherfliege *Hydropsyche contubernalis*, eine Charakterart großer Flüsse, bei fallendem Wasserspiegel in feuchtem Sand unter Steinen trotz Temperaturen von über 30 °C bis zu vier Wochen überleben (Becker 1987).

Noch schwieriger sind die Lebensbedingungen für die Organismen in Fließgewässern, die zeitweise vollständig trockenfallen. Solche Fließgewässer sind z. B. die sommertrockenen Bäche des Tieflandes (siehe Abschn. 1.1.2). Da hier das Trockenfallen immer zur selben Jahreszeit auftritt, sind die Fließwassertiere in ihrem Entwicklungszyklus synchronisiert und überdauern die sommerliche Trockenphase zumeist als Ei oder Imago. Typische Arten der sommertrockenen

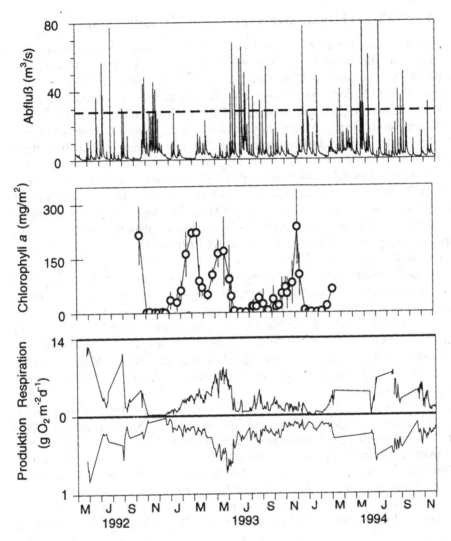

Abb. 3.1.2 Abflußverlauf, Entwicklung der Algen (hier angegeben als Chlorophyll a), Primärproduktion und Respiration im Verlauf von drei Jahren in einem voralpinen Fluß (Necker, Ostschweiz). Die Sohlumlagerung beginnt etwa ab einem Abfluß von 28 m³/s (siehe die gestrichelte Linie in der oberen Grafik). Aus Uehlinger & Naegeli (1998).

Bäche sind z. B. die Eintagsfliegen *Siphlonurus armatus* und *Metreletus balcanicus,* die Köcherfliegen *Ironoquia dubia* und *Oligostomis reticulata* oder die Kriebelmücke *Simulium vernum* (Timm et al. 1995). Andere Organismen graben sich bei drohender Austrocknung in die Bachsedimente ein, so die Schlammschnecke *Lymnaea peregra* und der Schwimmkäfer *Agabus guttatus* (Bohle 1995). Diese Bäche sind trotz der Trockenphase arten- und individuenreich, sofern die Sohl-, Ufer- und Auestrukturen intakt sind und der nötige Schutz für die Überdauerungsstadien der Bachorganismen (z. B. Mikroklima) gewährleistet ist (Timm et al. 1995).

3.1.3 Hoch- und Niedrigwasser – Modellvorstellungen

Eine große Bedeutung bei der Analyse von Ökosystemen haben Störungen. Während im allgemeinen Sprachgebrauch das Wort „Störung" wie auch das englische Wort „disturbance" eine negative Bedeutung hat, so beinhaltet dieser Begriff in der Ökologie keine Wertung. Es gibt zahlreiche Definitionen von Störungen. In bezug auf das Ökosystem Fließgewässer sind Störungen zeitlich begrenzte Veränderungen der Umweltbedingungen, welche die normale Variationsbreite der Umweltbedingungen deutlich überschreiten (Minshall 1988) und wodurch ein gewisser Anteil von Organismen aus ihrem Lebensraum entfernt oder ihre Überlebenswahrscheinlichkeit reduziert wird. Typische Störungen in Fließgewässern sind die beschriebenen Hoch- und Niedrigwasserereignisse. Dabei läßt sich allerdings keine Grenze festlegen, ab welchem Abfluß ein Hochwasser bzw. Niedrigwasser die „normale" Variationsbreite der Abflüsse über- bzw. unterschreitet. Ein wichtiges Kriterium für Hochwasser ist aber sicherlich der einsetzende Geschiebetransport (Poff 1992).

Eine große ökologische Bedeutung hat die Frage nach der Intensität und Vorhersagbarkeit (predictability) von Störungen. Eine Störung von großer Intensität ist z. B. Hochwasser mit einer Sohlumlagerung oder Niedrigwasser mit einer Austrocknung der Sohle. Die Vorhersagbarkeit bezieht sich auf zwei Fragen: Wie genau läßt sich der Zeitpunkt der Störung vorhersagen? Wie genau ihre Intensität? Eine große Vorhersagbarkeit bedeutet also, daß eine Störung bezüglich ihres Zeitpunktes wie auch bezüglich ihrer Intensität mit großer Regelmäßigkeit auftritt.

Southwood (1977, 1988) hat die Überlebensstrategien der Organismen in Beziehung zur Vorhersagbarkeit und Intensität von Störungen gesetzt (Abb. 3.1.3). Dabei werden K-, A- und r-Strategien unterschieden. Die **K-Strategen** findet man bevorzugt bei geringen Umweltschwankungen (= geringe Störungsintensität), die eine hohe Vorhersagbarkeit haben. Die Organismen können sich relativ „ungestört" entwickeln, so daß es zu einer Konkurrenz um die begrenzten Ressourcen kommt, wobei sich mit der Zeit die besseren Konkurrenten (K-Strategen) durchsetzen. Gleichzeitig können sich die Arten zeitlich aufteilen,

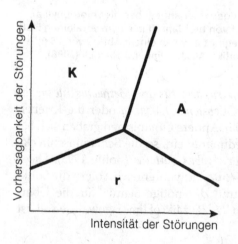

Abb. 3.1.3 Zuordnung verschiedener (Überlebens-)Strategien im Zusammenhang mit der Vorhersagbarkeit und der Intensität von Störungen. Nach Southwood (1988).

d. h., verschiedene Arten, die dieselben Ressourcen nutzen, entwickeln sich nacheinander. Diese Umweltbedingungen findet man vor allem in See-ausflüssen und Quellbächen (Death & Winterbourn 1995).

Die **r-Strategen** findet man vor allem bei nicht vorhersagbaren, häufigen Störungen. Unter diesen Umweltbedingungen kommt es kaum zu biologischen Interaktionen, da die Besiedlungsdichte ständig durch Störereignisse reduziert wird. Es entwickeln sich Organismen, die in der Lage sind, in kurzer Zeit eine große Anzahl von Nachkommen zu erzeugen (r-Strategen) und so die Zeit-abstände zwischen den Störungen zur Reproduktion nutzen. Bei unvorhersag-baren Störungen ist zudem eine desynchrone Entwicklung von Vorteil (Abschn. 2.2.5). Ein Beispiel hierfür ist die Eientwicklung der Eintagsfliege *Ephemerella ignita*: Während die ersten Larven nach etwa 70 Tagen aus dem Ei schlüpfen, benötigen die zuletzt schlüpfenden Larven etwa 340 Tage (Elliot 1975). Un-abhängig von etwaigen Störungen werden so nahezu das gesamte Jahr über neue Larven hervorgebracht.

Fließgewässer mit einem unvorhersagbaren Störungsregime sind die Bäche und Flüsse der Voralpen und des Mittelgebirges. Hochwasser können hier das ganze Jahr über auftreten und gehen zudem häufig auch mit einer Sohl-umlagerung einher.

Die **A-Strategen** findet man in Gewässern mit großer Störungsintensität und hoher Vorhersagbarkeit. Treten also Störungen immer zu einer bestimmten Jahreszeit auf, so werden sich insbesondere Organismen entwickeln, die zu die-ser Jahreszeit in einem für die Störung unempfindlichen Stadium sind. Zumeist handelt es sich dabei um das Ei- oder das Imaginalstadium (Abschn. 3.1.2). Typische Fließgewässer mit großer Störungsintensität und großer Regelmäßig-keit des Auftretens sind z. B. die schon beschriebenen sommertrockenen Bäche des Tieflandes.

Unter der Vielzahl an Theorien in der Fließgewässerökologie unterscheidet Allan (1995) drei verschiedene Modellvorstellungen zur Struktur der Organis-mengemeinschaften und deren Beziehung zu den Umweltbedingungen: die „Harsh-benign"-Hypothese, die „Intermediate-disturbance"-Hypothese und das „Patch-dynamics"-Konzept:

Bei der **„Harsh-benign"-Hypothese** werden die Umweltbedingungen im Fließgewässer in „harsh" (harsch, hart, rauh) und „benign" (freundlich, günstig, mild) eingeteilt (Peckarsky 1983). Der Lebensraum ist harsh, wenn die Umwelt-bedingungen (Abfluß, Temperatur, Sauerstoffgehalt u. a.) sehr stark fluktuieren. So kann man z. B. die Lebensbedingungen in einem Fließgewässer mit häufi-gen, starken, unregelmäßigen Hochwassern als harsh bezeichnen. Unter diesen Bedingungen sollte es nicht oder nur in geringem Maß zu biologischen Inter-aktionen wie Konkurrenz kommen. Es kann sich unter diesen Umständen kei-ne gleichbleibende, feste Struktur der Organismengemeinschaft ausbilden. Der Lebensraum wird hingegen als benign eingestuft, wenn die Umweltbedingun-gen konstant sind. Unter diesen Umständen bestimmen biologische Inter-aktionen die Struktur der Organismengemeinschaft, was zu einer eher gleich-bleibenden, strukturierten Organismengemeinschaft führt. Beim Übergang von harsh zu benign kommt es zunehmend zu biologischen Interaktionen. Die

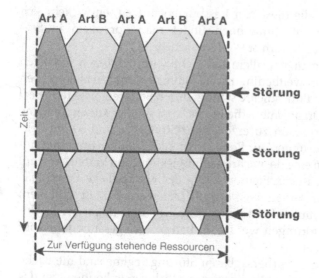

Art A   Art B   Art A   Art B   Art A

Zeit

← Störung

← Störung

← Störung

Zur Verfügung stehende Ressourcen

Abb. 3.1.4 Darstellung der Koexistenz zweier Arten (A und B) durch regelmäßig auftretende Störungen. Bei ausbleibendem Hochwasser würde der bessere Konkurrent A den schlechteren Konkurrenten B verdrängen.

meisten Fließgewässer in Mitteleuropa dürften nach dieser Einteilung zwischen harsh und benign liegen. Vergleichende Untersuchungen an Bächen mit unterschiedlichen Umwelteinflüssen bestätigen die Vorhersagen der Harsh-benign-Hypothese sowohl bei Fischen (Ross et al. 1985) als auch beim Makrozoobenthos (Townsend et al. 1987).

Die **„Intermediate-disturbance"-Hypothese** (Connell 1978) geht von der Annahme aus, daß die Umweltbedingungen mit einer gewissen Regelmäßigkeit durch Störungen verändert werden. Manche Arten sind von den Störungen stärker betroffen als andere Arten, indem sie z. B. in ihrer Bestandesdichte stärker reduziert werden. In einem Fließgewässer mit sehr häufigen Störungen kommt es kaum zu einer Konkurrenz zwischen den Organismen, während sich bei größeren Zeitabständen zwischen Störungen eine Konkurrenz (um Nahrung, Raum u. a.) ausbilden kann. Typischerweise sind nun die besseren Konkurrenten schlechter an Störungen angepaßt (Connell 1978), so daß nur die regelmäßigen Störungsereignisse (Hochwasser) ein Nebeneinander verschiedener Arten ermöglichen. In Abbildung 3.1.4 sind zwei hypothetische Arten (A und B) in ihrem begrenzten Lebensraum dargestellt. Die Art A ist der bessere Konkurrent, aber schlechter an Störungsereignisse angepaßt. Die Art B ist hingegen der schlechtere Konkurrent, dafür aber besser an Hochwasser angepaßt. B wird somit durch Hochwasser in seiner Vorkommenshäufigkeit nicht reduziert. Ohne die Störungen aber würde B von A aus dem Lebensraum verdrängt.

Für die Larven der Köcherfliege *Hydropsyche oslari* und Kriebelmücke *Simulium virgatum* konnte ein derartiger Zusammenhang in einem kalifornischen Bach aufgezeigt werden (Hemphill 1991): Beide Tiere sind Filtrierer und konkurrieren um die besten Plätze zum Filtrieren, wobei *H. oslari* als besserer Konkurrent *S. virgatum* verdrängen kann. *S. virgatum* ist hingegen besser an Hochwasser angepaßt und kann die durch Hochwasser freigewordenen Filtrierplätze schneller besetzen. Konkurrenz und Hochwasser sind in diesem Beispiel wichtig zur Regulation der Vorkommenshäufigkeit der beiden Arten.

Obwohl dieser Zusammenhang für die mitteleuropäischen Arten von *Hydropsyche* und *Simulium* nicht untersucht ist, kann doch ein ähnlicher Zusammenhang vermutet werden. Es sind allerdings – je nach Larvengröße der Hydropsychen – auch Räuber-Beute-Interaktionen zu berücksichtigen, da *Simulium*-Larven häufig von *Hydropsyche*-Larven gefressen werden (Rühm & Pieper 1989, Pavlichenko 1977). Außerdem konkurrieren die Larven der verschiedenen *Hydropsyche*-Arten untereinander und hydrologische Effekte können die Dominanz verändern (Camargo 1993).

Das **„Patch-dynamics"-Konzept** (Townsend 1989) sieht Fließgewässer als einen „Fleckenteppich" unterschiedlicher Habitate. Die Patches haben z. B. unterschiedliche Substrate, Wassertiefen oder Fließgeschwindigkeiten. Viele Fließwassertiere benutzen im Verlauf ihrer Entwicklung unterschiedliche Patches, da sie in den verschiedenen Entwicklungsstadien andere Ansprüche an ihre Umwelt haben. Durch Störungen werden die Organismen aus ihren Patches entfernt und so kann dieser freigewordene Raum wieder durch dieselbe oder eine andere Art besiedelt werden. Eine große Bedeutung hat dabei der Lebenszyklus und die von Art zu Art unterschiedliche Fähigkeit zur Neu- bzw. Wiederbesiedlung. Die Organismenzusammensetzung in ihrer Gesamtheit bleibt über längere Zeiträume gesehen konstant, auch wenn die Umweltbedingungen in einem Patch gewissen Schwankungen unterworfen sind. Das Patch-dynamics-Konzept beinhaltet sowohl Aspekte der Harsh-benign-Hypothese als auch der Intermediate-disturbance-Hypothese. Im Unterschied zu diesen Hypothesen steht beim Patch-dynamics-Konzept jedoch die Fähigkeit der Organismen zum Ortswechsel im Vordergrund. So werden durch Störungen oder Konkurrenz manche Arten von ihrem derzeitigen Aufenthaltsort verdrängt, doch bedingt durch die Vielzahl von unterschiedlichen Habitaten können diese Arten an anderen Orten überleben und zu einem gegebenen Zeitpunkt ihr ursprüngliches Habitat wieder besetzen. Ein Beispiel hierfür ist die Larve der Zuckmücke *Orthocladius calvus*, die am 16. Tag nach einem Hochwasser in einem künstlichen Fließgewässer massenhaft vorkam, aber schon nach 37 Tagen (scheinbar!) wieder verschwunden war (Ladle et al. 1985). Diese Art trat also nur sehr kurzfristig in Erscheinung, was zur Folge hatte, daß sie über lange Zeit unbekannt war. Als Bestätigung des Patch-dynamics-Konzeptes kann man auch das Verhalten der Eintagsfliege *Parameletus chelifer* in einem nordschwedischen Gewässer ansehen (Olsson 1982): Die Larven leben im Hauptfluß, weichen aber während der Frühjahrshochwasser in kleine Zuflüsse aus.

3.2 Laterale Vernetzung – Wechselwirkungen mit dem Umland

3.2.1 Wasser-Land-Wechselwirkungen bei konstantem Abfluß

Bedeutung der das Gewässer umgebenden Gehölze

Es gibt zahlreiche Wechselwirkungen zwischen dem aquatischen und terrestrischen Bereich. Einen wichtigen Einfluß auf kleinere und mittelgroße Fließ-

Tab. 3.2.1 Ökologische Bedeutung der umgebenden Gehölze für das Gewässer. Teilweise nach Maser & Sedell (1994).

Einflußfaktor	Funktion
Baumkronen	1. Gewässerbeschattung, Verhinderung einer unnatürlich hohen Wassererwärmung
	2. Eintrag von organischer Substanz (Blätter, Äste)
	3. Orientierungspunkte für das Paarungsverhalten mancher Wasserinsekten
	4. Ansitzwarte für wassergebundene Vogelarten (z. B. Wasseramsel, Eisvogel)
Totholz im Gewässergerinne	1. Ausbildung strömungsgeschützter Bereiche für verschiedene Organismen
	2. Erhöhung der Strukturvielfalt (z. B durch Sedimentationsareale)
	3. Verstärkte Retention von Nährstoffen, Detritus u. a.
	4. Besiedelbare Oberflächen (wichtig in Sandbächen ohne feste Substrate)
	5. Nahrungsgrundlage für einige Wirbellose
Baumwurzeln im Uferbereich	1. Stabilisierung und Strukturierung des Ufers
	2. Schutzräume sowohl unter Wasser (z. B. Fischunterstände) als auch oberhalb des Wassers (z. B. für geschlüpfte Wasserinsekten)
	3. Aufnahme von Nährstoffen aus Wasser und Boden

gewässer haben Ufergehölze. Mit Ausnahme von hochalpinen Bächen und Bächen in Sumpfgebieten, wo sich aufgrund der hohen Bodenfeuchtigkeit keine Gehölze entwickeln können, sind natürlicherweise nahezu alle Bäche in Mitteleuropa von Gehölzen umgeben.

Der Einfluß der Gehölze auf das Gewässer bezieht sich auf die Baumkronen über dem Gewässer, auf das Totholz im Gewässer und auf die Baumwurzeln am Gewässerufer (Maser & Sedell 1994, Tab. 3.2.1). Die **Baumkronen** bewirken einerseits eine Verminderung des Energieeintrags durch Gewässerbeschattung und andererseits wird durch Fallaub Energie in Form von organischer Substanz ins Gewässer eingebracht.

Totholz im Gewässergerinne verändert die Wasserströmung und beeinflußt dadurch die Gewässermorphologie (Abschn. 1.4.3). So werden Erosionsbereiche und Bereiche mit Feinmaterialablagerungen geschaffen, welche ohne Totholz nicht oder nur in geringerem Maße vorhanden wären. Bei Hochwasser finden Wirbellose und Fische hinter Totholzablagerungen Schutz vor der Strömung. Bei Niedrigwasserabflüssen bieten Totholzablagerungen vielen Fließwassertieren Schutz vor Feinden. Untersuchungen zeigen, daß sich mit Totholzablagerungen im Fließgewässer die Fischproduktion erhöht (Fausch & Northcote 1992, Zika & Strässle 1995). Totholz und insbesondere Verklausungen fördern die Retention von organischem und anorganischem Material (Abschn. 3.5). Zudem bietet Totholz vielen Wasserorganismen besiedelbare Oberflächen. Von Bedeutung ist dies vor allem bei den Sandbächen des Tieflandes, wo es sonst keine festen, besiedelbaren Strukturen gibt. Nur wenige Wasserorganismen hingegen „fressen" Holz. Nach Angaben der „Fauna Aquatica Austriaca" sind dies zwei Zuckmückenarten, sechs Köcherfliegenarten sowie zwei sehr seltene bzw. verschollene Käferarten (Moog 1995). Inwieweit diese Organismen sich vom Holz oder von den das Holz abbauenden Organismen (z. B. Pilze) ernähren, ist unklar. In jedem Fall muß das Holz über lange Zeit im Wasser liegen, bevor es von den Organismen angenommen wird.

Die Wurzeln der Ufergehölze stabilisieren und strukturieren das Ufer, bieten unter Wasser Fischen und Flußkrebsen Unterstände und über Wasser adulten Wasserinsekten sowie terrestrischen Tieren Versteckmöglichkeiten vor Feinden.

Organismische Interaktionen zwischen Wasser und Land

Eine Vielzahl von Tieren wechselt zwischen dem aquatischen und terrestrischen Lebensraum. Beschrieben wurden schon die aquatischen Insekten, die ihre ersten Entwicklungsstadien im Wasser verbringen und erst als adultes (fliegendes) Insekt an Land leben (Abschn. 2.1.5). Es gibt aber auch eine Vielzahl terrestrischer Tierarten, die sich ihre gesamte oder einen Großteil ihrer Nahrung aus dem Fließgewässer holen: So können einige Laufkäferarten unter Wasser an der Fließwassersohle Insektenlarven erbeuten. Wasseramsel und Wasserspitzmaus ernähren sich vorwiegend vom Makrozoobenthos, während der Eisvogel kleinere Fische aus dem Gewässer fängt. Bei Fischottern besteht die Nahrung vorwiegend aus Fischen.

3.2.2 Wasserwechselzone im Gewässergerinne – Sand-Kiesbänke

Bei NNQ hat der Wasserspiegel seinen niedrigsten Stand und bei etwa MJHQ ist der gesamte Gerinnequerschnitt gefüllt (Abschn. 1.4.4). Bei den natürlichen Bächen und Flüssen vom Mittelgebirge bis zu den Alpen kommt es in dieser Wasserwechselzone zur Ausbildung von Bänken aus Sand, Kies oder Schotter (Abschn. 1.4). Diese Bänke werden häufig überschwemmt und zudem mehrmals jährlich umgelagert, so daß sich hier keine oder nur eine geringe Vegetation entwickeln kann. Die größte Ausdehnung erreichen diese Kiesflächen in den verästelten Fließgewässern. In den Überflutungszeiten werden diese Flächen von der für das Gewässer typischen limnischen Flora und Fauna (Algen und Wirbellose) besiedelt, während sich bei Niedrigwasser eine terrestrische Fauna einstellt. Letztere besteht vor allem aus Laufkäfern, Kurzflügelkäfern, Spinnen, Milben, Springschwänzen, Zweiflüglern, Hautflüglern und Borstenwürmern (Plachter 1986, Bohle & Methfessel 1993). Auf den Kiesbänken von Isar, Lech und bayerischer Donau wurden 85 Laufkäfer-, 46 Kurzflügelkäfer- und 76 Spinnenarten nachgewiesen (Plachter 1986). Bei diesen Tieren handelt es sich zum Großteil um Räuber. Beutetiere sind vor allem das bei fallendem Wasserspiegel am Ufer zurückbleibende Zoobenthos, Organismen der Oberflächendrift, an Land schlüpfende Wasserinsekten sowie Wasserinsekten-Imagines. Terrestrische Tiere werden nur zu einem geringen Teil erbeutet. Mit zunehmender Nähe zum Wasser erhöht sich das Nahrungsangebot (Abb. 3.2.1). In der oberen Isar erreichen die Laufkäfer im wassernahen Bereich eine Besiedlungsdichte von 93 bis 190 Individuen pro Quadratmeter, während sich im wasserfernen, trockenen Bereich nur noch etwa ein Exemplar pro Quadratmeter findet (Manderbach & Reich 1995).

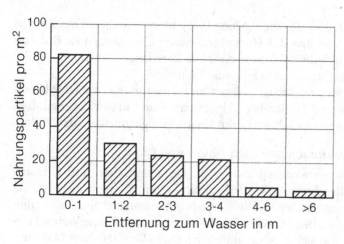

Abb. 3.2.1 Das potentielle Nahrungsangebot in Nahrungspartikel pro m² mit zunehmender Entfernung von der Uferlinie am Beispiel der Oberen Isar. Nach Hering (1995).

Um Kiesbänke dauerhaft besiedeln zu können, haben die dort lebenden Tiere verschiedene Anpassungen an die wiederkehrenden Überschwemmungen entwickelt. Viele der Käferarten können sehr lange unter Wasser überdauern. So überlebt der Laufkäfer *Agonum fuliginosum* im Laborversuch bis zu 70 Tage Wasserbedeckung (Plachter 1986). Ein Großteil der Kiesbankbewohner verläßt hingegen während der Überflutung ihren Lebensraum. Die meisten Lauf- und Kurzflügelkäfer können fliegen oder schwimmen. Nach Untersuchungen von Kühnelt (1943) verfügen Kiesbänke etwa einen Monat nach Rückgang der Überflutung wieder über die für sie typische terrestrische Fauna.

Ein Bewohner der Kiesbänke der (vor)alpinen Flüsse der Nordalpen ist die Gefleckte Schnarrschrecke (*Bryodema tuberculata*). In dieser Region besiedelt diese Art ausschließlich Kiesbänke, bei denen etwa 10–50 % der Fläche mit Vegetation bedeckt ist. Bei weiter zunehmender Vegetationsentwicklung wechseln die Tiere zu Kiesbänken mit geringerer Vegetation. Die Männchen können über weite Strecken fliegen, aber die Weibchen verbreiten sich zumeist, ohne zu fliegen, und Wasser stellt für sie eine Verbreitungsbarriere dar. Kiesinseln in verästelten Flüssen können also nur dann besiedelt werden, wenn die umgebenden Flußverzweigungen ausgetrocknet sind. Auf diese Weise bilden sich auf jeder geeigneten Kiesinsel Teilpopulationen (Abb. 3.2.2) aus, die untereinander nur zeitweise in Kontakt stehen (Reich 1991, Plachter 1993).

Auch unter den Vögeln gibt es typische Bewohner dieser Lebensräume wie die Kiesbankbrüter Flußregenpfeifer (*Charadrius dubius*), Flußseeschwalbe (*Sterna hirunda*) und Flußuferläufer (*Actitis hypoleucos*) (Reich 1994).

Die Kiesbänke haben für den Stoffumsatz des Fließgewässers eine erhebliche Bedeutung (Abschn. 3.5): Ein Großteil der partikulären organischen Substanz (vor allem Laubblätter) wird auf diesen Bänken zurückgehalten. Beim Abbau entsteht aus den Laubblättern feinpartikuläres Material, welches mit der Zeit in das Interstitial eingetragen und dort in den Stoffumsatz des Fließgewässers eingebaut wird. Bei einer starken Erwärmung der Kiesflächen wird der Abbau gebremst und die Organismenbesiedlung nimmt ab.

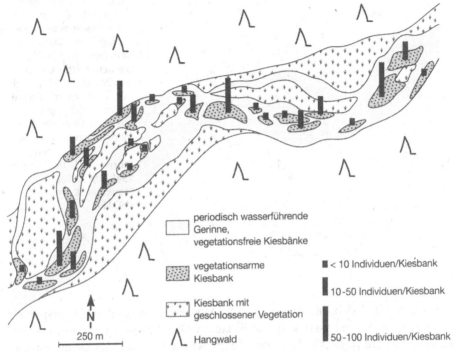

periodisch wasserführende
Gerinne,
vegetationsfreie Kiesbänke

vegetationsarme
Kiesbank

Kiesbank mit
geschlossener Vegetation

Hangwald

N

250 m

■ < 10 Individuen/Kiesbank

10-50 Individuen/Kiesbank

50-100 Individuen/Kiesbank

Abb. 3.2.2 Vorkommen der Gefleckten Schnarrschrecke (*Bryodema tuberculata*) im August 1990 in einem Abschnitt der Oberen Isar. Aus Reich (1991).

3.2.3 Auen

Als Aue bezeichnet man den bei Hochwasser überschwemmten Bereich des Gewässerumlandes. Gerinne- und Talquerschnitt sowie die bei Hochwasser abfließende Wassermenge bestimmen die Größe der Überschwemmungsfläche. Je flacher und breiter die Talsohle und je höher der Hochwasserabfluß, um so größer ist die Aue. Häufigkeit, Dauer und Zeitpunkt der Hochwasser bestimmen die Lebensbedingungen in der Aue.

Bei Gewässern mit kleiner Ordnungszahl (und kleinem Einzugsgebiet) kommt es zu sehr unregelmäßigen, kurzen Hochwassern, da schon kleine, lokal begrenzte Niederschlagsereignisse ein Hochwasser auslösen können. Bei Fließgewässern mit großer Ordnungszahl (und großem Einzugsgebiet) treten Hochwasser weniger häufig auf (siehe Abschn. 1.1.2). Abflußanstieg und Abflußrückgang erfolgen hier langsam, und das Hochwassergeschehen hält länger an. Unter diesen Bedingungen können sich Flußauen mit einer angepaßten Tier- und Pflanzenwelt entwickeln.

3.2.3.1 Überflutung und Austrocknung

Steigt der Wasserspiegel im Hauptgerinne an, so erhöht sich zeitlich verzögert im Überschwemmungsgebiet der Grundwasserspiegel. Ausgetrocknete Gelän-

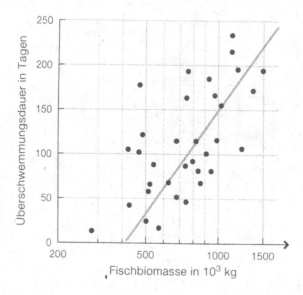

Abb. 3.2.3 Zusammenhang zwischen der Überschwemmungsdauer (in Tagen pro Jahr) und dem Fischfang (in kg) bei dem mittleren Teil der Donau einschließlich der wichtigsten Zuflüsse Drave, Theiß und Save mit einer Überschwemmungsfläche von mehr als 32 000 ha in den Jahren 1921–1935 sowie 1945–1967. Nach Stankovic & Jankovic (1971).

desenken füllen sich mit Wasser, und in Altwassern steigt der Wasserspiegel. Aber nur ein Hochwasser von relativ langer Dauer kann den Grundwasserspiegel der Aue wesentlich anheben. Je größer die Porosität des Grundwasserleiters ist, um so schneller folgt der Grundwasserspiegel den Wasserspiegeländerungen im Gerinne.

Wenn die Aue bei steigendem Wasserspiegel oberflächlich überschwemmt wird, kommt es zu einem Eintrag von Nährstoffen, organischem und anorganischem Material und lebenden Wasserorganismen in die Aue. Ein Teil des die Aue überflutenden Wassers sickert zum Grundwasser. Bei verzweigten Fließgewässern mit einer starken Geschiebeführung können sich große Mengen an Geschiebe im Überschwemmungsgebiet ablagern. Bei den Flüssen der Ebene kommt es hingegen eher zu Ablagerungen der vom Fluß mitgeführten Schwebstoffe. Je nach Richtung und Stärke der Wasserströmung zeigen sich in der Aue lokale Erosionsprozesse. Bei der Betrachtung von sehr langen Zeiträumen (Jahrhunderte, Jahrtausende) überwiegen häufig Sedimentationsprozesse, und es kommt zu einer langsamen, aber kontinuierlichen Erhöhung der Talsohle. Dies wird z. B. an der Bildung der Auelehmschichten deutlich (siehe Abschn. 6.1.2).

Bei der Überflutung der Aue gehen die in der überschwemmungsfreien Zeit angesammelten Nährstoffe aus Fallaub, Kot u. a. in Lösung. Die Wassertemperatur in der Aue wird je nach Überschwemmungsdauer, Wassertiefe und Sonneneinstrahlung erheblich höher sein als im Fluß. Diese Gegebenheiten bieten höheren Wasserpflanzen und Algen ideale Wachstumsbedingungen, wodurch es zu einer sprunghaften Zunahme der Primärproduktion kommt. Dies wiederum beschleunigt die Entwicklung von Zooplankton und anderen Wirbellosen. Viele Fische des Flusses und der Auegewässer suchen die überschwemmten Bereiche auf, um hier abzulaichen. Die hohen Wassertemperaturen und die guten Nahrungsbedingungen begünstigen ein schnelles Wachstum der ersten Entwicklungsstadien der Fische. Bei einer ökologisch weitgehend intakten Auelandschaft besteht ein Zusammenhang zwischen der Zunahme der Fischbiomasse (Fischproduktion) und der Anzahl der Aue-Überschwemmungstage pro Jahr. Länger andauernde Überschwemmungen haben im allgemeinen auch eine Zunahme der Fischproduktion zur Folge (Abb. 3.2.3).

Die terrestrisch lebenden Tiere in der Aue ziehen sich bei ansteigendem Wasserspiegel in Schutzbereiche zurück. Wirbeltiere verlassen die Aue, was den wirbellosen Kleintieren nur bedingt möglich ist. Die Laufkäfer der vegetationsfreien Kiesflächen zeigen bei Abflußanstieg eine horizontale Wanderbewegung zum Uferbereich hin (Gerken 1988). Manche Käfer, Ohrwürmer und Spinnen ziehen sich in die teilweise mit Luft gefüllten Lückenräume im Boden zurück oder finden in und auf Totholz Schutz. Einige dieser Tiere klettern an Baumstämmen hoch und bleiben so oberhalb des ansteigenden Wasserspiegels.

Für zahlreiche Tiere hingegen beginnt erst mit der Überflutung die Entwicklung bzw. die Fortsetzung der Entwicklung. So überdauern verschiedene limnische Tiere die hochwasserfreie Zeit als austrocknungsresistente Eier, und eine Überschwemmung dient als Startsignal für die Eientwicklung (Abschn. 3.2.3.2).

Mit sinkendem Abfluß im Hauptgerinne wird – zeitlich verzögert – auch das Wasser aus der Aue wieder abfließen. Diesmal werden Nährstoffe von der Aue in den Fluß geschwemmt. Auch ein Teil des in der Aue abgelagerten organischen Materials gelangt mit der Strömung in das Gewässer. Allein das von den Auebäumen herunterfallende Material ist beträchtlich: In einem Überschwemmungsgebiet des Morava (einem Donauzufluß in der Tschechischen Republik) betrug das von den Bäumen herabfallende organische Material ca. 5600 kg pro ha, wovon 66 % Fallaub war (Vasicek 1985). Die Flußfische suchen wieder das Hauptgerinne auf. In den Bodensenken der Aue wird Wasser zurückgehalten und verschiedene Wirbellose und Fische werden hier isoliert. Im Sommer kann sich das Wasser in den Senken stark erwärmen. Für viele der hier isolierten Tiere beginnt nun ein Wettlauf mit dem austrocknenden Gewässer. Wasserinsekten müssen vor dem Austrocknen das Imago-Stadium erreichen, und verschiedene Krebstiere müssen Dauereier ausbilden, um die Trockenperiode zu überstehen. Andere Wassertiere haben Anpassungen entwickelt, mittels derer sie auch als Larve oder adultes Tier über eine gewisse Zeitdauer ein Trockenfallen überleben können (Abschn. 3.2.3.2).

Nach dem Rückgang der Überschwemmung fließt nun auch das Grundwasser der Aue zum Hauptfluß hin ab. Der bei wiederkehrenden Überschwemmungen ständig schwankende Grundwasserspiegel hat eine große Bedeutung für das natürliche Selbstreinigungspotential des Flusses bzw. der Aue. Nach Rückgang der Überschwemmung haben nun viele Landpflanzen ideale Entwicklungsbedingungen. Manche Pflanzenarten können hingegen – insbesondere bei länger andauerndem Hochwasser – geschädigt worden sein, so daß nun (ganz im Sinne der Intermediate-disturbance-Hypothese) konkurrierende Pflanzenarten Entwicklungsvorteile haben. Das Hochwasser hat auch die Ausbreitung der Pflanzensamen gefördert, und die erodierten, umgelagerten oder aufgelandeten Bereiche bieten Erstbesiedlern bei guten Nährstoff- und Lichtverhältnissen und fehlender Konkurrenz ideale Wachstumsbedingungen.

3.2.3.2 Typische Organismen der Aue und ihre Anpassungen an das Leben in der Aue

Für die terrestrischen Organismen ist die Überflutung die kritische Zeitspanne, während bei den limnischen Organismen der Auegewässer eher die Austrocknung als kritische Phase angesehen werden muß. Es können nur solche Organismen die Auen dauerhaft besiedeln, welche an die für sie ungünstige Periode angepaßt sind.

Von großer Bedeutung für die Organismen ist die Vorhersagbarkeit (Abschn. 3.1.3) der Überflutung. Tritt das Hochwasser saisonal auf, kann erwartet werden, daß der Lebenszyklus auf den Überschwemmungszeitpunkt abgestimmt ist. Wie in Abschnitt 1.1.2 beschrieben, können bei mitteleuropäischen Fließgewässern (mit Ausnahme rein alpiner Gewässer) Hochwasser das ganze Jahr über auftreten, wenn auch die Hochwasserwahrscheinlichkeit zu bestimmten Jahreszeiten erhöht ist. Daher sollte Hochwasser zu einer untypischen Jahreszeit, wie auch ausbleibendes Hochwasser in einer hochwassertypischen Jahreszeit, keine Katastrophe für eine Population darstellen.

Im folgenden werden verschiedene terrestrische und limnische Organismen der Auen vorgestellt und ihre Anpassungen an Überschwemmung bzw. Austrocknung erläutert:

Die charakteristischen Bäume der Weichholzaue sind Weiden, die zahlreiche Anpassungen an Überflutungen entwickelt haben. Der Samen der Weiden beginnt schon wenige Stunden nach Rückgang einer Überflutung zu keimen, und aufgrund des schnellen Wachstums werden so sehr schnell neu entstandene Schlick- und Sandbänke besiedelt. Die Stämme und Zweige sind flexibel und setzen der Strömung nur wenig Widerstand entgegen (Abb. 3.2.4). Die Blätter der Aue-Weiden sind im Vergleich zu den Blättern der Weiden von Sümpfen und Waldlichtungen sehr schmal und damit strömungsgünstig geformt. Bei Abschürfung der Rinde sind Weiden in der Lage, erneut zu blühen und zu fruchten. Werden Aue-Weiden bei Hochwasser entwurzelt, können sie durch die Bildung von sekundären Wurzeln (Adventivwurzeln) an den Ästen erneut anwachsen. Lavendelweide (*Salix elaeagnos*) und Purpurweide (*Salix purpurea*) können Sedimentüberdeckungen von 3,40 m überstehen (Schiechtl 1992). Aus allen diesen Gründen sind Weiden auch hervorragend für ingenieurbiologische Verbauungen geeignet (Abschn. 4.2.4).

Steht Wasser über längere Zeit in der Aue, kann binnen weniger Stunden oder Tage der im Bodenwasser gelöste Sauerstoff durch Mikroorganismen aufgebraucht werden (Lerch 1991). Als Anpassung an die Sauerstoffverknappung im Wurzelbereich können die Weiden am Stamm im Bereich der Wasserspiegelhöhe neue Wurzeln bilden, mittels welcher die Sauerstoffversorgung sichergestellt wird.

Eine sehr effektive Anpassung an die Hochwasserströmung hat auch die Schwarzpappel (*Populus nigra*) entwickelt. Scheinbar einzeln stehende Pappeln können durch flach unter der Erde verlaufende Triebe miteinander verbunden sein, so daß Bestände von einigen Ar nur aus einem Pappelindividuum bestehen (Gerken 1988).

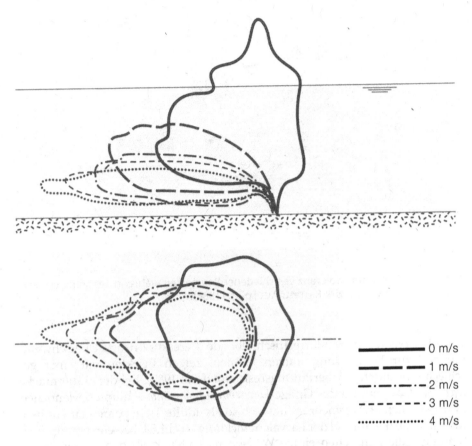

———————	0 m/s
— — — — —	1 m/s
—·—·—·—	2 m/s
- - - - - -	3 m/s
·················	4 m/s

Abb. 3.2.4 Gestalt einer überströmten Weide in Seiten- (oben) und Draufsicht (unten) bei unterschiedlichen Fließgeschwindigkeiten. Aus Oplatka (1998).

In Abbildung 3.2.5 ist die Überflutungstoleranz verschiedener Baumarten dargestellt. Die Silberweide (*Salix alba*) als typische Art der Weichholzzone kann extrem lange Überflutungen tolerieren, während die Rotbuche (*Fagus sylvatica*) nur kurzfristige Überschwemmungen verträgt und daher nur selten in Auen vorkommt. Auch der Zeitpunkt des Hochwassers im Jahresverlauf ist für die Auevegetation von Bedeutung. So können Rotbuchen Winterhochwasser besser ertragen als Sommerhochwasser. Die Grauerle (*Alnus incana*) hingegen, als typischer Baum der voralpinen Weichholzauen, benötigt Sommerhochwasser.

Viele terrestrisch lebende Tiere der Aue versuchen, sich bei beginnender Überflutung in geschützte, höhergelegene Auebereiche zurückzuziehen. Eine große Mobilität ist dabei von Vorteil. Dies zeigt sich am Beispiel der Laufkäfer, bei denen manche Arten als adulte Exemplare fliegen können, während andere Arten flugunfähig sind. In Auebereichen mit häufigen Überflutungen findet man einen hohen Anteil mit flugfähigen Arten, während in Bereichen ohne oder nur mit seltenen Überflutungen die flugunfähigen Laufkäferarten dominieren (Den Boer 1970, Spang 1996).

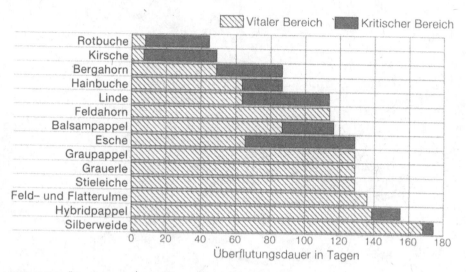

Abb. 3.2.5 Überflutungstoleranz verschiedener Baumarten während des Sommerhochwassers 1987 im Forstbezirk Rastatt. Aus Späth (1988).

Ein Beispiel dafür, wie terrestrisch lebende Tiere kurzfristige Überschwemmungen zur Vermehrung nutzen können, zeigen Insekten mit einer geschlechtsspezifischen Überflutungsresistenz (Fritz 1982): Bei der Trauermücke *Lycoriella fucorum* und der Gnitze *Forcipomyia bipunctata* schlüpfen Männchen und Weibchen etwa synchron, um sich so als adulte Tiere paaren zu können. Kommt es aber während der Larvalentwicklung zu einer Überschwemmung, so schlüpfen die Männchen einige Wochen nach den Weibchen. Unter diesen Umständen vermehren sich die Weibchen parthenogenetisch, d. h., es findet keine Eibefruchtung statt. Hierdurch können in kürzerer Zeit mehr Nachkommen erzeugt werden, was in Zeiten mit guten Ernährungs- und Wachstumsbedingungen sehr vorteilhaft ist. In hochwasserarmen Jahren mit allgemein schlechteren Lebensbedingungen bleiben die Populationen eher klein, doch durch die sexuelle Fortpflanzung wird nun eine gewisse genetische Vielfalt aufrechterhalten.

Ein Teil der Auegewässer fällt zwischen den Hochwasserperioden über einen mehr oder weniger langen Zeitraum trocken. Viele Wassertiere haben für diesen kritischen Zeitraum Anpassungen entwickelt: Die Schlammschnecke (*Lymnaea glabra*) vermag, Trockenzeiten eingegraben im Schlamm zu überstehen. Die Weißmündige Tellerschnecke (*Anisus leucostomus*) kann die Öffnung ihres Gehäuses mit einem pergamentartigen Deckel verschließen und so Trockenheit und sommerliche Hitze über ein Jahr lang überdauern (Ludwig 1993). Die Strudelwürmer der Gattungen *Mesostoma* und *Bothromesostoma* produzieren hingegen hartschalige Dauereier, welche Trockenperioden unbeschadet überstehen. Auch die für Auegewässer typischen Großblattfüßer (Groß-Branchiopoden) bilden derartige Dauereier aus. Großblattfüßer gehören zu den Krebstieren und sind in Mitteleuropa mit etwa 25 Arten vertreten. Dazu gehören

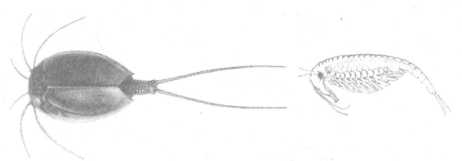

Abb. 3.2.6 LINKS: Kiemenfuß (*Triops cancriformis*), Länge bis etwa 10 cm. RECHTS: Echter Kiemenfuß (*Branchipus schäfferi*), Länge etwa 10 mm. Aus Engelhardt (1985).

Feenkrebse (Anostraca), Rückenschaler (Notostraca) und Muschelschaler (Conchostraca). Die Anostraca haben keinerlei Panzerung, die Notostraca verfügen über einen großen, gepanzerten Rückenschild und die Conchostraca haben eine zweiklappige Schale. Zu den Notostraca gehört der Kiemenfuß (*Triops cancriformis*) (Abb. 3.2.6) und der sehr ähnlich aussehende Schuppenschwanz (*Lepidurus apus*). Ein Vertreter der Anostraca ist z. B. der Echte Kiemenfuß (*Branchipus schäfferi*) (Abb. 3.2.6). Die Eier der Großblattfüßer sind derbschalig und vertragen jahrzehntelange (möglicherweise jahrhundertelange) Austrocknung. Werden die trockenliegenden Eier überschwemmt, kommt es zu einer sehr schnellen Entwicklung der Tiere. So benötigt der Echte Kiemenfuß nur etwa eine Woche vom Ei bis zum geschlechtsreifen Tier und der Kiemenfuß nur etwa zwei Wochen (Vollmer 1952).

Eine weitere, für Auen typische Tiergruppe sind Stechmücken (Culicidae). Die Stechmücken der Gattung *Aedes* werden gar als „Überschwemmungsmücken" bezeichnet. Die *Aedes*-Weibchen legen ihre Eier in feuchten Substraten von Überschwemmungsgebieten ab, und bei einsetzender Überflutung im Frühjahr oder Sommer erfolgt innerhalb von zwei bis drei Wochen die Entwicklung zur Larve (Cranston et al. 1987). In Mitteleuropa heimisch sind auch die Stechmücken der Gattung *Anopheles* (Abb. 3.2.7), die Malaria übertragen können. Es ist heute nahezu vergessen, daß Malaria bis ins 19. Jahrhundert auch nördlich der Alpen eine Volksseuche war (Wesenberg-Lund 1943). Übertragen wurde Malaria vor allem durch *Anopheles atroparvus* und *A. messeae* (Baer 1960). Während sich das Vorkommen von *A. atroparvus* auf die Marschgebiete entlang der Nordseeküste beschränkt, entwickeln sich die Larven von *A. messeae* vor allem in stehenden, flachen, größeren Wasserflächen mit Algen oder höheren Wasserpflanzen, also Gewässern, wie man sie vor allem in Auen findet. Ein Grund für Regulierungsmaßnahmen an Flüssen waren Malariaepidemien und zweifellos haben Entwässerungs- und Regulierungsmaßnahmen auch dazu beigetragen, daß Malaria in Mitteleuropa nicht mehr aufgetreten ist.

Libellen können als Leitformen der Auegewässer angesehen werden (Gerken 1988). Von den etwa 80 Libellenarten in Mitteleuropa kommen nach Angabe der Roten Liste (1984) potentiell 61 Arten in Flußauen vor. Die Larven der meisten

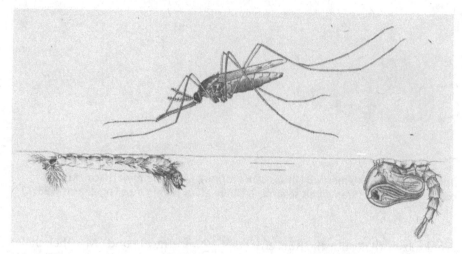

Abb. 3.2.7 Stechmücke der Gattung *Anopheles*: weibliche Imago (OBEN), Larve (UNTEN LINKS), Puppe (UNTEN RECHTS). Aus Engelhardt (1985).

Libellenarten haben unterschiedliche, sehr spezielle Ansprüche an Wassertemperatur, Strömung, Sohlsubstrat oder Wasserpflanzenvorkommen. So gibt es für nahezu alle unterschiedlichen Typen von Auegewässern Charakterarten (Gerken 1988). Die Eier der Gefleckten Heidelibelle (*Sympetrum flaveolum*), Glänzenden Binsenjungfer (*Lestes dryas*) und Südlichen Binsenjungfer (*Lestes barbarus*) können an Land überwintern, wie Bellmann (1987) an einem verlandeten See in der Schwäbischen Alb zeigt. Bei Überflutungen im Frühjahr schlüpfen dann die Larven und entwickeln sich innerhalb von wenigen Wochen zu Imagines, wobei es zu sehr hohen Individuendichten kommt. Die Larven des weit verbreiteten Plattbauchs (*Libellula depressa*) leben häufig als Pionierart in kleinen, neu entstandenen Lehmtümpeln und können mehrwöchige Austrocknung eingegraben im Schlamm überstehen (Bellman 1987).

Ein Großteil der einheimischen Amphibienarten lebt in den Bach- und Flußauen. Einige Arten zeigen die für den unsteten Lebensraum Aue typischen Anpassungen: Bei Gelbbauchunken (*Bombina variegata*) gibt es während der Vegetationsperiode ständig fortpflanzungsbereite Individuen, die neu entstandene Gewässer sofort zur Reproduktion benützen. Wechselkröte (*Bufo viridis*) und Kreuzkröte (*Bufo calamita*) legen ihre Eier portionsweise über mehrere Wochen in verschiedene Auegewässer verteilt ab. Auf diese Weise wird die Wahrscheinlichkeit erhöht, daß zumindet ein Teil der Larven den Wettlauf mit der allmählich fortschreitenden Gewässeraustrocknung überlebt. Typisch ist auch eine hohe Eiproduktion. So legt eine Wechselkröte während der Laichzeit bis zu 15 000 Eier ab.

3.2.3.3 Zonierung der Aue und Auegewässer

Abhängig vom Talquerschnitt bzw. der Gewässerumgebung wird die Auefläche unterschiedlich intensiv überströmt. Die flußnahen, tieferliegenden Bereiche

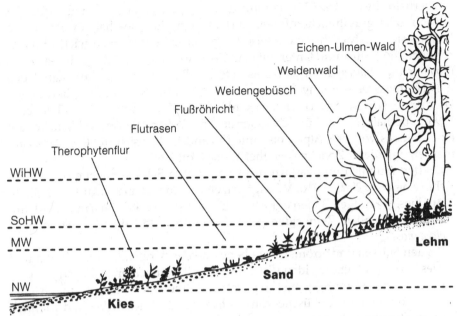

Abb. 3.2.8 Schema einer idealen Vegetationszonierung an größeren mitteleuropäischen Flüssen. Aus Wißkirchen (1995).

werden in der Regel länger und häufiger überschwemmt. Hier zeigen sich die größeren Wassertiefen, die höheren Strömungsgeschwindigkeiten, und hier kommt es auch eher zu Geländeerosionen und Sedimentablagerungen als in den flußfernen, höherliegenden Bereichen. Wegen der bei Hochwasser größeren Strömung sind in Flußnähe die Sedimente gröber als am Rand der Aue, wo es eher zu einer Sedimentation der feinpartikulären Schwebstoffe kommt. Auch Lage und Schwankungsbereich des Grundwasserspiegels ändern sich im Auequerschnitt. Am höchsten ist der Grundwasserstand im allgemeinen in unmittelbarer Nähe der Auegewässer. Durch den schwankenden Wasserspiegel im Hauptfluß sind in dessen Nähe die größten Grundwasserspiegelschwankungen zu verzeichnen.

Durch alle diese Gegebenheiten kommt es im Auequerschnitt zu einer Zonierung verschiedener Pflanzengesellschaften (Abb. 3.2.8). Jede ist an die an dem jeweiligen Standort herrschenden Umweltbedingungen angepaßt. Bei einer Änderung von Überschwemmungsdauer oder Grundwasserspiegellage stellt sich eine andere Pflanzengesellschaft ein.

Im Bereich mit ständiger Wasserführung und auf Sand-Kiesbänken, die mehrmals jährlich umgelagert werden, finden sich keine Landpflanzen. Im oft überfluteten Bereich unterhalb der Mittelwasserlinie können sich hingegen die schnellebigen, einjährigen Sommerblüher (Therophyten) entwickeln. Hierbei handelt es sich um Knöterich- und Gänsefuß-Arten und im Flußunterlauf auch um Zweizahn-Arten. Diese Pflanzen haben hier bei ungehinderter Sonneneinstrahlung und gutem Nährstoffangebot keine Konkurrenz durch andere Pflanzen.

Oberhalb dieses Bereiches kommt es häufig zu einer Zone mit niedrigen Gräsern oder grasähnlichen Pflanzen (Flutrasen). Erst oberhalb dieser Region können sich hochwüchsige Gräser oder grasartige Pflanzen entwickeln (Flußröhricht). Im Mittel- und Unterlauf der Flüsse dominiert hier das Rohrglanzgras (*Phalaris arundinacea*). Rohrglanzgras ist fest im Boden verankert und kann auch der Hochwasserströmung standhalten. Aber nur in strömungsberuhigten Uferbereichen bilden sich breite, lückenlose Rohrglanzgrasgürtel aus (Ellenberg 1996). Oberhalb der Flußröhricht-Zone liegt der Weichholz-Auewald. Im Verlauf eines Flusses von den Alpen bis zum Tiefland ändert sich die Gehölzzusammensetzung dieser Zone in typischer Weise (Pott 1995):

– Bei den räumlich und zeitlich nicht konstanten Schotterflächen der Alpenflüsse bis etwa 2000 m ü. d. M. zeigt sich eine Weiden-Tamarisken-Gesellschaft.
– Auf kiesig-sandigen Böden der Alpenflüsse von etwa 450–1400 m ü. d. M. findet man vor allem Reifweiden (*Salix daphnoides*) und Lavendelweiden (*Salix elaeagnos*).
– Bei den Flüssen und Strömen der Ebene und des Berglandes auf Schotter und Kies herrschen Silberweiden (*Salix alba*) und Bruchweiden (*Salix fragilis*) vor.
– Im Überschwemmungsgebiet der Tieflandflüsse auf instabilen jungen Aueböden dominieren Gebüsche von Korbweide (*Salix viminalis*) und Mandelweide (*Salix triandra*).

Im Gebirge und dessen Vorland kommt es in den höher gelegenen Bereichen der Weichholzaue zu Baumbeständen, in denen die Grauerle (*Alnus incana*) vorherrscht. Umstritten ist die ökologische Bedeutung der Pappeln, da einheimische und amerikanische Pappelarten schon früh und oft gepflanzt wurden (Ellenberg 1996, HFR 1980).

Während die Weichholzaue regelmäßig bei Hochwasser überschwemmt wird, kommt es in der oberhalb liegenden Hartholzaue nur bei seltenen, sehr großen Hochwassern zu einer Überflutung. Im Gebirge wird bei Hochwasser die gesamte Talsohle überschwemmt, so daß sich keine eigentliche Hartholzaue ausbilden kann. Erst in der Mittelgebirgslandschaft und im Tiefland entwickeln sich natürlicherweise großflächige Hartholz-Auewälder. Die Stieleiche (*Quercus robur*) ist hier der dominierende Baum. Teilweise treten auch die drei einheimischen Ulmenarten (*Ulmus minor, U. glabra, U. laevis*) auf. Rotbuche und Nadelhölzer wird man in Hartholzzonen nur in Ausnahmefällen antreffen. In den letzten, weitgehend natürlichen, mitteleuropäischen Hartholzauen in der slowakischen Donauniederung zeigen sich neben Ulmen und Stieleichen auch Eschen. Ob und wie häufig Eschen auch ursprünglich in den Hartholzauen im westlichen Mitteleuropa, wie z. B. am Rhein, auftraten, ist umstritten (siehe Diskussion in Ellenberg 1996).

Ähnlich wie die Auevegetation können auch die Gewässer der Auen zoniert werden. In Abschnitt 1.4.7 sind die Auegewässer nach morphologisch-hydrologischen Kriterien typisiert worden: Ausgangspunkt dabei ist das Hauptgerinne des Flusses (Eupotamon) mit den hier herrschenden Bedingungen. In durchflossenen Seitenarmen sind zwar Abfluß und Strömungsgeschwindigkeit reduziert, ansonsten sind die Bedingungen aber ähnlich wie im Eupotamon. In einem Seitenarm mit fehlendem oberseitigen Kontakt zum Hauptgerinne (Alt-

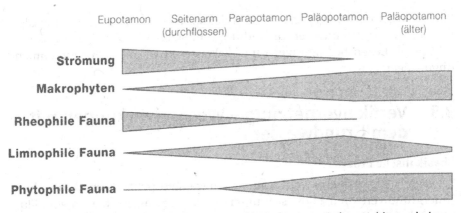

Eupotamon	Seitenarm (durchflossen)	Parapotamon	Paläopotamon	Paläopotamon (älter)

Strömung

Makrophyten

Rheophile Fauna

Limnophile Fauna

Phytophile Fauna

Abb. 3.2.9 Verteilung der Organismen in verschiedenen aquatischen Habitaten bei zunehmender Isolation vom Hauptgerinne. Nach Greenwood & Richardot-Coulet (1996). Erläuterung der Begriffe siehe Abb. 1.4.9.

arm, Parapotamon) haben sich nunmehr die Bedingungen deutlich geändert. Eine Wasserströmung ist nur vorhanden, sofern oberseitig Grundwasser zuströmt. Bei Hochwasser hingegen wird das Parapotamon aufgrund der Nähe zum Hauptgerinne intensiv durchströmt. Die abgelagerten Sedimente können erodiert und neue Sedimente abgelagert werden. Das Paläopotamon ist morphologisch vollständig vom Hauptgerinne getrennt. Eine Wasserströmung existiert hier nicht mehr, allenfalls kann ein geringer Grundwasserstrom vorhanden sein. Eine hydrologische Verbindung zum Hauptgerinne besteht über das Grundwasser, und Wasserspiegelschwankungen im Hauptgerinne können – zeitlich verzögert und in der Amplitude gedämpft – auf das Paläopotamon übertragen werden. Wenn bei größeren Hochwasserabflüssen die Aue überschwemmt wird, kommt es auch hier zu einer Verbindung mit dem Oberflächenwasser. In einem älteren Paläopotamon ist die Verlandung weiter fortgeschritten, die Wassertiefe ist nur noch gering und die Wahrscheinlichkeit der Austrocknung in längeren niederschlagsarmen Perioden nimmt zu. Wie geschildert, sind die Sedimente in Flußnähe grober als die in der Hartholzaue abgelagerten Sedimente. Ein ähnlicher Zusammenhang zeigt sich auch bei den Gewässern der Aue. In den Gewässern, welche näher am Hauptfluß liegen bzw. bei Hochwasser intensiver durchströmt werden, ist der Anteil an Feinsedimenten geringer (Tockner et al. 1998).

Betrachtet man Hauptgerinne, Seitenarm, Parapotamon sowie verschiedene Stadien des Paläopotamons bis zur vollständigen Verlandung, so zeigt diese Abfolge einen (mehr oder weniger kontinuierlichen) Übergang von einem Fließgewässer zu einem terrestrischen Auebereich. Mit dem Wandel der Umweltbedingungen ändert sich auch die Organismenbesiedlung der verschiedenen Gewässer (Abb. 3.2.9). So findet man im Hauptgerinne eher wenige höhere Pflanzen, während diese im Paläopotamon aufgrund der idealen Lebensbedingungen sehr häufig vorkommen. Ähnlich wird sich auch die mit Pflanzen assoziierte (phytophile) Fauna verteilen. Die strömungsliebende (rheophile) Fauna siedelt sich im Haupt- und Seitengerinne an. Im Paläopotamon ist der bevorzugte Lebensraum der stillwasserliebenden (limnophilen) Fauna. Bei fortgeschrittener Verlandung und steigender Austrockungsgefahr werden die Lebensbedingungen für viele Wasserorganismen dann zunehmend ungünstiger.

3.3 Vertikalvernetzung – Wechselwirkungen mit dem Grundwasser

Physikalische Prozesse

Bei allen Fließgewässern, welche auf einem wasserdurchlässigen (permeablen) Untergrund verlaufen, bildet sich unterhalb der Gewässersohle ein vom Flußwasser beeinflußter Bereich (**Hyporheal**) aus (Abb. 3.3.1). Lediglich bei Fließgewässern mit einer wasserundurchlässigen (impermeablen) Sohle aus Fels oder Lehm entwickelt sich kein Hyporheal; der Lebensraum Fließgewässer ist hier an der Sohle begrenzt.

Die Größe des Hyporheals und dessen Durchströmung ist abhängig von der Permeabilität und Porosität der Sedimente, welche wiederum von der Lagerungsdichte, der Kornform und der Korngrößenverteilung beeinflußt wird. Betrachtet man z. B. die lockerste (kubische) Lagerung von gleich großen Kugeln, so hat diese unabhängig von der Kugelgröße einen Porenanteil von 47,6 %; bei der dichtmöglichsten (rhomboedrischen) Lagerung wird der Porenanteil auf 25,9 % reduziert (Graton & Fraser 1935). Ein weiterer wichtiger Faktor ist die Verteilung der Korngrößen: Sind nur wenige Korngrößen gleichzeitig vertreten („gute" Sortierung), dann ist der Porenraumanteil relativ hoch, sind hingegen viele Korngrößen vorhanden („schlechte" Sortierung), so wird der Porenraum entsprechend kleiner.

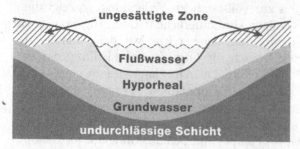

Abb. 3.3.1 Gewässerquerschnitte mit einem Hyporheal, welches nur vom Flußwasser beeinflußt wird (OBEN) und einem Hyporheal, in welchem sich Fluß- und Grundwasser mischen (UNTEN). Nach White (1993).

Abb. 3.3.2 Zusammenhang von Gesamtporen-, Nutzporen- und Haftwasserraum in Abhängigkeit von der Korngröße. Aus Matthes & Ubell (1983) nach Eckis (1934), Davis & de Wiest (1967) und Langguth & Vogt (1980).

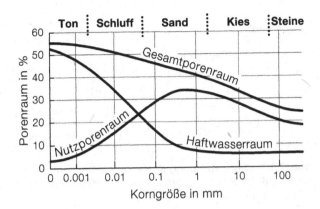

Ein Teil des Porenwassers ist adhäsiv und kapillar an das Sediment gebunden (Haftwasser) und wird bei einer Durchströmung nicht ausgetauscht. Die Menge des Haftwassers ist abhängig von der Korngröße: Nimmt der feinkörnige Sedimentanteil zu, so wird wegen der zunehmenden Korngesamtoberfläche auch der Haftwasserraum zunehmen (Abb. 3.3.2). Der nicht gebundene (effektive, nutzbare oder durchflußwirksame) Porenraum bestimmt somit die Durchströmbarkeit der Sedimente.

In Oberläufen von Gebirgsbächen mit hohem Sohlgefälle und groben Sohlsubstraten bildet sich im allgemeinen ein sehr gut durchströmtes Hyporheal aus, welches durch anstehenden Fels begrenzt wird. Flußabwärts bei geringerem Gefälle, wo das Fließgewässer in seinen Geröllablagerungen fließt, findet man ein räumlich sehr ausgeprägtes Hyporheal. Bei den mäandrierenden Fließgewässern der Ebene mit feinen Sohlsubstraten entwickelt sich in den Sedimenten nur ein schwach durchströmtes Hyporheal mit geringer Ausdehnung.

Die Ausbildung des hyporheischen Interstitials variiert auch kleinräumig. Dies ist zum einen durch Inhomogenitäten der Sedimentlagerung bedingt und wird zum anderen durch strömungsverändernde Strukturen an und auf der Fließgewässersohle hervorgerufen. So bewirken Fließhindernisse wie im Gewässer liegende Baumstämme oder größere Steine durch den Druckanstieg vor dem Hindernis einen verstärkten Einstrom von Flußwasser ins Hyporheal („Infiltration"). Dies zeigt sich auch bei Gewässern mit Riffle-Pool-Abfolgen: Am Ende eines Pools findet ein Einstrom von Flußwasser statt, während am Ende des Riffles Wasser aus dem Hyporheal ausströmt („Exfiltration") (Abb. 3.3.3). Die Grenze zwischen Hyporheal und Grundwasser wird im Bereich einer Infiltration nach unten verlagert und bei einer Exfiltration nach oben verschoben.

Ähnliches zeigt sich auch bei einem Aufstau von fließendem Wasser z. B. durch Verklausungen oder Biberdämme. Hier wird zunächst der Einstrom von Flußwasser ins Hyporheal erhöht. Durch die reduzierte Geschwindigkeit kommt es jedoch zu einer Sedimentation von feinem Material, welches langfristig zu einer verringerten Permeabilität der Sohle führt. Dadurch wird der Wassereinstrom ins Hyporheal reduziert bzw. weiter vor das Hindernis verlagert.

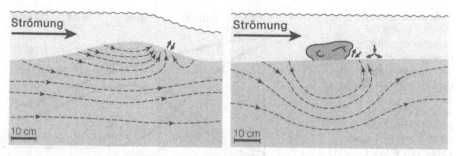

Abb. 3.3.3 Wasserströmung im Hyporheal bei einem Pool-Riffle-Übergang (LINKS) und einem auf der Sohle liegenden Stein (RECHTS). Vereinfacht nach White (1990) und Hendricks & White (1991).

Bei rauhen Sohlen (Abschn. 1.2) kommt es in der Strömung zu bestimmten Wirbelbewegungen („Burst-Prozesse"), die kleinräumig und kurzfristig einen erheblichen Über- und Unterdruck bis zum 18fachen der mittleren Sohlschubspannungen erzeugen können (Grass et al. 1991, Dittrich & Träbing 1999). Hierbei wird Wasser in die Porenräume der Sohle und des oberen Hyporheals hineingedrückt bzw. herausgesaugt. Auch diese Prozesse tragen zu einer hohen Durchströmung des Hyporheals bei.

Die Ablagerung von feinem Material (Silt- und Tonpartikeln) auf bzw. in die Gewässersohle kann eine **Kolmation** der Sohle zur Folge haben. Die Kolmation führt zu einer Verringerung der Permeabilität, einer Reduktion des Porenraums und einer Verfestigung des Sohlsubstrates (Schälchli 1993). Es gibt eine äußere und eine innere Kolmation: Die äußere, deutlich sichtbare Kolmation entwickelt sich bei Wasseraufstauungen (wie oben beschrieben), aber auch in strömungsgeschützten Bereichen, wie z. B. hinter großen Steinen oder im Uferbereich. Bedeutungvoller ist in ungestauten Fließgewässern die innere Kolmation, bei der das feine Material in die Sohle eingespült wird und von außen nicht unbedingt sichtbar ist (Schälchli 1993). Bei zunehmendem Abfluß können die Feinteile teilweise aus der Sohle ausgespült werden, so daß die Durchlässigkeit der Sohle verbessert wird. Aber erst bei einem stärkeren Hochwasser, welches in der Lage ist, die Deckschicht aufzureißen, kommt es zu einer vollständigen Dekolmation. Die Durchlässigkeit der Sohle erreicht zu diesem Zeitpunkt das Maximum. Dies zeigt sich auf sehr eindrückliche Weise bei der Grundwasserentnahme in der Nähe eines Flusses: Während eines starken Hochwassers mit einer Sohlumlagerung zeigt das entnommene Wasser häufig eine deutliche Trübung. Bei den meisten Flüssen mit einem Stein/Kiesbett im Mittelgebirge und alpinen Raum kommt es mindestens einmal jährlich zu einer Umlagerung der Gewässersohle. Durch diese „Reinigung" wird der Kontakt zum Grundwasser verbessert und die Durchströmung des Hyporheals erhöht. In den Wochen nach einem Hochwasser wird sich bis zum nächsten Hochwasser erneut Feinmaterial in der Sohle anlagern. Kolmation und Dekolmation sind also natürliche Prozesse. Viele anthropogene Maßnahmen fördern allerdings die Kolmation (Abschn. 5.4.1.2, Abschn. 5.4.4.3).

Durch den Grundwassereinfluß werden die durch das Oberflächenwasser

Tab. 3.3.1 Vergleich der Lebensräume Gewässersohle, Hyporheal und Grundwasser.

	Gewässersohle	Hyporheal	Grundwasser
räumliche Variabilität	sehr große Heterogenität	große Heterogenität	geringe Heterogenität
zeitliche Variabilität	ausgeprägte Periodizität, „Störungen" durch Hochwasser oder Austrocknung, instabil	gedämpfte Periodizität, seltene „Störungs"-Ereignisse	keine periodischen Schwankungen, keine „Störungs"-Ereignisse, stabil
Lichtverhältnisse	Tag-Nacht-Rhythmus	konstant dunkel	konstant dunkel
Wassertemperatur	Tag-Nacht-Rhythmus (vor allem im Sommer) und Jahresrhythmus	Schwankungen stark gedämpft, i. a. keine Abkühlung unter 3–4 °C	konstant, entspricht der mittleren Jahrestemperatur der Luft
Sauerstoffgehalt des Wassers	i. a. nahe der Sättigungsgrenze	i. a. unterhalb der Sättigungsgrenze	i. a. deutlich unter der Sättigungsgrenze
Stoffhaushalt	Auf- und Abbau von organischer Substanz	vor allem Abbau von organischer Substanz (keine Photosynthese)	vor allem Abbau von organischer Substanz (keine Photosynthese)
typische Tiergruppen	gesamtes Makrozoobenthos	erste Larvenstadien der Insekten, Eientwicklung kieslaichender Fische, Mesofauna	Grundwasserfauna
Ernährungstypen des Makrozoobenthos	alle Ernährungstypen	vorwiegend Detritusfresser und Räuber	vorwiegend Detritusfresser, „Allesfresser"

hervorgerufenen Wassertemperaturschwankungen im Hyporheal stark gedämpft (Abschn. 1.5). Im Winter wird sich die Wassertemperatur im Hyporheal im allgemeinen nicht unter 2–3 °C abkühlen (Schwoerbel 1999). Tabelle 3.3.1 zeigt einen Vergleich der Lebensräume Fließgewässersohle, Hyporheal und Grundwasser.

Ökologische Bedeutung

Das Hyporheal ist funktionell ein Lebensraum des Fließgewässers (Schwoerbel 1961, Hynes 1983) wie auch des Grundwassers (Brunke & Gonser 1997). Das Hyporheal hat eine wichtige Funktion im Stoffhaushalt des Fließgewässers und Grundwassers, und hier findet ein Teil des Entwicklungszyklus vieler Fließwassertiere statt. Zudem stellt das Hyporheal für verschiedene Arten einen eigenen Lebensraum dar.

Die Substrate im Hyporheal sind von einem Biofilm aus Bakterien, Pilzen, Ein- und Mehrzellern überzogen. Mittels dieses Biofilms wird die in das Hyporheal eingeschwemmte organische Substanz abgebaut. Je größer die Gesamtsubstratoberfläche und der Antransport von organischem Material und je höher die

Wassertemperatur, um so größer ist der Stoffumsatz im Hyporheal. In einem nicht kolmatierten, voralpinen Bach mit einer Stein-Kiessohle fließen etwa 10 % des Oberflächenwassers durch das Hyporheal ab (Panek 1991). Unter diesen Umständen ist vermutlich der Stoffumsatz im Hyporheal größer als der in/an der Gewässersohle. Durch den Stoffumsatz kann das aus dem Hyporheal ausströmende Wasser einen niedrigeren Sauerstoffgehalt haben als das Flußwasser.

Neben den Organismen des Biofilms bietet das Hyporheal noch zahlreichen größeren Organismen einen Lebensraum. Für viele Tiere der Stromsohle ist das Hyporheal ein Strömungs-, Stabilitäts- und Temperaturrefugium. Zudem ermöglicht es auch vielen Tieren einen gewissen Schutz vor Räubern, welche aufgrund ihrer Körpergröße nicht in das Hyporheal vordringen können. Die ersten Larvenstadien vieler Fließwasserinsekten entwickeln sich im Hyporheal. Auch die Eientwicklung der kieslaichenden Fische findet hier statt. Eine große Bedeutung hat das Hyporheal auch als Rückzugsort (Sedell et al. 1990) bei bedrohlichen Situationen wie Hochwasser mit Sohlumlagerung (Abschn. 3.1.1), Trockenfallen der oberen Gewässersohle (Griffith & Perry 1993), extrem niedrigen und hohen Wassertemperaturen oder mangelnder Sauerstoffsättigung. Daher stellt dieser Lebensraum auch ein Reservoir dar, aus dem nach einem Störungsereignis die Stromsohle wiederbesiedelt werden kann (Schwoerbel 1962, Williams & Hynes 1976). Im Hyporheal sind auch verschiedene Tiere der Grundwasserfauna zu finden, ebenso einige Tierarten, welche ausschließlich im Hyporheal vorkommen, wie einige Wassermilbenarten.

Eine Kolmation der Sohle gefährdet alle Organismen des Hyporheals: Durch die Reduktion des Porenvolumens geht Lebensraum verloren und die Zufuhr von Nahrung (organischer Substanz) bleibt aus. Vor allem aber wird kein sauerstoffgesättigtes Wasser mehr nachgeführt, wodurch es sehr rasch zu kritischen Situationen für die Hyporhealbewohner kommt.

3.4 Longitudinale Vernetzung – Wechselwirkungen im Längsverlauf

3.4.1 Längszonierung und Längskontinuum

Längszonierung

Betrachtet man ein natürliches Fließgewässer von der Quelle bis zur Mündung, so kommt es zu einer mehr oder weniger kontinuierlichen Veränderung der Umweltbedingungen. Ausgangspunkt für diese Veränderungen sind das abnehmende Sohlgefälle und der zunehmende Abfluß, wodurch sich im Fließgewässerlängsverlauf eine bestimmte Abfolge verschiedener Gerinneformen einstellt (Abschn. 1.4.1). Bei einer idealisierten Betrachtung wird sich auch die Wassertemperatur von der Quelle im Gebirge bis zur Mündung ins Meer kontinuierlich verändern (Abschn. 1.5). Die Quellwassertemperatur ist relativ konstant und entspricht in etwa der Grundwassertemperatur, welche wiederum der mittleren Jahrestemperatur der Luft entspricht. Mit zunehmender Entfernung von der Quelle (und geringerer Höhe über dem Meeresspiegel) wird die

Tab. 3.4.1 Längszonierung von Fließgewässern nach Thienemann (1925), Huet (1949), Illies (1961), ergänzt um Litoral und Profundal nach Moog (1995). Angabe der Jahresamplitude der Wassertemperatur nach Hebauer (1986).

Region		Jahrestemperaturamplitude
Eukrenal	Quelle	2 °C
Hypokrenal	Quellrinnsal	5 °C
Epirhithral	Obere (Bach-)Forellenregion	9 °C
Metarhithral	Untere (Bach-)Forellenregion	13 °C
Hyporhithral	Äschenregion	18 °C
Epipotamal	Barbenregion	20 °C
Metapotamal	Brachsen- oder Bleiregion	18 °C
Hypopotamal	Kaulbarsch-Flunderregion, Brackwasserregion	15 °C
Litoral	Uferbereich, Altarme, Weiher u. a.	
Profundal	Seeboden	

mittlere, jährliche Wassertemperatur ansteigen. Die täglichen Temperaturschwankungen erreichen etwa im unteren Gewässermittellauf bei einer großen, durch Ufergehölze nicht mehr beschatteten Wasserspiegelbreite ihr Maximum. Im Unterlauf der Flüsse werden die täglichen Temperaturschwankungen dann durch die große Wassermasse bzw. große Wassertiefe wieder gedämpft. Ähnlich verhält sich auch die Jahresamplitude der Wassertemperatur (Tab. 3.4.1).

Mit der Änderung der genannten Parameter wandeln sich natürlich auch die Lebensbedingungen für die Fließgewässerorganismen. Dies hat zu verschiedenen Konzepten geführt, in welchen versucht wird, die Änderung der abiotischen Faktoren mit einem Wechsel der Organismenbesiedlung zu korrelieren. Bei der „Gliederung in Fischregionen" (Fritsch 1872, Borne 1878, Thienemann 1925, Huet 1949, 1959) und der „biozönotischen Gliederung" (Illies 1961) wird das Fließgewässer von der Quelle bis zur Mündung nach den jeweils vorkommenden Lebensgemeinschaften in verschiedene, aufeinanderfolgende Regionen eingeteilt (Tab. 3.4.1). Moog & Wimmer (1994) verglichen die Organismenzonierung in österreichischen Fließgewässern mit den Angaben verschiedener Autoren zu mittleren Wassertemperaturen und Wassertemperaturschwankungen. Dabei zeigt sich die beste Übereinstimmung mit dem jährlichen Temperaturschwankungsbereich nach Hebauer (1983) (Tab. 3.4.1).

Grundlegend und ökologisch bedeutsam ist dabei die Abfolge bzw. die Einteilung in Rhithral (Rhithralgewässer) und Potamal (Potamalgewässer). Das Rhithral wird allgemein als Zone des Gebirgsbaches mit einem Temperaturmaximum unter 20 °C und das Potamal als Zone des Tieflandflusses mit einem Temperaturmaximum z.T. über 20 °C definiert. Beim Wechsel von Rhithral zu Potamal findet eine „ganz erhebliche Zahl von Arten, Gattungen und selbst Familien" ihre Verbreitungsgrenze, wie sie „ähnlich abrupt nirgends sonst im Verlauf des Fließgewässers anzutreffen ist" (Illies 1961). In Tabelle 3.4.2 sind eine Reihe von Merkmalen zur Unterscheidung von Rhithral- und Potamalgewässern aufgeführt.

Tab. 3.4.2 Einige Kriterien zur Unterscheidung von Rhithral und Potamal bei mitteleuropäischen Fließgewässern.

	Rhithral	Potamal
Sohlmaterial	Felsen, Steine, Kies	Kies, Sand, org. Feinstoffe
Strömung	kleinräumig sehr unterschiedlich, kurzfristig große Änderungen der Strömungsgeschwindigkeit möglich (in min), sehr turbulenter Abfluß	relativ gleichmäßige Strömungsverteilung über der Sohle, langfristige Änderungen der Strömungsgeschwindigkeit
Wassertemperatur	im allgemeinen deutlich unter 20 °C	Maximum kann über 20 °C liegen
Wasserpflanzen	Algen auf der Sohle, Moose	höhere Wasserpflanzen im Uferbereich, Algen im Freiwasserraum
Makrozoobenthos, Fische	zumeist kälte- und strömungsliebende, häufig sauerstoffbedürftige Arten	zumeist kältetolerante oder wärmeliebende, strömungstolerante oder stillwasserliebende Arten
Energieeintrag	vor allem in Form von Fallaub	in Form von Sonnenlicht (und damit Aufbau von organischer Substanz in Form von Pflanzen)
Lokalisation des Stoffumsatzes	Gewässersohle und Hyporheal	Freiwasserraum

Schwoerbel (1999) schlägt eine limnologische Gliederung von Rhithral und Potamal vor: Im Rhithral ist nach dieser Definition der Stoffumsatz an der Sohle und unter der Sohle im Hyporheal lokalisiert. Im Potamal hingegen findet der Stoffumsatz auch im fließenden Wasserkörper statt. Diese Definition hat den Vorteil, daß sie unabhängig von der Wassertemperatur ist und beispielsweise auch bei Thermalbächen angewendet werden kann.

Huet (1949) hat für die westeuropäischen Fließgewässer ein Schema erstellt, nach welchem Gewässerabschnitte bezüglich des Sohlgefälles und der Gerinnebreite einer bestimmten Fischregion zugeteilt werden können (Abb. 3.4.1). Huet geht davon aus, daß bei Flüssen oder Flußabschnitten mit gleicher Breite und Tiefe sowie gleichem Gefälle in etwa eine identische Fischfauna vorhanden ist, sofern die Flüsse in einer einheitlichen biogeographischen Region liegen. Obwohl hierbei die Wassertemperatur weitgehend unberücksichtigt bleibt, kann mit diesem Schema eine erste Abschätzung der potentiell natürlichen Fischfauna vorgenommen werden (Abschn. 6.2.3.2).

In Abbildung 3.4.2 ist die Längszonierung von in Mitteleuropa häufig anzutreffenden Fischarten dargestellt. Man muß allerdings berücksichtigen, daß es sich bei diesen Angaben um Verbreitungsschwerpunkte handelt. Es ist durchaus möglich, daß man verschiedene Fischarten auch außerhalb der angegebenen Region findet. So kommen nach Spindler (1997) Groppen und Bachschmerlen auch in der Barbenregion und Gründlinge und Barben auch in der Brachsenregion vor.

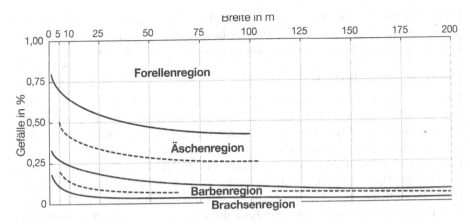

Abb. 3.4.1 Darstellung des Zusammenhangs zwischen Gefälle, Gewässerbreite und Fischregion. Aus Huet (1959).

Abb. 3.4.2 Vorkommen ausgewählter mitteleuropäischer Fischarten im Fließgewässerlängsverlauf. Nach Roux & Copp (1993).

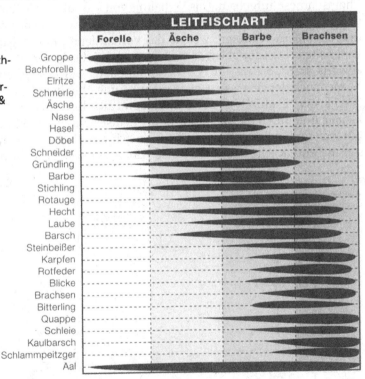

Bei Moog (1995) findet man für einheimische Makrozoobenthosarten eine vorläufige, gewichtete längszonale Zuordnung (Moog 1995). Bei Colling & Schmedtje (1996) sind neben dem Makrozoobenthos auch die einheimischen Fischarten den in Tabelle 3.3.2 angegebenen Regionen zugeordnet. Die Eintagsfliege *Baetis alpinus* findet man beispielsweise vor allem im Gewässeroberlauf (Hypokrenal, Epi- und Metarhithral), *B. lutheri* eher im Mittellauf (Meta- u.

Hyporhithral, Epipotamal), während sich das Vorkommen von *B. tricolor* auf den Unterlauf (Epi- und Hypopotamal) beschränkt. *B. rhodani* und *B. vernus* können hingegen nahezu in allen Fließgewässerregionen vorkommen.

River-continuum-Konzept

Das „River-continuum"-Konzept (Vannote et al. 1980) geht von der Annahme aus, daß sich in einem natürlichen Fließgewässer die Umweltbedingungen von der Quelle bis zur Mündung kontinuierlich ändern und sagt eine bestimmte Abfolge von Stoffwechselparametern und Lebensgemeinschaften (Ernährungstypen) voraus (Abb. 3.4.3). Nach der Vorstellung dieses Konzeptes besteht der Fließgewässeroberlauf (Ordnungszahl 1–3) aus einem relativ kleinen rhithralen Waldbach, bei dem wesentlich mehr organische Substanz von außen dem Fließgewässer zugeführt wird (Fallaub), als das Gewässer selbst produziert (Algen der Stromsohle). Daher ist ein Gewässer in diesem Bereich ein heterotrophes System, d. h., es wird mehr Kohlenstoff abgebaut (respiriert) als durch Photosynthese aufgebaut. Das Verhältnis von Produktion (P) zu Respiration (R) ist kleiner als eins. Das Makrozoobenthos ist hier vor allem mit Zerkleinerern und Sammlern vertreten, welche das vorhandene grobe organische Material verarbeiten. Das übrigbleibende, feine organische Material wird weiter flußabwärts transportiert. Im Gewässermittellauf (Ordnungszahl 4–6) ist das Kronendach der gewässerbegleitenden Bäume über dem Gewässer nicht mehr geschlossen. Dadurch ist der Eintrag von Fallaub (relativ zur Gewässergröße) kleiner, und durch die verstärkte Sonneneinstrahlung nimmt das Algenwachstum auf der Sohle zu. Teilweise können sich auch höhere Pflanzen am Gewässerrand entwickeln. Auf diese Weise wird im Gewässer mehr organische Sub-

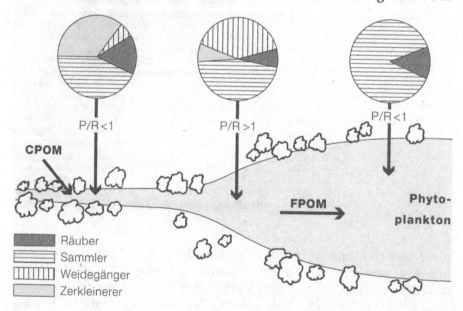

Räuber
Sammler
Weidegänger
Zerkleinerer

Abb. 3.4.3 Darstellung des „River Continuum"-Konzeptes. Vereinfacht nach Vannote et al. (1980).

stanz produziert als von außen zugeführt. Es handelt sich hier also um ein autotrophes System (P/R > 1). Hier finden sich Weidegänger, welche die Algen der Flußsohle abweiden und Sammler bzw. Filtrierer, welche die aus dem Oberlauf stammenden, feinen organischen Partikel aus dem Wasser filtrieren. Der Unterlauf (Ordnungszahl > 6) ist ein Potamalgewässer mit großer Breite und großer Wassertiefe. Durch die Wassertrübung wird die planktische Algenproduktion begrenzt, so daß hier wieder ein heterotrophes System entsteht (P/R< 1). Das Makrozoobenthos ist insbesondere mit Sammlern bzw. Sedimentfressern vertreten, welche die sedimentierten organischen Feinstoffe verwerten. Die größte Artdiversität liegt nach den Vorstellungen des „Rivercontinuum"-Konzeptes im Gewässermittellauf, da sich hier unter anderem der Lebensraum der Tiere des Gewässeroberlaufs (Wasserinsekten) und des Gewässerunterlaufs (Krebs- und Weichtiere) überschneidet. Das Konzept macht noch eine Reihe weiterer Vorhersagen für Fließwasserökosysteme und ist in einer Vielzahl von Studien kritisiert und modifiziert worden (siehe Cummins et al. 1995).

In Abschnitt 1.4.1 wurden die morphologischen Diskontinuitäten im Verlauf eines Fließgewässers von der Quelle bis zur Mündung ins Meer beschrieben. Diese morphologischen Diskontinuitäten bedingen natürlich auch mehr oder weniger abrupte Änderungen der Lebensbedingungen und Lebensgemeinschaften. Statzner & Higler (1985, 1986) betrachten die hydraulischen Bedingungen im Fließgewässerlängsverlauf und konstatieren mehrere Übergangsbereiche, innerhalb welcher sich die hydraulischen Gegebenheiten grundlegend ändern (Abb. 3.4.4). Zunächst können drei verschiedene Quelltypen unterschieden werden: Die Limnokrenen bilden einen See, die Helokrenen einen Sumpf und die Rheokrenen fließen sofort ab. Bei den Limno- und Helokrenen kommt es zu einer ersten hydraulischen Übergangszone, wenn das Rinnsal zum Geländebereich mit höherem Gefälle gelangt. Die zweite hydraulische Übergangszone liegt in einer weiteren abrupten Gefälleänderung, bei der das Gewässer eine verzweigte Linienführung zeigt. Anschließend hat das Gewässer über eine lange Strecke bei geringem Sohlgefälle eine mäandrierende Linienführung, bevor es in der dritten Übergangszone (Ästuar oder Delta) ins Meer mündet. Die geschilderten Hauptzonen haben die für sie typischen Organismengemeinschaften A, B und C. Dabei entspricht A den Organismen des Krenal, B des Rhithral und C des Potamal. Eine hohe Anzahl an Arten sollen im unteren Potamalbereich vorhanden sein, zumal sich hier auch zahlreiche Auegewässer finden. Indes erscheint es fraglich, ob – wie von den Autoren vermutet – auch speziell angepaßte Arten für die Übergangszonen T1 und T2 existieren. Sicher ist hingegen, daß nur wenige Arten aus dem Fließgewässer oder Meer in die Brackwasserregion (T3) vordringen. Auch im Mündungsbereich selber leben nur wenige Arten (Lozan et al. 1996a). Somit ist der Mündungsbereich, verglichen mit Fließgewässer oder Meer, als artenarm einzustufen.

Im Gegensatz zur klassischen Fließgewässerzonierung gibt es bei dem Konzept von Statzner & Higler (1986) keine durchgehende Kontinuität, keine dreiteilige Unterscheidung von Rhithral und Potamal und im Gegensatz zum Rivercontinuum-Konzept liegt das Artenmaximum nicht im Gewässermittellauf. Neuere Konzepte zu den Veränderungen von verschiedenen Umweltpara-

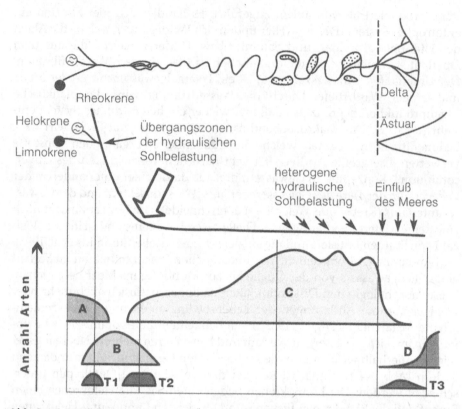

Abb. 3.4.4 Modellvorstellungen zur Änderung der Umweltbedingungen im Längsverlauf eines Fließgewässers. Nach Statzner & Higler (1986).

metern im Fließgewässerlängsverlauf sind noch spekulativer. Zudem sind Aussagen wie „die höchste Biodiversität im Fließgewässerlängsverlauf liegt im Gewässermittellauf" nicht überprüfbar. Selbst ein einfacher Parameter der Biodiversität wie die Artenzahl kann praktisch nicht ermittelt werden. Vermutlich beinhalten aber alle Konzepte Richtiges und Falsches und die entscheidende Frage ist, welches Gewässer man betrachtet. Auch innerhalb einer (bio-)geographischen Region ist der Fließgewässerverlauf verschieden, und es treten von Gewässer zu Gewässer unterschiedliche zeitliche und räumliche Diskontinuitäten auf. Ein übergreifendes Konzept mit allgemeingültigen Beschreibungen und Erklärungen muß sich daher wohl auf wenige, überprüfbare Prinzipien beschränken wie etwa die Einteilung der Fließgewässer in Krenal, Rhithral und Potamal.

3.4.2 Organismenbewegungen im Längsverlauf

Alle genannten Gegebenheiten des Längskontinuums beruhen auf einem abwärtsgerichteten Wirkungsgefüge: Die Bedingungen in oberhalb gelegenen Fließgewässerabschnitten beeinflussen die unterhalb liegenden Abschnitte.

Tab. 3.4.3 Zusammenstellung von stromaufwärts und -abwärts gerichteten Bewegungen von Fließwassertieren.

	aufwärts	abwärts	zurückgelegte Distanzen
anadrome Fische z. B. Lachs, Stör	Wanderung zum Laichgebiet in den Fließgewässern	Rückkehr ins Meer nach dem Ablaichen, Wanderung der Jungfische zum Meer	viele 100 km bis mehrere 1000 km
katadrome Fische z. B. Aal, Flunder	Aufwanderung der Jungfische in das Gebiet ihres eigentlichen Wachstums	Rückkehr der geschlechtsreifen Tiere ins Meer zum Ablaichen	einige km bis mehrere 1000 km
potamodrome Fische	Wanderung zum Laichgebiet	Rückkehr nach dem Ablaichen, Abwärtswanderung bzw. Verdriftung der Jungfische	von einigen km bis über 100 km
Kleintiere der Gewässersohle	ein gegen die Strömung gerichtetes Fortbewegungsverhalten vieler Arten (positive Rheotaxis)	Drift, insbesondere bei Hochwasser	einige m bis mehrere km pro Tag (bei Hochwasser)
adulte Wasserinsekten	aufwärts- und (weniger häufig) abwärtsgerichteter Flug der eiertragenden Weibchen mancher Arten		einige 10 m bis viele km

Betrachtet man hingegen alle Wechselwirkungen im Längsverlauf, so müssen auch die auf- und abwärts gerichteten, aktiven und passiven Bewegungen von Fließgewässerorganismen berücksichtigt werden.

In Tabelle 3.4.3 sind die wichtigsten gerichteten Bewegungen von Fließwassertieren aufgeführt. Die anadromen und katadromen Wanderungen der Fische zeigen besonders eindrucksvoll den Umfang und die Bedeutung von Migrationen. In den europäischen Flüssen gibt es eine Vielzahl von anadromen Fischarten. Im Rhein sind dies Meer- und Flußneunauge, Stör, Maifisch, Finte, Meerforelle, Lachs und in der Donau Donauneunauge, Stör, Hausen, Waxdick, Sternhausen und Glattdick. Die häufigste katadrome Fischart der Atlantikzuflüsse ist der Aal. Auch die Flunder stieg früher bis zum Oberrhein auf (Lauterborn 1906). Hinzu kommen die potamodromen Fischarten, welche regelmäßige Wanderungen innerhalb des Fließgewässers durchführen (Abschn. 2.1.6).

Die wirbellosen Kleintiere bewegen sich durch Drift abwärts und können dies durch eine gegen die Strömung gerichtete Aufwärtswanderung oder einen aufwärtsgerichteten Flug der eiertragenden Weibchen mancher Insektenarten ausgleichen (Abschn. 2.2.2).

Mit Ausnahme der flugfähigen Wasserinsekten können sich alle anderen Wassertiere nur innerhalb der Fließgewässer ausbreiten. Ein Tier im Gewässeroberlauf kann nur zu einem anderen Gewässeroberlauf gelangen, indem es das Gewässer abwärts und in einem anderen Gewässer wieder aufwärts wandert. Je weniger die Lebensbedingungen in der zu durchwandernden Gewässerstrecke dem Tier entsprechen, um so geringer ist die Wahrscheinlichkeit einer solchen Ausbreitung. Somit können Populationen, welche nur in Gewässer-oberläufen vorkommen, relativ stark isoliert sein. Dies sieht man z. B. bei Bachflohkrebsen: Lokale Populationen von *Gammarus fossarum* zeigen genetisch deutlichere Unterschiede als *G. pulex* und *G. roeseli*, da *G. fossarum* im Fließ-gewässerlängsverlauf im allgemeinen weiter oben lokalisiert ist als die beiden anderen *Gammarus*-Arten (Siegismund & Müller 1991). Zu einem genetischen Austausch zwischen zwei Populationen (Genfluß) kommt es nur, wenn Individuen von der einen zur anderen Population gelangen und sich dort fort-pflanzen. Die Summe von verschiedenen lokalen (Sub-)Populationen bezeich-net man als Metapopulation. Nach Cockburn (1995) kann eine große genetische Diversität insbesondere in Metapopulationen aufrechterhalten werden. Eine große genetische Vielfalt wird allgemein mit einer hohen Anpassungsfähigkeit an sich ändernde Umweltbedingungen gleichgesetzt. Werden Populationen vollständig isoliert, so führt dies bei kleinen Populationen durch einen Inzucht-Effekt zu einer verminderten genetischen Vielfalt innerhalb der Population.

In einem großen, naturnahen Fließgewässersystem findet man eine Vielzahl von Subpopulationen, welche unterschiedlich stark voneinander isoliert sind. Die primär nicht zielgerichteten und eher zufälligen Bewegungen der Fließ-wassertiere dienen nicht nur der Neu- und Wiederbesiedlung, sondern erhal-ten auch diese Populationsmuster und damit die genetische Vielfalt im Gewäs-sersystem.

Die ungehinderten auf- und abwärtsgerichteten Organismenbewegungen sind somit wichtig für
- die Fortpflanzung,
- das (Über-)Leben der verschiedenen Entwicklungsstadien,
- das Aufsuchen von jahreszeitspezifischen Habitaten,
- eine funktionierende Wiederbesiedlung nach Störungsereignissen (wie Hochwasser, Austrocknung u. a.),
- eine allgemeine Ausbreitung der Organismen und
- den genetischen Austausch zwischen Subpopulationen.

3.5 Retention und Strukturvielfalt

Retention

Das Konzept der Nährstoff-Spiralen (nutrient spiraling) beschreibt den Weg von Nährstoffen im Längsverlauf der Fließgewässer (Newbold et al. 1981, 1982). Die Nährstoffe liegen in anorganischer, gelöster Form vor oder sind in organischer Substanz gebunden. Im Fließgewässer werden die Nährstoffe mit der Strömung abwärts transportiert, wobei sie ständig von einer in die andere Form transfe-riert werden. So kann z. B. eine Alge die gelösten Nährstoffe aufnehmen und eine gewisse Zeit speichern, bis Bakterien die (tote) Alge abbauen und die Nährstoffe wieder freisetzen. Der abwärtsgerichtete Transport trennt diese Prozesse räumlich voneinander. Den Weg, den ein Nährstoffatom im Verlauf eines Zyklus flußabwärts zurücklegt, bezeichnet man als Spiral-Länge (spiral-

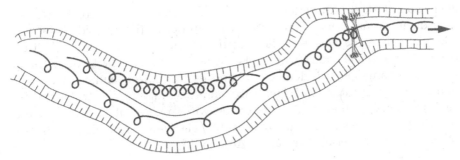

Abb. 3.5.1 Nährstoff-Spirale in einem Fließgewässer mit einer bei Hochwasser überschwemmten Sandbank und einer Verklausung. Im Bereich der Sandbank und vor der Verklausung werden die Nährstoff-Spiralen kürzer.

ling length). In Waldbächen wurden z. B. Spiral-Längen von etwa 100 m gemessen (Newbold et al. 1983, Mulholland et al. 1985). Je kürzer die Spiral-Länge, um so größer ist der Stoffumsatz in dem Gewässerabschnitt (Abb. 3.5.1). Alle Gegebenheiten, welche das Abflußgeschehen im Fließgewässer verzögern, verkürzen auch die Spiral-Längen. Solche Gegebenheiten sind z. B. ein langer Gewässerlauf mit geringen Fließgeschwindigkeiten, ein gut durchströmtes Hyporheal, Totholzablagerungen, Verklausungen und Überschwemmungsflächen.

Strukturvielfalt

Das Zoobenthos hat kleinräumig (im Dezimeter-Bereich) eine, entsprechend den artspezifischen Lebensraumansprüchen, sehr heterogene Verteilung (Patchdynamics-Konzept, Abschn. 3.1.3). Diese richtet sich vor allem nach den unterschiedlichen Substraten wie Wasserpflanzen, Algen, Detritus, Steine, Kies, Sand u. a. Die größte Anzahl an Makrozoobenthosarten wie auch die größte Besiedlungsdichte haben nach Untersuchungen von Cogerino et al. (1995) an der Oberen Rhone Bereiche mit höheren Wasserpflanzen und Algen. Bei den mineralischen Substraten zeigen Steinbereiche die größte Artenzahl und Besiedlungsdichte, da hier die besiedelbare Oberfläche am größten ist. Die niedrigsten Werte weisen hingegen Ton, Silt und Sand auf.

Auch bei einer Betrachtung der Gewässer in einem größeren räumlichen Maßstab zeigen sich viele unterschiedliche Gewässerstrukturen (siehe Abschn. 1.4.7). Durch die unterschiedlichen Lebensbedingungen, die diese Strukturen bieten, kommt es auch zur Ausbildung unterschiedlicher Lebensgemeinschaften. So gibt es etwa zahlreiche Tierarten, die ausschließlich im Pool bzw. Riffle vorkommen (Scullion et al. 1982).

Die Gewässerstruktur hat auch einen Einfluß auf die Territoriengröße von Fischen. Sichtkontakt löst territoriale Auseinandersetzungen aus, und in einem reich strukturierten Gewässer besteht im allgemeinen geringerer Sichtkontakt als in monotonen Gewässern. Die räumliche und zeitliche Trennung der Individuen verhindert innerartliche Konkurrenz und erlaubt eher eine optimale Ausnutzung des Nahrungsangebotes (Bless 1982). So haben junge Lachse über einer stark strukturierten Gewässersohle eine deutlich größere Besiedlungsdichte als über einer weniger stark strukturierten (Keenleyside 1979).

Es gibt zahlreiche Beispiele, die zeigen, daß eine hohe Strukturvielfalt bei guter Wasserqualität auch eine große Organismendiversität fördert. Dieser Zusammenhang läßt sich deutlich anhand des Makrozoobenthos, der Fische und der Ufervegetation aufzeigen (Abschn. 4.2.5). Eine große Strukturvielfalt bedingt immer auch eine große Retentionswirkung. Retention und Strukturvielfalt sind im Vergleich zu ausgebauten Fließgewässern die wichtigsten Merkmale natürlicher Fließgewässer (Abschn. 4.2.5).

4 Ökologische Anforderungen an Gewässerverbauungen und Hochwassermanagement

4.1 Historische Entwicklung von Gewässerverbauungen

Eine der ältesten flußbaulichen Maßnahmen war die Verlegung des Nils in Ägypten um etwa 3000 v. u. Z. Dabei wurde der Fluß durch einen mindestens 400 m langen und 15 m hohen Damm aus Natursteinen von einer Seite der Talebene zur anderen umgeleitet, um so die Stadt Memphis (heute eine Ruinenstadt südlich von Kairo) vor dem Fluß zu schützen (Garbrecht 1981).

Die ersten baulichen Maßnahmen an den mitteleuropäischen Flüssen begannen ungefähr im 14. Jahrhundert (Tab. 4.1.1). Der weitaus größte Teil der Flüsse aber blieb etwa bis zum Ende des 18. Jahrhunderts in ihrem Naturzustand. Erst zu Beginn des 19. Jahrhunderts begann der systematische Ausbau längerer Flußstrecken unter Einbeziehung der Nebenflüsse.

Eine Vorreiterrolle spielte dabei die Korrektion des Oberrheins von Basel bis zur badisch-hessischen Grenze bei Lauterburg durch Tulla (1770–1828). Der Rhein war in diesem Bereich stark verzweigt, und die gesamte Talebene wurde alljährlich überschwemmt, wobei die Flußverzweigungen ständig ihren Lauf änderten. Der Überschwemmungsbereich war sumpfig und kaum besiedelt. Durch eine Begradigung und Einengung des Hauptstroms versprach sich Tulla viele Vorteile für die Rheinanwohner, da „ihre Wohnungen, ihre Güter und deren Ertrag mehr geschützt seyn werden. Das Klima längs dem Rhein wird durch Verminderung der Wasserfläche auf beinahe ein Drittel, durch das Verschwinden der Sümpfe und die damit im Verhältnis stehende Verminderung der Nebel wärmer und angenehmer und die Luft reiner werden." (Tulla

Tab. 4.1.1 Beginn von wasserbaulichen Maßnahmen an verschiedenen großen deutschen Flüssen. Nach Garbrecht (1985).

Fluß	erste bauliche Maßnahmen	systematischer Ausbau längerer Flußstrecken
Rhein	Begradigungen, Uferschutzbauten im 18. Jahrhundert	ab 1804
Elbe	Rückhaltebecken zur Regelung des Abflusses im 14./16. Jahrhundert	1821–1905
Donau	Verbesserungen der Schiffahrtsbedingungen im 15. Jahrhundert	1830–1890
Weser	Schaffung eines einheitlichen Strombettes, Buhnenbauten im 17./18. Jahrhundert	1816–1890
Oder	Schaffung eines einheitlichen Strombettes, Uferschutzbauten im 18. Jahrhundert	1819–1900

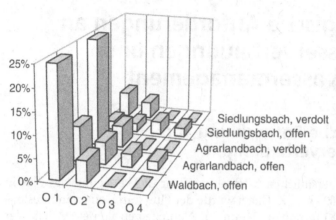

Abb. 4.1.1 Prozentuale Verteilung der Fließgewässer im Kanton Zürich in Abhängigkeit von der Gewässergröße (Ordnungszahl O von 1 bis 4) und der Landnutzung. Aus Hütte et al. (1994).

Siedlungsbach, verdolt
Siedlungsbach, offen
Agrarlandbach, verdolt
Agrarlandbach, offen
Waldbach, offen

1825, zitiert nach Garbrecht 1985). Die Vorhersagen von Tulla traten im wesentlichen ein. Das weitere Ausmaß der durch die Begradigung hervorgerufenen Absenkung von Gewässersohle und Grundwasser (Abschn. 4.2.1) war damals nicht vorherzusehen.

Die kleinen Fließgewässer wurden ebenfalls schon in der ersten Hälfte des 19. Jahrhunderts reguliert. Der Grund für diese Maßnahmen war vor allem die Nutzbarmachung des Landes für landwirtschaftliche Zwecke. In Gebieten mit einem für die landwirtschaftliche Nutzung zu trockenen Boden wurden Bewässerungsgräben angelegt, und in sumpfigen Gebieten wurden die Bäche begradigt, tiefer gelegt und zusätzlich künstliche Entwässerungsgräben gezogen. Um das Land lückenlos nutzen zu können, hat man in diesem Jahrhundert in Agrar- und Siedlungsgebieten die kleinen Bäche zu einem großen Teil verrohrt.

Die Fließgewässer im Kanton Zürich zeigen die heute typische Situation der Gewässer einer Mittelgebirgslandschaft (Abb. 4.1.1): Die meisten Bäche erster Ordnung im Siedlungsgebiet und Agrarland sind verdolt (verrohrt). Erst Gewässer mit der Ordnungszahl drei und höher werden aufgrund ihrer Größe nicht mehr verrohrt.

4.2 Verbauungen von Fließgewässern

4.2.1 Veränderung der Linienführung und des Gewässerquerschnittes

Gewässerbegradigung und die Folgen

Bei der in Abschnitt 4.1 geschilderten Flußregulierung am Oberrhein wurde das verzweigte Gewässer auf ein abflußführendes Gerinne eingeengt, so daß Wassertiefe, Fließgeschwindigkeit und hydraulische Belastung der Sohle zunahmen. Zudem verkürzte man den Flußlauf um ca. 23 % (Bleines 1970), wodurch das Sohlgefälle erhöht und die Erosion der Sohle gefördert wurde (Abb. 4.2.1). Durch die Sohlerosion vergrößerten sich Gerinnequerschnittsfläche und Abflußkapazität. Nun konnten auch größere Hochwasser nicht mehr über die

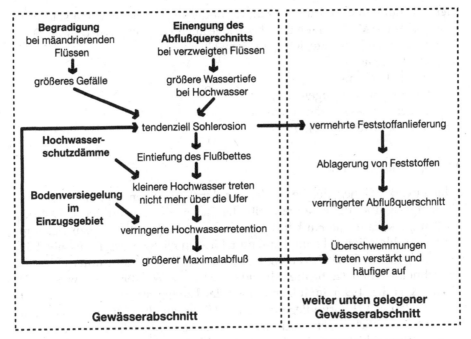

Abb. 4.2.1 Auswirkungen von Gewässerregulierungen auf Hochwasserabflüsse und Überschwemmungen.

Ufer treten. Diese Auswirkungen waren bedacht und erwünscht. Erst später zeigten sich die weiteren Folgen: Die Sohlerosion nahm bedenkliche Ausmaße an. Der Oberrhein tiefte sich unterhalb von Basel seit 1828 um etwa 7 m ein (Schäfer 1973). Die nun ausbleibenden Überschwemmungen der flußbegleitenden Auen und die Absenkung des Grundwasserspiegels führten zu einem Verlust der Auenvegetation. Durch den verminderten Hochwasserrückhalt wurde nun mehr Wasser schneller abgeführt, so daß sich die Hochwasserproblematik im weiteren Verlauf des Rheines verschärfte. So waren dann im Unterlauf weitere Hochwasserschutzmaßnahmen zwangsläufig erforderlich.

Begradigungen und/oder Gewässerbetteinengungen ziehen eine ganze Kette von Auswirkungen nach sich (Abb. 4.2.1). Verstärkt werden die Auswirkungen durch Flußdeiche und einen erhöhten Oberflächenabfluß im Einzugsgebiet. Alle diese Eingriffe führen zu einem erhöhten Maximalabfluß. Eine starke Sohlerosion führt zu einem verstärkten Feststofftransport und hat bei einer Ablagerung im weiteren Verlauf des Fließgewässers einen verringerten Abflußquerschnitt zur Folge. Auch hierdurch werden Überschwemmungen gefördert.

4.2.2 Sohlsicherungsmaßnahmen

Die durch Sohlerosion hervorgerufene Absenkung der Gewässersohle beeinträchtigt nicht nur die gewässerbegleitenden Auen, sondern führt auch zu flußbaulichen Problemen, etwa einer Gefährdung der Standsicherheit von

Uferverbauungen und Brücken. Zur Verhinderung der Sohlerosion sind prinzipiell folgende Maßnahmen denkbar (siehe auch Westrich 1988, DVWK 1997):
– Sohlbauwerke (Abstürze, Rampen, Schwellen u. a.).
– Geschiebezugabe,
– Gerinneaufweitung,
– flächige Sohlpanzerungen,
– Verlängerung des Gewässerlaufs und
– Stauanlagen (Abschn. 5.4.1).

4.2.2.1 Sohlbauwerke

Sohlbauwerke dienen der Verhinderung der Sohlerosion und sind quer zur Fließrichtung über die gesamte Breite des Gewässers angeordnet (DIN 4047). Sohlbauwerke sind die am häufigsten angewandte Maßnahme zur Bekämpfung der Sohlerosion in kleinen und mittelgroßen Fließgewässern. Es gibt zahlreiche Typen von Sohlbauwerken, welche in der Fachliteratur unterschiedlich bezeichnet werden (z. B. Bretschneider 1993, ÖWWV 1992, Merwald 1994, Vischer & Huber 1993). Im folgenden werden die Begriffe nach DIN 4047 verwendet (Tab. 4.2.1). Grundlegend ist die Unterscheidung in Schwellen und Sohlstufen: Bei Schwellen wird das vorhandene Sohlgefälle nicht verändert, während bei Sohlstufen ein Höhenunterschied in der Gewässersohle überwunden wird.

Sohlschwellen dienen lediglich einer örtlich begrenzten Sohlbefestigung, ohne Änderung des Sohlgefälles, ohne Aufstau und ohne hydraulischen Wechselsprung (Abb. 4.2.2). Aus diesen Gründen stellt der Einbau von Sohlschwellen keine wesentliche ökologische Beeinträchtigung dar. Bei **Grundschwellen** kann es bei Niedrigwasserführung zu einer leichten Erhöhung des oberseitigen Wasserstandes kommen. Ein Fließwechsel tritt nur bei sehr kleinen Abflüssen auf. Im allgemeinen sind auch hier keine ökologischen Beeinträchtigungen zu erwarten. Allerdings kann durch eine unterwasserseitige Sohlerosion die Höhe der Schwelle zunehmen. Wenn zudem die Sohle oberhalb der Schwelle durch Anlandung erhöht wird, dann entwickelt sich die Grundschwelle zu einem Absturz (siehe unten).

Ein besonderer Typ einer Grundschwelle ist die im Sinne der fischereilichen

Tab. 4.2.1 Einteilung der verschiedenen Typen von Sohlbauwerken. Nach DIN 4047.

Schwelle	Sohlschwelle	die Schwellenoberkante befindet sich in Höhe der Sohle
	Grundschwelle	die Schwellenoberkante ragt zwar über die Sohle hinaus, es tritt aber kein Fließwechsel ein
	Stützschwelle	die Schwellenoberkante ragt soweit über die Sohle hinaus, daß ein Fließwechsel eintritt
Sohlstufe	Absturz	lotrechte oder steil geneigte Absturzwand (Gefälle bis 1:3)
	Absturztreppe	mehrere aufeinanderfolgende Abstürze
	Sohlrampe	Gefälle etwa 1:3 bis 1:10, rauhe Oberfläche
	Sohlgleite	Gefälle etwa 1:20 bis 1:30, rauhe Oberfläche

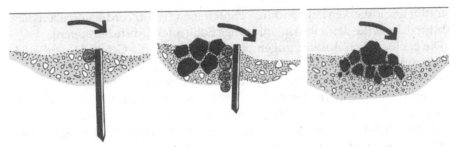

Abb. 4.2.2 Beispiele für Schwellen: „Einfache Holzschwelle", „Steinschwelle mit Holzabstützung" und „Geschlossene Steinschwelle". Nach ÖWWV (1992).

Nutzung entwickelte „fischgerechte Holzschwelle" (Krebs 1990). Der Kolk hinter bzw. unter der Schwellenkonstruktion dient hierbei als Fischunterstand (Abb. 4.2.3), welcher u. a. Forellen vor Fischreihern schützen soll. Vorbild war dabei die in vielen Bächen der Alpen und Voralpen beobachtete stabile Folge von Stufen und Becken durch ineinander verkeilte Steinblöcke sowie Treibholzverklausungen mit nachfolgendem Kolkloch (Vischer im Vorwort zu Krebs 1990).

Stützschwellen ragen so hoch über die Sohle hinaus, daß ein Fließwechsel eintritt und es oberseitig zu einem Aufstau kommt. Im aufgestauten Bereich kann es zu Feststoffablagerungen kommen, so daß die Stützschwelle sich zu einem Absturz entwickelt. Die ökologischen Auswirkungen von Stützschwellen sind abhängig vom Höhenunterschied zwischen Schwellenoberkante und unterwasserseitiger Wasserspiegellage (siehe nachfolgend bei Abstürzen).

Abstürze sind die – in Fließrichtung gesehen – kürzesten Sohlstufen. Die Absturzwand ist senkrecht oder steil geneigt. Abstürze müssen hydraulisch wirksam sein, „d. h. es wird der Fließwechsel mit freiem Wechselsprung angestrebt, der aufgrund seiner hochgradigen Turbulenz die größte Energieumwandlung ergibt" (Bretschneider 1993). Zumeist ist die Überfallkante des Absturzes mit der Gewässersohle bündig abgeschlossen. Bei geraden Fließgewässerabschnitten werden die Abstürze rechtwinklig zur Fließrichtung angeordnet; liegt der Absturz in einem Fließgewässerbogen, wird der Absturz schräg angeordnet, so daß das überströmende Wasser vom Prallufer weggeleitet wird. Wenn man den Absturz (in der Draufsicht) bogig ausführt und zudem die Absturzhöhe zur Mitte hin reduziert, lenkt man den Hauptwasserstrahl zur Gewässermitte hin.

Abstürze werden zumeist aus Beton, Bruchsteinen oder Holz hergestellt. Bei einem durchlässigen Untergrund wird der Absturz mittels einer wasserdichten Wand an den undurchlässigen Untergrund angeschlossen (Bretschneider 1993).

Unterhalb des Absturzes bildet sich durch das herabstürzende Wasser ein Kolk aus (Abb. 4.2.4). Mit zunehmender Absturzhöhe und zunehmendem Hochwasserabfluß nimmt im allgemeinen auch die Größe bzw. die Tiefe des Kolkes zu. Wenn das Wasserpolster im Kolk nicht ausreicht, um den Kolkboden vor tiefergehenden Erosionen zu schützen, dann muß die Sohle in diesem Bereich befestigt werden. Daher finden auch Absturzbauwerke mit einem nachgeordneten Tosbecken Anwendung. Hintereinander angeordnet ergeben diese Absturzbauwerke dann kaskadenförmige Sohlstufen (Absturztreppen).

Die ökologischen Auswirkungen beziehen sich auf die Größe des verbauten Sohlbereichs, auf das durch die Abstürze reduzierte Sohlgefälle und auf Abstürze als Ausbreitungshindernis für Organismen. Ist ein größerer Sohlabschnitt versiegelt, wie bei einem Absturz mit betonierten Tosbecken oder einer durchgehend betonierten Absturztreppe, so sind hier alle Interaktionen zwischen Fluß- und Grundwasser unterbrochen; ein Hyporheal existiert in diesem Bereich nicht. In geschiebeführenden Bächen wird das Sohlgefälle oft durch eine ganze Reihe von Abstürzen stark reduziert. Durch diese Maßnahmen ändern sich die Lebensbedingungen vollkommen, und die strömungsliebenden (rheophilen) Organismen werden durch stillwasserliebende (limnophile) Organismen abgelöst. Wird zudem die Gewässersohle bei Hochwasser nicht mehr umgelagert, besteht die Gefahr von Algenwucherungen und einer Kolmation der Sohle.

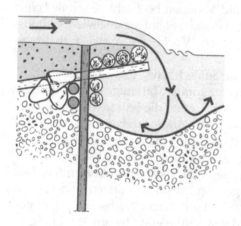

Abb. 4.2.3 Holzschwelle mit Fischunterstand im Längsschnitt. Aus Krebs (1990).

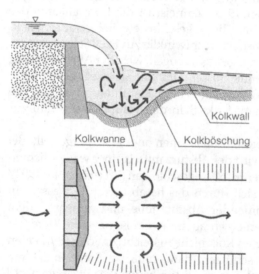

Abb. 4.2.4 Darstellung eines Absturzes einschließlich der Strömung und Kolkbildung hinter dem Absturz. Nach Lecher (1993).

Kolkwall

Kolkwanne   Kolkböschung

Tab. 4.2.2 Hindernisse für die Organismenausbreitung im Rahmen von Gewässerregulierungen.

	Absturz, 30 cm hoch		Absturz, 70 cm hoch		Sohlrampe, Sohlgleite		Durchlaß, Verrohrung	
	auf	ab	auf	ab	auf	ab	auf	ab
ausgewachsene Forellen	ja	ja	ja	ja	ja	ja	?	ja
Kleinfische	nein	ja	nein	ja	(ja)	ja	?	ja
fliegende Wasserinsekten	ja	ja	ja	ja	ja	ja	?	?
Drift der Wirbellosen		ja		ja		ja		ja
Aufwanderung der Wirbellosen	(nein)		nein		(ja)		?	

ja = Auf- bzw. Abstieg möglich
(ja) = Auf- bzw. Abstieg großteils/wahrscheinlich möglich
? = Auf- bzw. Abstieg ist unklar bzw. von weiteren Faktoren abhängig
(nein) = Auf- bzw. Abstieg zumeist/wahrscheinlich nicht gegeben
nein = Auf- bzw. Abstieg nicht gegeben

Ökologisch am schwerwiegendsten aber ist die Bedeutung der Abstürze als Ausbreitungshindernis für Fließwassertiere. Die stromabwärts gerichtete Ausbreitung (wie die Drift) wird im allgemeinen nicht behindert. Hingegen kommt es – je nach betrachteter Tiergruppe – zu einer massiven Behinderung von aufwärtsgerichteten Bewegungen (Tab. 4.2.2).

Relativ gut untersucht sind die Aufstiegsmöglichkeiten bei verschiedenen, wirtschaftlich nutzbaren (d. h. eßbaren) Fischarten der rhithralen Gewässer. Merwald (1984, 1994) untersuchte das Aufstiegsvermögen von Bach- und Regenbogenforellen. Dabei wurden Forellen beobachtet, welche bei ausreichender Kolktiefe (0,8–1 m) und sauerstoffgesättigtem, kühlem Wasser, springend/schwimmend Höhen von bis zu 1,45 m überwinden konnten. Dies war aber nur für Fische mit einer guten Kondition möglich; junge und sehr alte Fische konnten diese Extremhöhen nicht bewältigen (Merwald 1994). In der Regel sollten bei guten Randbedingungen 50 bis 70 cm hohe Abstürze von allen größeren Forellen und Lachsen problemlos überwunden werden können. Alle anderen einheimischen Fließwasserfische haben kein oder nur ein sehr eingeschränktes Sprungvermögen. Äschen nehmen bei Hindernissen „eine vertikal zur Wasseroberfläche befindliche Position ein und schwimmen dabei so kräftig, daß nurmehr der Schwanzteil unterhalb der Fettflosse unter Wasser bleibt" (Dujmic 1997). Auf diese Weise sind sie in der Lage, relativ niedrige Abstürze (bis etwa 30 cm Höhe) zu bewältigen. Für Kleinfische stellen schon Abstürze mit einer Höhe von 20 bis 30 cm Ausbreitungsbarrieren dar (Tab. 4.2.3). Die Fischarten des Potamals können solche Hindernisse nicht überwinden.

Die Auswirkungen von unüberwindbaren Abstürzen auf Fische lassen sich am besten bei Betrachtung ganzer Gewässersysteme verdeutlichen (Abb. 4.2.5): Durch Abstürze werden die oberhalb liegenden Populationen von den unterhalb liegenden getrennt: Die Fische können von oben nach unten gelangen,

Tab. 4.2.3 Angaben zur Überwindbarkeit von Abstürzen bei Fischen des Rhithrals (bei senkrechter Absturzwand, ausreichend tiefem Kolk, sauerstoffgesättigtem Wasser und geschlechtsreifen Fischen in guter Kondition).

Fischart, Fischgruppe	maximal überwindbare Höhe	nicht mehr überwindbare Höhe
Lachs	350 cm (Mills 1989)	
Bach- u. Regenbogenforelle	145 cm (Merwald 1984)	
Äsche	30 cm (Dujmic 1997)	
Groppe		30 cm (Bless 1981)
Schmerle		20 cm (Bless 1985)
Kleinfische		30 cm (Peter 1995)

nicht aber umgekehrt. Sind kleine Populationen mit wenig Individuen über lange Zeit isoliert, so führt dies durch Inzucht zu einer genetischen Verarmung, welches die Überlebensfähigkeit der Population mindert. Eine weitere Gefahr besteht darin, daß Fische durch Störungsereignisse (extremes Hoch- oder Niedrigwasser, kurzfristige organische oder toxische Gewässerbelastungen, Gewässergestaltungsmaßnahmen u. a.) aus ihrem Lebensraum nach unten verdrängt werden und nach dem Ereignis nicht mehr aufwandern können.

Anadrome, katadrome und potamodrome Fischarten müssen auf- bzw. abwärts wandern, um ihre Laichgebiete aufzusuchen (Abschn. 3.4.2). Andere Fische suchen durch Wanderbewegungen Nahrungs- oder Überwinterungshabitate auf (Abschn. 2.1.6). Durch Abstürze werden diese für das Überleben notwendigen Wanderungen verhindert.

Weitaus weniger Informationen hat man über die Auswirkung von Abstürzen auf die Ausbreitung der wirbellosen Kleintiere, da Untersuchungen hierzu aus methodischen Gründen schwierig durchzuführen sind. Für verschiedene Bachflohkrebse (*Gammarus fossarum, G. pulex*) liegen Beobachtungen vor, welche zeigen, daß diese Tiere Abstürze bis zu ca. 60 cm Höhe überwinden können, indem sie „am äußersten seitlichen Rand des abstürzenden Wassers den Absturz hochklettern" (Halle 1993). Bei einer gewissen Oberflächenrauhigkeit des Absturzes (z. B. durch Moos- oder Algenbewuchs) können diese Tiere auch in dem langsam an der Absturzwand herunterrieselnden Wasser aufwärtsklettern (Halle 1993). Andererseits unterbrechen schon sehr geringe Absturzhöhen (von 10 cm) eine Aufwanderung, sofern Absturzwand und seitliche Uferbefestigung sehr glatt sind. Drift und andere abwärtsgerichtete Ortsveränderungen werden durch Abstürze nicht beeinträchtigt. Wie auch bei den Fischen werden die oberhalb lebenden Populationen von den unterhalb lebenden getrennt, und ein geeigneter Lebensraum kann nach Störungsereignissen nicht wiederbesiedelt werden (siehe auch Abschn. 3.4.2). Dies gilt allerdings nur für die ständig im Wasser lebenden Organismen. Wasserinsekten können Hindernisse wie Abstürze fliegend überwinden.

Die Empfehlungen zu maximalen Absturzhöhen, wie man sie in der älteren Fachliteratur findet, kann man heute nicht mehr aufrechterhalten. Elster et al. (1973) empfehlen für Forellengewässer Absturzhöhen bis zu 50–70 cm und für

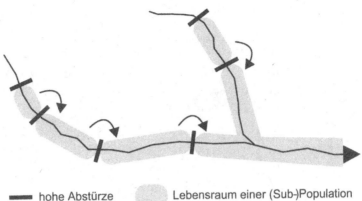

━━━ hohe Abstürze ⬤ Lebensraum einer (Sub-)Population

alle anderen Gewässer bis zu 30 cm hohe Abstürze. In den meisten Forellengewässern findet man jedoch auch Kleinfische, welche 50–70 cm hohe Abstürze mit Sicherheit nicht überwinden können. Ökologisch vertretbar sind in Rhithralgewässern daher nur Absturzhöhen unter 20 cm. Diese Abstürze sollten zudem im Querverlauf variabel gestaltet werden, so daß Absturzhöhe und Fließgeschwindigkeiten nicht einheitlich sind. In Potamalgewässern sollte man überhaupt keine Abstürze verwenden. Bestehende Abstürze sollten entfernt oder umgestaltet werden. Alle Maßnahmen zur Verbesserung der Durchgängigkeit sollten unten im Gewässersystem beginnen und dann schrittweise nach oben fortgeführt werden (Abschn. 6.3).

Sohlrampen und **Sohlgleiten** unterscheidet man im allgemeinen nach ihrem Gefälle: Sohlgleiten sind flacher geneigt (1:20 bis 1:30) als Sohlrampen (1:3 bis 1:10). Bei der klassischen „harten" Bauweise von Rampen werden Steine als Rauhigkeitselemente in eine Betonbettung eingebracht (Knauss 1981). Zu Beginn und am Ende der Rampe können über die gesamte Gewässerbreite Spundwände angeordnet sein (Abb. 4.2.6). Bei einer bogenförmigen Absenkung der Rampenkrone in der Mitte und einer bogenförmigen Anordnung der Rampe im Grundriß wird die Strömung zur Gewässermitte gelenkt. Bei naturnah gebauten Rampen und Gleiten wird kein Betonbett verwendet, und die Steine werden unregelmäßig gesetzt (Abb. 4.2.7).

Die ökologischen Auswirkungen von Sohlgleiten und -rampen sind sehr stark von der Bauweise und dem betrachteten Gewässertyp abhängig. Durch eine betonierte Unterschicht wird der Kontakt zum Grundwasser unterbrochen; bei der Anordnung von Spundwänden wird zudem auch die horizontale Durchströmung des Hyporheals und flußnahen Grundwassers unterbrochen. Die Bedeutung der Rampen und Gleiten als Durchgängigkeitsstörung für die Fließwassertiere ist abhängig von der Größe und Anordnung der Steine sowie der Länge und dem Gefälle des Bauwerks. Sind die Rauhigkeitselemente nicht zu hoch und die auftretenden Fließgeschwindigkeiten nicht zu groß, so bewältigen Forellen diese Hindernisse ohne Probleme. Nach Stahlberg (1986) können Kleinfische wie Bachschmerle und Gründling lokal begrenzte Sohlbefestigungen oder Sohlgleiten mit Fließgeschwindigkeiten unter 0,4 m/s problemlos überwinden.

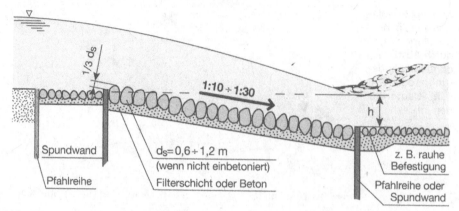

Abb. 4.2.6 Längsschnitt durch eine befestigte Sohlrampe. Aus Petschallies (1989).

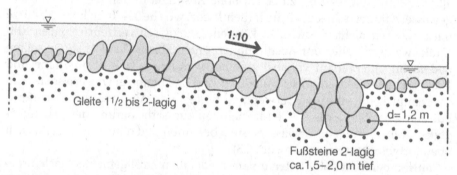

Abb. 4.2.7 Beispiel einer naturnahen Sohlrampe. Längsschnitt einer Rampe in der Vereinigten Argen, einem 25 m breiten Gewässer mit 0,2 % Sohlgefälle und sandig-kiesigem Sohlmaterial. Aus Gebler (1991).

Aus ökologischer Sicht ist aber nicht nur die Bauweise der Sohlrampe (oder des Absturzes, der Schwelle) entscheidend, sondern auch die morphologische Charakteristik des Gewässers: In Fließgewässern mit eher großem Sohlgefälle und natürlicherweise vorhandenen Sohlstufen können durchaus auch strukturell vergleichbare künstliche Sohlstufen eingesetzt werden. In den Potamalgewässern der Ebene sollte man hingegen eher flachgeneigte Sohlgleiten mit nicht allzu groben Rauhigkeitselementen einsetzen.

4.2.2.2 Weitere Möglichkeiten zur Verhinderung einer Sohlerosion

Da eine erhöhte Sohlerosion – wie oben erläutert – sehr häufig die Folge einer Laufverkürzung ist, wäre eine **Laufverlängerung** logischerweise die geeignete Gegenmaßnahme. Bei einem stark mäandrierenden Fließgewässer ist die Lauflänge etwa um den Faktor drei länger als in seiner begradigten Form, d. h., Sohlgefälle und Schubspannung werden durch die Begradigung um das Dreifache vergrößert. Mit einer Laufverlängerung würde man zunächst das Sohlgefälle reduzieren. Durch das verringerte Sohlgefälle kommt es allerdings zu einer Reduktion der Sohlschubspannung und angeliefertes Geschiebe wird sich ablagern und so das Sohlgefälle wieder erhöhen (DVWK 1997). Laufverlängerungen sind nur dann wirkungsvoll, wenn sie längere Gewässerabschnitte betreffen. Da dies mit einem erheblichen Platzbedarf verbunden ist, dürfte diese Maßnahme nur selten eingesetzt werden.

Befindet sich im Verlauf eines Flusses eine **Gerinneaufweitung**, so werden sich im Bereich der Aufweitung Wassertiefe, Fließgeschwindigkeit und Sohlschubspannung verringern. Bei Geschiebetransport und genügend großer Aufweitung kommt es im Bereich der Aufweitung zu einer Ablagerung von Geschiebe und somit zu einer Erhöhung des Sohlgefälles (Abschn. 1.3.1). Bei richtiger Dimensionierung kann sich im Bereich der Aufweitung nach einer ersten Anlandung ein dynamischer Gleichgewichtszustand der Geschiebeführung einstellen, bei dem es in einem überschaubaren Zeitrahmen weder zu einer weiteren Auflandung noch zu einer Erosion kommt. Typischerweise wird sich unter diesen Bedingungen eine verzweigte Linienführung entwickeln. Die richtige Dimensionierung einer Gerinneaufweitung erfordert eine genaue Kenntnis über Menge und Häufigkeit von Geschiebeanlieferungen. Hierzu sind relativ aufwendige Untersuchungen zum Geschiebeaufkommen notwendig, bei welchen auch die geschiebeführenden Zuflüsse mitberücksichtigt werden müssen. In den letzten Jahren wurden zahlreiche Studien hierzu durchgeführt und an zahlreichen voralpinen Fließgewässern kamen Gerinneaufweitungen zum Einsatz (Hunzinger 1998, Hunzinger et al. 1995, Jäggi 1992, VAW/GIUB 1987, Zarn 1992).

Ökologisch gesehen haben Gerinneaufweitungen zwei Vorteile: Zum einen stellen Aufweitungen (im Gegensatz zu Abstürzen) keine Wanderungshindernisse dar und zum anderen kann ein Gewässer – zumindest im Aufweitungsbereich – seine natürliche Gerinnemorphologie entwickeln. Allerdings wird der Ort der Aufweitung zumeist zufällig (d. h. nach dem zur Verfügung stehenden Platz) festgelegt. Zudem ist der Wert von kurzen Aufweitungen in einem über viele Kilometer weitgehend künstlichen Gewässer eher gering.

Eine zeitweise **Geschiebezugabe** ist nur sinnvoll in Flüssen, bei welchen der natürliche Geschiebetransport (z. B. durch Staustufen) künstlich unterbrochen wurde, so daß es unterhalb der Unterbrechung aufgrund des fehlenden Geschiebes zu einer Sohlerosion kommt. Geschiebezugaben sollten nur bei einer detaillierten Kenntnis der Geschiebetransportverhältnisse und des vorhandenen Sohlmaterials durchgeführt werden (Westrich 1988).

Bei Flüssen werden **flächige Sohlbefestigungen** im allgemeinen nur als Schutz gegen Auskolkung unterhalb von Wehren, bei Brückenpfeilern und in starken Flußkrümmungen eingesetzt. In kleinen Siedlungsgebietsbächen kommen flächige Sohlbefestigungen häufig vor, da man hier das Risiko einer Sohlerosion wegen der Standsicherheit von Uferverbauungen, Brücken und gewässernahen Gebäuden nicht eingehen will.

Bei einer betonierten Sohle ist die Verbindung von Sohle zu Grundwasser unterbrochen, der Lebensraum Hyporheal existiert nicht mehr. Aber auch die besiedelbare Oberfläche der Gewässersohle ist auf ein Minimum reduziert. Nur wenige Arten sind in der Lage, zeitweilig auf der relativ glatten Oberfläche zu leben. Bedingt durch die ebene Sohle ergibt sich keine Strömungsvielfalt, und bei Hochwasser gibt es für Zoobenthos und Fische keine Möglichkeit, strömungsgeschützte Bereiche aufzusuchen. Die einzig mögliche Nahrungsquelle für Wirbellose sind auf der Sohle wachsende Algen, da andere partikuläre organische Substanz weggeschwemmt wird. Fische findet man in Gewässerabschnitten mit einer versiegelten Sohle im allgemeinen nicht, und längere Gewässerabschnitte mit einer künstlich glatten Sohle stellen zudem auch Ausbreitungshindernisse dar.

4.2.3 Verrohrungen und Kreuzungsbauwerke

Eine Verrohrung ist eine Rohrleitung, in welcher ein Fließgewässer unter flächenhaften Hindernissen hindurch geleitet wird (DIN 4047). Brücken, Durchlässe und Düker hingegen werden zu den Kreuzungsbauwerken gezählt. Während bei Brücken der Abflußquerschnitt nicht oder nur geringfügig eingeengt ist, kommt es bei Durchlässen zu einer erheblichen Reduktion des Abflußquerschnitts. Bei Verrohrungen und Durchlässen wird der Abfluß mit freiem Wasserspiegel durchgeführt, lediglich bei extremen Hochwassern kann es zu einer vollständigen Füllung des Rohrquerschnitts kommen. Ein Düker ist ein Kreuzungsbauwerk, „in dem ein Gewässer unter einem Gewässer, Geländeeinschnitt oder tiefliegenden Hindernis unter Druck hindurchgeleitet wird" (DIN 4047).

Verrohrungen (Eindolungen) verbessern die Geländeerschließung in Siedlungsgebieten und erleichtern die Bewirtschaftung landwirtschaftlicher Nutzflächen. In städtischen Gebieten und bei landwirtschaftlich intensiv genutzten Flächen ist in der Regel der weitaus überwiegende Teil der Bäche 1. Ordnung (nach Strahler) verrohrt (Hütte et al. 1994). Teilweise betrifft dies auch die Bäche 2. Ordnung, während die Verrohrung der größeren Fließgewässer (3. und höherer Ordnung) technisch zu aufwendig und unwirtschaftlich ist. Das zulässige Minimal- und Maximalgefälle ist abhängig vom Rohrdurchmesser. Bei Rohren mit einem Durchmesser von 100 cm (200 cm) soll das Gefälle mindestens 1 % (0,5 %), höchstens jedoch 10 % (5 %) betragen (Merkblatt f. d. Entwässerung v. Straßen). Unter diesen Bedingungen liegen die im Rohr auftretenden Fließgeschwindigkeiten im Bereich von 0,5–3,0 m/s. Bei einem Rohrgefälle von größer als 1,2 % ist die Strömung zumeist „schießend" (Papst 1979). Bei der abschnittsweisen Verrohrung von ansonsten frei fließenden Gewässern werden ober- und unterwasserseitig Sohl- und Uferbefestigungen angeordnet. Um die Fließverluste zu reduzieren, wird der Einlauf trichterförmig gestaltet. Im Bereich des Auslaufs kommt es durch die hohen Fließgeschwindigkeiten und den Fließwechsel sehr leicht zu Ufer- und Sohlerosionen. Daher ist dieser Bereich häufig mit harten Verbauungen gesichert.

Bedingt durch das dichte Verkehrswegenetz findet man in nahezu allen Fließgewässern **Kreuzungsbauwerke**. Je nach Höhenlage des Gewässers und des zu kreuzenden Hindernisses ergibt sich die Art des Kreuzungsbauwerkes. Liegt das Gewässer wesentlich niedriger als z. B. eine kreuzende Straße, so werden Brücken errichtet. Ist die Höhendifferenz geringer, werden Durchlässe verwendet. Bei kleineren Fließgewässern bestehen die Durchlässe zumeist aus Steinzeug- oder Betonrohren mit einem kreisförmigen Querschnitt und einem Durchmesser von zumindest 30 cm. Bei größeren Fließgewässern verwendet man häufig Rahmendurchlässe aus Betonprofilen mit einem rechteckigen Querschnitt. Die Länge der Durchlässe beträgt von einigen wenigen Metern unter Feldwegen bis zu über 50 m unter mehrspurigen Straßen. Liegt das Hindernis in Gewässerhöhe, wird das abfließende Wasser mittels eines Dükers unter dem Hindernis hindurchgeführt. Um Verstopfungen durch Schwemmgut zu vermeiden, sind vor dem Düker Grob- und Feinrechen angeordnet. Durchlässe werden im allgemeinen so konstruiert, daß Fließgeschwindigkeiten von 30 cm/s nicht unterschritten und von 3–4 m/s nicht überschritten werden (DIN 19661).

Die **ökologischen Auswirkungen** einer **Verrohrung** sind ähnlich denen einer betonierten Sohle (Abschn. 4.2.2.2): Es existiert kein Hyporheal, und auf einer künstlich glatten Sohle können nur zeitweise einige wenige Fließwassertiere leben. Am Ende längerer Verrohrungen kommt es so zu einer starken Dämpfung oder sogar zum Ausbleiben des Tagesganges von Sauerstoffsättigung und Wassertemperatur. Durch die fehlenden Algen und den reduzierten Eintrag von organischer Substanz fehlt die Nahrungsgrundlage für viele wirbellose Tiere und durch deren stark reduziertes Vorkommen fehlt auch die Nahrung für Fließwasserfische.

Die beschriebenen Auswirkungen beschränken sich auf den Bereich des Eingriffs selber. Darüber hinaus stellen Verrohrungen aber auch Ausbreitungsstörungen dar. Das Ausmaß der Störung ist abhängig von den Bedingungen im Durchlaß bzw. in der Verrohrung:

- der Art und Struktur der Sohle,
- dem Sohlgefälle bzw. den auftretenden Fließgeschwindigkeiten,
- den vorherrschenden Wassertiefen,
- der Länge,
- der Höhe von Sohlstufen (sofern vorhanden).

Je länger eine Verrohrung, je größer die Fließgeschwindigkeiten und das Gefälle und je niedriger die Wassertiefe, um so mehr wird die aufwärtsgerichtete Durchwanderung erschwert. Salmoniden sind im allgemeinen in der Lage, auch relativ hohe Strömungsgeschwindigkeiten zu überwinden. So kann die in Nordamerika beheimatete Arktische Äsche (*Thymallus arcticus*), die mit der in Mitteleuropa beheimateten Äsche (*Thymallus thymallus*) vergleichbar ist, einen etwa 33 m langen Rohrdurchlaß (Durchmesser 1,50 m) bei einer Fließgeschwindigkeit von 2,10 m/s im allgemeinen noch gut durchschwimmen, während dies bei 2,70 m/s nur noch wenigen Tieren möglich ist (Travis & Tilsworth 1986). Salmoniden können bei günstigen Bedingungen in Rohrleitungen Strecken von über einem Kilometer zurücklegen (Trefethen 1968, zit. nach Slatick 1971). Mit zunehmender Fließgeschwindigkeit erfordert das Durchschwimmen allerdings einen höheren Energieaufwand, so daß bei hohen Geschwindigkeiten nur kurze Verrohrungen überwunden werden können (Tab. 4.2.4). Um Fließwasserfischen Wanderungen zu ermöglichen, hat das „Alaska Department of Fish and Game" maximal erlaubte Fließgeschwindigkeiten für Rohrdurchlässe festge-

Tab. 4.2.4 Durchschwommene Rohrlängen und die dabei maximal überwundenen Fließgeschwindigkeiten bei MNQ (gemessen in einer Höhe von 0,6 der Wassertiefe). Nach Angaben verschiedener Autoren aus Belford & Gould (1989).

durchschwommene Rohrlänge (max.)	max. bewältigte Fließgeschwindigkeit	
	nicht anadrome Salmoniden	anadrome Salmoniden
10 m	1,22 bis 1,32 m/s	2,51 m/s
30 m	0,12 bis 1,22 m/s	2,29 m/s
50 m	0,61 bis 1,04 m/s	2,16 m/s
70 m	0,46 bis 0,99 m/s	2,02 m/s
90 m	0,46 bis 0,95 m/s	1,89 m/s

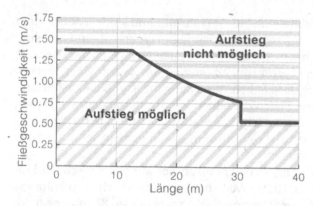

Abb. 4.2.8 Maximal erlaubte Fließgeschwindigkeiten (bei MNQ) für den Fischaufstieg in Abhängigkeit von der Verrohrungslänge. Nach Angaben des „Alaska Department of Fish and Game" aus Travis & Tilsworth (1986).

setzt (Abb. 4.2.8). Die hier festgelegten Schwimmleistungsgrenzwerte wurden für Arktische Äschen bestimmt. Da Lachse und Forellen im allgemeinen über ein besseres Schwimmvermögen verfügen, kann man davon ausgehen, daß sie diese Durchlässe auch überwinden können.

Bei Fischen, welche nicht so gut an hohe Fließgeschwindigkeiten angepaßt sind, reichen schon wesentlich geringere Fließgeschwindigkeiten aus, um eine Aufwärtswanderung in Verrohrungen zu verhindern. So fand Bless (1985) Ansammlungen von Bachschmerlen (über 200 Tiere pro m²) unterhalb einer 250 m langen Verrohrung. Die Verrohrung hatte einen Durchmesser von 30 cm, die Wassertiefe in der Verrohrung betrug 4–10 cm und die Fließgeschwindigkeit lag bei 0,3 m/s. Diese Bedingungen reichen also offensichtlich aus, um die Ausbreitung der Bachschmerle zu unterbinden.

Es liegen nur wenige Untersuchungen darüber vor, ob Verrohrungen Wanderungshindernisse für die wirbellosen Kleintiere darstellen. Verschiedene Beobachtungen zeigen, daß längere Verrohrungen die Aufwärtswanderung des Bachflohkrebses *Gammarus pulex* stören oder gar verhindern. So fand man in einem kleinen Bach unterhalb einer 70 m langen Verrohrung eine Ansammlung von 357 Bachflohkrebsen, während oberhalb der Verrohrung nur zwei Tiere vorhanden waren (Brehm & Meijering 1990). Die Aufwärtswanderung war hier also zumindest stark eingeschränkt. Das eigentliche Wanderungshindernis ist dabei die glatte Rohrsohle. Die ständige Dunkelheit im Rohr stellt für Bachfloh-

krebse kein Hindernis dar. Nach Brehm & Meijering (1990) behindern Rohrdurchlässe von 2 bis 3 m Länge (ohne Abstürze) die Wanderung von Bachflohkrebsen nicht. Einen großen Einfluß auf die Durchwanderbarkeit hat – wie auch
bei den Fischen – die Strömungsgeschwindigkeit im Rohr. Ausführliche Untersuchungen gibt es hierzu von Halle (1993): Bei Fließgeschwindigkeiten von ca.
30 cm/s beträgt bei ausgewachsenen, leistungsstarken Gammariden die absolu-
te, maximale Wanderstrecke ca. 40 m bei Weibchen und ca. 50 m bei Männchen.
Bei Fließgeschwindigkeiten von 90 cm/s ergaben sich nur noch maximale Wan-
derstrecken von etwa 10 m. Jungtiere konnten unter diesen Umständen gar
nicht mehr aufwandern. Ein zusätzliches Problem ergibt sich durch die
Tatsache, daß Bachflohkrebse (wie die meisten Kleintiere der Fließgewässer)
„negativ phototaktisch" sind, d. h., sie versuchen dem (Sonnen-)Licht auszuweichen. Dadurch bewegen sich die Tiere zwar problemlos in eine Verrohrung,
aber beim oberseitigen Rohreinlauf können die Tiere durch den plötzlichen
Lichteinfall irritiert werden und wieder abwärts driften (Halle 1993).

Bisher gibt es keine Untersuchungen über den Einfluß von Verrohrungen auf
die Ausbreitung der ausgewachsenen flugfähigen Wasserinsekten. Die eiertragenden Insektenweibchen müssen sich bei jedem bachauf- oder bachabwärts
gerichteten Flug in irgendeiner Weise an dem Fließgewässer orientieren. Untersuchungen zeigen, daß sich bei einer Änderung von Strukturparametern (wie
Gewässerbreite, Sohlsubstrate, Ufervegetation u. a.) auch das Flugverhalten
ändert (Gullefors 1987, Statzner 1977). Somit könnnen auch abschnittsweise
Verrohrungen zu einer massiven Störung der natürlichen Ausbreitung von
Wasserinsekten führen. Geht man davon aus, daß durch abwärts driftende
Larven die Populationsverluste so groß sind, daß es eines aufwärtsgerichteten
Kompensationsfluges vor der Eiablage bedarf (siehe Abschn. 2.2.2), so müßte
eine Unterbrechung des Kompensationsfluges langfristig eine Ausdünnung der
Insektenpopulationen oberhalb der Verrohrung zur Folge haben. Allerdings
gibt es bis jetzt keine Untersuchungen, die dies belegen.

Die **ökologischen Auswirkungen** von **Durchlässen** mit einem Rohrquer-
schnitt entsprechen den geschilderten Verhältnissen von (kürzeren) Verrohrungen. Bei einer ökologischen Beurteilung von Rahmendurchlässen ist die Art der
Sohle von Bedeutung. Bei einer betonierten Sohle kommt es zu ähnlichen
Auswirkungen wie bei Rohrdurchlässen bzw. Verrohrungen. Die ökologischen
Bedingungen verbessern sich, wenn die Sohle teilweise oder vollständig aus
natürlichen Substraten besteht. Unter diesen Umständen kann sich – wenn
auch in eingeschränktem Ausmaß – ein Hyporheal ausbilden. Positiv wirkt sich
eine rauhe Sohle auf die Durchgängigkeit aus. Durch die dann allgemein reduzierte Strömungsgeschwindigkeit und die größere Strömungsvielfalt können
diese Sohlabschnitte von vielen Tieren besser durchquert werden. Bei breiteren
Durchlässen mit einer ebenen Sohle verbessert eine Niedrigwasserrinne die
Durchwanderbarkeit. Durchlässe aus gewellten Stahlblechprofilen können
soweit abgesenkt werden, daß es zu einer durchgehenden Sohle mit natürlichen Sohlsubstraten kommt. Zwar ist im Verlauf des Durchlasses der Kontakt
zum Grundwasser unterbunden und eine Böschung existiert auch nicht, aber
die Sohle kann besiedelt werden und die Durchgängigkeit ist nicht gestört.

Die Durchwanderbarkeit von **Dükern** ist abhängig von der Bauart. Wegen der im allgemeinen höheren Fließgeschwindigkeiten und den am Dükerzulauf angebrachten Feinrechen dürften Düker für Fließwassertiere nur schwer zu überwinden sein. Die ökologisch gesehen geringsten Auswirkungen haben **Brücken**, sofern die Gewässersohle und der untere Böschungsbereich unbeeinflußt bleibt bzw. naturnah gestaltet wird.

Maßnahmen

Wann immer möglich, sollte bei Verrohrungen langfristig eine Umgestaltung in einen offen fließenden, naturnah gestalteten Bach angestrebt werden. Bei der Neuerrichtung von Kreuzungsbauwerken sind Brücken bzw. Rahmendurchlässe oder Rohre aus Stahlblechprofilen zu bevorzugen. Wichtig bei allen Kreuzungsbauwerken ist eine durchgehende Sohle mit natürlichen Sohlsubstraten ohne senkrechte Sohlstufen. Sofern bei bestehenden Durchlässen Abstürze vorhanden sind, sollten diese zu naturnahen Sohlrampen umgestaltet werden.

4.2.4 Ufergestaltung und Ufergehölze

Nach DIN 4049 ist das Ufer der „seitliche Teil des Gewässerbettes", wobei Gewässerbett als die zum oberirdischen Gewässer gehörende Eintiefung der Landoberfläche definiert wird. Natürliche Fließgewässer haben eine sehr stark heterogene Uferform. Der Uferbereich hat einen großen Einfluß auf die Gewässerökologie (Abschn. 3.2.1) und viele terrestrische Tierarten, welche ihre Nahrung aus dem Gewässer beziehen, haben hier ihren Lebensraum (Abschn. 3.2.1).

In Abschnitt 4.2.1 wurde beschrieben, wie man im konventionellen Wasserbau durch Veränderung von Linienführung und Gerinnequerschnitt die Abflußkapazität erhöht hat. Zum Schutz der Ufer vor Erosion und zur Verringerung der Fließwiderstände gestaltete man die Uferbereiche durchgehend glatt und eben. All diese Umstände führten zu dem heutigen Erscheinungsbild der Fließgewässer mit einer einheitlichen, monotonen Gerinneform und häufig auch durchgehend hart verbauten Ufern.

Wie schon bei flächigen Sohlverbauungen (Abschn. 4.2.2.2) gezeigt wurde, führen glatte Verbauungen zu einer dramatischen Reduktion der organismischen Besiedlung. Untersuchungen an verschiedenen Arten von Uferbefestigungen am Dortmund-Ems-Kanal zeigen, daß schon eine minimale Erhöhung der Strukturvielfalt die Besiedlungsdichte vergrößern kann (Abb. 4.2.9). So hat eine Uferverbauung aus senkrecht stehenden Betonbohlen durch die größere Ungleichförmigkeit eine etwa doppelt so große Besiedlungsdichte wie glatte Asphaltmatten auf einer geneigten Böschung. Eine noch größere Besiedlungsdichte und eine zudem größere Artenzahl haben Steinschüttungen, zumal wenn die Fugen nicht mit Bitumen ausgegossen sind (Abb. 4.2.9). Noch deutlicher sind die Unterschiede, wenn man die Biomasse der wirbellosen Kleintiere betrachtet. So steigt die Biomasse pro Einzelsteinfläche von einer Asphaltmatte zu einer Steinschüttung etwa um das 100fache (Knöpp & Kothé 1965). Zudem muß man berücksichtigen, daß bei einer Steinschüttung mehrere Steine übereinander geschichtet sind und so die effektiv besiedelbare Oberfläche noch wesentlich größer ist.

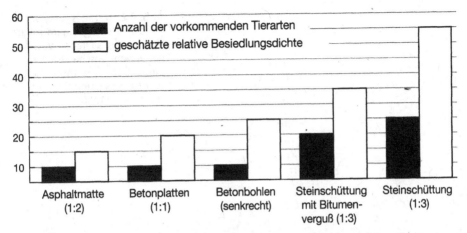

Abb. 4.2.9 Kleintierbesiedlung verschiedenartig ausgebauter Uferstrecken des Dortmund-Ems-Kanals. Nach Kothé aus Knöpp & Kothé (1965).

Um die volle Abflußkapazität des Gerinnes zu erhalten und das Umland bis zum Gewässer nutzen zu können, fehlen vielen Fließgewässern in Agrar- und Siedlungsgebieten Ufergehölze. In Abschnitt 3.2.1 wurde die Bedeutung von Ufergehölzen für das Gewässer erläutert. Fehlende Ufergehölze können bei starker Sonneneinstrahlung eine unnatürlich hohe Wassererwärmung verursachen (Abb. 1.5.1). Dies beeinflußt Entwicklungsgeschwindigkeit und Fortpflanzungserfolg der Wasserorganismen und kann die Organismenzusammensetzung grundlegend verändern (Abschn. 2.2.5). In unbeschatteten Bächen mit feinkörnigen Sohlsubstraten kommt es bei ungehinderter Sonneneinstrahlung zu einer Massenentwicklung von Wasserpflanzen. Die Fließgeschwindigkeit wird reduziert, die Sedimentation erhöht, und es kommt zu einer Erhöhung des Wasserspiegels. Tagsüber bei Sonneneinstrahlung wird Sauerstoff produziert mit der Gefahr einer Sauerstoffübersättigung des Wassers, und nachts kommt es zu einer Sauerstoffzehrung mit dem Risiko einer starken Sauerstoffuntersättigung (Abb. 4.2.10).

Maßnahmen

Aus ökologischer Sicht wäre ein unbefestigtes Ufer bzw. ein Ufer mit standortgerechten, anthropogen unbeeinflußten Gehölzen optimal. Uferbefestigungen sollten dem Gewässertyp entsprechend möglichst naturnah gestaltet werden. Nur in hydraulisch stark belasteten Uferbereichen sollten harte, mit „toten" Materialien durchgeführte Verbauungen angewendet werden. Diese Verbauungen müssen in jedem Fall durchlässig und heterogen strukturiert sein, wie z. B. Steinschüttungen. Zudem sollten nur landschaftsgebundene, ortsständige Baumaterialien verwendet werden, welche auch im Projektgebiet vorkommen (Schiechtl & Stern 1994).

Wenn möglich sollten Ufer ingenieurbiologisch (mit lebenden Pflanzen) gesichert werden. Röhrichtpflanzen eignen sich als Befestigung im Bereich zwischen Nieder- und Mittelwasser. Bei einer großen hydraulischen Belastung

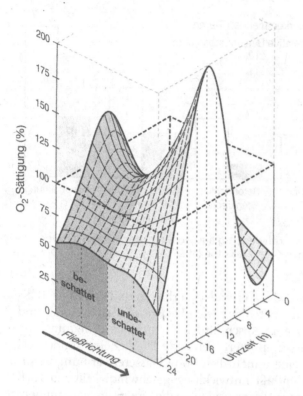

Abb. 4.2.10 Tagesgang der Sauerstoffsättigung im Juli im Verlauf eines Fließgewässers von einem beschatteten zu einem unbeschatteten Abschnitt. Aus Linnenkamp & Hoffmann (1990).

kann man auch harte Verbauungen mit Röhrichten kombinieren. Zur Sicherung des unteren Uferbereiches bei Bächen eignet sich das Rohrglanzgras (*Phalaris arundinacea*). Im Gegenteil zu anderen Röhrichtarten fördert Rohrglanzgras nicht die Gewässerverlandung. Es kann durch Saat angesiedelt oder an anderen Gewässerbereichen ausgegraben und umgepflanzt werden. Bei Flüssen kann man auch Schilf (*Phragmites australis*), Sumpfbinse (*Schoenoplectus lacustris*) und Rohrkolben (*Typha latifolia*) sowie verschiedene, hochwüchsige Riedgräser zur Befestigung des unteren Ufers verwenden (Schiechtl & Stern 1994).

Oberhalb des Mittelwassers kann Rasen oder Weidengebüsch eingesetzt werden. Rasen hat wasserbaulich gesehen viele Vorteile: niedrige Herstellungskosten, hohe Lebensdauer, große Stabilität bei einer durchgehend geschlossenen Decke. Bei Rasenbefestigungen bleibt die Abflußkapazität des Gerinnes erhalten und es können sich (im Gegenteil zu Gebüsch) keine größeren Mengen von Treibgut ansammeln. Ökologisch hat Rasen eher Nachteile. Rasen ist zwar ein natürlicher Baustoff, doch eine größere, ständig gepflegte Rasenfläche ist künstlich und muß aufgrund der Strukturarmut als ökologisch wenig wertvoll eingestuft werden. Zudem wird bei Rasen das Gewässer nicht beschattet.

Eine aus ökologischer Sicht bessere Lösung zur Sicherung des Uferbereiches ist die Verwendung von Strauchweiden. Mit einigen Ausnahmen sind alle Weidenarten hervorragend an Hochwasser angepaßt: Weiden sind elastisch, besitzen ein großes Regenerationsvermögen, tolerieren zeitweilige Überflutungen und sind resistent gegenüber Überschotterungen (Abschn. 3.2.3.2). Da sich

Tab. 4.2.5 Maximale Belastbarkeit (Schubspannung) von verschiedenen Uferbefestigungen. Nach Schiechtl & Stern (1994).

Bauart	maximale Belastbarkeit in N/m² nach Herstellung	im gesicherten Zustand
Röhrichtverpflanzung	5	30
Rasen	30	60
Laubholzpflanzung	20	120
Astpackung	100	300
Steinwurf mit Asteinlage	200	300
Mauer, Pflasterung	600	600

an Zweigen, Ästen und Stämmen sekundäre Wurzeln (Adventivwurzeln) ausbilden, können Weiden durch Stecklinge vermehrt werden. Durch periodischen Schnitt kann man Weiden ständig verjüngen und das Wurzelwachstum
anregen. Weiden gedeihen allerdings nur auf lockeren Böden und vertragen
keine Beschattung. Die Schutzwirkung eines Gehölzbestandes für das Ufer
beruht auf einer Strömungsverringerung durch den oberirdischen Teil der
Weiden und einer Bodenverfestigung durch das Wurzelwerk.

Zwei grundsätzliche Sicherheitsprobleme gibt es bei ingenieurbiologischen
Bauweisen: Zum einen ist die volle Wirksamkeit erst nach einer gewissen Ent-
wicklungszeit gegeben (Tab. 4.2.5) und zum anderen ist die Uferunterkante mit
ingenieurbiologischen Maßnahmen oft nur ungenügend gesichert. Hier ist häufig eine teilweise harte Befestigung, z. B. mittels einer Steinschüttung, sinnvoll.

Ausführliche, detaillierte Beschreibungen von ingenieurbiologischen Ver-
bauungsmethoden findet man bei Begemann & Schiechtl (1994), DIN 18918,
ÖWWV (1992), Patt et. al. 1998, Schiechtl (1973, 1992), Schiechtl & Stern (1994),
Schlüter (1996).

Eine weitere Möglichkeit zur Reduktion der hydraulischen Uferbeanspru-
chung ist die Errichtung von **Buhnen**. Es handelt sich hierbei um quer zum Fluß
angelegte, dammartige Bauwerke, welche vom Ufer aus in den Fluß vorgebaut
werden (Lange 1993). Buhnen kann man rechtwinklig zum Ufer anlegen oder
sie flußaufwärts (inklinant) oder flußabwärts (deklinant) ausrichten (Abb.
4.2.11). Die Lage zur Fließrichtung hat eine große Bedeutung für Strömungsverlauf und Feststoffablagerung, da Buhnen immer senkrecht zu ihrer Achse
überströmt werden. Zumeist verwendet man inklinante Buhnen, da hierbei die
Hochwasserströmung vom Ufer weg zur Flußmitte hin gelenkt wird. Dabei
kann es unterwasserseitig im strömungsberuhigten Bereich zur Ablagerung
von Sedimenten und organischem Material kommen. Buhnen sollten nicht
mehr als die eineinhalb- bis zweieinhalbfache Buhnenlänge voneinander entfernt sein, weil sonst die Strömung das Ufer erreichen und beschädigen könnte
(ÖWWV 1992).

Bei der Herstellung von Buhnen werden unterschiedlichste Baumaterialien
eingesetzt: Spundwände aus Stahlbeton, Stahl oder Holz sowie Pfahlreihen,
Faschinen, Packwerk, Pflasterungen, Steinschüttungen u. a. Aus ökologischer
Sicht sollten Buhnen so weit wie möglich aus gewässertypischen Baumateria-

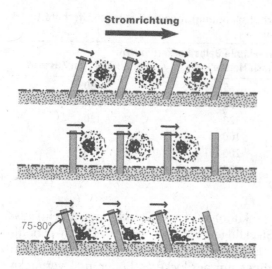

Stromrichtung

Abb. 4.2.11 Strömungsverhältnisse bei Buhnen mit unterschiedlicher Ausrichtung zur Fließrichtung. Aus ÖWWV (1992).

lien bestehen. Buhnen aus geschütteten oder gesetzten Steinen erfüllen in vielen Fällen die geforderten Stabilitätsansprüche und sind auch ökologisch zu empfehlen. Buhnen sollten zur Gewässermitte hin niedriger und zum Ufer hin höher gestaltet werden (Abb. 4.2.12), so daß bei jedem Wasserstand ein Teil der Buhne überströmt wird. Im nicht ständig überfluteten Bereich können die Fugen mit Feinsedimenten verfüllt und mit ausschlagfähigen Gehölzen versehen werden. Bei Hochwasser reduziert der Strauchbewuchs die Wasserströmung und schützt das Ufer vor Erosion. Gleichzeitig erhöht sich aber durch den Fließwiderstand der Sträucher der Hochwasserspiegel.

Buhnen erhöhen die Strömungs-, Substrat- und Strukturvielfalt (Rey & Ortlepp 1998) und bewirken in Buhnenfeldern eine Retention. Vergleicht man Uferbereiche mit einer Blockwurf-Sicherung und Uferbereiche mit einer Buhnen-Sicherung, so zeigen sich deutliche Effekte hinsichtlich der Fischbesiedlung (Paulon 1997): Im Buhnen-Abschnitt ergibt sich eine wesentlich höhere Fischbesiedlung, wobei insbesondere mehr Klein- und Jungfische vorkommen als im Blockwurfabschnitt. Auch nach Angaben des ÖWWV (1992) sind die Sohl- bzw. Uferbereiche zwischen den Buhnen hervorragende Laich- und Aufwuchsorte für Fische. Man kann zudem davon ausgehen, daß sich im Bereich der Buhnen aufgrund der erhöhten Substratvielfalt die Artenzahl der Wirbellosen erhöhen wird. Somit können Buhnen eine technisch wie ökologisch ausgezeichnete Maßnahme zum Uferschutz sein.

4.2.5   Ermittlung und Wiederherstellung der Strukturvielfalt

Ermittlung der Strukturvielfalt

Ein Maß für die Strukturvielfalt sind z. B. Indizes, in welchen die Variabilität verschiedener Morphologie- und Strömungs-Parameter zusammengefaßt wird. Otto (1991) definiert als Kriterium für die Strukturvielfalt einen Ungleichför-

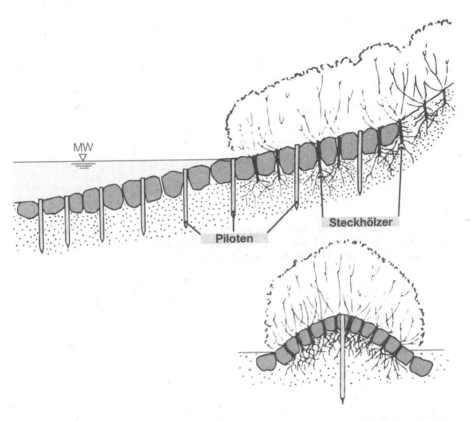

MW

Piloten

Steckhölzer

Abb. 4.2.12 Tauchbuhne aus Bruchsteinen mit Pilotensicherung bei Gewässern mit einer Mindestbreite von etwa 10 m. Die Piloten (z. B. Holzpfähle) dienen der Kraftübertragung in den Untergrund. Aus Schiechtl & Stern (1994).

migkeitsindex, welcher als Punktsumme aus vier morphologischen Parametern gebildet wird: Laufkrümmung gerade bis sehr stark gekrümmt (0 bis 3 Punkte); Uferlinie gerade bis sehr unregelmäßig (0 bis 3 Punkte), Profiltiefe gleichförmig bis sehr unregelmäßig (0 bis 3 Punkte); Profilbreite gleichförmig bis sehr unterschiedlich (0 bis 3 Punkte). Bei einem sehr stark strukturierten Gewässer wird der Ungleichförmigkeitsindex also maximal 12 betragen. In verschiedenen Bächen im Westerwald wurden nun neben dem Ungleichförmigkeitsindex auch die Taxazahl des Makrozoobenthos und die Anzahl der Uferpflanzenarten erhoben. Dabei zeigt sich, daß mit zunehmendem Ungleichförmigkeitsindex sowohl die Taxazahl des Makrozoobenthos als auch die Artenzahl der Uferpflanzen zunimmt (Abb. 4.2.13).

Die Umgestaltung eines strukturell vielfältigen Fließgewässers in ein monotones hat auch drastische Auswirkungen auf die Fischfauna. So kommt es nicht nur zu einer deutlichen Reduktion von Besiedlungsdichte und Biomasse, sondern auch Artenzahl bzw. Diversität nimmt ab (Gorman & Karr 1978). Jungwirth (1984) benutzt als Maß für die Strukturvielfalt in Fließgewässern die Varianz der Maximaltiefe (d. h. der jeweils größten Wassertiefe in einem

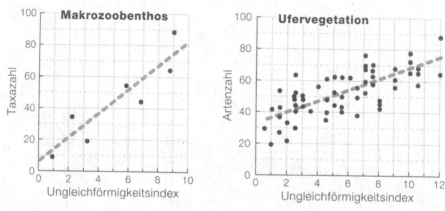

Abb. 4.2.13 Zusammenhang zwischen Taxazahl des Makrozoobenthos (LINKS) bzw. Artenzahl der Ufervegetation (RECHTS) und einem Ungleichförmigkeitsindex in Mittelgebirgsbächen im Westerwald. Aus Otto (1991).

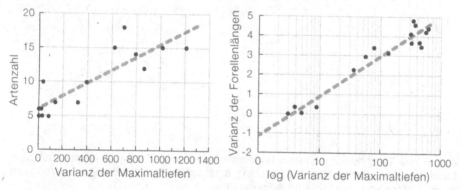

Abb. 4.2.14 Zusammenhang zwischen Wassertiefenvariabilität und der Fischartenzahl in sieben Hügel- und Flachlandbächen (LINKS) bzw. der Varianz der Bachforellenlängen in einem Gebirgsbach (RECHTS). Nach Jungwirth (1984).

Querprofil). Ebenso wie beim Makrozoobenthos und den Uferpflanzen zeigt sich auch bei den Fischen eine Zunahme der Artenzahl mit größer werdender Strukturvielfalt (Abb. 4.2.14). In naturnahen, strukturreichen Gewässern weisen Fische zudem auch einen ausgewogenen Altersaufbau auf, was sich an einer großen Varianz der Fischlängen zeigt (Abb. 4.2.14).

Zauner & Schmutz (1994) untersuchten den Güster (*Abramis bjoerkna*) in der Thaya, einem Potamalgewässer in Niederösterreich. Verglichen wurden die Individuen aus Naturstrecken mit solchen aus Durchstichstrecken, also künstlich erstellten Verbindungsstrecken zwischen zwei Mäandern, welche ein etwas größeres Sohlgefälle als die Naturstrecken aufweisen. Während die Durchstichstrecken kaum strukturiert sind, zeigen die Naturstrecken eine sehr vielfältige Morphologie mit Prall- und Gleithängen, Totholzablagerungen, Wurzelstöcken und ins Wasser hängenden Ästen. Der Altersaufbau des in diesen Bereichen lebenden Güster wurde indirekt mittels Längenfrequenzdiagram-

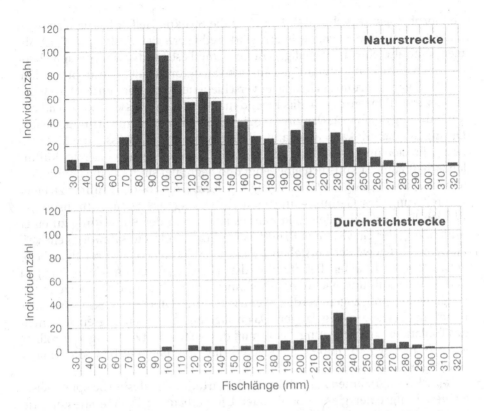

Abb. 4.2.15 Längenfrequenzdiagramme des Güster in Natur- und Durchstichstrecken der Thaya (Niederösterreich). Aus Zauner & Schmutz (1994).

men ermittelt (Abb. 4.2.15). Dabei zeigt sich in der Naturstrecke eine wesentlich breiter gestreute, „bessere" Verteilung der Altersklassen des Güster als in der Durchstichstrecke. Reproduktionsareale und Jungfischhabitate liegen in strömungsarmen Fließgewässerbereichen und finden sich daher nur in der Naturstrecke.

Ein weiteres Maß für die Strukturvielfalt der Gewässer ist das Verhältnis von Uferlänge zur linearen Länge des Fließgewässers. Ist dieses Verhältnis groß, so hat man neben einer allgemein hohen Strukturvielfalt auch eine gute Wasser-Land-Vernetzung mit im allgemeinen ausgezeichneten Laich- und Bruthabitaten. Untersuchungen an der Rhone zeigen mit zunehmender relativer Uferlänge eine signifikante Zunahme der Fischbesiedlungsdichte (Pont & Persat 1990), und Untersuchungen an der Donau ergaben unter diesen Bedingungen auch eine Zunahme der Artenzahl der Fische (Schiemer et al. 1991).

Wiederherstellung der natürlichen Strukturvielfalt

Nur ein geringer Anteil der Fließgewässer hat natürlicherweise ein monotones, strukturarmes Gerinne, so Gewässerabschnitte mit einer durchgehenden Fels- oder Lehmsohle. Zumeist haben die natürlichen Fließgewässer eine heterogene Morphologie (Abschn. 1.4). Heute ist die Strukturvielfalt bei nahezu allen mitteleuropäischen Fließgewässern stark reduziert. Bei Gestaltungsmaßnahmen sollte also eine der jeweiligen Abfluß- und Feststoffdynamik entsprechende, den natürlichen Bedingungen ähnliche Strukturvielfalt angestrebt werden.

Hierzu gibt es grundsätzlich zwei verschiedene Strategien: Entwicklung der Gewässerstrukturen durch die Eigendynamik des Gewässers oder bauliche Veränderung der Gewässermorphologie hin zu einer größeren Strukturvielfalt. Die **Eigendynamik** kann erst dann wirken, wenn dem Gewässer die Möglichkeit zu Erosion und Anlandung gegeben wird. Da die Fließgewässer der Kulturlandschaft zumeist künstlich eingeengt und begradigt sind, ist eine (zumindest teilweise) Beseitigung der Uferbefestigung nötig. Ufererosionen führen zu einer Verbreiterung des Gerinnes und einer Erhöhung des Sedimenttransportes. Werden Feststoffe angeliefert, kommt es im Bereich der Aufweitung zu einer Auflandung der Gewässersohle und es wird (zumindest ansatzweise) ein verzweigtes Fließgewässer entstehen (Abschn. 4.2.2.2). Fließgewässer der Ebene entwickeln nach einer Beseitigung der Uferbefestigungen einen bogigen Verlauf mit Prall- und Gleithang. Es können auch umgebende Gehölze in die Dynamik mit einbezogen werden, wenn z. B. durch Ufererosion Sträucher oder Bäume ins Gewässerbett gelangen. Da im allgemeinen nur ein begrenzter Anteil des Umlandes zur Verfügung steht, muß die weitere Entwicklung kontrolliert werden, indem z. B. mittels Leitwerken die Gerinnebreite bzw. die Linienführung begrenzt wird.

Bauliche Maßnahmen zur Erhöhung der Strukturvielfalt sind beispielsweise: Umgestaltung einer glatten Sohl- oder Uferverbauung in eine strukturierte Befestigung; stellenweise Zurücklegung des befestigten Ufers, so daß Einbuchtungen entstehen und die Breitenvariabilität erhöht wird; Einbau von Buhnen; Einbringen von großen, bei Hochwasser nicht bewegten Steinen zur Erhöhung der Strömungsvielfalt (Störsteine). Durch die erhöhte Strukturvielfalt kommt es – wie beschrieben – auch zu einer erhöhten Diversität der Fließwasserorganismen. Die Gewässerdynamik wird sich allerdings nur sehr begrenzt entwickeln. Obwohl diese Strukturen starr sind und keine natürliche Gewässerentwicklung erlauben, so sind sie jedoch oft die einzige Möglichkeit, wieder eine gewisse Strukturvielfalt zu schaffen.

Abbildung 4.2.16 zeigt die sohlnahe Strömungsvielfalt in einem verbauten und einem hinsichtlich mittlerer Breite und Tiefe, Linienführung und Gefälle vergleichbaren, aber „renaturierten" Gewässerabschnitt. „Renaturierung" bedeutete in diesem Beispiel eine Herausnahme von Sohlschwellen und das Einbringen von Störsteinen. Die Linienführung und Breitenvariabilität blieben in beiden Abschnitten gleich (Kohmann 1992). Durch die Strukturierung kam es aber zu einer wesentlich naturnäheren Strömungsverteilung, wobei insbesondere der Anteil von Sohlbereichen mit geringer Strömung zunahm (Abb. 4.2.16). Dies bietet stillwasserliebenden (limnophilen) Organismen einen Lebensraum, und hier finden viele Fließwassertiere Schutz bei Hochwasser. Es darf allerdings nicht übersehen werden, daß derartige Maßnahmen im Fall von Hochwassern gewisse Risiken beinhalten (Erhöhung des Wasserspiegels, Laufänderungen u. a.).

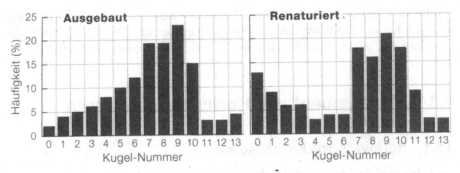

Abb. 4.2.16 Verteilung der sohlnahen Strömungsmuster anhand der FST-Halbkugeln (Abschn. 1.2) in einem ausgebauten und einem „renaturierten" Abschnitt der Stoißer Ache (Landkreis Traunstein, Bayern). Aus Kohmann (1992).

Management von Totholz im Gewässer

Totholz beeinflußt die Gewässermorphologie (Abschn. 1.4.3), erhöht die Organismendiversität (Abschn. 3.2.1) und bewirkt eine allgemeine Retention von Sedimenten und organischen Stoffen (Abschn. 3.5). Während Totholz in natürlichen Fließgewässern sehr häufig vorkommt, findet man heute in Mitteleuropa kaum noch einen Bach mit Totholzansammlungen. Gründe für die Entnahme sind:

- Totholz kann sich an Gerinneengstellen verkeilen, so daß der Abfluß oberseitig aufgestaut wird. Vor solchen Verklausungen können sich erhebliche Mengen von Sedimenten ansammeln und bei Extremhochwassern aufbrechen, so daß plötzlich große Mengen an Feststoffen flußabwärts geschwemmt werden.
- Angeschwemmtes Totholz kann bei Brücken, Durchlässen und Verrohrungen zu Verstopfungen führen.
- Darüber hinaus stört Totholz – jenseits jeder rationalen Begründung – wohl auch das Ordnungsempfinden vieler Menschen.

Zahlreiche Untersuchungen, insbesondere aus dem nordamerikanischen Raum, beschäftigen sich mit der ökologischen Bedeutung von Totholz im Fließgewässer. Alle Autoren empfehlen, soviel Totholz wie möglich im Fließgewässer zu belassen (siehe Gregory & Davis 1992). Bei den mitteleuropäischen Fließgewässern ist dies aufgrund des Hochwasserschutzes eher schwierig. Trotzdem gibt es bei entsprechender Planung einige Wege, um Totholzablagerungen zu ermöglichen:

- Je nach Querschnittsgröße der vorhandenen Durchlässe können kleinere Äste aktiv eingebracht oder im Gewässer belassen werden, da die Gefahr einer Verstopfung bei kleineren Teilen eher gering ist. Größere Baumteile werden entfernt oder – wenn möglich – befestigt, so daß sie auch bei stärkeren Hochwassern nicht weggeschwemmt werden.
- In V-förmigen Tälern mit naturnahem Wald sollte alles Totholz im Gewässer belassen werden. Bevor das Gewässer in die Ebene gelangt, können Treibholzsperren errichtet werden. Voraussetzung hierzu ist, daß genügend Platz und eine Zufahrt zur Treibholzsperre besteht, um das anfallende Treibholz räumen zu können. Die Sperre kann so gestaltet werden, daß weder die Organismenausbreitung noch der Sedimenttransport gestört wird.

– Totholz sollte überall dort im Fließgewässer belassen werden, wo keine akute Gefahr für unterhalb liegende Siedlungsgebiete besteht. Dies ist z. B. bei Waldbächen der Fall, welche direkt in einen See oder einen gestauten Fluß münden.

4.3 Management von Hochwasserabflüssen und Auen

4.3.1 Hochwasserrückhaltebecken

Funktion und Bauweise von Hochwasserrückhaltebecken

Hochwasserrückhaltebecken haben die Aufgabe, Abflußspitzen zu kappen und das zurückgehaltene Wasser zeitlich verzögert weiterzuleiten. Die Reduktion der abfließenden Wassermenge durch Wasserversickerung und Verdunstung ist dabei vernachlässigbar gering. Die Wirkung eines Hochwasserrückhaltebeckens sieht man auch bei natürlichen Seen wie dem Bodensee (Vischer & Hager 1992): Im Juli 1987 stieg der Abfluß im Alpenrhein innerhalb einiger Stunden von etwa 600 auf 2600 m³/s an. Auch die anderen, kleineren Zuflüsse zum Bodensee dürften aufgrund des Niederschlages zu diesem Zeitpunkt ebenfalls kurzfristig sehr stark angeschwollen sein. Der Abfluß im Hochrhein unterhalb des Bodensees erhöhte sich aber nur um etwa 200 m³/s. Der Abflußscheitel wurde also durch die Pufferwirkung des Sees um etwa 90 % reduziert.

Bei einem Hochwasserrückhaltebecken erfolgt der Aufstau mittels eines Erddammes oder seltener durch eine Staumauer (Abb. 4.3.1). Neben einem oder mehreren Auslässen gibt es auch Bauwerke zur Hochwasserentlastung. Im einfachsten Fall wird das zufließende Wasser – nachdem das Becken gefüllt ist – über eine spezielle Aussparung in der Dammkrone (Überfallkrone) in den Unterwasserbereich abgeführt. Sicherer ist jedoch eine Hochwasserentlastungsanlage in Form eines Turmes oder Schachtes: Bei einer bestimmten Wasserstandshöhe fließt das Wasser in den Schacht und wird dann über eine Rohrleitung in den Unterwasserbereich geleitet.

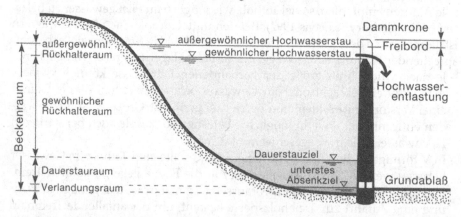

Abb. 4.3.1 Schematische Darstellung eines Hochwasserrückhaltebeckens. Aus Heitfeld (1991) nach Muth (1976).

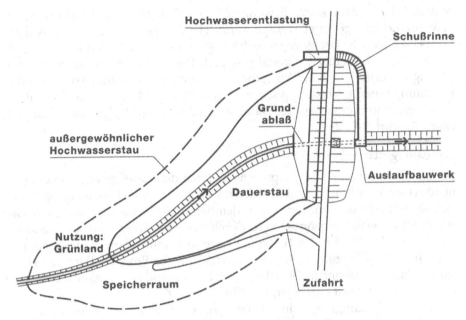

Abb. 4.3.2 Lageplan eines Hochwasserrückhaltebeckens. Aus Heitfeld (1991).

Kleinere Becken arbeiten zumeist ungesteuert, d. h., abhängig von der Dimensionierung des Betriebsauslasses beginnt sich ab einem bestimmten Zufluß das Becken zu füllen. Nur bei größeren oder im Verbund arbeitenden Becken wird eine Steuerung empfohlen (Vischer & Hager 1992).

Ökologisch bedeutsam ist, ob es sich um ein Becken ohne dauerhaft gestautes Wasser („Trockenbecken" oder „Grünes Becken") oder um ein Becken mit Dauerstau handelt. Bei einem Becken mit Dauerstau wird das Fließgewässer in einen Stausee verwandelt, während es bei einem Trockenbecken nur im Bereich des Staudammes verändert wird (Abb. 4.3.2).

Organismenausbreitung

Die meisten Hochwasserrückhaltebecken sind für aufwandernde Fische nicht passierbar. Der Grund hierfür liegt in der Bauweise bzw. Anordnung des Einlaufbauwerkes, der Verschlußorgane oder des Übergangs vom Auslauf zum unterhalb liegenden Gewässerbett. Entweder sind unüberwindbare Stufen vorhanden oder die Fließgeschwindigkeit ist für aufsteigende Fische zu hoch. Bei Trockenbecken kann aber der gesamte Betriebsauslaß fischgängig gestaltet werden (Vischer & Hager 1992, Tönsmann 1995a, 1995b). Hierbei sollte man Sohlstufen > 20 cm und allzu große Fließgeschwindigkeiten vermeiden. Ob ein Umbau von bestehenden Anlagen möglich ist, kann nur im Einzelfall bestimmt werden. Sehr viel aufwendiger ist die fischgängige Gestaltung eines Beckens mit Dauerstau, da hier die Auslaßvorrichtung in einer gewissen Höhe über der Gewässersohle angeordnet ist. Möglicherweise kann man das Gerinne unterhalb des Absperrbauwerkes höherlegen und an den Auslauf anschließen. Dies ist natürlich nur dann sinnvoll, wenn auch das Einlaufbauwerk fischgängig ist bzw. fischgängig gestaltet werden kann. Häufig fließt das Wasser aus dem Staubecken jedoch über einen speziell konstruierten Schacht (Mönch) ab, wo es keine Möglichkeit einer Umgestaltung gibt. Die ökologisch wünschenswerte Lösung zur Erhaltung bzw. Wiederherstellung der Durchwanderbarkeit ist die Errichtung eines gewässertypischen Umgehungsgerinnes, welches vor dem Stau beginnt und unterhalb des Dammes wieder in das Fließgewässer mündet (siehe Abschn. 5.4.2.2).

Der dauergestaute Bereich

Der Dauerstau wandelt das ursprünglich vorhandene Fließgewässer in ein stehendes Gewässer um. Das mit dem Gewässer antransportierte Geschiebe lagert sich ab, Schwebstoffe und driftende Kleintiere sedimentieren. Die eher artenreiche Fließgewässerbiozönose wird durch eine eher artenarme Seebiozönose abgelöst (siehe Abschn. 5.4.1). Typischerweise kommt es im dauergestauten Bereich im Sommer zu einer Massenentwicklung von Phytoplankton mit einer Sauerstoffübersättigung in Oberflächennähe, während in Sohlnähe das Wasser eher sauerstoffarm ist (Tönsmann 1995b).

Die Umweltbedingungen im Fließgewässer unterhalb des dauergestauten Bereiches werden massiv beeinflußt: hohe Wassertemperaturen im Sommer mit möglicherweise sauerstoffübersättigtem Wasser, stark reduzierter Hochwasserabfluß, kein Geschiebetransport, große Mengen an driftenden Algen. Aufgrund dieser Veränderungen wird sich die Fließwasserbiozönose in eine typische Seeausflußbiozönose umwandeln. Dies zeigt sich z. B. in einem großen Anteil an filtrierenden Insektenlarven, welche sich von den driftenden Algen ernähren.

Es gibt zahlreiche Möglichkeiten einer naturnahen Gestaltung des dauergestauten Bereiches (Lecher & Schlüter 1993a, Bendig 1995, Wolf 1996). Einer natürlichen Entwicklung stehen jedoch die Einstauungen entgegen. Die erreichten Aufstauhöhen sind im allgemeinen wesentlich größer als z. B. die Wasserspiegelerhöhung bei einem natürlicherweise durchflossenen See. Zudem unterliegen Rückhaltebecken mit Dauerstau häufig Nutzungen (Fischerei, Freizeitgestaltung u. a.), welche ebenfalls einer naturnahen Gewässerentwicklung zuwiderlaufen.

Der bei Hochwasser eingestaute Bereich

Die ökologischen Auswirkungen der Überstauungen sind zum einen abhängig von der Vegetation bzw. Landnutzung im Staubereich und zum anderen von der Häufigkeit, Dauer und Höhe der Einstauungen sowie der Wasserqualität. Im allgemeinen geht man davon aus, daß eine Einstauung von weniger als zwei Tagen mit Einstauhöhen von unter 2 m bei landwirtschaftlichen Nutzflächen keinen größeren Schaden anrichtet (Tönsmann 1995b, Wohlrab et al. 1992). Bei Einstauungen von langer Dauer (> 8 Tagen) und großer Einstauhöhe kann der überstaute Bereich massiv beeinträchtigt werden (Tab. 4.3.1). Selbst eine relativ verträgliche Beckennutzung wie eine Mähwiese kann unter diesen Umständen eine starke Beeinträchtigung der Wasserqualität bis zum Fischsterben zur Folge haben (Gründel et al. 1995).

Tab. 4.3.1 Auswirkungen eines Einstaus in einem Hochwasserrückhaltebecken. Teilweise nach Tönsmann (1995b)

durch Überstauung	mechanische Schäden durch Wasserdruck u. Erosion
	Vernässung von Flächen
	Fäulnisbildung (Sauerstoffzehrung)
	Vernichtung von Pflanzen u. Tieren durch Sauerstoffmangel
	Förderung überflutungsresistenter Pflanzen
durch Sedimentation	Eintrag von Nähr- und Schadstoffen
	Verschlammung
	Veränderung d. Bodenstruktur (Nivellierung der Geländeoberfläche)

Weniger Schäden sind bei einer an Überschwemmungen angepaßten Vegetation zu erwarten. Entsprechend dem vorhandenen Geländerelief können Pflanzungen von Röhrichten und Gehölzen vorgenommen werden, um eine auenähnliche Vegetationszonierung (Abschn. 3.2.3.3) zu initiieren. Diese kann sich allerdings nur dann entwickeln, wenn die Überschwemmung ähnlich der einer Aue abläuft. Das heißt Häufigkeit, Dauer und Zeitpunkt der Aufstauungen sowie Wasserstandshöhe und Durchströmung müßten denen von Auenüberschwemmungen entsprechen. Dies ist bei Hochwasserrückhaltebecken nicht möglich. Aufgrund der intensiven Landnutzung ist der Platz für Hochwasserrückhaltebecken im allgemeinen knapp, und daher müssen zumeist hohe Einstauhöhen in Kauf genommen werden. Auch Zeitpunkt und Dauer von Aufstauungen können nicht so gesteuert werden, daß sie den natürlichen Wasserstandsschwankungen entsprechen, da gerade in hochwasserreichen Jahreszeiten die gesamte Staukapazität für eventuell auftretende Spitzenhochwasser freigehalten werden muß.

Speicherpolder

Speicherpolder (Entlastungspolder) sind eingedeichte Becken, welche im Gegensatz zu den Hochwasserrückhaltebecken seitlich vom Fluß angeordnet sind (Abb. 4.3.3). Durch ein Ein- bzw. Auslaufbauwerk werden sie während eines Hochwassers gefüllt bzw. entleert, um so den Scheitelabfluß zu reduzieren. Dabei kann man Speicherpolder mit starrem und solche mit flexiblem Betrieb unterscheiden (Dister 1985b): Bei einem starren Betrieb wird der Polder ständig wasserfrei gehalten und nur bei Extremhochwassern (d. h. einige Male im Jahrhundert) geflutet. Beim flexiblen Betrieb hingegen werden die Ein- und Auslaufbauwerke in den Jahreszeiten, in denen kein Extremhochwasser zu

Abb. 4.3.3 Schematische Darstellung eines Speicherpolders.

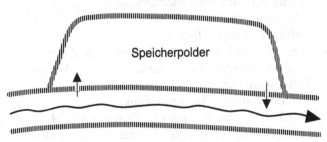

Speicherpolder

erwarten ist, ständig offengehalten. In dieser Zeit wird dann der Wasserspiegel im Speicherpolder entsprechend dem natürlichen Abflußregime im Fluß schwanken.

Die ökologischen Auswirkungen entsprechen im wesentlichen denen bei Hochwasserrückhaltebecken. Wird der Speicherpolder nur im Abstand von vielen Jahren bis Jahrzehnten geflutet, so kommt es bei einer Überflutung zu einem vollständigen Zusammenbruch der terrestrischen Lebensgemeinschaften. Da sich der Polder sehr schnell mit Wasser füllt, können viele Tiere vor dem rasch ansteigenden Wasserspiegel nicht mehr flüchten. Der Zeitabstand zwischen den Flutungen ist zu groß, um eine auenähnliche Entwicklung zu fördern. Diese Situation bessert sich zwar bei häufigen Flutungen, aber auch hierbei wird das Wasser im Speicherbecken zumeist „stehen", mit den ökologischen Nachteilen, wie sie schon bei den Hochwasserrückhaltebecken beschrieben wurden.

Um eine auenähnliche Durchströmung zu ermöglichen, haben Mock et al. (1991) das Konzept der „Fließpolder" entwickelt. Dabei werden mehrere, durch Deiche getrennte, Speicherpolder hintereinandergeschaltet. Durch die Steuerung von Ein- und Auslässen zwischen Fluß und Polder bzw. zwischen den einzelnen Entlastungspoldern wird die Ein- und Ausströmung so geregelt, daß einerseits möglichst viel Retentionsraum für Hochwasserschutzzwecke besteht und andererseits auch eine auenähnliche Durchströmung der hintereinander geschalteten Polder gewährleistet ist.

4.3.2 Wiederbelebung von Auen

Gewässerbegradigungen und die Errichtung von Hochwasserschutzdämmen führten zu dramatischen Veränderungen in den Auen. Insbesondere die ausbleibenden Überschwemmungen haben weitreichende ökologische Folgen:

– **Verlandung der Altwasser**
Die abgelagerten Feinsedimente werden nicht mehr ausgespült, und die Altwasser verlanden zunehmend. Sind seitliche Zubringer vorhanden, welche die Altwasser mit nährstoffreichem Wasser versorgen, wird der Verlandungsprozeß durch die Vegetation beschleunigt. Eine bloße Überstauung ohne Durchströmung fördert die Verlandung durch Ablagerung von Schwebstoffen.

– **Isolation der Altwasser**
Die Organismen in den Altwassern werden vollständig isoliert. Fische, welche im Verlauf ihres Lebenszyklus zwischen Hauptfluß und Altwasser wechseln, verlieren ihren Lebensraum (Schiemer et al. 1991).

– **Verlust an Pionierflächen**
Durch die fehlende Dynamik kommt es in der Aue weder zu Erosionen noch zu Anlandungen. Daher fehlen die für viele (pflanzlichen und tierischen) Erstbesiedler wichtigen Pionierflächen.

– **Veränderung der Auevegetation**
Durch die ausbleibenden Überflutungen erfolgt eine Sukzession hin zu reiferen Auwaldgesellschaften. Unterstützt wird dies durch einen tiefen Grund-

wasserspiegel, welcher als Folge von Gewässerbegradigungen sehr häufig auftritt (Abschn. 4.2.1).

In ehemaligen Auegebieten, wo die Wiederherstellung der vollen Dynamik nicht möglich oder nicht erwünscht ist, kann man das Gebiet der Altwasser quasi als Feuchtgebiet erhalten. Hierzu muß vor allem die Verlandung der Altwasser gebremst werden, was ohne Überschwemmungen nur durch eine Kontrolle der Nährstoffe möglich ist. Ein Teil der Nährstoffe ist gebunden an die obere Sedimentschicht in den Altwassern. Bei extremem Pflanzenwachstum kann es in der oberen Sedimentschicht zu einer Verknappung des Sauerstoffs kommen, welches zu einer Nährstoffrücklösung aus den Sedimenten führt. Um diesen Vorgang zu unterbinden, kann man die Altwasser über ein Gerinne mit nährstoffarmem Wasser dotieren, wie das in der Lobau, einer Donau-Aue im Stadtgebiet von Wien, vorgesehen ist (Imhof et al. 1992, Schiemer 1995).

Die Wiederherstellung der ökologischen Funktionsfähigkeit einer Aue erfordert hingegen den vollständigen hydrologischen Wiederanschluß der Aue an den Fluß. Nur wenn die Aue mit einer den natürlichen Gegebenheiten ähnlichen Dynamik überflutet wird, kommt es zu einer Durchspülung der Altwasser und damit zu einer Umkehrung des Verlandungsprozesses. Unter diesen Bedingungen werden durch Erosion und Ablagerung ständig neue Pionierstandorte entstehen. Durch Überschwemmungen wird auch eine ständig wiederkehrende Verbindung des Oberflächenwassers von Hauptfluß und Altwasser hergestellt, wodurch den Wassertieren ein Habitatswechsel ermöglicht wird. Ferner wird die Sukzession der Auevegetation zu einer rein terrestrischen Vegetation gestoppt und auf ein früheres Sukzessionsstadium zurückgesetzt.

In aller Regel müssen bei Maßnahmen zur Auenwiederbelebung aber vielfältige Nutzungen berücksichtigt werden. Die großen Flüsse dienen der Schifffahrt. Hier dürfen bestimmte Wassertiefen im Gerinne nicht unterschritten werden, so daß nur ab einem bestimmten Wasserstand Wasser in die Aue geleitet werden kann. Gegebenenfalls muß man bei der Ausleitung von Wasser auch die Anforderungen der Wasserkraftnutzung berücksichtigen. Zumeist unterliegt auch die Aue verschiedenen Nutzungen (Forstwirtschaft, Fischerei, Naherholung u. a.). Hierzu gibt es in der Aue verschiedene bauliche Eingriffe wie Bewirtschaftungswege, Dämme mit Durchlässen, Brücken u. a. Zudem muß auch der Hochwasserschutz der angrenzenden Gebiete sichergestellt sein.

Die wirksamste Maßnahme zur Auenwiederbelebung wäre die Entfernung bzw. ein Zurücksetzen der Hochwasserschutzdämme, so daß bei erhöhtem Abfluß ein Teil des Wassers in und durch die Aue strömt. Auentypische Strukturen werden – sofern vorhanden – reaktiviert und weitere auentypische Strukturen und Lebensgemeinschaften können sich entwickeln. Häufig sind Altwasser vollkommen verlandet, und die ehemalige Auenfläche ist zur besseren Landnutzung abgeflacht (Jährling 1995). Hier kann man durch eine Strukturierung des Auengebietes die Entwicklung von Flutrinnen und Altwassern initiieren. Durch Anpflanzungen von standortgerechten Röhrichten und Gehölzen wird die Entwicklung einer typischen Auevegetation unterstützt.

Bei Berücksichtigung all der genannten Gegebenheiten und Vorgaben ist eine Auenwiederbelebung nur beschränkt möglich. Zumeist wird durch eine Absenkung des flußbegleitenden Dammes oder durch den Einbau von Durchlässen die Überflutung der Aue ab einem gewissen Wasserstand ermöglicht. Mittels der vorhandenen (oder neu errichteter) Dämme in der Aue und mittels Durchlässen in den Dämmen kann man die Durchströmung der Aue so lenken, daß die Altwasser effektiv durchströmt und von Feinstoffablagerungen befreit werden.

Ein weiteres, grundsätzliches Problem bei der Wiederbelebung von Auen ist neben der fortgeschrittenen Verlandung der Altwasser auch die Eintiefung des Hauptgerinnes, wie sie bei wohl allen Flüssen eingetreten ist. Somit liegt die Sohle des Altwassers im allgemeinen wesentlich höher als die Flußsohle. Diese Problematik zeigt sich deutlich an der Rheinaue nördlich von Rees am Niederrhein. Die Sohle des Altarms Grietherort liegt etwa 4,50 m über der Sohle des Rheins. Würde man eine direkte, ständige Verbindung vom Altwasser zum Hauptfluß herstellen, würden die Altwasser schon bei mittlerem Rheinwasserstand trocken laufen (Neumann 1996). Eine Anhebung der Flußsohlen ist aufgrund der Schiffahrtsanforderungen zumeist nicht möglich. Um trotzdem den Wasserspiegel im Fluß anzuheben, könnte man das Hauptgerinne weiter einengen. Dies würde allerdings die Sohlschubspannung erhöhen und einer weiteren Sohlerosion Vorschub leisten, so daß Maßnahmen zur Sohlstabilisierung erforderlich würden.

Konzepte und Maßnahmenvorschläge zur Auenwiederbelebung liegen z. B. vor für den Oberrhein (Mock et al. 1991, Ludwig & Elpers 1998), für die österreichische Donau (Tockner et al. 1998, Schiemer 1995, Schiemer et al. 1997, Zinke & Eichelmann 1996) und die Elbe (Jährling 1995).

4.3.3 Dezentraler, integrierter und ökologisch orientierter Hochwasserschutz

Durch nahezu jede Form der Landnutzung kommt es zu einem erhöhten Oberflächenabfluß mit einer Verringerung von Wasserrückhalt, Versickerung und Verdunstung. Hierdurch wird mehr Wasser schneller abgeführt und Hochwasserabflüsse werden verstärkt. Die logischerweise ersten Schritte zu einer Reduktion der Hochwasserabflüsse sind demzufolge Maßnahmen, um diese Prozesse wieder ganz oder teilweise rückgängig zu machen. Beim dezentralen, integrierten Hochwasserschutz werden die (quasi-)natürlichen Rückhaltemechanismen der Landschaft verstärkt bzw. wiederhergestellt, wobei dem Hochwasser schon bei seiner Entstehung entgegengewirkt wird (Assmann et al. 1998). Hierzu gibt es eine Vielzahl von Möglichkeiten (Tab. 4.3.2).

Versickerung führt zu einer Grundwasseranreicherung, welche in der Regel aus wasserwirtschaftlicher wie auch aus ökologischer Sicht erwünscht ist. Der Mittel- und Niedrigwasserabfluß wird erhöht. Das Regenwasser sollte immer durch eine begrünte Bodenzone versickern, da diese einen hohen Rückhalt von Schadstoffen gewährleistet (Verworn 1998). Bei Straßen- und Platzabwässern sollten weitere Reinigungsmaßnahmen vorgeschaltet werden (Boller & Mottier 1998). Mulden mit zeitweise gestautem Wasser und zeitweise überschwemmte Uferbereiche stellen im allgemeinen wertvolle Feuchtbiotope dar.

Tab. 4.3.2 Maßnahmen zum dezentralen integrierten Hochwasserschutz.

Maßnahmen	im Siedlungsgebiet	im Bereich der Land- und Forstwirtschaft
im Einzugs-gebiet	Bodenentsiegelung	Maßnahmen zur Erosions-bekämpfung in Ackerbaugebieten (siehe Text)
	Regenwasserversickerungs-anlagen	Umwandlung von Acker- in Grün-land, insbesondere in Hangbereichen
	Regenwassernutzung	Erstaufforstung von landwirtschaft-lichen Grenzstandorten
	Dachbegrünung	Muldenrückhalt, insbesondere in Waldgebieten
	Kanalstauräume und Regen-wasserrückhaltebecken	Regenwasserrückhalt hinter Verkehrswegedämmen
im/am Fließgewässer	kaum Maßnahmen möglich	Auenwiederbelebung Entlastungspolder Hochwasserrückhaltebecken (Re-)Strukturierung der Fließ-gewässer Gewässerrandstreifen

Es gibt zahlreiche Vorschläge zur Erosionsbekämpfung in landwirtschaftlichen Nutzgebieten (Barsch et al. 1998, Frielinghaus 1998, Mosimann et. al. 1991). Bei allen diesen Vorschlägen wird auch der Oberflächenabfluß reduziert. Maßnahmen in dieser Hinsicht sind etwa:

- Anordnung der Ackerfurchen quer zur Hangrichtung,
- geeignete Wahl des Saatzeitpunktes und der Fruchtfolge,
- Zwischenfruchtanbau und Untersaaten,
- streifenförmiger Anbau verschiedener Kulturen quer zur Hangneigung,
- Begrünung von Tiefenlinien (also von Geländeeinschnitten, in denen bei Regen das Wasser konzentriert oberflächlich abfließt),
- Einrichtung von Retentionsflächen zum Sediment- und Wasserrückhalt unterhalb von landwirtschaftlich genutzten Teileinzugsgebieten.

Auch die Empfehlungen zur Erosionsbekämpfung im Hochgebirge (Pflug 1988), wie Aufforstung oder Begrünung mittels Gräsern oberhalb der Baumgrenze, führen zu einer Reduktion des Oberflächenabflusses.

Die in Tabelle 4.3.2 aufgeführten Maßnahmen unterscheiden sich hinsichtlich ihrer Wirksamkeit bei kurzen bzw. langen, starken Niederschlägen. Regenwassernutzung, Dachbegrünung oder kleine, flache Geländemulden halten nur den Anfangsniederschlag zurück. Dementsprechend sind solche Maßnahmen nur geeignet, um kleinere Hochwasserabflüsse zu reduzieren. Andere Möglichkeiten bieten sich z. B. in einem Tal, welches unten durch einen quer zur Talsohlneigung verlaufenden Verkehrswegedamm abgeschlossen ist. Der das Tal entwässernde Bach wird im allgemeinen mittels eines Durchlaßbauwerkes durch den Damm abgeleitet. Hier kann man durch die Vergrößerung bzw. Verkleinerung des Abflußquerschnitts den Niederschlagsrückhalt steuern. Dimensioniert man den Durchlaß entsprechend groß, so kommt es erst bei einem 50- oder 100jährlichen Hochwasser zu einem Aufstau und damit zu Hochwasserrückhalt. Das weiter zufließende Wasser kann dann den Damm überfluten oder über einen Überfallschacht abgeführt werden. Auf diese Weise können mit dezentralen Hochwasserschutzmaßnahmen auch Hochwasserabflüsse mit einer großen Jährlichkeit wirksam reduziert werden. Um die bei Aufstau durch Sauerstoffmangel bedingten Schäden möglichst gering zu halten, ist die Einstauhöhe möglichst niedrig und die Einstaudauer möglichst kurz zu halten. Nach Brehm (1983) sollte der Aufstau bei Kleinrückhaltern in breiten Tälern nicht höher als 1–1,5 m und in V-Tälern nicht höher als 2,0–5,0 m sein. Die Einstaudauer sollte dabei 5–8 Tage nicht überschreiten.

Ein wirksamer Hochwasserschutz mittels dezentraler Maßnahmen bedarf einer umfangreichen Planung mit einer systematischen Erfassung der vorhandenen Möglichkeiten (Assmann 1998). Dies dürfte nur in kleineren Einzugsgebieten möglich sein. Bei Hochwassern mit großer Jährlichkeit sind zumeist weitere Maßnahmen wie Hochwasserrückhaltebecken oder Speicherpolder erforderlich.

5 Ökologische Anforderungen an die Wasserkraftnutzung

5.1 Stromverbrauch und Stromerzeugung

Durch die niedrige Lufttemperatur im Winter und den dadurch bedingten höheren Energiebedarf ist der Stromverbrauch in den Wintermonaten etwa 20 % höher als in den Sommermonaten. Neben diesen saisonalen Schwankungen gibt es auch deutlich ausgeprägte Änderungen des Stromverbrauches im Tagesverlauf (Abb. 5.1.1): In den frühen Morgenstunden ab etwa 6 Uhr steigt der Stromverbrauch stark an und unterliegt im Verlauf des Tages starken Schwankungen. Nachts von etwa 24–6 Uhr früh ist der Stromverbrauch gering. Am Wochenende wird deutlich weniger Strom verbraucht als an Werktagen. So beträgt der Stromverbrauch an Samstagen nur etwa 80–90 % und sonntags nur etwa 70–80 % des Werktag-Stromverbrauchs (Bundesamt für Energie 1998).

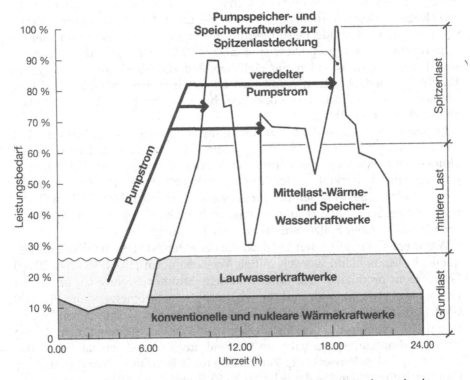

Abb. 5.1.1 Typische Tagesganglinie des Strombedarfs und dessen Deckung durch Grund-, Mittel- und Spitzenlastkraftwerke. Aus Giesecke & Mosonyi (1997).

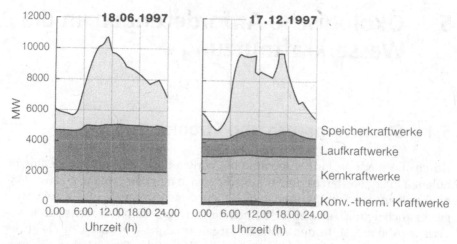

Abb. 5.1.2 Stromerzeugung nach Energieträgern an einem Werktag im Sommer und Winter 1997 in der Schweiz. Aus Bundesamt für Energie (1998).

Die Stromversorgung muß also sowohl den gleichbleibenden Strombedarf als auch die jahres-, wochen- und tageszeitlichen Schwankungen abdecken. Hierbei unterscheidet man Grund-, Mittel- und Spitzenlast. Der im Tagesverlauf gleichbleibende Teil des Stromverbrauchs („Grundlast") wird – je nach betrachteter Region – durch Kernenergie, Braunkohle und/oder Laufwasserkraftwerke erzeugt. Für wechselnde Leistungsanforderungen („Mittellast") sind thermische Kraftwerke geeignet. Diese sind 2000–5000 Stunden pro Jahr im Einsatz und können teilweise auch die täglichen Bedarfsschwankungen abdecken. Kurzfristige Bedarfsspitzen („Spitzenlast") treten mehrmals täglich auf und können nur mittels Gasturbinen oder Speicher- bzw. Pumpspeicherkraftwerken abgedeckt werden (Abb. 5.1.2).

In Abbildung 5.1.3 ist die Stromerzeugung in Österreich, der Schweiz und Deutschland prozentual nach Energieträgern aufgeschlüsselt. Durch die im alpinen Raum besseren Speichermöglichkeiten und die größeren Fallhöhen ist der Anteil der Wasserkraft an der Stromproduktion in Österreich (ca. 65 %) und der Schweiz (ca. 50 %) wesentlich größer als in Deutschland (ca. 4 %). In Österreich und der Schweiz wird aufgrund der vorhandenen alpinen Pumpspeicherbecken zudem mehr Spitzenstrom erzeugt als benötigt.

Wasserkraft ist in allen drei Ländern die bedeutendste regenerative Energiequelle. In Deutschland wurden mittels Wasserkraft im Jahr 1996 etwa 20 000 GWh Strom produziert. Die photovoltaische Stromerzeugung lag im selben Jahr nur bei etwa 18 GWh und die windtechnische Stromerzeugung bei 3000 GWh (Kaltschmitt & Wiese 1997). Zukünfig wird die photovoltaische und windtechnische Stromproduktion im Vergleich zur Wasserkraft zunehmen, da das Wasserkraftnutzungspotential zum Großteil ausgeschöpft wurde. So ist das nutzungswürdige Wasserkraftpotential gegenwärtig in Deutschland zu 80 %, in Österreich zu 67 % und in der Schweiz zu 95 % erschlossen (Wagner et al. 1997, Schiller 1995, pers. Auskunft des Verbandes Schweizerischer Elektrizitätswerke).

Abb. 5.1.3 Stromproduktion in Österreich, der Schweiz und Deutschland im Jahr 1996. Nach Angaben aus dem Bundesamt für Energie (1998).

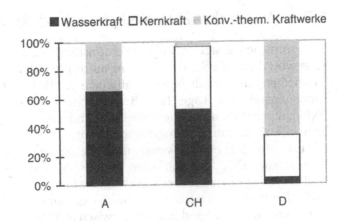

Tab. 5.1.1 Durchschnittliche Stromgestehungskosten verschiedener neu zu errichtender Wasserkraftanlagen. Aus Kaltschmitt & Wiese (1997).

	Kleinstwasser-kraftwerk	Kleinwasser-kraftwerk	Großanlage
Elektr. Nennleistung in kW	50	500	5000
Lebensdauer d. baulichen Anlage in Jahren	60	80	80
Lebensdauer der Maschinenanlage in Jahren	30	40	80
Mittl. Vollaststunden pro Jahr	4500–5500	5000–6000	5500–6500
Gesamtinvestitionen in Tsd. DM	900	7000	49 000
Betriebskosten in Tsd. DM pro Jahr	8–32	60–120	425–850
Stromgestehungskosten in Pf. pro kWh	20,3–35,2	13,6–18,6	9,2–12,3

Allerdings wird sich bei veränderten Rahmenbedingungen (z. B. andere Strompreise, andere Umweltauflagen) auch das nutzungswürdige Wasserkraftpotential ändern.

Die Wasserkraftnutzung hat im Vergleich zu anderen Energieerzeugungsarten den höchsten Wirkungsgrad (bis zu 90 %) und niedrige Betriebskosten, aber relativ hohe Investitionskosten für die Anlage. In Tabelle 5.1.1 sind die Stromgestehungskosten für Kleinst- und Kleinkraftwerke sowie für Großanlagen aufgeführt. Die Stromgestehungskosten werden von einer Vielzahl unterschiedlicher Einflußgrößen bestimmt. In jedem Fall aber sind diese Kosten bei Kleinst- bzw. Kleinanlagen deutlich höher als bei den effizienter arbeitenden Großanlagen.

Die Stromgestehungskosten bei fossilen Energieträgern sind mit 7,9 Pf./kWh bei Steinkohle und 7,0 Pf./kWh bei Erdgas deutlich niedriger als bei der Wasserkraft. Auch bei der Nutzung der Windkraft sind bei ausreichenden Windgeschwindigkeiten die Stromgestehungskosten niedriger. Die Kosten der photovoltaischen Stromerzeugung mit über 68 Pf./kWh bei Kraftwerken ist hingegen um ein Vielfaches größer, und diese Art der Stromerzeugung bedarf beim derzeitigen Stand der Technik staatlicher Stützungsmaßnahmen (alle Angaben nach Kaltschmitt & Wiese 1997).

5.2   Wasserkraftwerkstypen und Anlagenteile

Der natürliche Wasserkreislauf mit Verdunstung, Niederschlag und Abfluß zum Meer wird durch die Sonnenstrahlung aufrechterhalten. Somit beruht auch die Stromerzeugung durch Wasserkraftwerke letztlich auf einer Nutzung der Sonnenenergie. Die Lage- bzw. Bewegungsenergie des Wassers wird durch Turbinen in Rotationsenergie umgeformt und auf Generatoren übertragen, wo sie in elektrische Energie umgewandelt wird.

Die Leistung P einer Wasserkraftanlage ist abhängig von der genutzten Wassermenge Q_{nutz}, der nutzbaren Fallhöhe h_{nutz} und dem Gesamtwirkungsgrad der Anlage. Letzterer berücksichtigt die Energieverluste in der Rohrleitung sowie den Wirkungsgrad der Turbine, des Generators und des Transformators. Der Gesamtwirkungsgrad liegt etwa zwischen 80 % bei Kleinkraftwerken und 90 % bei Großanlagen. Die Leistung der Wasserkraftanlage wird berechnet nach

$$P = \rho_w \cdot g \cdot Q_{nutz} \cdot h_{nutz} \cdot \eta_{ges} \qquad \text{Gl. 5.2.1}$$

mit P = Leistung der Wasserkraftanlage in W
ρ_w = Dichte des Wassers in kg pro m^3
g = Erdbeschleunigung: 9,81 m/s^2
Q_{nutz} = genutzte Wassermenge in m^3/s
h_{nutz} = nutzbare Fallhöhe des Wassers in m
η_{ges} = Gesamtwirkungsgrad der Anlage

Wasserkraftwerke können nach ihrem Speichervermögen in Lauf- und Speicherkraftwerke unterteilt werden. Laufkraftwerke arbeiten im wesentlichen zuflußorientiert, d. h., es wird vor allem das zufließende Wasser genutzt, während Speicherkraftwerke über ein größeres Speichervolumen verfügen.

Bezüglich der nutzbaren Fallhöhe werden Nieder-, Mittel- und Hochdruckanlagen unterschieden (Tab. 5.2.1). Die Speicher- und Pumpspeicherkraftwerke im alpinen Raum sind zumeist als Hochdruckanlagen ausgelegt. Verschiedent-

Tab. 5.2.1 Klassifizierung der Wasserkraftanlagen. Teilweise nach Giesecke & Mosonyi (1997)

	Niederdruckanlagen	Mitteldruckanlagen	Hochdruckanlagen
Fallhöhe	h < 15 m	h = 15–50 m	h > 50 m
Region	Flachland (Hügelland)	Mittelgebirge	Mittel- u. Hochgebirge
Turbinendurchfluß	groß	mittel	klein
Stauhaltung	Wehre	Talsperren	Talsperren
Kraftwerkstyp	Fluß-, Umleitungskraftwerk	Umleitungskraftwerk, selten Flußkraftwerk	Umleitungs-, Talsperrenkraftwerk
Turbine(n)	Kaplan-, Propeller-, Rohr-, Francis-Turbine	Francis-, Kaplan-, Propeller-Turbinen	Francis-, Pelton-Turbinen
Speicherung	keine Speicherung bis Tagesspeicherung	Tages- bis Wochenspeicherung	Tages- bis Überjahresspeicherung
Energieerzeugung	schwankend, u. U. unterbrochen	kleine Schwankungen stetig	bedarfsangepaßt
Lastbereich	Grundlast	Grundlast	Grund- bis Spitzenlast

lich findet man hier auch Hochdruck-Laufkraftwerke. Im voralpinen Raum und im Mittelgebirge handelt es sich häufig um Mitteldruck-Laufkraftwerke, während im Flachland die Niederdruck-Laufkraftwerke überwiegen.

Ein anderes Kriterium zur Unterscheidung von Wasserkraftwerken ist die Kraftwerksleistung. Bei Kraftwerken bis 300 kW spricht man von Kleinst- oder Picokraftwerken. Kleinkraftwerke verfügen – je nach Definition – über eine Leistung bis zu 2,5 oder 10 MW. Bei größeren Kraftwerksleistungen handelt es sich um Großanlagen.

Bei allen Typen von Wasserkraftanlagen kann man Wasserentnahmebereich, Krafthaus und Rückgabebereich unterscheiden. Den Wasserentnahmebereich bildet ein Wehr, von welchem aus das Wasser mit oder ohne Speicherung zum Krafthaus geleitet wird. Hier befinden sich die Turbinen und Generatoren. Im Rückgabebereich wird das „abgearbeitete" Wasser in das Gewässersystem zurückgegeben.

5.2.1 Laufkraftwerke

Laufkraftwerke arbeiten – wie oben erläutert – vor allem zuflußorientiert. Bei einer etwas erweiterten Definition können bei Laufkraftwerken auch gewisse Wassermengen gespeichert und kurzfristig abgearbeitet werden. Nach Definition des BWW (1987) kann ein Laufkraftwerk über einen nutzbaren Speicherinhalt von bis zu 25 % der Winterwasserfracht verfügen. Bei diesen Speichern handelt es sich zumeist um Tages- oder Wochenspeicher. Hierbei kann zu Zeiten eines erhöhten Stromverbrauches (z. B. bei Tagesspitzenstrombedarf) kurzfristig mehr Wasser abgearbeitet werden, als im selben Moment zufließt (Schwellbetrieb).

Bei Laufkraftwerken kann man, je nach Lage des Krafthauses, Fluß-, Kanal- und Umleitungskraftwerke unterscheiden. Bei **Flußkraftwerken** liegen Krafthaus und Wehr auf einer Querachse im Verlauf des Gewässers (Abb. 5.2.1). Oberhalb von Kraftwerk und Wehr wird das zufließende Wasser aufgestaut, um so Fallhöhe für die Energieumwandlung zu gewinnen. Bei schwankenden

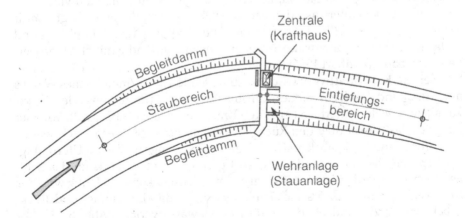

Abb. 5.2.1 Schema eines Flußkraftwerkes.

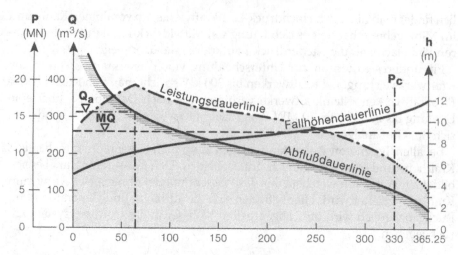

Abb. 5.2.2 Leistungsdauerbild eines Flußkraftwerkes. Aus Radler (1993). Erläuterungen im Text.

Zuflüssen wird sich auch die Fallhöhe ändern (Abb. 5.2.2). Die größte Leistung erzeugt das Kraftwerk, wenn die zufließende Wassermenge der Ausbauwassermenge Q_a entspricht. Bei sinkendem Abfluß steigt die Fallhöhe etwas an, da der Unterwasserspiegel absinkt. Die Stromproduktion geht aber aufgrund der geringeren nutzbaren Wassermenge zurück. Die Turbinen benötigen einen bestimmten Mindestzufluß. Wenn dieser unterschritten wird, muß die Anlage abgeschaltet werden. In dem in Abbildung 5.2.2 gezeigten Beispiel ist dies bei 35 Tagen im Jahr der Fall. Die gesicherte Leistung P_c wird hingegen an 330 Tagen im Jahr erreicht bzw. überschritten. Da bei steigendem Abfluß der Wasserspiegel im Flußbett unterhalb des Kraftwerks zumeist stärker ansteigt als im Stauraum oberhalb des Kraftwerks, wird die Fallhöhe geringer, so daß bei Hochwasserzuflüssen die Stromerzeugung stark abfallen kann.

Eine optimale Wasserkraftnutzung ist vor allem dann möglich, wenn eine geschlossene Kette von Staustufen vorhanden ist, wobei die Stauwurzel bei Mittelwasser im Unterwasserbereich des Oberliegerkraftwerkes liegt (Muhr 1981). So sind Donau, Iller, Lech, Isar, Inn, Rhein, Neckar, Main, Mosel, Saar und viele kleinere Flüsse über weite Strecken nahezu vollständig mit Flußkraftwerken ausgebaut (Bernhart 1996).

Bei einem **Kanalkraftwerk** wird das zufließende Wasser mittels eines Wehres aufgestaut und durch ein offenes, künstliches Gerinne (Entnahme- oder Werkskanal) zum weiter unterhalb liegenden Krafthaus geleitet (Abb. 5.2.3). Von hier aus wird das Wasser über den Rückgabekanal in das Gewässer zurückgeleitet. Entnahme- und Rückgabekanal haben eine sehr geringe Sohl- und Uferrauhigkeit, um die Fließwiderstände möglichst gering zu halten. So kann das Sohlgefälle erhöht werden, ohne daß es zu einem Rückstau kommt. Häufig wird das Kraftwerk in einer Gewässerschleife angelegt, so daß Entnahme- und Rückgabekanal kürzer sind als der natürliche Gewässerverlauf (Abb. 5.2.3). Die Gewässerstrecke vom Entnahmewehr bis zur Wasserrückgabe bezeichnet man

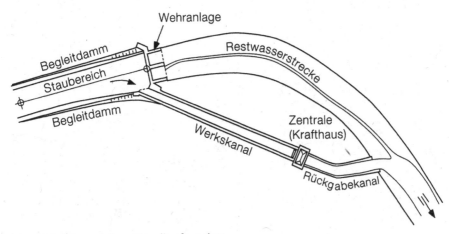

Abb. 5.2.3 Schema eines Kanalkraftwerkes.

als „Restwasserstrecke". Sofern keine gesetzlich vorgeschriebene Wassermenge („Dotierwasser") abgegeben wird, ist zu Beginn der Restwasserstrecke (also unterhalb des Entnahmewehres) das Gewässerbett trocken. Je nach den örtlichen Gegebenheiten kommt es aber im Verlauf der Restwasserstrecke durch Sickerwasser oder seitliche Zubringer wieder zu einem gewissen Abfluß. Der Abfluß an einer beliebigen Stelle in der Restwasserstrecke wird als „Restwasserabfluß" bezeichnet. Überschreitet ein Hochwasser den Maximaleinzug am Entnahmewehr, so wird dieses überflutet und das überschüssige Hochwasser („Überwasser") fließt in die Restwasserstrecke.

Die bauliche Anordnung eines **Umleitungs-Laufkraftwerkes** ist ähnlich der eines Kanalkraftwerkes, nur erfolgt die Wasserableitung zum Krafthaus nicht mittels eines offenen Kanals, sondern mittels einer Druckleitung (Abb. 5.2.4). Die Fallhöhe kann dabei bis zu einige hundert Meter betragen. Die Anlagen können dementsprechend als Nieder-, Mittel- und Hochdruckanlagen ausgebildet sein. Bei diesem Kraftwerkstyp kann der aufgestaute Bereich (oder das zusätzlich eingerichtete künstliche Becken) als Tages- oder Wochenspeicher (Ausgleichsspeicher) dienen. Wenn möglich, werden weitere Bäche ausgeleitet („gefaßt") und dem Speicher zugeführt.

5.2.2 Speicherkraftwerke

Bei Kraftwerken, welchen ein Speicher mit einem nutzbaren Inhalt von mehr als 25 % der Winterwasserfracht vorgeschaltet ist, spricht man von Speicherkraftwerken (BWW 1987). Diese Speicher sind zumeist Talsperren, bei denen mittels einer Staumauer oder eines Staudamms der gesamte Talquerschnitt abgesperrt und aufgestaut wird. So können auch die saisonalen Abflußschwankungen ausgeglichen werden: Der vermehrte Zufluß im Sommer (Abschn. 1.1) wird gespeichert und im Winter bei höherem Stromverbrauch abgearbeitet.

Damit möglichst viel Wasser in den Speicher gelangt, werden weitere Bäche gefaßt und in die Talsperre umgeleitet. Auf diese Weise kommt es zu einer künst-

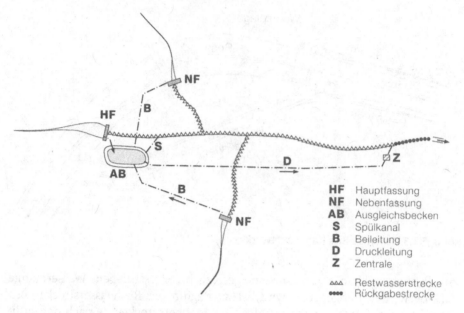

HF   Hauptfassung
NF   Nebenfassung
AB   Ausgleichsbecken
S   Spülkanal
B   Beileitung
D   Druckleitung
Z   Zentrale

▲▲▲   Restwasserstrecke
●●●●   Rückgabestrecke

Abb. 5.2.4 Schema eines Umleitungs-Laufkraftwerkes.

lichen Vergrößerung des Speichereinzugsgebietes. Liegen die ausgeleiteten Bäche im selben Einzugsgebiet wie das Hauptgewässer, so spricht man von „Beileitungen". Befinden sich die gefaßten Bäche in einem anderen Einzugsgebiet, so handelt es sich um „Überleitungen".

Bei einem **Talsperrenkraftwerk** (Abb. 5.2.5) liegt das Krafthaus am Fuß der Talsperre. Die Wasserrückgabe erfolgt hier direkt in das unterhalb liegende Gewässerbett. Diese Kraftwerke zählen aufgrund der Wassertiefe bzw. der Talsperrenhöhe zu den Mitteldruckanlagen. Zumeist verfügen sie über Francis-Turbinen.

Bei **Talsperren-Umleitungskraftwerken** (Abb. 5.2.6) erfolgt die Wasserrückgabe eine gewisse Gewässerstrecke unterhalb der Talsperre. Mittels eines Druckstollens wird das Wasser aus der Talsperre zum Krafthaus geleitet. Dieses kann unterirdisch („Kavernenkraftwerk") oder überirdisch weiter flußabwärts liegen. Der Gewässerabschnitt von der Talsperre bis zur Wasserrückgabe ist dann eine Restwasserstrecke. Diese Kraftwerke sind den Mitteldruckanlagen und im alpinen Raum vor allem den Hochdruckanlagen zuzuordnen. Es werden auch hier Francis-Turbinen verwendet und ab einer Fallhöhe von etwa 600–700 m kommen Pelton-Turbinen zum Einsatz (Tab. 5.2.1).

Bei **Pumpspeicherkraftwerken** (Abb. 5.2.7) sind den Kraftwerken ein oder mehrere Pumpspeicherbecken zugeordnet. Ein Pumpspeicher ist zumeist ein künstlich angelegtes Becken und seltener ein natürlicher See. Zu Zeiten geringen Stromverbrauchs (z. B. bei Nacht) wird Wasser hochgepumpt, gespeichert und zu Zeiten hohen Stromverbrauchs durch die Turbinen abgelassen. Der Stromverbrauch für das Hochpumpen des Wassers beträgt dabei etwa das 1,4fache des Stromgewinns bei der Abarbeitung des Wassers. Für 1,0 kWh Spitzenstrom werden also 1,4 kWh Schwachlaststrom benötigt.

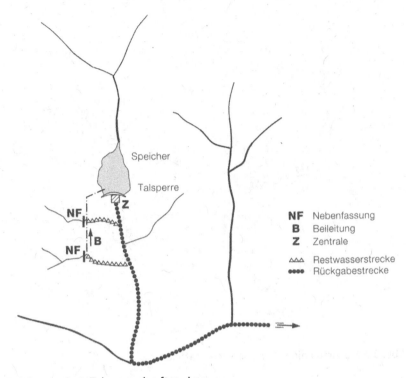

Abb. 5.2.5 Schema eines Talsperrenkraftwerkes.

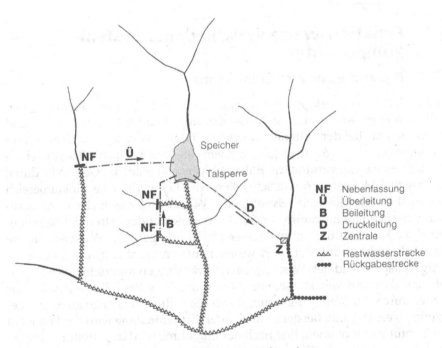

Abb. 5.2.6 Schema eines Talsperren-Umleitungskraftwerkes.

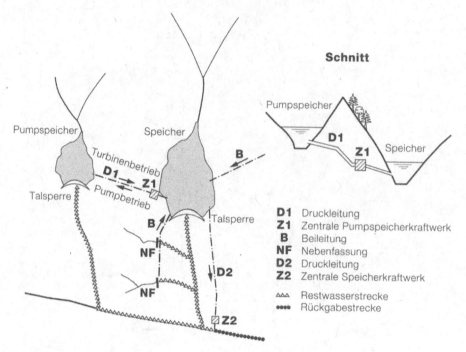

Abb. 5.2.7 Schema eines Pumpspeicherkraftwerkes.

5.3 Funktionsweise verschiedener System-komponenten

5.3.1 Bauwerke zur Wasserentnahme

Im Rahmen der Wasserkraftnutzung gibt es prinzipiell drei verschiedene Arten der Wasserentnahme aus Fließgewässern (Scheuerlein 1984): Seiten-, Stirn- und Sohlentnahme. Bei der **Seitenentnahme** wird das Wasser horizontal zum Ufer hin eingezogen (Abb. 5.3.1). Es gibt zwei verschiedene Möglichkeiten, um einen Geschiebeeinzug zu verhindern: Entweder versucht man, das Geschiebe durch konstruktive Maßnahmen wie Schwellen oder Leitwerke vom Einlaufbereich fernzuhalten (Geschiebeabweisung), oder Wasser und Geschiebe werden zunächst zum Einlauf hingeführt und erst hier voneinander getrennt. Die Seitenentnahme kann mit oder ohne Wasseraufstau erfolgen. Die Wasserentnahme ohne Aufstau ist zwar konstruktiv weniger aufwendig, aber da die Entnahmemenge entsprechend den Wasserspiegelschwankungen unterschiedlich ist, findet man diese Art der Wasserentnahme nur sehr selten. Zumeist wird das Wasser durch ein Wehr aufgestaut, da so die Entnahmemenge zuverlässiger reguliert werden kann. Bei der Frontal- oder **Stirnentnahme** wird das Wasser in Fließrichtung entnommen. Erst nach der Entnahme wird die Strömung umgelenkt. Bei dieser Art der Wasserentnahme ist immer ein Aufstau durch ein Wehr

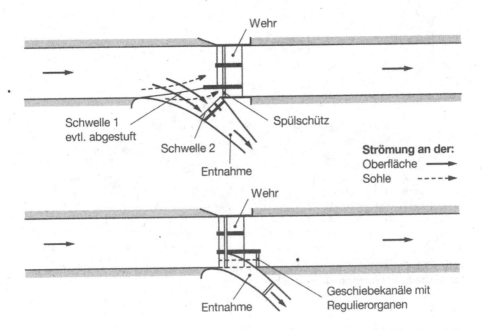

Abb. 5.3.1 Beispiele zweier Wasserfassungen mit Horizontaleinzug: OBEN: Wehr mit Seitenentnahme. UNTEN: Wehr mit Frontalentnahme. Aus Scheuerlein (1984).

erforderlich. Seiten- und Frontalentnahme werden auch als Wasserfassungen mit **Horizontaleinzug** bezeichnet. Diese Wasserfassungen kommen bei Bächen mit einem Sohlgefälle bis etwa 10 % zum Einsatz (Abb. 5.3.2).

Wasserfassungen mit **Sohlentnahme** bzw. **Vertikaleinzug** (Tiroler Wehr) werden bei einem Sohlgefälle von über 3 % eingesetzt (Abb. 5.3.2). Bei diesen Wasserfassungen wird das Wasser durch einen in Sohlhöhe liegenden Grundrechen nach unten eingezogen. Es ist kein Wasseraufstau erforderlich. Bei einigen Wasserfassungen dieser Art befindet sich aber unmittelbar vor dem Rechen ein kleines Becken zur Verbesserung der Rechenanströmung. Der Rechen besteht aus einzelnen in Fließrichtung ausgerichteten Rechenstäben mit einem Abstand von wenigen Zentimetern bis etwa 15 cm und einer Neigung in Richtung des Sohlgefälles. Bei größeren Hochwassern fließt ein Teil des Wassers einschließlich des Geschiebes über den Rechen direkt in das unterhalb liegende Bachbett. Durch den Abstand der Rechenstäbe kann die maximale Korngröße des eingezogenen Geschiebes reguliert werden.

Das entnommene Wasser wird mittels Über- bzw. Beileitungen zu einem Speicher oder als Triebwasser direkt zum Krafthaus geleitet. Das entnommene Wasser muß weitgehend frei von Feststoffen sein, da es sonst zu Ablagerungen in den Leitungen oder Schäden an Turbinen kommen könnte. Aus diesem Grund ist bei den meisten Wasserfassungen eine **Entsanderkammer** integriert (Abb. 5.3.3). In dieser wird die Fließgeschwindigkeit stark reduziert, so daß sich die mittransportierten Feststoffe großteils absetzen können. Die Korngröße der

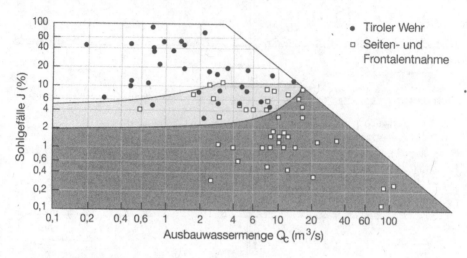

Abb. 5.3.2 Einsatzbereiche von Wasserfassungen in Abhängigkeit vom Sohlgefälle und der Ausbauwassermenge. Nach Schöberl (1989).

weitertransportierten Körner sollte 0,5 mm (bei Speicherzuleitungen) bzw. 0,3 mm (bei Triebwasser) nicht überschreiten. Insbesondere bei Wasserfassungen mit einem Tiroler Wehr können bei Hochwasser auch große Mengen an Geschiebe eingezogen werden, welche sich dann in der Entsanderkammer ablagern. Mittels einer **Spülung** werden alle Sedimente aus der Entsanderkammer entfernt: Durch ein rasches Öffnen des Auslaßschützes gelangt das in der Kammer befindliche Wasser mit den abgelagerten Feststoffen in das unterhalb gelegene Bachbett. Um die Sedimente vollständig aus der Entsanderkammer zu entfernen, sind pro m³ Feststoffe etwa 30 m³ Wasser erforderlich (ÖWWV 1990). Die Anzahl der Spülungen richtet sich nach dem Feststofftransport des Gewässers. Bei alpinen/hochalpinen Bächen sind im Winter, wenn das gesamte Einzugsgebiet mit Schnee bedeckt ist, keine Spülungen erforderlich, da der Schwebstoffgehalt des Wassers nur sehr gering ist. Bei manchen Wasserfassungen reicht eine Spülung im Sommer, und bei stark geschiebeführenden Bächen können mehrere hundert Spülungen in den Sommermonaten erforderlich sein. So werden an der Wasserfassung am Pitzbach (Tirol, Österreich) bis zu 424 Spülungen mit einem Wasservolumen von je 2650 m³ durchgeführt. Es kommt an dieser Wasserfassung also zu etwa 2 Spülungen pro Tag! Bei Wasserfassungen mit einer hohen Anzahl von Spülungen werden diese (bei Erreichen einer bestimmten Höhe der Sedimentablagerung) automatisch durchgeführt. Bei ein oder zwei Spülungen pro Jahr reicht eine manuelle Steuerung der Entsanderspülungen.

Beim Dufour-Entsander erfolgt die Entsandung kontinuierlich über eine in der Sohle liegende Spülleitung. Als Nachteil dieser Art der Entsandung galt die relativ große Wassermenge, welche bei der kontinuierlichen Spülung benötigt wurde. Aus diesem Grund kamen Dufour-Entsander kaum zum Einsatz. Im Hinblick auf die nun vielfach gesetzlich vorgeschriebene Dotierwassermenge

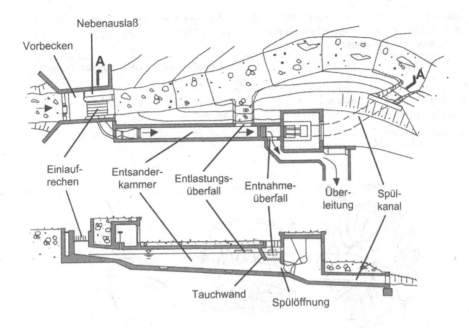

Abb. 5.3.3 Wasserfassung mit Vertikaleinzug (Tiroler Wehr) in der Drauf- (OBEN) und Seitenansicht (UNTEN). Nach Drobir (1981).

muß diese Form der Entsandung neu beurteilt werden, da das Spülwasser gleichzeitig als Dotierwasser dienen kann. Die Kärntner Elektrizitäts-AG hat daher den Dufour-Entsander zu einem „Dotierwasserentsander" weiterentwickelt (KELAG 1986). Bei diesem kann die Spülwassermenge in Abhängigkeit vom Sedimentanfall bzw. den jeweiligen Dotierwasservorschriften variabel gewählt werden.

5.3.2 Turbinierung

Turbinen können in Aktions- bzw. Gleichdruckturbinen und Reaktions- bzw. Überdruckturbinen eingeteilt werden. Bei ersteren wird das gesamte Energiegefälle in (kinetische) Strömungsenergie umgesetzt, während bei den letzteren nur ein Teil des Energiegefälles in Bewegungsenergie umgewandelt wird. Bei **Gleichdruck-Turbinen** entspricht der Druck vor und hinter der Turbine dem Atmosphärendruck. Zu diesem Turbinentyp gehört die Pelton-Turbine. Bei den **Überdruckturbinen** kommt es zu erheblichen Druckunterschieden auf den beiden Seiten des Laufrades. Hierzu gehören Francis-, Propeller- und Kaplan-Turbinen. In Tabelle 5.3.1 sind die Einsatzbereiche dieser Turbinen in Abhängigkeit der Fallhöhe aufgeführt. Die Wahl der Turbinen richtet sich neben der Fallhöhe vor allem nach der zur Verfügung stehenden Wassermenge.

Pelton-Turbinen sind Freistrahlturbinen, bei denen das Wasser durch ein oder mehrere Düsen auf die becherförmigen Schaufeln des Turbinenlaufrades

Tab. 5.3.1 Einsatzbereiche von Turbinen in Abhängigkeit von der Fallhöhe sowie die derzeitigen, maximal möglichen Leistungen. Nach WBW (1991), Vischer & Huber (1993) und Kaltschmitt & Wiese (1997).

Turbinentyp	Kleinkraftwerke	mittelgroße und große Anlagen	Leistung pro Einheit bis
Pelton-Turbinen	ab ca. 50 m	ca. 600–1800 m	ca. 500 MW
Francis-Turbinen	ca. 10–150 m	ca. 30–700 m	ca. 500 MW
Kaplan-Turbinen	bis ca. 20 m	ca. 2–60 m	ca. 1000 MW

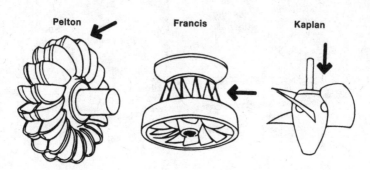

Abb. 5.3.4 Anströmung von Pelton-, Francis- und Kaplan-Turbinen.

gelenkt wird (Abb. 5.3.4). Diese Becher haben eine Mittelschneide, welche den Wasserstrahl teilt und um fast 180° nach hinten umlenkt. Der Wasserstrahl trifft mit Fließgeschwindigkeiten bis zu 200 m/s auf die Turbinenschaufeln.

Bei Francis- und Kaplan-Turbinen ist der Durchflußquerschnitt im Turbinenbereich immer vollständig durchströmt. Es treten hier Fließgeschwindigkeiten bis zu 50 m/s auf. Bei **Francis-Turbinen**, den heute am häufigsten eingesetzten Turbinen, wird das Wasser der Turbine radial zugeführt und von den Laufradschaufeln dann axial umgelenkt. Die Achse der Turbinen kann (abhängig von der Fallhöhe) horizontal oder vertikal ausgerichtet sein. Die **Kaplan-Turbine** wird axial durchströmt. Sowohl die Leitschaufeln, welche sich auf der Druckseite des Laufrades befinden und die Anströmung der Laufschaufeln optimieren, als auch die Laufschaufeln selber sind verstellbar und können so den jeweiligen Zuflußbedingungen angepaßt werden. Aus diesem Grund werden Kaplan-Turbinen auch bei schwankendem Wasserangebot eingesetzt und sind somit besonders gut für Flußkraftwerke geeignet (Sigloch 1993).

Bei den genannten Turbinen liegt der Wirkungsgrad im Mittel heute bei etwa 90 %, maximal bei 92–94 % (Menny 1995). Im Vergleich dazu lag der Wirkungsgrad bei unterschlächtigen Mühlrädern bei etwa 10–30 %. Moderne Wasserräder haben einen Wirkungsgrad bis etwa 70 %.

5.4 Ökologische Bedeutung der Eingriffe und ökologisch orientierte Maßnahmen

5.4.1 Aufstau von Fließgewässern und Störung des Längskontinuums

5.4.1.1 Speicherseen, Talsperren

Bei natürlichen und künstlichen Seen mit einer genügend großen Wassertiefe bilden sich im Sommer in der Wassersäule verschiedene Temperaturschichten aus: Während die Oberflächenschicht (Epilimnion) sich durch Sonneneinstrahlung erwärmt, bleibt die Temperatur im Tiefenwasserbereich (Hypolimnion) bei etwa 4 °C. Der See ist in den Sommermonaten geschichtet (Sommerstagnation), so daß sich das Oberflächenwasser nicht mit dem Tiefenwasser vermischen kann. Erst bei Abkühlung des Oberflächenwassers im Herbst/Winter kommt es zu einer Durchmischung der Wassersäule, und im Frühjahr/Sommer tritt wieder eine Temperaturschichtung ein. In höher gelegenen Stauseen kann es im Winter zu einer Winterstagnation kommen, wenn sich das kalte Wasser (nahe dem Gefrierpunkt) über dem schwereren, etwa 4 °C kalten Tiefenwasser einschichtet.

Ein Speichersee unterscheidet sich in vielfacher Hinsicht von einem natürlichen See (Mock 1989a, b):

- Die meisten Naturseen in Mitteleuropa wurden glazial gebildet und bestehen somit seit etwa 10 000 Jahren. Die Umweltbedingungen und Organismengemeinschaften in diesen Seen haben einen langen, wechselseitigen Entwicklungsprozeß vollzogen.
- Der Talhang wird in Richtung Sperre immer höher eingestaut, und im allgemeinen nimmt die Steilheit der Ufer zu. Durch die Nebenzuflüsse kommt es zu einer starken Gliederung des Uferbereiches, wodurch die Länge des Ufers (Uferentwicklung) signifikant größer ist als bei Naturseen (Mock 1989b).
- Das Verhältnis von Zufluß zu Seevolumen ist aufgrund der künstlichen Zuflüsse in einem Speichersee zumeist wesentlich größer als in einem Natursee.
- Während in natürlichen Seen ausschließlich Oberflächenwasser abfließt, wird in Speicherseen zumeist Tiefenwasser ausgeleitet. Hierdurch können sich unnatürliche Temperatur-, Suspensions- und chemische Schichtungen einstellen.
- Der Nährstoffhaushalt in einem Speichersee kann sich von dem in einem Natursee grundlegend unterscheiden. Die Entnahme von hypolimnischem Wasser und die dadurch gestörte Schichtung kann den Sauerstoffgehalt des Wassers im Hypolimnion erhöhen und die Nährstoffrücklösung aus den Sedimenten erniedrigen. Durch die verkürzte Aufenthaltszeit werden zudem weniger Nährstoffe sedimentieren.
- Jahresspeicher zeigen einen großen saisonalen Unterschied der Wasserspiegellagen. Im Verlauf des Winters kann der Wasserspiegel bei alpinen Speichern über 100 m abgesenkt werden. Pumpspeicher zeigen, bedingt durch die bedarfsorientierte Stromproduktion, einen raschen Wechsel der Wasserspiegellagen. Große Teile des Ufers fallen immer wieder trocken. Höhere Wasser-

pflanzen, Plankton und Zoobenthos sterben in diesem Bereich ab. Fische, welche im Flachwasserbereich ablaichen, können sich nicht mehr fortpflanzen. Eine natürliche Ufervegetation wie etwa eine Röhrichtgesellschaft kann sich nicht entwickeln.

Das dem Speicher entnommene Wasser wird entweder direkt unterhalb der Staumauer in das Fließgewässer zurückgegeben (Talsperrenkraftwerk) oder es wird als Triebwasser zu einem weiter unten liegenden Krafthaus geleitet und dort in dasselbe oder ein anderes Gewässer zurückgegeben (Talsperren-Umleitungskraftwerk). Wie oben beschrieben, wird den Talsperren in der Regel Tiefenwasser entnommen. Dieses wird gegenüber dem natürlicherweise im Rückgabebereich abfließenden Wasser einige Unterschiede aufweisen, was zu einer Veränderung der Lebensbedingungen führt. Im Sommer wird durch das etwa 4 °C „kalte" Tiefenwasser die **Wassertemperatur** im Fließgewässer unterhalb der Talsperre künstlich erniedrigt. Bei höher gelegenen Gewässern hat das Tiefenwasser im Winter eine höhere Wassertemperatur als das im Gewässer fließende Wasser, welches im alpinen Raum zu dieser Jahreszeit eine Temperatur von etwa 0 °C aufweist. Bei der Zuleitung von 4 °C „warmem" Tiefenwasser wird die Wassertemperatur im Gewässer unter diesen Bedingungen erhöht. Je nach dem Mengenverhältnis von natürlicherweise abfließendem Wasser und Wassereinleitung aus dem Speicher wird es zu unterschiedlichen Temperaturverschiebungen kommen. Bei der Erzeugung von Spitzenstrom kommt es kurzzeitig immer wieder zur Einleitung großer Wassermengen, was im Bereich der Einleitungsstelle zu wiederkehrenden, kurzfristigen Wassertemperaturschwankungen führt.

Betrachtet man die longitudinalen Gradienten, wie sie im „River Continuum"-Konzept (Abschn. 3.4.1) beschrieben werden, so führen Talsperren zu einer Verschiebung der Gradienten (Ward & Stanford 1983, 1995). D. h., unterhalb einer Talsperre treten Umweltbedingungen auf, wie sie bei einem unbeeinflußten Fließgewässer nur weiter oben oder weiter unten im Fließgewässerlängsverlauf auftreten würden. Befindet sich z. B. ein Talsperrenkraftwerk im Mittellauf eines Fließgewässers, so kommt es im Unterwasser zu einem Eintrag von Plankton und führt damit zu Gegebenheiten, wie sie natürlicherweise nur im Unterlauf bei der Anwesenheit von Flußplankton auftreten würden. Andererseits wird im Sommer die Wassertemperatur durch die Tiefenwasserausleitung abgesenkt, so daß es zu einer Temperatur kommt, wie sie eigentlich nur im höher gelegenen Gewässeroberlauf zu finden ist. Im „Serial-discontinuity"-Konzept wird diese Gradientenverschiebung für eine Vielzahl von Parametern beschrieben (Ward & Stanford 1983, 1995).

Ökologisch bedeutsam sind vor allem die Wassertemperaturveränderungen. Die Organismen haben ein gewisses Temperaturoptimum, d. h. eine mehr oder weniger große Temperaturspanne mit optimalen Lebens- und Entwicklungsbedingungen. So können sich bei der Eintagsfliege *Ephemerella ignita* bei einer Wassertemperatur von 10–13 °C etwa 90 % der Eier zu Larven entwickeln, bei einer Wassertemperatur von 6 °C oder 20 °C hingegen schlüpfen nur aus etwa 40 % der Eier Larven (Abb. 2.2.10). So kann schon bei der Eientwicklung der Fortpflanzungserfolg durch Temperaturveränderungen deutlich verändert werden.

Bei einer Erhöhung (bzw. Erniedrigung) der Wassertemperatur wird auch die Organismenentwicklung beschleunigt (bzw. verzögert). Dies kann z. B. zum verfrühten (bzw. verspäteten) Schlüpfen der Insektenimagines führen. Treten die Imagines bei schlechten Witterungsbedingungen (Kälte, Nässe) auf, so kann dies die Fortpflanzung gefährden. Verschiedene Untersuchungen zeigen zudem, daß bei einer beschleunigten Entwicklung die durchschnittliche Körpergröße der Imagines kleiner wird, wodurch weniger Eier pro Weibchen produziert werden (Vannote & Sweeney 1980). Entwickelt sich z. B. die Eintagsfliege *Baetis alpinus* bei einer durchschnittlichen Wassertemperatur von 5 °C (anstatt 3 °C), so produzieren die um etwa 2 mm kleineren Weibchen nur etwa 800 Eier anstatt 1600 Eier (nach Weichselbaumer 1984). Auch dies reduziert den Reproduktionserfolg einer Population.

Durch Temperaturveränderungen werden auch die komplizierten Mechanismen der Synchronisation und Desynchronisation von Populationsentwicklungen beeinflußt (Abschn. 2.2.5). Alle diese Umstände führen nicht nur zu einer zeitlich verschobenen Populationsdynamik, sondern auch zu einer veränderten Organismenzusammensetzung mit weiteren Konsequenzen für Nahrungskonkurrenz und Räuber-Beute-Beziehungen. Zusammenfassend kann gesagt werden, daß Temperaturveränderungen um mehrere Grad Celsius zu tiefgreifenden und in ihrer Konsequenz kaum zu überschauenden Veränderungen der biologischen Zusammenhänge innerhalb des Gewässers führen.

Ökologisch orientierte Maßnahmen

Damit Speicherseen ihren Bestimmungszweck erfüllen können, sind Wasserspiegelschwankungen unerläßlich. Dennoch können einige Maßnahmen die ökologischen Verhältnisse in Speicherseen verbessern (Pechlaner 1985b):
- Ein möglichst großer Restwasserkörper sollte immer vorhanden sein, damit ein gewisser Lebensraum gewährleistet bleibt.
- Errichtung eines durchflossenen, kleinen Sees vor dem Speicher (Vorbecken), welcher von dem schwankenden Wasserspiegel im Speicher unbeeinflußt bleibt. Hier können sich die Wasserorganismen ungestört entwickeln, und von hier aus kann der Speichersee schneller wiederbesiedelt werden. Das dem Vorbecken zufließende Gewässer sollte eine eher geringe Feststofffracht aufweisen, damit das Vorbecken nicht zu schnell verlandet.
- Es sollten Maßnahmen vorgesehen werden, um eine Abwanderung von Fischen in den Triebwasserweg zu verhindern (Abschn. 5.4.3).
- Bei- und Überleitungen sollten soweit wie möglich mit einer naturnah gestalteten Sohle versehen sein. Insbesondere der Mündungsbereich in den Speichersee sollte naturnah gestaltet sein. Auf diese Weise ist ein gewisser Organismenwechsel zwischen Zufluß und See möglich.

Um die künstlichen Wassertemperaturveränderungen im Rückgabebereich möglichst gering zu halten, müßte die Wasserentnahme temperaturgesteuert erfolgen. So könnte Wasser in jeweils der Tiefe entnommen werden, welche eine ähnliche Wassertemperatur aufweist wie das Wasser im Rückgabebereich. Dies ist allerdings technisch aufwendig und nicht immer möglich (etwa am Ende des Winterhalbjahres, wenn der Speicher fast leer ist).

5.4.1.2 Flußstauhaltungen

Bei Stauhaltungen von Laufwasserkraftwerken ist die Speicherkapazität und die Wasseraustauschzeit wesentlich geringer als bei Talsperren. Der Staubereich beginnt an der Stauwurzel, ab hier verlangsamt sich die Fließgeschwindigkeit flußabwärts mehr und mehr. Das mitgeführte Geschiebe setzt sich an der Stauwurzel und im direkt nachfolgenden Bereich ab. Hier kann sich, ähnlich wie bei einer Flußmündung in einen See, ein Delta ausbilden, bei dem sich einzelne Fließrinnen über dem abgelagerten Geschiebe fächerförmig ausbreiten (Mertens 1987). Weiter abwärts bis zum Stauwehr werden sich dann auch die kleineren Korngrößen absetzen. Das Sohlmaterial wird so von der Stauwurzel bis zum Wehr immer feiner, und der organische Anteil des Sohlmaterials nimmt zu. Hochwasser werden nicht oder nur geringfügig zurückgehalten und fließen über das Wehr ab. Ihre Dynamik können Hochwasser nur noch an der Stauwurzel und in überschwemmten Randbereichen entfalten. Die Sohle im Staubereich ist häufig kolmatiert.

Handelt es sich bei dem Fluß oberhalb der Stauhaltung um ein naturnahes Fließgewässer mit einer entsprechend großen Strömungs- und Strukturvielfalt der Sohle, so wird diese Vielfalt im Verlauf der Stauhaltung drastisch reduziert. Von der Stauwurzel flußabwärts bis zum Wehr werden sich die Lebensbedin-

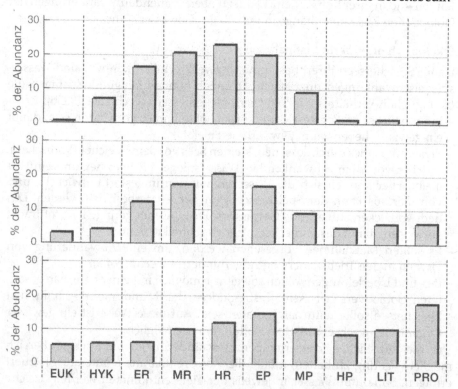

Abb. 5.4.1 Biozönotische Regionen der Traun (Oberösterreich) im Bereich einer begradigten Strecke bei Graben (OBEN), im Bereich einer Stauwurzel bei Wels-Lichtenegg (MITTE) und im Stauraum des Kraftwerks Pucking (UNTEN). Aus Moog (1995).

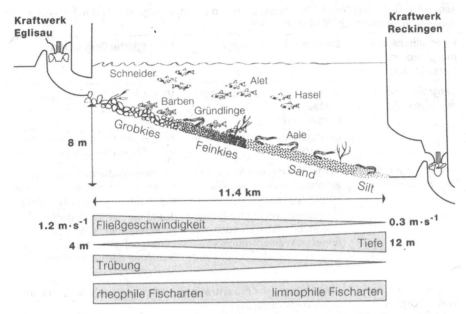

Abb. 5.4.2 Schematische Darstellung der Fischfauna und der Umweltbedingungen in einem Flußstau am Beispiel des Flußstaus Reckingen im Hochrhein. Aus Dönni (1993).

gungen im Flußstau immer mehr den Bedingungen eines stehenden Gewässers angleichen. Die Sohlbesiedlung mit strömungsliebenden Tiergruppen wie Eintagsfliegen- und Steinfliegenlarven nimmt ab, und Zuckmückenlarven und Wenigborster nehmen zu. In 3.4.1 wurde gezeigt, daß es im Längsverlauf eines Fließgewässers zu einer Abfolge von verschiedenen Lebensgemeinschaften kommt. Durch einen Aufstau wird dies verändert, wie das Beispiel der Traun in Oberösterreich zeigt (Abb. 5.4.1): In einem begradigten Abschnitt überwiegen rhithrale Makrozoobenthosarten, im Bereich der Stauwurzel und insbesondere im Stau selber treten dann zunehmend Arten des Potamal und Litoral sowie des Seebodens (Profundal) auf. Ähnliches zeigt sich auch bei der Fischfauna.

Betrachtet man die Gewässersohle ohne Uferbereich, so wird die Artenzahl des Makrozoobenthos durch die monotone Sohlstruktur und die gleichförmig geringe Strömung kleiner, die Besiedlungsdichte kann hingegen zunehmen. Im Prinzip bietet ein Stau für viele Fischarten einen geeigneten Lebensraum. Rheophile Fischarten könnten im Bereich der Stauwurzel und limnophile Fischarten im unteren, tieferen Staubereich leben. Viele Stauräume haben aber verbaute Ufer, keine Altwasser und sind Teil einer Stauraumkette, wo sich oberhalb der Stauwurzel kein freifließendes Gewässer, sondern das Stauwehr der nächsten Staustufe befindet. Für viele Fischarten fehlen zudem Laichhabitate wie gut durchströmte Kiesbereiche oder Flachwasserregionen. Unter diesen Umständen werden nur wenige Arten den Fischbestand dominieren (Abb. 5.4.2).

Durch die absedimentierten Schwebstoffe wird das Wasser im Stauraum lichtdurchlässiger, so daß es insbesondere im Sommer bei starker Sonneneinstrahlung zu einer Massenentwicklung von Algen kommt. Dies kann mit einer

Tab. 5.4.1 Übersicht über die Veränderungen in einem Fließgewässer durch einen Aufstau. Teilweise nach Wolf et al. (1986).

Hydraulische bzw. morphologische Veränderung	Direkte Auswirkungen	Ökologische Bedeutung
Vergrößerung der Wassertiefe	Verringerung des Sauerstoffaustausches zwischen Wasserkörper und Luft	Verstärkung der natürlichen Tag-Nacht-Sauerstoffschwankungen
	geringere Belichtung tieferer Wasserschichten	bei Wassertiefen > 2 m kaum noch Pflanzenwachstum
Vergrößerung der Wasseroberfläche	Vergrößerung des Sauerstoffaustausches zwischen Wasserkörper und Luft	teilweise Aufhebung des verringerten Sauerstoffaustausches durch die größere Wassertiefe
	Wachstum von Phytoplankton und im Uferbereich auch von höheren Wasserpflanzen	Zunahme der Sauerstoffproduktion in lichtreichen Zeiten bei gleichzeitiger Zunahme der nächtlichen Sauerstoffzehrung
Vergrößerung des Wasserkörpers	Abflachung der Konzentrationsspitzen und zeitliche Streckung von Schadstoffstößen	
Verringerung von Fließgeschwindigkeit und Turbulenz	Verringerung des Sauerstoffaustausches zwischen Wasserkörper und Luft	Verstärkung der Tag-Nacht-Sauerstoffschwankungen
	Verringerung der Erosion, Erhöhung der Sedimentation	Verringerung der Wassertrübung, Zunahme feinerer Sohlsubstrate, möglicherweise Verschlammung, Abdichtung der Sohle durch Kolmation
	Veränderung der Lebensbedingungen	verstärktes Pflanzenwachstum bei Wassertiefen < 2 m, strömungsliebende Organismen werden durch Ubiquisten u. Stillwasserarten ersetzt
Verlängerung der Wasseraufenthaltszeit	Verlängerung der Zeit zur Selbstreinigung im Verhältnis zur Laufstrecke	weitergehende Selbstreinigung mit verstärkter Sauerstoffzehrung (bei organischer Belastung)

beträchtlichen Sauerstoffübersättigung des Wassers einhergehen. Hingegen wird es an der Gewässersohle durch den Abbau von abgestorbenen Algen und anderem organischen Material eher zu anaeroben Verhältnissen kommen. Der Sauerstoffhaushalt wird zudem auch von der Wassertiefe, der Größe der Wasseroberfläche, den noch vorhandenen Fließgeschwindigkeiten sowie der Aufenthaltszeit des Wassers beeinflußt (Tab. 5.4.1).

Bei Laufkraftwerken, welche im Schwellbetrieb arbeiten, kommt es im Stauraum mehrmals täglich zu Wasserspiegelschwankungen. Die im Uferbereich lebenden, limnischen und terrestrischen Pflanzen- und Tierarten verlieren zum großen Teil ihren Lebensraum. Auch Fischarten, welche zur Fortpflanzung ihre Eier in seichten Uferbereichen ablegen, sind gefährdet. Kritisch sind hierbei ins-

Abb. 5.4.3 Änderungen der mittleren Fließgeschwindigkeit in den Stauseen am unteren Inn in Abhängigkeit von der Wasserführung vor und nach der Stauraumverlandung. Aus Reichholf (1992).

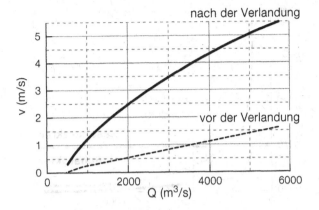

besondere großflächige, flache oder leicht geneigte Uferbereiche, welche, bedingt durch die Wasserspiegelschwankungen, regelmäßig trockenfallen.

Bei Laufkraftwerken, welche nicht im Schwellbetrieb arbeiten, kann auf einen Stauraum (nicht aber auf Fallhöhe!) verzichtet werden, ohne die Energieerzeugung in irgendeiner Weise einzuschränken. Sofern das zufließende Gewässer genügend Feststoffe anliefert, kann man unter diesen Umständen den Stauraum verlanden lassen. Durch eine entsprechende Querschnittsgestaltung wird die Verlandung gesteuert. Eine große Aufweitung führt zu einer starken Reduktion der Feststofftransportkapazität und Sedimentablagerungen werden gefördert. Durch seitliche Hochwasserschutzdämme kann der Stauraumbereich eingegrenzt werden. Sofern ein Hauptgerinne erhalten bleiben soll, muß es mittels Leitdämmen begrenzt werden. Bei zunehmender Verlandung muß man die vorhandenen Dämme gegebenenfalls erhöhen.

Ein Beispiel für verlandete Stauräume sind die Stauseen am unteren Inn. Der Inn sowie sein Zufluß Salzach transportiert große Mengen an Feststoffen. Der Geschiebeanteil der Feststofführung wird weitgehend an den ersten Stauseen der Staustufenkette entnommen. Der verbleibende hohe Schwebstofftransport reicht aber aus, um auch die nachfolgenden Staustufen verlanden zu lassen. Reichholf & Reichholf-Riehm (1982) nennen diese Art Staustufen „Stauseen vom Verlandungstyp". Ist der Stauraum vollständig verlandet, so gewinnt das Gewässer seinen Flußcharakter zurück. Dies erkennt man z. B. an der Fließgeschwindigkeit (Abb. 5.4.3) und der Wasseraustauschzeit (Abb. 5.4.4).

Vergleicht man einen unregulierten mit einem verbauten Fluß und einer Kette von nicht verlandeten und verlandeten Stauseen, so kommen letztere dem Zustand des unregulierten Flusses am nächsten (Tab. 5.4.2). Ökologisch vorteilhaft ist dabei, wenn das ursprüngliche Auegebiet reaktiviert werden kann. Dies zeigt sich z. B. an der verlandeten Innstaustufe Ering-Freienstein. Hier „sind gut 70 % des Staugebietes so weit regeneriert, daß der gegenwärtige Zustand den Verhältnissen vor der Regulierung des Inn bis auf die detailgetreue Lage von Inseln und Verlauf von Seitenarmen entspricht" (Reichholf 1992). Mittlerweile werden bei den Staustufen am unteren Inn bis zu einem Drittel der Staufläche von Inseln und Halbinseln eingenommen (Conrad-Brauner 1994). Die Verbesserung der ökologischen Situation zeigt sich insbesondere anhand der

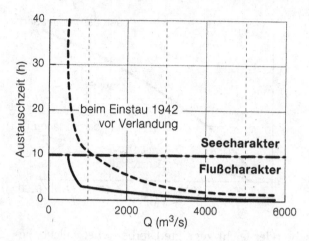

Abb. 5.4.4 Austauschzeit des Wasserkörpers im Stauraum Ering-Frauenstein am unteren Inn in Abhängigkeit von der Wasserführung vor und nach der Stauraumverlandung. Als Grenze zwischen Fluß- und Seencharakter wird eine Austauschzeit von 10 Stunden angenommen. Aus Reichholf (1992).

Tab. 5.4.2 Darstellung der ökologisch bedeutsamen Gegebenheiten eines unregulierten sowie eines ausgebauten Flusses im Vergleich mit einer Stauseenkette mit und ohne Verlandung.

	Unregulierter, verzweigter Fluß	ausgebauter, begradigter Fluß ohne Wehre und Abstürze	Kette von Stauseen mit seitlichen HW-Dämmen ohne Verlandung	Kette von vollständig verlandeten Stauseen
durchschnittliche Fließgeschwindigkeit	mittel	groß	sehr niedrig	mittel
Überschwemmungsfläche bei Hochwasser	groß	klein	klein	groß
Struktur- und Strömungsvielfalt	groß	klein	sehr gering	groß
Grundwasserspiegel	hoch	eher niedrig	hoch	hoch
Verschiebung der Längszonierung	keine Verschiebung	nach oben	nach unten	keine Verschiebung
Durchgängigkeit	unbeeinträchtigt	unbeeinträchtigt	massiv gestört	massiv gestört

Zunahme der vorkommenden Vogelarten (Reichholf & Reichholf-Riehm 1982). Alle Funktionen einer Aue, wie sie in Abschnitt 3.2.3 beschrieben sind, wurden hier weitgehend wieder hergestellt.

Ökologisch orientierte Maßnahmen

Sofern der Stauraum als Speicher erhalten bleiben muß und/oder nicht genügend Sedimente antransportiert werden, ist eine Stauraumverlandung nicht möglich. Durch die gezielte Schaffung von Tief- und Flachwasserzonen, Steil- und Flachufern, seitlichen Verzweigungen, Altarmen, Kleingewässern mit Grund-, Quell- und Regenwasserspeisung sowie mit Wasserzufuhr bei Hochwasser und eine abwechslungsreiche Gestaltung der terrestrischen Umgebung können aber auch diese Stauseen ökologisch aufgewertet werden. Diese Maßnahmen schaffen nicht nur Laichgebiete, Jungfisch- und Nahrungshabitate für Fische, sondern es wird sich auch eine für Auen typische Organismenvielfalt einstellen. Dieses ist z. B. für die Staustufe Landau a. d. Isar ausführlich dokumentiert (Bayer. Landesamt f. Wasserwirtschaft 1991).

Eine große ökologische Bedeutung können seitliche Zuflüsse für den Stauraum haben, sofern die Zuflüsse, wie auch deren Mündungsbereich, naturnah und durchgängig gestaltet sind. Von Bedeutung ist dies insbesondere für kieslaichende Fische, welche im Stauraum leben, aber gutdurchströmte Kiesbänke zum Ablaichen nur in den Zuflüssen finden. Denkbar sind prinzipiell auch Maßnahmen wie das künstliche Einbringen von Kiesbänken. Der Aufwand ist hierbei jedoch erheblich und der Nutzen zweifelhaft (Zeh 1993). Denkbar ist auch eine maschinelle Dekolmation der Sohle („Gravel cleaning machine", Mih & Bailey 1981) oder – wie am Stauraum Altenwörth an der Donau getestet – die Dekolmation mittels eines Eimerkettenbaggers (Steiner et al. 1998). Über die Auswirkungen dieser Maßnahmen auf Fische und Wirbellose liegen jedoch noch keine Untersuchungen vor.

5.4.2 Störung der Organismenausbreitung – Fischpässe

5.4.2.1 Talsperren, Flußstauhaltungen, Wasserfassungen

Die Wander- und Ausbreitungsmöglichkeiten haben für die Fließwassertiere eine große ökologische Bedeutung (Abschn. 3.4.2). Talsperren, Flußstauhaltungen und Wasserfassungen ohne Fischpässe verhindern jede Aufwärtswanderung von Fischen. Auch die ständig im Wasser lebenden, wirbellosen Kleintiere können sich nicht aufwärts ausbreiten. Unklar ist, inwieweit Wasserinsekten diese Hindernisse fliegend überwinden können. Wehre, aber vor allem Staumauern bzw. Staudämme oder ein streckenweise trockenes Bachbett dürften die Orientierung der fliegenden Wasserinsekten erschweren, wenn nicht verhindern (siehe auch Abschn. 4.2.3).

Eine abwärtsgerichtete Ausbreitung von Wasserorganismen ist bei den genannten Bauwerken und fehlendem Fischpaß nur auf zwei Arten möglich: Zum einen können Organismen mit dem Hochwasserabfluß über die Hochwasserentlastungsanlage bzw. über das Wehr in den unteren Gewässerbereich gelangen, und zum anderen ist eine Abwanderung durch den Triebwasserweg und die Turbine möglich. Im allgemeinen kommt es bei Hochwasser zu einem verstärkten Abwärtstransport von Wirbellosen und Fischen, welche dann bei kleinen Aufstauungen und z.T. auch bei Flußstauhaltungen durch den Stauraum und über das Wehr in den Unterwasserbereich verdriftet werden. Bei größeren Talsperren dürfte sich die Hochwasserströmung soweit verringern, daß die mittransportierten wirbellosen Kleintiere absinken. Fische, welche aktiv abwandern, können sich möglicherweise an der Strömung orientieren und mit dem Hochwasser über die Hochwasserentlastungsanlage in den Unterwasserbereich gelangen.

Bei mittleren und niedrigen Abflüssen ist eine Abwärtswanderung nur durch die Turbinen möglich, was für Fische mit einer gewissen Mortalität verbunden ist (Abschn. 5.4.3). Die abwärtsgerichtete Ausbreitung erfolgt bei den wirbellosen Kleintieren vor allem durch Drift. Gelangen driftende Kleintiere in einen gestauten Bereich, so werden sich zunächst die größeren, schweren Tiere und dann bei geringerer Strömung auch die kleineren Tiere an der Sohle absetzen. Je geringer die Strömung und je weniger Turbulenzen vorhanden sind, um so mehr Tiere werden zu Boden sinken. Bei kleinen Aufstauungen bleibt die Strömung des Zuflusses oft bis zur Ausleitung erhalten, während es bei einer größeren Aufstauung keine durchgehende Strömung mehr gibt. Die Limnex AG (1997) führte umfangreiche Untersuchungen zur Drift in Stauhaltungen durch. Dabei zeigte sich, daß in kleinen Stauhaltungen mit einer Wasseraufenthaltszeit t_A (t_A = Stauvolumen dividiert durch Abfluß) von weniger als 10 min die Drift in der Hauptströmung im allgemeinen erhalten bleibt. Große Stauhaltungen (t_A >30 min) werden hingegen für die driftenden Kleintiere zu Driftfallen, eine durchgehende Drift existiert hier nicht. Bei mittelgroßen Stauhaltungen (t_A >10 min und < 30 min) sind keine allgemeinen Aussagen möglich. Inwieweit hier eine durchgehende Drift besteht, ist von weiteren Randbedingungen abhängig.

Bei Wasserfassungen mit einem Tiroler Wehr wird das Wasser vor dem Wehr nicht aufgestaut. Somit werden die mittransportierten Wirbellosen durch den Rechen in die Entsanderkammer gespült (siehe Abb. 5.3.3). Die größeren und schwereren wirbellosen Kleintiere werden hier sedimentieren und die kleineren bleiben in Schwebe und werden durch den Überfall in die Bei-, Über- oder Triebwasserleitung verdriftet (Hütte 1994).

Aufhebung von natürlichen Verbreitungsbarrieren

Im Rahmen der Wasserkraftnutzung wird – insbesondere im Alpenraum – häufig Wasser aus einem Einzugsgebiet in ein anderes umgeleitet. Für das Wasserkraftwerk „Grande Dixence" (Kanton Wallis, Schweiz) leitet man z. B. Wasser aus bis zu 60 km Entfernung zu. Mit dem Wasser werden auch driftende Organismen verfrachtet und können möglicherweise so in ein Einzugsgebiet gelangen, in dem sie natürlicherweise nicht vorkommen. Dies gilt auch für die Ausbreitung terrestrischer Pflanzen, da bei Hochwasser häufig auch Pflanzensamen mittransportiert werden.

Ein Teil der Fische, welche regelmäßig Wanderungen im Fließgewässer durchführen, orientiert sich am „Geruch" des Wassers, also an gelösten Wasserinhaltsstoffen. Bei der Umleitung von Wasser in ein Gewässer einer anderen Region könnten auf diese Weise z. B. Lachse oder Seeforellen fehlgeleitet werden und ihr angestrebtes Laichgebiet verfehlen. Hierzu liegen bisher allerdings keine Untersuchungen vor.

5.4.2.2 Fischpässe

Fischpässe (Fischwege, Fischaufstiegsanlagen) sollen Fischen in Fließgewässern den Aufstieg bei Querbauwerken ermöglichen. Der Höhenunterschied zwischen dem ober- und unterwasserseitigen Wasserspiegel wird bei Fischpässen mittels eines künstlichen oder naturnahen Gerinnes überwunden, welches oberwasserseitig mit einer bestimmen Wassermenge dotiert wird.

Anordnung und Gestaltung von Fischpässen

Da sich die aufwärtswandernden Fische an der Strömung orientieren, sollte das gesamte Querbauwerk einschließlich des Stauraumes mit dem Fischpaß umgangen werden. Bei Talsperren, welche definitionsgemäß das gesamte Tal absperren und den Wasserspiegel sehr hoch aufstauen, kann man aus Platzgründen im allgemeinen keinen Fischpaß errichten. Bei Flußstauhaltungen, welche z. T. viele Kilometer lang und oft Teil einer Staukette sind, werden Fischtreppen im allgemeinen nur den Bereich des Wehres umgehen. Bei einem Kanalkraftwerk (Abb. 5.2.3) gibt es zwei verschiedene Anordnungsmöglichkeiten: Zum einen kann der Fischpaß den Werkskanal mit dem Rückgabekanal verbinden, oder aber er stellt eine Verbindung zwischen dem Bereich oberhalb und unterhalb des Wehres her, wobei dann über den Fischpaß die Restwasserstrecke mit einer bestimmten Wassermenge dotiert werden kann (siehe Abb. 5.2.3). Aufwärtswandernde Fische orientieren sich zumeist an der Hauptströmung und wandern daher mit großer Wahrscheinlichkeit in den Rückgabekanal und nicht in die Restwasserstrecke ein. Aus diesem Grund ist es sinnvoll, den Fischpaß an Rückgabe- und Werkskanal anzuschließen. Andererseits müssen aufgrund der gesetzlichen Vorgaben Restwasserstrecken mit Wasser dotiert werden, und die Dotation sollte in jedem Fall über einen Fischpaß erfolgen. Zudem kommt es, wenn der Zufluß die Entnahmemenge übersteigt, in der Restwasserstrecke zu erhöhten Abflüssen, welche auch einen verstärkten Fischaufstieg in die Restwasserstrecke verursachen können. Hier kann es also durchaus sinnvoll sein, zwei Fischpässe anzulegen. Gibt es nur eine Fischaufstiegsanlage am Wehr, dann sollte eine Einwanderung der Fische in die Rückgabestrecke, z. B. durch einen hohen Absturz, verhindert werden.

Von großer Bedeutung für die Funktionsfähigkeit des Fischpasses ist der Ort der Mündung in das Unterwasser bzw. der Fischeinstiegsbereich in den Fischpaß. Dieser sollte in der Nähe der Hauptströmung liegen, d. h., unterhalb von Kraftwerken sollte der Fischeinstiegsbereich in unmittelbarer Nähe der Wasserrückgabe positioniert sein. Das aus der Fischtreppe strömende Wasser darf dabei nicht direkt in die turbulente Zone münden, da die Fische hier keine Orientierungsmöglichkeit haben. Die Strömung aus dem Fischpaß (Lock- oder Leitströmung) muß so stark sein, daß sie von den aufsteigenden Fischen bemerkt wird. Andererseits darf die Strömung nicht zu stark sein, da sie sonst von den Fischen nicht bewältigt werden kann.

Das Schwimmvermögen der Fische ist von entscheidender Bedeutung bei der Gestaltung der Fischpässe. In der fischbiologischen Fachliteratur unterscheidet man u. a. drei Arten von Schwimmgeschwindigkeiten (Bell 1990, Geitner & Drewes 1990, VDFF 1997): Wandergeschwindigkeit, Sprintgeschwindigkeit und kritische Geschwindigkeit. Die Wandergeschwindigkeit dient der allgemeinen gerichteten Fortbewegung. Sie kann über einen langen Zeitraum (> 200 min) ohne wesentliche Ermüdung aufrecht erhalten werden. Die Sprintgeschwindigkeit erreicht ein Fisch bei Flucht oder Beutefang über einen kurzen Zeitraum

Tab. 5.4.3 Schwimmgeschwindigkeiten verschiedener Fischarten. Nach Angaben verschiedener Autoren aus VDFF (1997).

Fischart	Körperlänge in cm	kritische Geschwindigkeit in m/s	Sprintgeschwindigkeit in m/s
Aal	16–40	0,5–0,8	
Atlantischer Lachs	35		3,5
	50–100	3,2–6,4	4,6–7,0
Bachforelle	13–37		1,4–3,1
	20–35	0,8–1,0	2,0–3,5
Bachschmerle	2–4	0,2–0,5	
	10	0,6	
Groppe	2-4	0,2 -0,3	
Gründling	12	0,6	

(< 20 s). Mittels der kritischen Geschwindigkeit kann ein Fisch schwierige Gewässerabschnitte oder Hindernisse überwinden. Die kritische Geschwindigkeit liegt dabei deutlich unter der Sprintgeschwindigkeit. Die Schwimmleistung ist vor allem von der Fischart und der Fischgröße abhängig (Tab. 5.4.3). Größere Fische einer Art haben auch ein größeres Schwimmvermögen. So läßt sich das Schwimmvermögen eines Fisches auch in Körperlängen (KL) pro Sekunde ausdrücken. Die Maximalgeschwindigkeit von Forellen liegt beispielsweise bei 8,5–11 KL/s (Gray 1953). Zahlreiche weitere Parameter haben einen Einfluß auf die Schwimmgeschwindigkeiten: Wassertemperatur, Sauerstoffsättigung, Kondition und Motivation des Fisches u. a. Somit sind die in Tabelle 5.4.3 angegebenen Zahlen nur grobe Orientierungswerte.

Nach Giesecke & Mosonyi (1997) sollte die Austrittsgeschwindigkeit der Leitströmung aus dem Fischpaß 0,8 bis maximal 2,0 m/s betragen. Andererseits liegen Empfehlungen vor, nach denen die mittleren Fließgeschwindigkeiten unter 0,4–0,5 m/s liegen müssen, damit sie von Kleinfischen noch bewältigt werden können (Stahlberg & Peckmann 1986, VDFF 1997). Bei der Planung sollte daher der Mündungsbereich eines Fischpasses so gestaltet werden, daß es einerseits zu hohen Fließgeschwindigkeiten kommt und andererseits, z. B. in der Nähe der Fischpaßsohle oder am Rand, auch niedrigere Fließgeschwindigkeiten möglich sind. Bei optimal positionierten Fischpässen läßt sich zeigen, daß die Leitströmung nicht höher sein muß als die Strömung im Hauptbett (Giesecke & Mosonyi 1997).

Die Fischpaßmündung muß so gestaltet werden, daß auch bei hohen und niedrigen Abflüssen ein Einstieg in den Fischpaß möglich ist. Im Fischpaß selber können die Strömungsgeschwindigkeiten deutlich niedriger sein als im Fischeinstiegsbereich. Es dürfen für die aufsteigenden Fische keine unüberwindbaren Sohlstufen vorhanden sein. Der Abfluß sollte im allgemeinen strömend und nur lokal schießend sein. Die Sohle sollte, wenn möglich, mit natürlichen, dem Gewässertyp ähnlichen Sohlsubstraten ausgestattet sein. Der Einlauf sollte so positioniert sein, daß die aus dem Fischpaß aufschwimmenden Fische nicht sofort zum Triebwasserweg getrieben werden. Daher darf die

Strömung an dieser Stelle 0,4–0,5 m/s nicht überschreiten. Befindet sich der Einlauf des Fischpasses in einem Stauraum mit einem konstanten Stauziel, so ist die geregelte Dotation des Fischpasses unproblematisch. Bei schwankendem Oberwasserspiegel sind konstruktive Anpassungen am Einlauf erforderlich. So können z. B. mehrere Fischpaßeinläufe auf unterschiedlichen Niveaus eingebaut werden (Giesecke & Mosonyi 1997). Durch Schwimmbalken kann man den Fischpaß vor Treibgut schützen.

Typen von Fischpässen

Der **Beckenpaß** (häufig als Fischtreppe bezeichnet) besteht aus einem Rechteckgerinne, in welchem in gewissen Abständen Querwände angeordnet sind (Abb. 5.4.5). Die Sohle des Gerinnes ist dabei geneigt oder das Gefälle wird in Stufen überwunden. Die in regelmäßigen Abständen im Gerinne angeordneten Querwände können mit Öffnungen über der Sohle (Bodenschlupfloch) und/oder an der Oberkante (Kronenausschnitt) versehen sein. Angaben zu empfohlenen Beckenmaßen und Größen der Querwandöffnungen finden sich bei Born (1995), DVWK (1996a) und VDFF (1997). Sind in den Querwänden keine Öffnungen vorhanden, müssen die Fische von Becken zu Becken springen. Beckenpässe sind einfach herzustellen. Da sie mit relativ geringen Wassermengen gespeist werden, ergibt sich im Unterwasser nur eine schwache Lockströmung. Da die Schlupflöcher relativ leicht verstopfen können, ist ein großer Wartungsaufwand erforderlich. Bei Beckenpässen besteht die Möglichkeit einer nachträglichen Ausstattung mit natürlichen Sohlsubstraten. Auf diese Weise können auch Sohlstufen beseitigt werden, welche für Kleinfische unüberwindbare Hindernisse darstellen würden. So empfehlen Hinterhofer et al. (1994) für Beckenpässe bei Rhithralgewässern den Eintrag von Schottermaterial mit einem Korndurchmesser von über 7 cm. Unter diesen Bedingungen wandern Groppen im Lückenraum des Schotterkörpers aufwärts.

Der **Denil-Fischpaß** besteht aus einem Rechteckgerinne mit gegen die Strömung geneigten, U-förmig ausgeschnittenen Querwänden (Abb. 5.4.5). Mittels des Denil-Fischpasses können auf kurzer Strecke relativ große Höhenunterschiede überwunden werden, wodurch nur ein relativ geringer Platzbedarf erforderlich ist. Die großen Turbulenzen erschweren jedoch die Orientierung aufsteigender Fische.

Der **Vertical-Slot-Fischpaß** besteht aus einem Rechteckgerinne, in welchem die Querwände mit einem oder mehreren vertikalen Schlitzen versehen sind (Abb. 5.4.5). Das im Fischpaß abfließende Wasser staut sich jeweils vor den Querwänden etwas, so daß sich bei der Wasserspiegellage Gefällesprünge zeigen. Bei schwankenden Durchflüssen bleiben die Strömungsbedingungen relativ konstant. Die Turbulenzen sind im allgemeinen gering, wodurch den Fischen die Orientierung erleichtert wird.

Technisch aufwendige Fischaufstiegsanlagen sind **Fischschleusen** und **Fischaufzüge** (dargestellt in DVWK 1996a, VDFF 1997). Fischschleusen bestehen im wesentlichen aus einer Schleusenkammer mit ober- und unterwasserseitigen Verschlüssen. Die Verschlüsse werden so gesteuert, daß die Fische mittels einer Lockströmung vom Unterwasser in die Kammer bzw. aus der Kammer in das

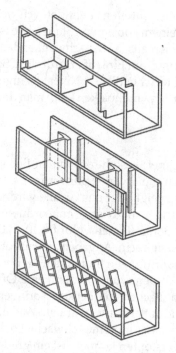

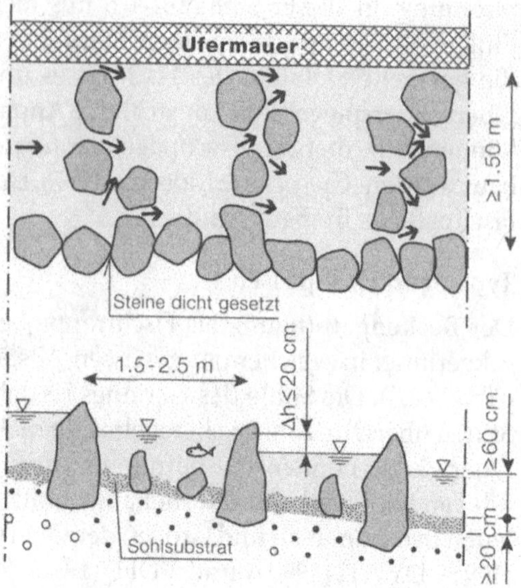

Abb. 5.4.6 Aufsicht und Längsschnitt eines Rauhgerinne-Beckenpasses. Gefälle < 1 : 10, Abfluß >150 l/s pro m Breite. Aus Gebler (1991).

Abb. 5.4.5 Schematische Darstellung von Beckenpaß (OBEN), Vertical-Slot-Paß (MITTE) und Denil-Paß (UNTEN). Nach DVWK (1996a).

Oberwasser geleitet werden. Bei Fischaufzügen werden die Fische in wassergefüllten Wannen vom Unter- in den Oberwasserbereich gehoben. Auch bei diesem Verfahren werden die aufsteigenden Fische mittels einer Lockströmung in die Wanne bzw. aus der Wanne in den Oberwasserbereich geleitet. Diese Verfahren haben einen hohen technischen Aufwand, hohe Bau- und Betriebskosten und sind wartungs- und bedienungsintensiv (DVWK 1996a). Daher kommen diese Fischaufstiegsanlagen nur bei großen Fließgewässern in Betracht.

Naturnahe Fischaufstiegsanlagen werden weitgehend oder ausschließlich mit natürlichem Material (Kies, Steine, Steinblöcke, Holzpfähle) gebaut. DVWK (1996a) zählt Rampe, Sohlgleite, Rauhgerinne-Beckenpaß, Pfahlpaß sowie Umgehungsgerinne zu den naturnahen Fischaufstiegsanlagen. Manche nicht beweglichen Wehre können passierbar gestaltet werden, indem man die Wehre über die gesamte Breite zu einer **Rampe bzw. Sohlgleite** umgestaltet. Bei beweglichen Wehren (mit regulierbarem Oberwasserstand) kann unter Umständen der nicht regulierbare Teil des Wehres als Rampe gestaltet werden. Grundsätze zur Anlage und Gestaltung von Rampen und Sohlgleiten finden sich in Abschnitt 4.2.2.1.

Der **Pfahlpaß** (Geitner & Drewes 1990) besteht aus einer Rampe (Neigung 1:10–1:30), bei welcher die Fließgeschwindigkeit mittels Pfahlreihen reduziert

Abb. 5.4.7 Anordnung eines Umgehungsgerinnes. Nach DVWK (1996a).

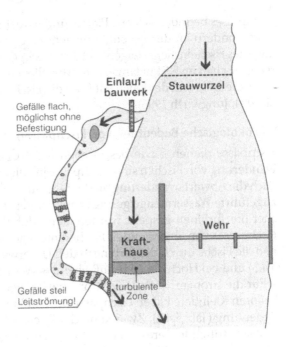

ist. Die Pfähle sollten in Fließrichtung geneigt sein, so daß sie bei Hochwasser überströmt und dabei von Treibgut gereinigt werden.

Der **Rauhgerinne-Beckenpaß** ist eine Mischung aus Beckenpaß und rauher Sohlrampe (Gebler 1991). Die Rinnenwände können aus Beton, Mauerwerk oder eng gesetzten Blocksteinen bestehen. Die durchströmten Querriegel bestehen aus hochkant gestellten Blocksteinen, welche versetzt angeordnet sind, so daß zwischen den Steinen Lückenräume bleiben (Abb. 5.4.6).

Eine weitere Möglichkeit der Gestaltung einer naturnahen Fischaufstiegsanlage sind **Umgehungsgerinne**. Dabei handelt es sich um künstlich angelegte Bäche, welche das Querbauwerk seitlich umfließen. Wegen des z.T. erheblichen Platzbedarfs können Umgehungsgerinne nur bei geeignetem Umland eingesetzt werden. Linienführung, Gefälle und Sohlsubstrate des Umgehungsgerinnes sollten sich an den natürlichen Gegebenheiten des Hauptgewässers orientieren. So darf z. B. ein Flachlandgewässer nicht ein Umgehungsgerinne mit der Charakteristik eines Bergbaches erhalten, da die Fischfauna des Flachlandgewässers nicht an die Bedingungen eines Bergbaches angepaßt ist. In Abbildung 5.4.7 ist die ideale Anordnung eines naturnahen Umgehungsgerinnes dargestellt.

Intensiv untersucht wurde die Funktionsfähigkeit des Fischpasses beim Kraftwerk Unzmarkt/Frauenburg an der Mur (Steiermark, Österreich). Der Fischpaß besteht hier aus einem 200 m langen, naturnah gestalteten Umgehungsgerinne, mit dem eine Höhendifferenz von 8,40 m überwunden wird. Das Umgehungsgerinne hat 30 Einzelbecken von 2–13 m Länge und eine Breite zwischen 0,7 und 2,5 m. Es wird mit gleichbleibend 165 l/s dotiert. Der Einstiegsbereich des

Fischpasses befindet sich aus Platzgründen nicht in der Nähe des Turbinenauslaufs, sondern an der gegenüberliegenden Seite. Trotz dieser nicht optimalen Lage des Fischeinstiegs steigen von den (hochgerechneten) ca. 13 000 geschlechtsreifen Äschen im 5,5 km langen unterhalbliegenden Gewässerbereich rund 17% der Tiere während der Laichzeit über die Fischaufstiegshilfe auf (Hinterhofer et al. 1994, Jungwirth 1996).

Die ökologische Bedeutung von Fischpässen

Fischpässe dienen – wie beschrieben – dem Fischaufstieg. Für die Abwärtswanderung von Fischen sind Fischpässe im allgemeinen nicht geeignet. Da sich auch die Abwärtswanderung an der Strömung orientiert und die dem Fischpaß zugeführte Wassermenge gering ist im Vergleich zu der Wassermenge, mit welcher die Turbinen gespeist werden, kann der oberwasserseitige Anschluß des Fischpasses von absteigenden Fischen nicht gefunden werden. Allerdings können die Fische durch die Turbine in den Unterwasserbereich gelangen (Abschn. 5.4.3) und bei Hochwasserabfluß über das Wehr geschwemmt werden.

Für die stromaufwärts bzw. stromabwärts gerichteten Bewegungen der wirbellosen Kleintiere haben Fischpässe bei Flußkraftwerken im allgemeinen keine Bedeutung (Tab. 5.4.4). Zwar kann der Fischpaß so mit Wasser dotiert werden, daß sich driftende Tiere in der Dotierwassermenge befinden, doch dies ist quantitativ unbedeutend im Vergleich zu der Drift, wie sie vor dem Bau des Kraftwerks vorhanden war. Zudem werden bei kleinen Stauräumen große Mengen von Kleintieren durch die Turbine ins Unterwasser gelangen, und auch bei Hochwasserabfluß werden viele Kleintiere über das Wehr abwärts transportiert (Abschn. 5.4.2.1). Eine gewisse Bedeutung hat die Eindrift in ein naturnahes Umgehungsgerinne, da es sich hier um einen Bach handelt, in welchem auch natürlicherweise eine Wirbellosendrift vorhanden wäre. Auch bei Ausleitungskraftwerken (Abb. 5.2.3), bei denen ein Fischpaß das Wehr umgeht und gleichzeitig über den Fischpaß die Restwasserstrecke dotiert wird, hat die Drift eine Bedeutung. Hier ist es sinnvoll, den Fischpaßeinlauf so anzuordnen, daß das

Tab. 5.4.4 Möglichkeiten der auf- und abwärtsgerichteten Organismenausbreitung bei einem Kleinkraftwerk, wie es in Abbildung 5.4.7 dargestellt ist.

	aufwärts	abwärts		
	über naturnahes Umgehungsgerinne	über naturnahes Umgehungsgerinne	bei Hochwasser über das Wehr	durch die Turbinen
ausgewachsene Forellen	möglich	nur durch Zufall, quantitativ unbedeutend	möglich	möglich mit Verletzungsgefahr
Kleinfische	möglich	nur durch Zufall, quantitativ unbedeutend	möglich	möglich, geringe Verletzungsgefahr
Wirbellose: Aufwanderung bzw. Drift	kaum, quantitativ unbedeutend	kaum, quantitativ unbedeutend	möglich	abhängig von der Stauraumgröße

Wasser für den Fischpaß der fließenden Welle entnommen wird und so auch driftende Kleintiere enthält. Eine Aufwärtsbewegung der Kleintiere durch positive Rheotaxis ist bei Fischpässen mit einer natürlichen Sohle zwar prinzipiell möglich, doch auch dies ist im Vergleich zu den Bedingungen im unverbauten Gewässer quantitativ unbedeutend.

Fischpässe dienen somit im wesentlichen dem Fischaufstieg. Aber auch naturnah gestaltete Umgehungsgerinne können nicht die natürlichen Ausbreitungsmöglichkeiten wiederherstellen. Bei Fischpässen mit einer nicht optimalen Lage des Einstiegsbereiches müssen die Fische lange nach der Aufstiegsmöglichkeit suchen, was mit hohen Energieverlusten verbunden sein kann. Zudem kommt es, insbesondere wenn viele Hindernisse in der Laichwanderungsstrecke liegen, zu einer beträchtlichen Verspätung beim Aufstieg (Larinier 1998). Wenn die laichbereiten Weibchen (wie auch die Männchen) nicht innerhalb einer bestimmten Zeitspanne ein geeignetes Laichgebiet erreichen, gefährdet dies die Fortpflanzung.

5.4.3 Turbinierung

Die Turbinierung kann für Fische gravierende Auswirkungen haben. Die Mortalität ist abhängig vom Turbinentyp und von der betrachteten Fischart bzw. der individuellen Fischlänge. Sehr groß ist die Mortalität bei Pelton-Turbinen, da der Wasserstrahl mit einer Geschwindigkeit bis zu 200 m/s auf die Turbinenschaufeln trifft. Pelton-Turbinen werden bei großen Fallhöhen eingesetzt (Tab. 5.3.1). Hier wird das Triebwasser zumeist aus Speichern oder hochgelegenen Gewässern ausgeleitet. Insofern ist die hohe Fischmortalität bei Pelton-Turbinen eher von wirtschaftlichem und tierschützerischem Interesse, da eine Durchgängigkeit in diesem Zusammenhang natürlicherweise nicht gegeben wäre. Anders ist die Situation bei Umleitungs- und Flußkraftwerken. Hier muß es den Fischen möglich sein, sich auf- und abwärts zu bewegen. Bei diesen Kraftwerken ist die Fallhöhe eher gering, und zum Einsatz kommen hier zumeist Kaplan-Turbinen (Abschn. 5.3.2). Die Mortalität bei der Turbinenpassage ist hier abhängig vom Abstand der Schaufeln und der Geschwindigkeit, mit welcher die Turbinen rotieren. Letzteres ergibt sich aus der Umdrehungsanzahl pro min und dem Laufraddurchmesser. Je geringer der Abstand der Schaufeln und je größer die Geschwindigkeit der rotierenden Turbinen ist, um so größer ist auch die zu erwartende Mortalität. Ebenso steigt mit zunehmender Fischlänge die Mortalität. Kleinfische und Jugendstadien sind weniger betroffen als größere bzw. ausgewachsene Fische.

Besonders von der Turbinierung betroffen sind (abwärts) wandernde Fischarten wie Lachse, (See-)Forellen und Äschen nach dem Ablaichen oder Aale, welche zum Ablaichen ins Meer ziehen. Zahlreiche Untersuchungen liegen für Aale vor (Berg 1993a, 1993b, 1994, Hadderingh & Bakker 1998). Nach Literaturangaben liegt die Schädigungsrate von abwärtswandernden Aalen bei Kaplan-Turbinen bei 5–50 % (Hadderingh & Bakker 1998, VDFF 1997). Dabei muß berücksichtigt werden, daß im Verlauf eines Flusses zumeist mehrere Flußkraftwerke hintereinandergeschaltet sind, so daß unter diesen Umständen (wenn überhaupt) nur ein äußerst geringer Anteil der abwärtswandernden Aale das Meer erreicht.

Gegenmaßnahmen müssen verhindern, daß die abwärtswandernden, größeren Fische zur Turbine gelangen, und gleichzeitig muß ein alternativer Weg ins Unterwasser geboten werden. Vor dem Triebwasserweg sind Rechen installiert, um Grobmaterial von der Turbine fernzuhalten. Im allgemeinen ist der Abstand der Rechenstäbe jedoch so groß, daß der Rechen für Fische kein Hindernis darstellt. Bei einer Verkleinerung des Rechenstababstandes wird der Reinigungsaufwand erhöht und in begrenztem Maße auch die nutzbare Fallhöhe reduziert. Unter Berücksichtigung dieser Umstände empfiehlt der VDFF (1997) eine Verringerung der lichten Rechenstabweite (Abstand zwischen den Stäben) auf 20 mm. Gleichzeitig muß der Rechen so plaziert werden, daß die Fließgeschwindigkeit vor bzw. durch den Rechen unterhalb der kritischen Schwimmgeschwindigkeit der Fische bleibt. Nur dann besteht für Fische die Möglichkeit, dem Rechen auszuweichen. Allerdings können auch bei einer Stabweite von 20 mm noch zahlreiche Fische den Rechen passieren, so z. B. Aale bis zu einer Länge von 60–70 cm oder Rotaugen bis etwa 20–25 cm Länge (Berg 1987). Bei Aalen besteht ein weiteres Problem darin, daß sie leicht im Rechen hängen bleiben und bei der automatisch ablaufenden Rechenreinigung verletzt oder getötet werden (Rathcke 1993). Eine mögliche Lösung dieses Problems ist ein beweglicher Rechen, bei dem das angeschwemmte Material einschließlich der sich am Rechen aufhaltenden Fische ins Unterwasser befördert werden (VDFF 1997).

Es wurde auch mit anderen Methoden experimentiert, um Fische vom Turbinenzufluß fernzuhalten. Hierzu entwickelte man Fischscheuchanlagen mit elektrischen Feldern, Lichterketten, Knallgas-Reaktionstöpfen oder Luftperlschleiern. Die Wirksamkeit dieser Einrichtungen wird unterschiedlich beurteilt. Vermutlich sind aber alle wirksam, sofern die Fließgeschwindigkeit des Wassers im Bereich der Scheuchanlage die kritische Schwimmgeschwindigkeit der Fische nicht übersteigt.

Bei allen Arten von Sperren muß dem Fisch ein für ihn deutlich erkennbarer Weg in den Unterwasserbereich (Bypass) angeboten werden. Da sich die abwandernden Fische häufig im Stromstrich abwärts bewegen, müssen sie von hier aus mittels Leiteinrichtungen zum Bypasseinlaß geführt werden. So kann z. B. auch die Rechenanlage so angeordnet werden, daß sie die Fische zum Bypass leitet. Die Lockströmung sollte für Aale mindestens 0,4–0,5 m/s betragen, und bei mittelgroßen Flüssen sollte der Bypass mit mindestens 5 % des Abflusses dotiert werden (nach Angaben von Hadderingh, aus Berg 1993). Wenn der Bypassauslaß in der Nähe des Fischpasses mündet, so kann dies die Lockströmung zum Fischpaß verstärken.

Viele Fische wandern bei Hochwasser abwärts. Ein Teil der Fische kann dabei mit dem Überwasser über das Wehr in den Unterwasserbereich gelangen. Da Aale sich bevorzugt in Nähe der Gewässersohle abwärts bewegen, kann es hilfreich sein, wenn bei beweglichen Wehren die Wehrschütze gehoben werden, so daß ein Teil des Hochwassers sohlnah abfließen kann (Berg 1993).

5.4.4 Künstlich verminderte Abflüsse

5.4.4.1 Charakterisierung von Entnahmestrecken

Als Restwasserstrecke (Wasserentnahmestrecke) bezeichnet man den Gewässerabschnitt vom Ausleitungsbereich (Wasserfassung oder Talsperre) bis zur Stelle der Wasserrückgabe (Abschn. 5.2). Bei Umleitungskraftwerken in kleineren Fließgewässern ist die Lage der Wasserentnahmestrecke eindeutig und leicht zu erkennen. Bei größeren Fließgewässern mit mehreren Wasserentnahmen und Rückgaben im Einzugsgebiet und evtl. auch Ausleitungen in andere Einzugsgebiete und Einleitungen aus anderen Einzugsgebieten sind die hydrologischen Veränderungen sehr komplex, und eine eindeutige Festlegung von Beginn und Ende einer Restwasserstrecke ist nicht immer möglich, da verschiedene Restwasserstrecken ineinander verschachtelt sein können.

Das gefaßte Einzugsgebiet ist das Einzugsgebiet bis zur Wasserentnahme. Als Resteinzugsgebiet wird das Einzugsgebiet von der Entnahmestelle bis zu einer bestimmten, betrachteten Stelle innerhalb der Entnahmestrecke bezeichnet (Abb. 5.4.8). Das ursprüngliche Einzugsgebiet besteht aus dem gefaßten und dem Resteinzugsgebiet.

Bei allen Arten von Wasserentnahmen sind die niedrigen und mittleren Abflüsse in der Restwasserstrecke im Vergleich zu den Abflüssen des ursprünglichen Einzugsgebietes reduziert (Tab. 5.4.5). Sofern kein Dotierwasser abgegeben wird, ist direkt unterhalb der Wasserentnahme kein Abfluß vorhanden. Im weiteren Verlauf der Restwasserstrecke fließt dann Wasser aus dem Resteinzugsgebiet hinzu. Im Hochwasserfall kann – je nach Art der Wasserentnahme und Hochwassermenge – auch Wasser aus dem gefaßten Einzugsgebiet in die Restwasserstrecke gelangen (Tab. 5.4.5).

Talsperren sind in der Lage, auch größere Hochwasser zurückzuhalten und können daher auch im Hinblick auf den Hochwasserschutz eingesetzt werden (Gmeinhart 1988, Tschada & Moschen 1988). Aber in gewissen Zeitabständen kommt es auch bei Talsperren zu einer Wasserabgabe in die unterhalb liegende Restwasserstrecke, so z. B. bei Hochwasser am Ende des Sommerhalbjahres, wenn die Speicherseen weitgehend gefüllt sind. Auch aus betriebstechnischen Gründen wird Wasser aus dem Speicher abgelassen, etwa bei Stauraumspülungen oder der sicherheitstechnischen Überprüfung von Grundablässen. Bei diesen Ereignissen kann die Gewässermorphologie wieder auf größere Abflüsse ausgerichtet werden, so daß niedrige/mittlere Abflüsse in einem Gerinne abfließen, welches eigentlich an ein größeres Abflußvolumen angepaßt ist.

Abb. 5.4.8 Darstellung von gefaßtem Einzugsgebiet und Resteinzugsgebiet.

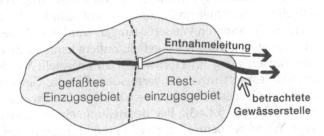

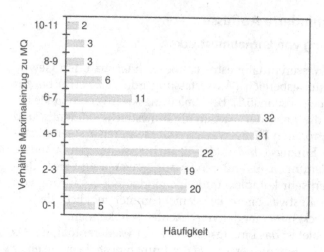

Abb. 5.4.9 Darstellung des Verhältnisses von Maximaleinzug zu mittlerem Jahresabfluß (MQ) in Häufigkeitsklassen (nur bei wenigen Wasserfassungen ist dieses Verhältnis größer als 11, maximal beträgt es 29), am Beispiel der Wasserfassungen an Gebirgsbächen in Österreich. Nach Angaben aus ÖWWV (1990).

Tab. 5.4.5 Beurteilung des Abflusses in der Restwasserstrecke im Vergleich zu den Bedingungen im ursprünglichen Einzugsgebiet und Resteinzugsgebiet (vergleiche Abb. 5.4.8).

	im Vergleich zum ursprünglichen Einzugsgebiet	im Vergleich zum Resteinzugsgebiet
niedrige/mittlere Abflüsse	„künstlich erniedrigt"	„natürlich"
Hochwasserabflüsse	„künstlich erniedrigt" bis „natürlich"	„natürlich" bis „künstlich erhöht"

Inwieweit bei **Wasserfassungen** die Hochwasserzuflüsse eingezogen werden, hängt von dem jeweiligen Maximaleinzug (Ausbauwassermenge) ab. In Abbildung 5.4.9 ist das Verhältnis von Maximaleinzug zu mittlerem Jahresabfluß (MQ) für Gebirgsbachfassungen angegeben. Der mittlere jährliche Hochwasserabfluß (MJHQ) liegt bei diesen Gewässern bei einem viel- bis etwa dem 20fachen MQ. Der größte jemals gemessene Abfluß (HHQ) kann je nach Meßzeitraum und Einzugsgebietgröße das 50- bis über 200fache des MQ betragen. Aus alledem ergibt sich, daß die bei erhöhten Abflüssen eingezogene Wassermenge bei den Wasserfassungen sehr unterschiedlich ist, wodurch auch die Abflußdynamik der Restwasserstrecken unterschiedlich beeinflußt wird. Extremhochwasser gelangen nahezu ungemindert in die Restwasserstrecke. Hingegen können bei einem Teil der Wasserfassungen Hochwasser, wie sie jährlich einmal oder mehrmals auftreten, vollständig oder größtenteils eingezogen werden. Bei anderen Wasserfassungen werden indessen jährliche Hochwasser nur zu einem geringen Teil gefaßt. Zudem kann bei manchen Wasserfassungen der Wassereinzug im Hochwasserfall abgestellt werden, um so einen allzu großen Feststoffeinzug zu vermeiden. Für die Gewässerökologie hat es eine erhebliche Bedeutung, ob diese jährlichen Hochwasser reduziert werden oder nicht (Abschn. 5.4.4.3). Bei Beurteilung einer Restwasserstrecke sollte dies geprüft und bei Beurteilung und Empfehlungen berücksichtigt werden.

Tab. 5.4.6 Beschreibung der verschiedenen Einflüsse bei verschiedenen Typen von Restwasserstrecken.

Art der Beeinflussung	Beschreibung des Eingriffs; Vergleich mit unbeeinflußter Situation
Restwasserstrecke ohne Reduktion des Überwassers	unterhalb von Wasserfassungen, bei denen im Hochwasserfall kein Wasser eingezogen wird; Niedrig- und Mittelwasserabfluß sind verringert, Hochwasserabfluß ist nicht verringert
Restwasserstrecke mit reduziertem Überwasser	unterhalb von Wasserfassungen mit teilweiser Wasserentnahme bei Hochwasserabflüssen (reduziertes Überwasser);
Restwasserstrecke ohne Überwasser	unterhalb vonTalsperren, bei denen der gesamte oder ein Großteil des Hochwasserabflusses zurückgehalten wird, Niedrig-, Mittel- und Hochwasserabfluß sind verringert
Restwasserstrecke mit Stauraumspülungen	unterhalb von Stauhaltungen; der Stauraum wird jährlich bzw. im Abstand von einigen Jahren gespült
Restwasserstrecke mit Entsanderspülungen	unterhalb von Wasserfassungen mit Entsanderkammern, welche regelmäßig gespült werden, nur im alpinen Bereich
Restwasserstrecke mit Schwellbetriebeinfluß	unterhalb von Schwellkraftwerken, Niedrig- und Mittelwasserabfluß werden durch kurze Abflußspitzen unterbrochen

Je nach Art der Wasserentnahme sind Restwasserstrecken auch dem Einfluß von Schwellbetrieb (Abschn. 5.4.5.1), Stauraumspülungen (Abschn. 5.4.5.2) oder Entsanderspülungen (Abschn. 5.4.5.3) unterworfen. In den Fachpublikationen über Restwasserstrecken wird zumeist nur der Aspekt der verringerten Niedrigwasser- und Mittelwasserabflüsse betrachtet. Es sollten jedoch immer auch die hier beschriebenen, zusätzlichen Einflüsse mit einbezogen werden. In Tabelle 5.4.6 sind die unterschiedlichen Typen von Restwasserstrecken zusammengefaßt.

5.4.4.2 Künstlich reduzierte Niedrig- und Mittelwasserabflüsse

Die ökologischen Auswirkungen von künstlich verminderten Niedrig- und Mittelwasserabflüssen betreffen vor allem die Gewässersohle und den Wasser-Land-Grenzbereich. Die Auswirkungen lassen sich wie folgt zusammenfassen:

Verkleinerung des Lebensraumes

Durch eine Verringerung der benetzten Breite und der Wassertiefe geht Lebensraum für die Wasserorganismen verloren. Die Größe des verlorenen Lebensraumes ist dabei sehr stark von der Gewässermorphologie bzw. dem Gerinnequerschnitt abhängig. Der Wasser-Land-Grenzbereich wird bei einem Abflußrückgang zur Gewässermitte hin verschoben, und der gewässernahe Grundwasserspiegel kann sinken, was zu massiven Veränderungen der Ufervegetation führt (Hainard et al. 1987).

Verringerte Wassertiefen

Bei allgemein verringerten Wassertiefen kommt es bei Sonneneinstrahlung zu einer stärkeren Erwärmung des Wassers. Bei fallendem Wasserspiegel können typische Fischunterstände (z. B. unter den Wurzeln der Ufergehölze) verloren gehen, und die Passierbarkeit von Ausbreitungshindernissen wird möglicherweise erschwert. So können z. B. Gewässerabschnitte mit einer geringen Wassertiefe wie Riffle-Bereiche bei einem verminderten Abfluß möglicherweise nicht mehr von größeren Fischen überwunden werden. Auch die Passierbarkeit von Verrohrungen und Abstürzen wird sich bei geringeren Wassertiefen verändern.

Verlängerung der Wasseraufenthaltszeit

Bei einem verminderten Abfluß erhöht sich die Aufenthaltszeit des Wassers. Verstärkt wird dieser Effekt durch natürliche oder künstliche Becken wie Pools, Kolke, Aufstauungen u. a. Bei hohen Abflüssen kommt es nur zu geringen Veränderungen der Aufenthaltszeit, während bei kleinen Abflüssen schon geringe Abflußänderungen eine deutliche Veränderung der Aufenthaltsdauer bewirken (Abb. 5.4.10): Der kritische Wert liegt dabei im Bereich der größten Kurvenkrümmung (Schälchli 1991).

Mit einer verlängerten Aufenthaltszeit wird sich die Wassertemperatur eher der Umgebungstemperatur anpassen. Ist ein Gewässer der Sonneneinstrahlung ausgesetzt, so kommt es bei einer verlängerten Aufenthaltszeit (und gleichzeitig verringerter Wassertiefe!) zu einer stärkeren Erwärmung des Wassers. Wird das Bachwasser hingegen von zufließendem Grundwasser beeinflußt, so führt dies zu einer Erniedrigung der Wassertemperatur im Sommer und möglicherweise zu einer Erhöhung der Wassertemperatur im Winter.

Abbildung 5.4.11 zeigt die typischen Veränderungen der Wassertemperatur im Verlauf einer Restwasserstrecke im Sommer. In diesem Beispiel verringert sich die Wassertemperatur direkt unterhalb der Wasserentnahme (P2) durch zufließendes Grundwasser. Im Verlauf der Restwasserstrecke nimmt dann die Wassertemperatur stetig zu (P2 bis P5). Unterhalb der Wasserrückgabestelle kommt es wieder zu einer Verringerung der Wassertemperatur, da hier das kältere Wasser aus dem oberen Gewässerbereich (P1) wieder eingeleitet wird.

Die ökologischen Auswirkungen einer künstlich veränderten Wassertemperatur wurden schon in Abschnitt 5.4.1.1 beschrieben: Allgemein kommt es zu einer Veränderung der Lebensbedingungen, so z. B. durch den verringerten

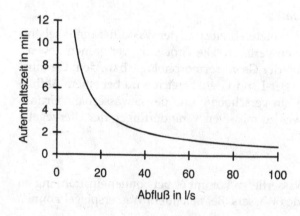

Abb. 5.4.10 Theoretische Aufenthaltszeit des durchfließenden Wassers in einem 5 m³ großen Pool bei verschiedenen Abflüssen.

Abb. 5.4.11 Monatsmittelwerte (Juni 1997) der Wassertemperatur oberhalb (P1, 989 m ü. d. M.), innerhalb (P2 bis P5) und unterhalb (P6, 530 m ü. d. M.) einer etwa 9 km langen Restwasserstrecke (Schächen, Kanton Uri, Schweiz). Nach Angaben aus Wigger (1998).

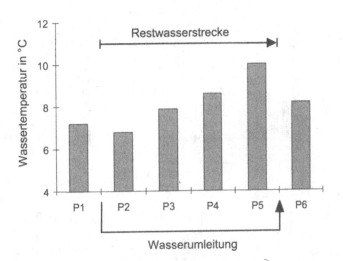

Sauerstoffgehalt bei erhöhter Wassertemperatur. Ferner wird die Entwicklungsdauer der Organismen verändert, welches zu verfrühtem bzw. verspätetem Schlüpfen der Insekten bei möglicherweise ungünstigen Witterungsbedingungen führen kann. Außerdem kommt es zu einer Störung der Synchronisation bzw. Desynchronisation der Entwicklung.

Durch eine verlängerte Aufenthaltszeit wird der Abbau von organischer Substanz auf eine kürzere Gewässerstrecke konzentriert. Insbesondere bei Einleitung von organisch belastetem Abwasser kann es aufgrund der verlängerten Aufenthaltszeit (und des verringerten Wasservolumens) zu einer starken Sauerstoffzehrung kommen.

Verringerte Strömungsgeschwindigkeiten

Im deutschsprachigen Raum wurden viele umfangreiche Untersuchungen über die veränderte sohlnahe Strömung in Restwasserstrecken durchgeführt (Fuchs 1994, Heilmair 1997, Jorde 1996, Mader 1992, Maile 1997, Schmedtje 1995). Bei diesen Untersuchungen wurde die sohlnahe Strömung in Teststrecken bei unterschiedlichen Abflüssen mittels Meßflügeln oder FST-Halbkugeln erfaßt. Wie in Abschnitt 1.2 beschrieben, ermittelt man mit FST-Halbkugeln verschiedene hydraulische Parameter summarisch. Zur Untersuchung einer Gewässerstrecke wird ein Zufallsraster von Meßpunkten festgelegt und an jedem Meßpunkt wird die schwerste von der Strömung noch verdriftete Halbkugel ermittelt. Auf diese Weise erhält man für jeden untersuchten Abfluß eine Häufigkeitsverteilung der Halbkugeln (Abb. 5.4.12). Bei geringem Abfluß überwiegen Bereiche mit kleinen Fließgeschwindigkeiten; hier werden also nur die Halbkugeln mit einer sehr geringen Dichte (d. h. mit einer kleinen Nummer) verdriftet. Bei zunehmendem Abfluß kommen Sohlbereiche mit höheren Fließgeschwindigkeiten hinzu, während die Sohlbereiche mit kleiner Fließgeschwindigkeit – wenn auch weniger häufig – erhalten bleiben. Hierzu muß die Gewässersohle allerdings eine gewisse Strukturvielfalt aufweisen, so daß sich strömungsberuhigte Bereiche ausbilden.

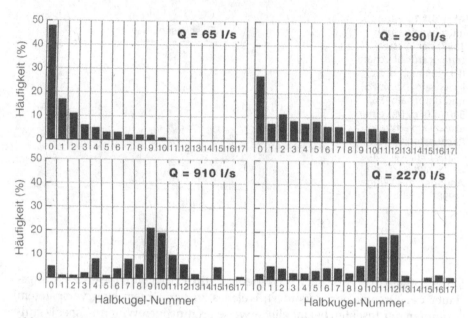

Abb. 5.4.12 Häufigkeitsverteilung der FST-Halbkugeln bei verschiedenen Abflüssen in einem voralpinen Fluß (Prien, einem Zufluß des Chiemsees im südöstlichen bayerischen Alpenvorland). Aus Schmedtje (1995).

In Abschnitt 2.2 wurde gezeigt, wie und warum viele Fließwasserorganismen an bestimmte Strömungsbedingungen angepaßt sind. Fehlen Sohlbereiche mit hohen Strömungsgeschwindigkeiten bzw. mit einer großen Halbkugelnummer, so werden auch jene Organismen nicht mehr vorkommen, die auf eine starke Strömung angewiesen sind. Die Taxa- bzw. Artenzahl wird geringer und Dominanzen werden sich ändern. So kann sich z. B. in Restwasserstrecken bei Bächen der Forellen- und Äschenregion ein Rückgang der größeren rheophilen Fischarten (Forelle, Äsche, Nase u. a.) zeigen, während sich Kleinfische wie Schmerle oder Elritze besser entwickeln (Fuchs 1994). Besonders ungünstig wirkt sich eine verringerte Strömungsgeschwindigkeit bei gleichzeitiger Erhöhung der Wassertemperatur aus. Bei höheren Wassertemperaturen sinkt der Sauerstoffgehalt im Wasser und zudem haben die Fließwassertiere einen höheren Sauerstoffbedarf. Durch die verringerten Fließgeschwindigkeiten erhöht sich der sauerstoffarme Grenzbereich um die atmungsaktiven Strukturen und die Sauerstoffaufnahme wird erschwert (Abschn. 2.2.3).

Festlegung des Mindestabflusses

Die Festlegung des Mindestabflusses in Restwasserstrecken ist von entscheidender ökologischer Bedeutung. In der Vergangenheit wurden vor allem **Formeln** zur Festlegung des Mindestabflusses benutzt. So sind bei DVWK (1996b) 23 unterschiedliche Mindestabfluß-Formeln aufgeführt. 17 Formeln beruhen auf hydrologisch-statistischen Kennzahlen (MQ, MNQ u. a.), und bei vier Formeln werden morphologisch-hydraulische Parameter (Wassertiefe, Fließgeschwindigkeit u. a.) benutzt. Diese Vorgangsweise ist sehr schematisch und

Tab. 5.4.7 Auswirkungen vorgeschlagener Mindestwasserregelungen am Beispiel eines Kleinkraftwerkes (300 kW) an einem Mittelgebirgsfluß (MQ = 7,7 m³/s, MNQ = 2,2 m³/s). Aus DVWK (1996b).

	Mindestwasser-abfluß in m³/s	Verringerung des nutzbaren Abflusses in %	Stillstandstage pro Jahr
SCHWEIZ			
Gewässerschutzgesetz 1. Stufe	0,84	10	4
Schätzung 2. Stufe	1,2–2,2	14–19	7–44
ÖSTERREICH			
Kärnten	0,91	10	4
Niederösterreich	0,91–2,16	10–28	4–41
Oberösterreich	2,16	28	41
Salzburg	Winter 0,98	Winter 11	Winter 5
	Sommer 1,3	Sommer 16	Sommer 11
Steiermark	0,75	9	3
Tirol	1,5	19	15
Vorarlberg	0,77–3,67	9–48	3–120
DEUTSCHLAND			
Baden-Württemberg	0,71–1,1	9–13	3–5
Nordrhein-Westfalen	1,1–3,2	13–46	5–95
Rheinland-Pfalz	0,4–1,1	4–13	0–5

es fließen nur wenige Parameter in die Ermittlung des Mindestabflusses ein. Biologische Untersuchungen sind hierbei nicht erforderlich. In Tabelle 5.4.7 sind die Auswirkungen von gesetzlich vorgeschriebenen Mindestwasserregelungen am Beispiel eines Mittelgebirgsflusses aufgeführt.

Im Gegensatz zu Formeln zielen **Verfahren** auf eine individuelle Behandlung jedes Fließgewässers ab (DVWK 1996b). Bei den Verfahren werden neben hydrologischen, morphologischen und hydraulischen Parametern auch ökologische Aspekte berücksichtigt wie Wasserqualität, Selbstreinigungsvermögen, Populationsdynamik der Wasserorganismen oder die Entwicklung der Ufervegetation. Bei der definitiven Bestimmung des Mindestwasserabflusses finden dann auch wirtschaftliche und energiepolitische Kriterien Berücksichtigung.

Bei der **Verfahrensempfehlung des DVWK** (1999) wird die Dotierwassermenge aufgrund von Untersuchungen mit der FST-Halbkugel-Methode (Abschn. 1.2) und einem Habitat-Prognose-Modell ermittelt. Bei bestimmten Gewässertypen kann anhand einiger, einfach zu messender Parameter die Halbkugelverteilung für verschiedene Abflüsse modelliert werden. Ist für den betrachteten Gewässertyp kein Modell vorhanden, so muß man die Strömungsverteilung mittels der FST-Halbkugel-Methode direkt ermitteln.

Im nächsten Schritt werden verschiedene Makrozoobenthosarten für die Modellierung ausgewählt. Hierzu eignen sich vor allem Leit- und Charakterarten sowie gefährdete Arten (Rote-Liste-Arten). Für eine Vielzahl von Makrozoobenthosarten liegen die für die Modellierung notwendigen Strömungspräferenzkurven vor (siehe DVWK 1999). Abbildung 5.4.13 zeigt beispielhaft die Präferenzkurven von vier Arten. Mittels der Verknüpfung von (gemessenen

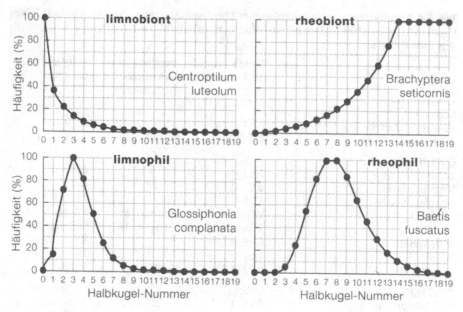

Abb. 5.4.13 Strömungspräferenzen am Beispiel von vier Arten. Aus DVWK (1999).

oder modellierten) Halbkugelverteilungen und den Präferenzkurven läßt sich eine Prognose für die Populationsentwicklung bei verschiedenen Abflüssen vornehmen. Abbildung 5.4.14 zeigt die prognostizierten Individuenhäufigkeiten bei zunehmendem Abfluß für limnobionte (stillwasserbedürftige), limnophile (stillwasserliebende), rheophile (strömungsliebende) und rheobionte (strömungsbedürftige) Taxa.

Bei Fischen, welche sich vorwiegend im Freiwasser aufhalten, sind weniger die sohlnahe Strömung, als eher die Fließgeschwindigkeit im Freiwasserraum, die Wassertiefe und die Art der Sohlsubstrate von Bedeutung. So bevorzugt die Bachforelle eine Fließgeschwindigkeit von 0,1–0,3 m/s, eine Wassertiefe von 0,3–1,0 m und kiesig-steiniges Substrat (Heggenes & Saltveit 1990). Um Forellen eine Durchwanderung der Restwasserstrecke zu ermöglichen, sollte zudem die Wassertiefe durchgehend mindestens 20 cm betragen. Sind – wie in diesem Beispiel – die Habitatbedingungen bekannt, dann kann der potentielle Lebensraum für verschiedene Abflüsse modelliert werden (Abb. 5.4.15).

Bei der Festlegung des ökologisch erforderlichen Abflusses sollte man sich an der gewässertypischen Situation bzw. einem Referenzzustand orientieren (siehe Abschn. 6.1.2). Beispielsweise kann der oberhalb der Wasserentnahme liegende Gewässerabschnitt als Referenz dienen, sofern er vergleichbar und hydrologisch unbeeinflußt ist. Die Festlegung des Mindestabflusses erfolgt nun nach verschiedenen Ansätzen (DVWK 1999):

– Erhalt der gewässertypischen Strömungsvielfalt

Es wird der Mindestabfluß so festgelegt, daß sich ein ausgewogenes, gewässertypisches Verhältnis der Bereiche mit unterschiedlichen Strömungsintensitäten ergibt.

Abb. 5.4.14 Pro-
gnose der Individuen-
häufigkeiten hinsicht-
lich ihrer Strömungs-
präferenzen in der
Restwasserstrecke
eines Mittelgebirgs-
flusses bei verschie-
denen Abflüssen.
Aus DVWK (1999).

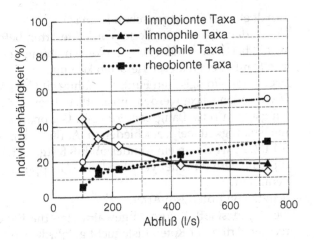

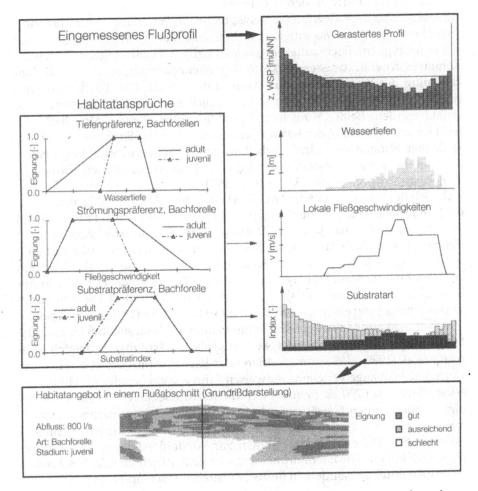

Abb. 5.4.15 Habitatmodellierung am Beispiel der Bachforelle unter Verwendung des
Computermodells CASIMIR mit dem Modul SORAS. Nach Schneider (1997).

– Erhalt einer standorttypischen Fauna
   Es werden die Leit- und/oder Charakterarten betrachtet und der Abfluß gewählt, bei dem es nicht zu einer Verschiebung der gewässertypischen, relati-
   ven Häufigkeiten dieser Tierarten kommt.
– Erhalt der ökologischen Funktionsfähigkeit (Abschn. 6.1.1)
   Verschiedene Taxa werden hinsichtlich ihrer Strömungspräferenzen, Ernährungstypen oder Längszonierung in Gruppen eingestuft und die Vorkommenshäufigkeit bei verschiedenen Abflüssen modelliert (siehe z. B. Abb.
   5.4.13). Es wird nun ein Mindestabfluß festgelegt, bei dem sich das gewässertypische Verhältnis der verschiedenen Gruppen zueinander nicht gravierend
   verändert.
– Schutz von Rote-Liste-Arten
   Der Mindestabfluß wird so gewählt, daß die Populationen von standortgerechten Arten der Roten Liste nicht gefährdet sind.
– Erhalt der standorttypischen Fischfauna
   Es sollte eine dem Gewässertyp entsprechende Verteilung von Strömungsgeschwindigkeiten, Wassertiefen und Sohlsubstraten vorliegen, so daß für die
   standorttypische Fischfauna ein genügend großes Habitatangebot besteht.

Kommt es in der Restwasserstrecke bei Sonneneinstrahlung zu einer deutlichen
Erhöhung der Wassertemperatur, dann muß – sofern eine Beschattung mit
standortgerechten Ufergehölzen nicht möglich ist – die Dotierwassermenge
erhöht werden. Beim „Munich-ecological-flow-investigation"-Modell (MEFI)
wird für die Ermittlung der Restwassermenge neben der Sohlrauheit und den
sohlnahen Strömungsgeschwindigkeiten auch die Sonneneinstrahlung gemessen, und bei starker Einstrahlung wird nach einer vorgegebenen Formel die
Dotierwassermenge erhöht (Maile et al. 1997).

Da sich der Niedrigabfluß im Jahresverlauf ändert (Abschn. 1.1.2), sollte auch
die Mindestwasserabgabe dem angepaßt werden. Hierzu schlägt Mader (1992)
eine monatsweise Staffelung der Dotierwasserabgabe in Anlehnung an den
Regimetyp vor. Da es aber natürlicherweise auch im Tagesverlauf zu Abflußschwankungen kommt (Abschn. 1.1.2), sollten auch diese bei der Dotation
berücksichtigt werden. Eine dynamisch gestaffelte Dotierwasserabgabe in Abhängigkeit des Zuflusses ist daher aus ökologischer Sicht ideal. Die steuerung-
stechnische Lösung einer solchen Dotation ist bei Mader (1993) beschrieben.

Neben dem aus ökologischer Sicht notwendigen Mindestabfluß ist auch die
Morphologie der Restwasserstrecke von großer Bedeutung. So zeigten Kohmann et al. (1990), daß ein mäandrierender Bachabschnitt bei 14 l/s eine vergleichbare Halbkugelverteilung aufweisen kann wie ein gerader Abschnitt des-
selben Baches bei 200 l/s. Befindet sich die Restwasserstrecke in einem begradigten, ausgebauten Gewässerabschnitt, so können Strukturierungsmaßnah-
men in gewissem Umfang die erforderliche Dotierwassermenge verringern
(Mader 1993). Daher sind Maßnahmen zur Wiederherstellung einer natürlichen, vielfältigen Gewässermorphologie, wie sie in Abschnitt 4.2.5 beschrieben
sind, auch und insbesondere in Restwasserstrecken zu empfehlen.

5.4.4.3 Künstlich reduzierte Hochwasserabflüsse

In Abschnitt 3.1.1 und 3.2.3 wurde die ökologische Bedeutung von Hochwasserabflüssen für das Gerinne wie auch für das Umland aufgezeigt. Werden die natürlichen Hochwasser stark vermindert, so ergeben sich zahlreiche Konsequenzen:

Sohlkolmation

Bleiben die regelmäßigen Sohlumlagerungen aus, so kommt es zu einer Einlagerung von feinen Sedimenten in die Sohle und als Folge davon zu einer Verstopfung (Kolmation) der Sohle (Abschn. 3.3). Auch eine starke Zunahme der Algen (insbesondere der Kieselalgen) führt zu einer Sohlkolmation (Schröder 1987). Eine Massenentwicklung von höheren Wasserpflanzen vermindert die Fließgeschwindigkeiten, so daß feinpartikuläre Stoffe eher sedimentieren. Auch auf diese Weise wird eine Kolmation der Sohle gefördert. Als Folge der Kolmation werden die Wechselwirkungen zwischen Fluß- und Grundwasser unterbrochen; das Hyporheal wird nicht mehr genügend durchströmt, so daß der Sauerstoffgehalt des Hyporhealwassers sinkt. Dies gefährdet das Überleben der Mesofauna, der ersten Entwicklungsstadien der Wasserinsekten und die Eientwicklung der kieslaichenden Fische.

Zunahme der Biomasse und Rückgang der Artendiversität

Durch Sohlumlagerung und Sandstrahleffekt werden die Organismen der Gewässersohle regelmäßig in ihrer Besiedlungsdichte reduziert und in der räumlichen Verteilung verändert (Abschn. 3.1). Besonders deutlich sieht man dies bei Algen und höheren Wasserpflanzen, welche sich bei ausbleibenden Hochwassern und entsprechenden Randbedingungen (Nährstoffe, Licht) stark vermehren können, bis schließlich einige wenige Pflanzenarten dominieren. Während bei einer Stein-Kies-Sohle mit mäßigem Algenbewuchs die Larven vón Eintagsfliegen und Steinfliegen dominieren, kommt es nun zu einer Massenentwicklung von Zuckmückenlarven. Bei Bächen mit umgebenden Gehölzen werden durch das ausbleibende Hochwasser die Detritusablagerungen auf der Sohle zunehmen, und infolgedessen kommt es zu einer Zunahme der Detritusfresser (Ammann 1993).

Verlust an Überschwemmungsflächen

Handelt es sich um ein Fließgewässer mit angrenzenden Überschwemmungsgebieten, so führt ausbleibendes Hochwasser letztendlich zu einem vollständigen Verlust des Lebensraumes Aue. Die Altwasser in der Aue werden isoliert und verlanden, Pionierflächen werden reduziert, und die typische Auevegetation geht verloren. Die Folgewirkungen von ausbleibendem Hochwasser gleichen somit den Auswirkungen von Flußdeichen (Abschn. 4.3.2).

Ökologisch orientierte Maßnahmen

In Restwasserstrecken unterhalb von Wasserfassungen mit großem Maximaleinzug und Talsperren wird der natürliche Hochwasserabfluß stark reduziert. Zu Zeiten mit erhöhten Abflüssen sollte es aber auch in diesen Restwasserstrecken zu Hochwasserabflüssen kommen, welche zumindest in etwa den natürlichen Bedingungen entsprechen. Zu diesem Zweck muß man bei Wasserfassungen ggf. den Maximaleinzug reduzieren, und bei Speichertalsperren muß während natürlicher Hochwasserereignisse zusätzlich Wasser aus dem Speicher abgelassen werden, um so den reduzierten Hochwasserabfluß in der Restwasserstrecke aufzustocken.

Um die ökologischen Auswirkungen der Hochwasserabflüsse in der Restwasserstrecke zu kontrollieren, kann beispielsweise ein „Algenmonitoring" eingesetzt werden. Diese Vorgehensweise wird bei der Sihl, einem voralpinen Fluß in der Schweiz, angewendet (Elber et al. 1996): Die Sihl führt vom Sihlsee bis zu seiner Mündung in die Limmat bei Zürich Restwasser, und Hochwasserabflüsse sind hier durch den Sihlsee stark reduziert. In der Sihl kommt es (wie bei vielen Flüssen) nach einer gewissen hochwasserfreien Zeit zu einer Massenentwicklung von Algen auf der Gewässersohle. Beim Monitoring wird nun der Algenbewuchs regelmäßig mit einer einfachen quantitativen Abschätzung erhoben. Sobald der Algenbewuchs eine gewisse kritische Dichte erreicht hat, wird das nächste Hochwasser durch zusätzliches Wasser dem Sihlsee aufgestockt, so daß es zu einer Sohlumlagerung und damit zu einer massiven Reduktion der Algenbesiedlung kommt.

5.4.5 Künstliche, kurzzeitige Abflußerhöhungen

5.4.5.1 Schwellbetrieb

Durch einen häufigen, raschen Abflußanstieg werden Kleintiere und Fische stark verdriftet. Von Bedeutung ist hierbei neben der Morphologie und dem Sohlgefälle vor allem das Verhältnis von Minimal- zu Schwallabfluß. Je größer die Differenz, desto massiver ist die Schädigung, was sich deutlich anhand der Fischbiomasse zeigt (Abb. 5.4.16). Mit zunehmender Entfernung vom Kraftwerk wird der Schwall „flacher", d. h., das Verhältnis von Minimal- zu Schwallabfluß verringert sich (Abschn. 1.2). Untersuchungen unterhalb von Schwellkraftwerken zeigen innerhalb der ersten Flußkilometer einen Makrozoobenthos-Biomasseausfall von 75–95 %, während im Verlauf der weiteren Fließstrecke

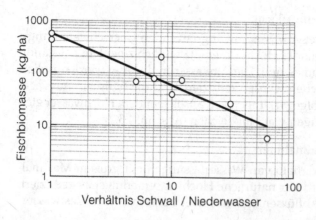

Abb. 5.4.16 Korrelation zwischen maximalem/minimalem Abfluß und der Biomasse des Gesamtfischbestandes in neun österreichischen Gewässerstrecken des Rhithrals mit Schwellbetrieb. Aus Jungwirth (1993).

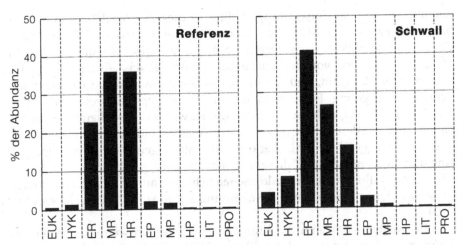

Abb. 5.4.17 Verteilung des Makrozoobenthos nach biozönotischen Regionen in naturnahen Referenzabschnitten und schwallbeeinflußten Abschnitten der Salzach. Aus Moog (1995) (Abkürzungen siehe Tabelle 3.4.1).

(nach 20–40 Kilometer) der Biomasseausfall nur noch 40–60 % beträgt (Moog 1992). Einen großen Einfluß auf die Besiedlungsdichte hat die Gerinnestruktur. In begradigten, strukturarmen Fließgewässern wird der Besiedlungsrückgang durch die fehlenden strömungsgeschützten Bereiche deutlich stärker sein als in naturnahen Fließgewässern.

Verschiedene Fließwassertiere (Jungfische, Kleinfische und ein Teil des Makrozoobenthos) suchen bei ansteigendem Abfluß Uferbereiche auf, um so der starken Strömung auszuweichen. Bei einem raschen Abflußrückgang können sie dann in seitlichen Sohleintiefungen isoliert werden. Auch auf diese Weise können große Teile der Populationen verloren gehen.

Durch die ständig wiederkehrenden Wasserschwalle kommt es auch zu einer verstärkten Abschwemmung von Detritus und Algen, und bei Abflußrückgang bleibt ein Teil des Detritus und der Algen auf den trockenfallenden Flächen zurück. Hierdurch wird den Kleintieren die Nahrungsgrundlage entzogen und infolgedessen auch den sich vom Zoobenthos ernährenden Fischen.

Durch den Einfluß der Wasserschwalle werden die Fließwasserorganismen in ihrer Artenzusammensetzung beeinflußt. Beim Makrozoobenthos erfolgt eine generelle Zunahme euryöker Arten, eine Begünstigung robuster Formen, die der verstärkten Strömung widerstehen können und eine Begünstigung von Kieslückenbewohnern, die während des Schwalldurchgangs im Hyporheal vor der Abdrift geschützt sind (Moog 1992). Allgemein kommt es durch die zeitweise verstärkte Strömung zu einer flußaufwärts gerichteten Verschiebung der biozönotischen Region (Abb. 5.4.17).

Der Wasser-Land-Grenzbereich wird besonders stark durch Abflußschwankungen beeinflußt. Im Nahbereich der Wasserrückgabe werden die sich dort aufhaltenden Organismen mit der starken Strömung weggespült. Betroffen sind dabei nicht nur die ständig dort lebenden Tiere (der Spritz- und Flachwasserzone), sondern auch jene Wasserinsekten, welche den Übergang von

einem in ein anderes Entwicklungsstadium in diesem Grenzlebensraum voll-
ziehen. Aber auch terrestrische, in Wassernähe lebende Insekten (Abschn. 3.2.2)
können mit dem plötzlich ansteigenden Abfluß weggeschwemmt werden. In
größerer Entfernung von der Rückgabestelle erfolgt das „Anschwellen" des
Abflusses eher langsam, und die hydraulischen Auswirkungen des erhöhten
Abflusses sind gering. Diese Situation findet man typischerweise an großen
Flüssen mit Wasserspeichern im Einzugsgebiet wie am Alpenrhein oder an der
Rhone. Hier werden die Organismen des Wasser-Land-Grenzbereiches zwar
nicht mehr weggeschwemmt, aber durch den ständigen Wechsel von Überflu-
tung und Trockenfallen wird dieser Lebensraum stark geschädigt.

Folgende **Maßnahmen zur ökologischen Schadensminimierung** bei Schwellbetrieb werden vorgeschlagen (in Anlehnung an Moog 1992, 1993b, Moog et al.
1993):

- Im Schwellbetrieb sollten die Kraftwerke so gefahren werden, daß die Erhöhung und Absenkung des Abflusses in der Rückgabestrecke möglichst
  langsam erfolgt.
- Eine Schwalldämpfung kann mit Ausgleichs- oder Pufferbecken im Anschluß
  an das Kraftwerk und vor der Rückgabe des Wassers in das Fließgewässer
  erfolgen. Idealerweise wird hierbei die Schwallwassermenge in der Rückgabestrecke reduziert und der Niedrigabfluß erhöht.
- Während der Speicherphase sollte in der Restwasserstrecke ein ausreichender
  Mindestwasserabfluß garantiert sein. Insbesondere sollte ein untypisches
  Trockenfallen von Teilen der Gewässersohle verhindert werden.
- Ein stark strukturiertes Gerinne bietet einen gewissen Strömungsschutz, so
  daß die Organismenbesiedlung weniger stark reduziert wird. Allerdings ist
  darauf zu achten, daß bei fallendem Wasserstand keine wassergefüllten Sohl-
  bereiche vom Hauptgerinne getrennt werden.

5.4.5.2 Spülung von Stauräumen

Das Speichervolumen (Tagesspeicher, Wochenspeicher) der Stauhaltung wird
durch die vom Fluß angelieferten Feststoffe reduziert. Dieser Verlandungsprozeß kann Jahre, Jahrzehnte oder Jahrhunderte dauern. Je kleiner der
Stauraum und je größer die Menge an antransportierten Feststoffen, um so
schneller wird der Speicher aufgefüllt. Besonders verlandungsgefährdet sind
die Flußstauhaltungen der geschiebereichen voralpinen Flüsse. Die Verlan-
dungstendenz wird zudem gefördert bei Stauhaltungen mit großen Quer-
schnittsaufweitungen oder großflächig überströmten bzw. überstauten Vorländern. Geschiebeauffangbecken vor dem Stauraum, welche regelmäßig aus-
gebaggert werden, können die Stauraumverlandung erheblich reduzieren.
Wenn kein Kiesfang existiert, muß man die Sedimente aus dem Stauraum entfernen. Hierzu existieren eine Vielzahl von Techniken und Geräten wie Saug-
heber, Fräsen, Bagger u. a. (siehe DVWK 1993). Sofern die Sedimente nicht mit
Schadstoffen kontaminiert sind, können sie verwertet werden (in der Baustoff-
industrie, im Straßenbau u. a.).

Weniger aufwendig sind Stauraumspülungen. Hierbei werden tiefliegende

Abb. 5.4.18 Darstellung des zeitlichen Ablaufs der chemisch-physikalischen Wasserbeeinträchtigung im Unterwasser bei Stauraumspülungen. Schematisch nach Rambaud et al. (1988) und Gerster & Rey (1994).

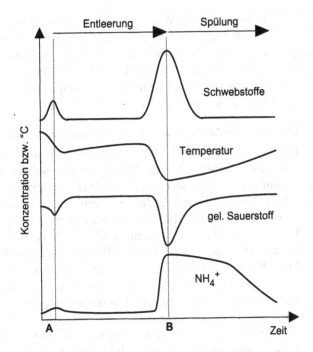

Verschlüsse im Sperrbauwerk geöffnet und mit dem aufgestauten Wasser werden die im Stauraum abgelagerten Sedimente in den Unterwasserbereich gespült. Je größer die Spülwassermenge bzw. Stauabsenkung ist, um so eher können die Sedimente mobilisiert und um so weiter können die Sedimente flußabwärts transportiert werden. Aus diesem Grund ist es günstig, Stauraumspülungen bei Hochwasserabflüssen durchzuführen. Voraussetzung für wirksame Stauraumspülungen sind langgestreckte, schlauchförmige Stauräume. Bei Flußstauräumen sollte das Verhältnis von Tiefe zu Breite größer als etwa 0,1 sein (Westrich 1988). Sedimentablagerungen auf überstauten Vorländern mit großer seitlicher Ausdehnung lassen sich mittels Spülungen im allgemeinen nicht entfernen.

Abbildung 5.4.18 zeigt den Ablauf einer Spülung bei einem großem Speicher. Schon zu Beginn der Entleerung bei der Öffnung der Grundablässe wird ein Teil der Sedimente mobilisiert. Im Unterwasserbereich kommt es so zu einer Erhöhung der Schwebstofführung. Im Sommer wird durch die Ableitung hypolimnischen Wassers die Temperatur im Unterwasserbereich deutlich erniedrigt. Die eigentliche, großflächige Mobilisation der Sedimente erfolgt im allgemeinen erst bei einem schon abgesenkten Wasserspiegel. Bei der Spülung können toxische Verbindungen wie Ammoniak oder Schwefelwasserstoff freigesetzt werden, welche sich bei anaeroben Bedingungen in den Stauraumsedimenten gebildet haben. Durch die Oxidation der reduzierten Verbindungen und den Abbau der freigewordenen organischen Substanz kommt es während der Spülung zu einer starken Sauerstoffzehrung. Dies ist ein wesentlicher Unterschied zu natürlichen Hochwassern, bei welchen im allgemeinen keine größere Sauerstoffzehrung auftritt.

Die Transportweite der Sedimente ist abhängig vom Sohlgefälle, der Gerinnemorphologie und der Wassermenge, mit der die Spülung durchgeführt wird. In Gewässerabschnitten mit geringem Sohlgefälle und/oder Gerinneaufweitungen können sich besonders große Mengen der Sedimente ablagern. So zeigten sich nach einer Spülung des Ausgleichsbeckens Palagnedra im Tessin ca. 7 km unterhalb des Beckens Feinsedimentablagerungen von über 1 m Mächtigkeit (Gerster & Rey 1994).

Ökologische Auswirkungen von Stauraumspülungen

Durch die hydraulische Belastung der Gewässersohle während der Spülung kann es zu einem starken **Rückgang der Sohlbesiedlung** kommen. Bei der Spülung von Speichern und Ausgleichsbecken an verschiedenen schweizerischen Alpenflüssen wurde die Benthosbesiedlung um 70–95 % reduziert (Gerster & Rey 1994). Bei Spülungen zu einem Zeitpunkt, bei dem keine natürlichen Hochwasser vorkommen, sind viele Benthostiere und Fische nicht an höhere Abflüsse angepaßt. Dies führt zu einem größeren Rückgang der Besiedlung. Bei unstrukturierten Gerinnen kann sowohl die Benthos- wie auch die Fischfauna nahezu vollständig weggeschwemmt werden, da keine Rückzugsmöglichkeit in strömungsgeschützte Bereiche besteht. Bei Restwasserstrecken ohne morphologische Anpassung an erhöhte Abflüsse ist die Sohle häufig kolmatiert. Benthostiere haben hier keine Rückzugsmöglichkeiten und können der Wasserströmung nicht ausweichen. Zudem sind auch die dort vorkommenden Organismen nicht an hohe Abflüsse angepaßt. Bei einem raschen Rückgang des Abflusses kann es, ähnlich wie beim Schwellbetrieb, zu einer **Isolation von Benthostieren und Fischen** in gewässernahen Geländevertiefungen kommen.

Die hohe Schwebstofführung, der geringe Sauerstoffgehalt und/oder toxische Substanzen können zu **Schäden bei den Fließwassertieren** führen. Durch aggressive Sanddrift kann es zu einer mechanischen Schädigung der Fischschleimhaut kommen und Feinstoffe können die Kiemenblätter verstopfen und das Kiemenepithel bedecken (Gerster & Rey 1994). Hohe Schwebstofführung und niedriger Sauerstoffgehalt wirken in bezug auf Fische synergetisch. Abbildung 5.4.19 zeigt die zehnprozentige Mortalitätsschwelle für Forellen-

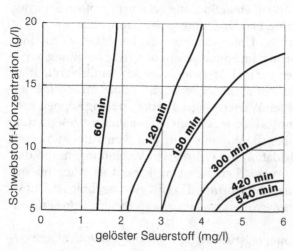

Abb. 5.4.19 Darstellung der Mortalitätsschwellen für 10 % der Forellenbrütlinge in Abhängigkeit vom Sauerstoff- und Schwebstoffgehalt des Wassers bei verschiedenen Expositionszeiten. Aus Garric et al. (1990).

brütlinge bei verschiedenen Schweb- und Sauerstoffkonzentrationen und bei unterschiedlichen Expositionszeiten. Die Schwebstoffkonzentration wirkt sich insbesondere bei längeren Expositionszeiten aus.

Durch die Ablagerung von **Feinsedimenten** kann es zu einer Kolmation der Sohle mit weitreichenden ökologischen Auswirkungen kommen (Abschn. 5.4.4.3). Da unterhalb von Stauräumen die Hochwasserdynamik stark reduziert ist, besteht zudem die Gefahr, daß diese Ablagerungen sich über sehr lange Zeiträume halten können.

Ökologisch orientierte Maßnahmen

Stauraumspülungen sind immer mit gewissen ökologischen Beeinträchtigungen verbunden. Um diese Schäden möglichst gering zu halten, ist eine bestimmte Vorgehensweise einzuhalten (Gerster & Rey 1994, ÖWAV 1998):

- Bei Voruntersuchungen sollte die während der Spülung mobilisierte Sedimentmenge und die ökotoxikologische Wirkung der Sedimente abgeschätzt werden. Die Verfügbarkeit von sauberem Verdünnungswasser zum Nachspülen ist ebenfalls abzuklären.
- Der Zeitpunkt der Spülung sollte auf eine Jahreszeit mit natürlicherweise hoher Wasserführung fallen. Die Fische sollten während ihrer Laichzeiten und frühen Entwicklungsstadien möglichst nicht durch Spülungen beeinflußt werden.
- In vergleichbaren Untersuchungen ermittelte Grenzwerte für Schwebstoff- und Sauerstoffkonzentrationen während der Spülung sollten berücksichtigt werden.
- Um den vorhandenen Fischbestand nicht zu gefährden, können Bestandsbergungen (Abfischungen vor der Spülung und Wiedereinsetzen der Fische nach der Spülung) angezeigt sein. Sollte ein Jungfischbesatz beabsichtigt sein, muß dieser mit dem Zeitpunkt der Spülung koordiniert werden.
- Ein langsamer Anstieg und Abfall des Abflusses während der Spülung sollte angestrebt werden. In kritischen Phasen des Sedimentaustrages sollten nur sehr geringe oder sogar negative Absenkgeschwindigkeiten eingestellt werden, um die Schadstoffkonzentrationen des Spülwassers möglichst gering zu halten.
- Spülungsbegleitende Untersuchungen sind nötig, um weitere Kenntnisse zu gewinnen und zur Beweissicherung. Ein detailliertes Untersuchungsprogramm für Spülungen ist bei Gerster & Rey (1994) zu finden.

5.4.5.3 Entsanderspülungen

Funktion und Wirkungsweise von Entsandern wurde in Abschnitt 5.3.1 beschrieben. Die plötzliche Abgabe des Wasser-Feststoff-Gemisches aus der Entsanderkammer hat im Unterwasser üblicherweise einen brandenden Schwall zur Folge. Bei einer zu geringen Spülwassermenge kommt es unterhalb der Entsanderkammer zu größeren Sedimentablagerungen. Da aber die feinen Partikel (< 0,5 mm) im allgemeinen in der Entsanderkammer nicht sedimentieren (Abschn. 4.3.1), werden diese folglich auch nicht mit Entsanderspülungen ins

Unterwasser gelangen. Im Gegensatz zu den Ablagerungen nach Stauraum-spülungen kommt es bei Ablagerungen durch Entsanderspülungen zumeist nicht zu einer Kolmation der Sohle.

Die **ökologischen Auswirkungen** von Entsanderspülungen wurden exemplarisch am etwa 2000 m hoch gelegenen Klammbach (Kühtai, Tirol) untersucht (Hütte 1994). Durch die hydraulische Belastung der Gewässersohle während der Entsanderspülung wurde die Mesofauna und das Makrozoobenthos sehr stark verdriftet. Dabei kam es zu extrem hohen Driftdichten. Bei Verwendung eines Netzes mit einer Maschenweite von 0,1 mm wurde bei der Mesofauna eine maximale Driftdichte von etwa 80 000 und beim Makrozoobenthos von etwa 30 000 Individuen pro m³ Wasser ermittelt. Dies führte zu einer starken Reduktion der Sohlbesiedlung. Mit zunehmender Entfernung von der Entsanderkammer wird der Maximalabfluß des Wasserschwalls geringer, d. h., das Verhältnis von Schwallwasserabfluß zu ursprünglichem Abfluß wird kleiner. Am Klammbach beträgt dieses Verhältnis 90 m unterhalb der Entsanderkammer etwa 60:1; hier wurde ein Rückgang der Zoobenthosbesiedlung um 90 % ermittelt. Etwa 600 m unterhalb der Wasserfassung beträgt das Verhältnis von Schwallwasserabfluß zu ursprünglichem Abfluß nur noch 5:1; hier konnte kein signifikanter Rückgang der Sohlbesiedlung mehr festgestellt werden. Vermutlich kommt es aber auch in diesem Gewässerbereich noch zu einer massiven Beeinträchtigung der limnischen und terrestrischen Organismen des Wasser-Land-Grenzbereichs.

Ökologisch orientierte Maßnahmen können die negativen Effekte von Entsanderspülungen mildern:
- Spülungen sollten nur zu Zeiten eines erhöhten Abflusses stattfinden. Idealerweise werden Entsanderspülungen nur bei Hochwasser durchgeführt.
- Die Spülung sollte langsam eingeleitet werden, so daß der Wasserspiegel im Fließgewässer langsam ansteigt. Auch sollte der Schwallabfluß nur langsam abklingen.
- Der Maximalabfluß während einer Spülung sollte so groß gewählt werden (und so lange anhalten), daß unterhalb der Entsanderkammer keine größeren Sandablagerungen entstehen.

Bei der Neuanlage von Wasserfassungen sollten im allgemeinen Entsander mit kontinuierlicher Spülung (Abschn. 5.3.1) bevorzugt werden, wobei die kontinuierliche Spülung dann gleichzeitig eine Wasserdotation wäre. Da hierbei kein Fischaufstieg möglich ist, sollte man diese Art von Entsander nur in Fließgewässern einsetzen, in welchen Fische natürlicherweise nicht vorkommen.

6 Gewässerbewertung und Gewässerentwicklung

6.1 Grundlagen der Gewässerbewertung

6.1.1 Kriterien und Parameter einer ökologischen Gewässerbewertung

In der österreichischen Norm zur Fließgewässerbewertung (ÖNORM M6232) wird der Begriff **ökologische Funktionsfähigkeit** als „Fähigkeit zur Aufrechterhaltung des Wirkungsgefüges zwischen dem in einem Gewässer und seinem Umland gegebenen Lebensraum und seiner organismischen Besiedlung entsprechend der natürlichen Ausprägung des betreffenden Gewässertyps" definiert. Bei dieser Definition wird insbesondere die Fähigkeit des Fließgewässer-Ökosystems zur Selbstregulation durch Resistenz und Resilienz hervorgehoben. Bei „Resistenz" zeigt das Ökosystem eine gewisse Stabilität gegenüber Störungen. Bei „Resilienz" reagiert das Ökosystem elastisch, d. h., Strukturen und Prozesse werden durch Störungen verändert, kehren dann aber wieder weitgehend zur Ausgangssituation zurück. Die Begriffe Resistenz und Resilienz beziehen sich auf die Fähigkeit eines Ökosystems, auf natürliche Störungen zu reagieren, aus eigener Kraft eine Reorganisation vorzunehmen und die Organisationsstrukturen für den Stofftransport und Energiefluß wieder herzustellen (Moog 1994).

Bei einer Gewässerbewertung muß der Grad der ökologischen Funktionsfähigkeit des Ist-Zustandes anhand geeigneter Parameter ermittelt werden. Die Bewertung erfolgt dann im Vergleich zu einem Referenzzustand, bei welchem die ökologische Funktionsfähigkeit gegeben ist (Abschn. 6.1.2). Die Bewertungsparameter (Indikatoren) müssen einerseits ökologisch relevant sein, und andererseits muß die Erhebung dieser Parameter auch mit vertretbarem Aufwand möglich sein. Es kommen sowohl abiotische wie auch biotische Parameter in Betracht. Die abiotischen Umweltbedingungen bestimmen die Organismenbesiedlung des Fließgewässers (Abb. 6.1.1), und man kann bei Kenntnis der Umweltbedingungen gewisse Voraussagen über die Organismenbesiedlung treffen. Die Beurteilung anhand der abiotischen Parameter ist häufig weniger aufwendig als die Beurteilung mittels der Organismen. Zudem werden jene Parameter beurteilt, welche im Rahmen von ökologischen Verbesserungsmaßnahmen auch direkt verändert werden können. Der Nachteil hierbei ist, daß nur der Zustand im Moment der Untersuchung erfaßt wird, so z. B. nur der momentane Abfluß, die momentane Sohlstruktur usw. Untersucht man hingegen die Organismen, so wird über mehr oder weniger lange Zeiträume integriert. Da alle ökologisch orientierten Maßnahmen letztlich im Hinblick auf eine Verbesserung der Situation der im Fließgewässer lebenden Organismen durchgeführt werden, haben biologische Untersuchungen zudem den Vorteil, daß

Abb. 6.1.1 Abiotische Einflußfaktoren auf Fließgewässerorganismen.

mit den Organismen gleichzeitig die beabsichtigten Effekte direkt gemessen werden. Der Nachteil von biologischen Untersuchungen ist, daß man bei der Ermittlung von Defiziten zunächst die (abiotischen) Ursachen dieser Defizite eruieren muß, um ökologisch orientierte Maßnahmen entwickeln zu können. Durch die Vielzahl der Einflußfaktoren auf die Organismen stößt diese Ursachenermittlung häufig auf erhebliche Schwierigkeiten.

6.1.2 Referenzzustand

Die mitteleuropäischen Fließgewässer unterliegen einer vielfältigen Beein-flussung durch den Menschen: Luftschadstoffe in der Atmosphäre können eine Versauerung und Nährstoffanreicherung des Wassers zur Folge haben, die Landnutzung im Einzugsgebiet führt zu einer veränderten Abfluß- und Fest-stoffdynamik (Abschn. 1.1.3), Einleitungen und diffuse Schadstoffeinträge beeinträchtigen die Wasserqualität, und bauliche Maßnahmen verändern die Morphologie der Gewässer (Abschn. 4.2). Die Beeinflussung der Fließgewässer ist also sehr komplex und ein Großteil dieser Veränderungen ist zudem prak-tisch irreversibel (Friedrich 1992). Als Beispiel hierzu sei die Auelehmbildung angeführt, welche an vielen mitteleuropäischen Flüssen (Elbe, Weser, Leine, Werra, Lahn, Main) zu finden ist: Seit dem Neolithikum kommt es in verschie-denen Sedimentationszyklen bei Auen mit einem Gefälle von unter 0,1 % zur Bildung von Schichten aus Ton, Schluff und Feinsand, welche heute eine Höhe von bis zu 4 m erreichen. Dies bewirkte grundlegende Veränderungen der Überschwemmungshäufigkeit, Grundwasserverhältnisse und Auenvegetation. Als Ursachen der Auenlehmbildung kommen anthropogene Einflüsse (wie Waldrodungen) und Klimaschwankungen in Frage (Kern 1994). Der Natur-zustand ist hier also nicht ermittelbar, da natürliche und anthropogene Ein-flüsse nicht unterschieden werden können. Zudem ist der Naturzustand kein gleichbleibender Zustand, sondern er verändert sich im Verlauf der Zeit grund-legend. Bedingt durch Klimaschwankungen kam es bei den mitteleuropäischen Fließgewässern seit der letzten Eiszeit immer wieder zu massiven Änderungen des Abflußgeschehens (Abb. 6.1.2) und damit auch der Gewässermorphologie. So zeigten manche Flüsse im Verlauf der Jahrtausende mehrfach einen Wechsel der Gerinneformen „verzweigt" und „mäandrierend" (Starkel 1995).

Der Naturzustand, also der Gewässerzustand, wie er sich heute ohne mensch-

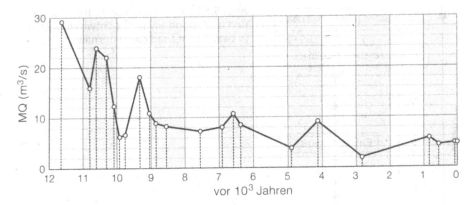

Abb. 6.1.2 Mittlerer Jahresabfluß MQ des Flusses Prosna (Zentralpolen) im Verlauf der letzten 12 000 Jahre. Aus Rotnicki (1991).

lichen Einfluß darstellen würde, ist somit nicht wiederherstellbar und auch theoretisch kaum zu rekonstruieren. Daher muß als Referenzzustand ein naturnaher, pragmatisch gewählter Gewässerzustand herangezogen werden. Friedrich (1992) schlägt als Referenz den „heutigen, potentiell natürlichen Gewässerzustand" vor. Das wäre der Zustand, der sich im Laufe der Zeit einstellen würde, wenn die heutigen Nutzungen aufgelassen, Sohl- und Ufersicherungen zurückgebaut, künstliche Regelungen des Wasserhaushalts aufgehoben sowie Grundwasserabsenkungen in den Auen rückgängig gemacht würden und die Gewässerunterhaltung eingestellt würde (Patt et al. 1998). Im so definierten Referenzzustand hat das Gewässer eine voll ausgeprägte Gewässerbett-, Abfluß- und Auendynamik (Friedrich et al. 1996). Dieser Referenzzustand orientiert sich ausschließlich am heutigen Erkenntnisstand über die natürliche Funktionsfähigkeit eines Fließgewässerökosystems und ist somit unabhängig von ökonomischen und gesellschaftspolitischen Vorgaben (Patt et al. 1998). In Deutschland ist diese Definition des Referenzzustandes allgemein akzeptiert.

In Methodenvorschlägen für Fließgewässerbewertungen in der Schweiz wird der Referenzzustand als „naturnaher Gewässerzustand in der vorgegebenen Kulturlandschaft" bezeichnet (Hütte et al. 1994, 1995). Bestimmte Randbedingungen wie die großflächige Landnutzung im Einzugsgebiet und das dadurch veränderte Abfluß- und Feststoffregime werden als vorgegeben hingenommen. Der Bereich des Gewässers und seiner Aue hingegen ist frei von allen Bau- und Unterhaltungsmaßnahmen sowie Nutzungen, und das Gewässer kann diesen Bereich durch Eigendynamik selbst gestalten.

In österreichischen Verfahrensempfehlungen für Fließgewässerbeurteilungen wird als Referenz ein naturgemäßer Gewässerzustand bezeichnet, wie er etwa Anfang bis Mitte des 19. Jahrhunderts gegeben war (Muhar 1996). Diese Definition sieht „den Menschen als Teil der Natur, bezieht sich aber auf die Zeit eines tragfähigen Umganges mit der Umwelt, beispielsweise noch vor den systematischen Regulierungen und der Errichtung von Kraftwerksketten" (Moog & Chovanec 1998).

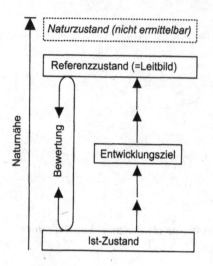

Abb. 6.1.3 Darstellung von Natur-, Referenz- und Ist-Zustand sowie des Entwicklungszieles in bezug zum Grad der Naturnähe.

Tab. 6.1.1 Möglichkeiten der Ermittlung von Referenzen. Es bedeutet: ++ = grundsätzlich möglich, + = eingeschränkt möglich, – = im allgemeinen nicht möglich.

	räumlich	historisch	theoretisch
Morphologie	++	++	++
Hydrologie	–	–	++
Fische	++	+	++
Makrozoobenthos	++	–	+

Bei den drei Definitionen unterscheidet sich die Art der Annäherung an den Referenzzustand grundlegend. Dennoch dürfte sich dies bei der praktischen Handhabung des Referenzzustandes im Rahmen von Bewertungsverfahren nicht bemerkbar machen, da bei allen Definitionen ein gewisser, letztlich nicht exakt zu definierender menschlicher Einfluß hingenommen wird.

Abbildung 6.1.3 zeigt die Stellung von Natur- und Referenzzustand in Bezug zur Naturnähe. Die Bewertung erfolgt als Vergleich von Ist- und Referenzzustand (in Deutschland und Österreich wird der Referenzzustand auch als „Leitbild" bezeichnet). Das Entwicklungsziel wird, abhängig von den jeweiligen Gestaltungsmöglichkeiten, „in Richtung zum Referenzzustand" festgelegt (Abschn. 6.3).

Prinzipiell gibt es drei verschiedene Möglichkeiten, den Referenzzustand zu rekonstruieren: räumlich, historisch und theoretisch (Tab. 6.1.1). Eine **räumliche Referenz** wäre ein anthropogen weitgehend unbeeinflußtes, typologisch vergleichbares Gewässer in demselben Naturraum. Sucht man für ein verbautes Fließgewässer eine morphologische Referenz, so müssen nicht nur die betrachteten Abschnitte vergleichbar sein, sondern das Einzugsgebiet muß auch hinsichtlich Größe, Höhenlage, Morphologie, Geologie und Vegetation bzw. Landnutzung ähnlich sein, da diese Parameter die Gewässermorphologie maßgeblich bestimmen. Von Bedeutung sind zudem Sohlverbauungen im oberhalb liegenden Gewässerabschnitt: Durch Abstürze wird Geschiebe zurückgehalten und die Feststoffdynamik reduziert, wodurch die naturnahe/natürliche Gewässermorphologie grundlegend verändert werden kann. Referenzgewässer finden sich daher am ehesten bei (hoch)alpinen Fließgewässern oder bei eher kleinen Fließgewässern in naturnahen Wäldern. Eine Gewässertypisierung (Braukmann 1987, Otto 1991, LUA NRW 1998) erleichtert das Auffinden von passenden Referenzgewässern. Sucht man Referenzgewässer zur Beurteilung der Organismenbesiedlung, so darf das Wasser des Referenzgewässers weder organisch noch mit Nährstoffen oder toxischen Substanzen belastet sein.

Bei einer **historischen Referenz** werden zum Vergleich mit einem bestehenden Gewässer historische Informationen herangezogen. Dies können z. B. Angaben über ursprünglich vorhandene Fischarten sein oder alte Karten, in welchen die ursprüngliche Linienführung bzw. Gerinneform zu erkennen ist. Diese Unterlagen sind zumeist nur für größere Fließgewässer vorhanden. Bei einer historischen Referenz muß berücksichtigt werden, daß die ersten großflächigen Gestaltungsmaßnahmen an Fließgewässern schon zwischen 1800 und 1850 begannen.

Bei einer **theoretisch rekonstruierten Referenz** wird der Referenzzustand aufgrund von wissenschaftlichen Erkenntnissen hergeleitet. So können z. B. geomorphologische Gesetzmäßigkeiten zur Rekonstruktion der ursprünglichen Morphologie dienen (Abschn. 1.4.5). Bei Fließgewässern mit Wasserentnahmen kann die ursprüngliche Wasserführung prinzipiell (zurück-) berechnet werden (siehe Leopold 1992). Inwieweit die ursprüngliche Organismenbesiedlung ermittelt werden kann, ist abhängig vom Kenntnisstand der Autökologie und der geographischen Verbreitung der jeweiligen Organismen. Als erster Anhaltspunkt bei der Ermittlung der potentiell natürlichen Fisch- und Makrozoobenthosbesiedlung können die bisherigen Erkenntnisse über die Längszonierung dienen (Abschn. 3.4.1, Abschn. 6.2.3).

6.2 Methoden zur Fließgewässerbewertung

6.2.1 Gewässerstrukturgüte

Die Begriffe „Ökomorphologie" und „Gewässerstrukturgüte" werden synonym verwendet und beziehen sich auf eine ökologische Bewertung der Gewässerstrukturen, der Verbauungen im und am Gewässer sowie der Vegetation bzw. Landnutzung im gewässerangrenzenden Bereich. Nach der Definition des LUA NRW (1998) ist die Gewässerstrukturgüte „ein Maß für die ökologische Qualität der Gewässerstrukturen und der durch diese Strukturen angezeigten dynamischen Prozesse".

Der Zweck von Gewässerstrukturerhebungen besteht in (Blank et al. 1999, BUWAL 1998, Hütte & Niederhauser 1998, LUA NRW 1998):

– der Erfassung und Dokumentation des Ist-Zustandes,
– der Ermittlung von Handlungsbedarf,
– der Formulierung von Entwicklungszielen,
– der Erfolgskontrolle von strukturellen Verbesserungsmaßnahmen,

Tab. 6.2.1 Parameter der Gewässerstrukturgüte des Übersichtsverfahrens. Die Gesamtbewertung ergibt sich aus der Gewässerbett- und Auedynamik. Nach LAWA (1999).

Gewässerbett-dynamik	Linienführung	
	Strukturbildungs-vermögen	Uferverbauung, Querbauwerke, Abflußregelung
	Uferbewuchs	
Auedynamik	Retention	Hochwasserschutzbauwerke Ausuferungsvermögen
	Entwicklungs-potential	Auenutzung Uferstreifen

– der Beurteilung von Bau- und Unterhaltungsmaßnahmen am Gewässer,
– der Bereitstellung einer anschaulichen kartographischen Darstellung des Gewässerzustandes für Politiker, Verwaltungsbeamte und die Öffentlichkeit,
– der Möglichkeit eines „Ranking" der Unterhaltspflichtigen nach der jeweiligen Gewässerstrukturgüte „ihrer" Gewässer,
– der Bereitstellung einer Grundlage zur Entwicklung von konkreten Verbesserungsmaßnahmen (bei detaillierten Erhebungen).

Die Länderarbeitsgemeinschaft Wasser (LAWA) gibt für Deutschland zwei Verfahrensempfehlungen zur Kartierung der Gewässerstrukturgüte: das „Übersichtsverfahren" und das „Vor-Ort-Verfahren" (Binder & Kraier 1998). Bei dem Übersichtsverfahren handelt es sich um ein strategisches Verfahren für überregionale Planungen, während das Vor-Ort-Verfahren ein operationales Verfahren darstellt, welches sowohl für lokale Maßnahmenkonzepte als auch für überregionale Planungen geeignet ist (Blank et al. 1999).

Das **Übersichtsverfahren (LAWA 1999)** verzichtet weitgehend auf Begehungen im Gelände. Die Erhebungen werden vor allem anhand von Luftbildern sowie vorhandenen Karten und Daten durchgeführt. Somit eignet sich das Übersichtsverfahren vor allem für größere Fließgewässer, welche gut auf Luftbildern sichtbar sind. Erhoben wird zum einen die „Gewässerbettdynamik" mit den Parametern Linienführung, Uferverbauung, Querbauwerke, Abflußregelung und Uferbewuchs sowie die „Auedynamik" mit den Parametern Hochwasserschutzbauwerke, Ausuferungsvermögen, Auenutzung und Uferstreifen (Tab. 6.2.1). Die Gewässer werden in 1-km-Abschnitten erfaßt. Bei der Bewertung wird der Ist-Zustand bezüglich der einzelnen Parameter mit dem Referenzzustand verglichen. Die Strukturgüte ergibt sich dann aus einer Kombination der beiden Teilwerte Gewässerbettdynamik und Auedynamik. Die Bewertungsskala richtet sich nach der in Deutschland und Österreich üblichen Bewertung der Wassergüte und umfaßt sieben Gütestufen, welche in farbigen Bändern (Güteklasse 1: unverändert = dunkelblau bis Güteklasse 7: vollständig verändert = rot) kartographisch dargestellt werden.

Bei dem **Vor-Ort-Verfahren (LAWA 1998; LUA NRW 1998)** wird der Zustand kleiner und mittelgroßer Fließgewässer mittels einer Begehung erhoben. Dabei werden neben den sechs Hauptparametern Laufentwicklung, Längs- und

Tab. 6.2.2 Parameter der Gewässerstrukturgüte des Vor-Ort-Verfahrens für kleine und mittelgroße Fließgewässer. Die Gesamtbewertung ergibt sich aus der Bewertung von Sohle, Ufer und Land. Nach LAWA (1998).

Bereich	Haupt-parameter	funktionale Einheit	Einzelparameter
Sohle	Laufent-wicklung	Krümmung	Laufkrümmung, Längsbänke, besondere Laufstrukturen
		Beweglichkeit	Krümmungserosion, Profiltiefe, Uferverbauung
	Längs-profil	natürliche Längsprofil-elemente	Querbänke, Strömungsdiversität, Tiefenvarianz
		anthropogen bedingte Wanderbarrieren	Querbauwerke, Verrohrungen, Durchlässe, Rückstau
	Sohl-struktur	Art u. Verteilung der Substrate	Substrattyp, Substratdiversität, besondere Sohlstrukturen
		Sohlverbau	Sohlverbau
Ufer	Querprofil	Profiltiefe	Profiltiefe
		Breitenentwicklung	Breitenerosion, Breitenvarianz
		Profilform	Profiltyp
	Ufer-struktur	naturraumtypische Ausprägung	besondere Uferstrukturen
		naturraumtypischer Bewuchs	Uferbewuchs
		Uferverbauung	Uferverbauung
Land	Gewässer-umfeld	Gewässerrandstreifen	Gewässerrandstreifen
		Vorland	Flächennutzung, sonstige Strukturen

Querprofil, Sohl- und Uferstruktur sowie Gewässerumfeld insgesamt mehr als 20 Einzelparameter erfaßt (Tab. 6.2.2). Die Erhebungen beziehen sich auf Abschnittslängen von 100 m oder ein Mehrfaches hiervon. Die Bewertung erfolgt – wie auch bei dem Übersichtsverfahren – im Vergleich zum Referenzzustand in sieben Stufen. Es werden dabei zwei verschiedene Bewertungsverfahren parallel angewendet: Zum einen erfolgt eine Bewertung der funktionalen Einheiten (Tab. 6.2.2) nach dem „ganzheitlichen Eindruck" des Kartierers. Durch eine arithmetische Mittelwertbildung der funktionalen Einheiten bewertet man dann die Hauptparameter. Zum anderen werden die Einzelparameter mittels Indexziffern bewertet, und durch vorgegebene Rechenschritte erfolgt dann die Ermittlung der Hauptparameterklassen. Durch einen Vergleich der beiden verschiedenen Hauptparameterbewertungen kann man die Ergebnisse plausibilisieren. Ergibt sich eine Abweichung um mehr als eine Klasse, so wird der bisherige Entscheidungsablauf überprüft. Bei der kartographischen Wiedergabe können die Einzel- oder Hauptparameter wie auch die Bereiche (Sohle, Ufer, Land) oder die Gesamtbewertung dargestellt werden. Bei der Visualisierung von mehreren Parametern erfolgt die Darstellung in mehreren parallel verlaufenden farbigen Bändern.

Erste Erfahrungen mit dem Vor-Ort-Verfahren liegen bereits vor. So wurde die

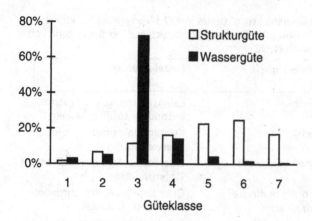

Abb. 6.2.1 Häufig-keitsverteilung der Struktur- und Was-sergüteklassen am Beispiel von hessi-schen Fließgewässern mit einer Gesamt-lauflänge von etwa 23 000 km. Aus Blank et al. (1999).

Strukturgüte von hessischen Fließgewässern mit einer Gesamtlänge von etwa 23 000 km erhoben (Blank et al. 1999). Dabei zeigte sich, daß über 80 % der Fließgewässer die Strukturgüteklasse 4 oder schlechter aufweisen. Ein anderes Bild zeigen die Wassergüteklassen (Abb. 6.2.1). Das Problem der organischen Gewässerbelastung ist seit vielen Jahrzehnten bekannt, und durch den syste-matischen Ausbau von Kläranlagen wurde die Wassergüte zunehmend verbes-sert. Die Gewässerstrukturgüte hat man hingegen erst seit kurzem als Problem erkannt, und strukturelle Verbesserungsmaßnahmen wurden bisher nur ver-einzelt durchgeführt.

Für die Schweiz liegt eine Methodenempfehlung für **flächendeckende öko-morphologische Kartierungen** vor (Hütte & Niederhauser 1998). Hierbei wer-den mittels Begehungen einige für die Beurteilung der Ökomorphologie beson-ders wichtige Parameter aufgenommen. Neben der Ermittlung der Sohlbreite, welche einer Charakterisierung der Gewässergröße dient, werden Wasser-spiegelbreitenvariabilität, Sohlverbauung, Verbauung der Böschungsunter-kante, Beschaffenheit und Größe des Uferbereichs und Ausbreitungs-hindernisse aufgenommen. Die Wasserspiegelbreitenvariabilität gibt Auskunft über die Strukturvielfalt der Sohle und über die Wasser-Land-Vernetzung. Eine große Breitenvariabilität ist zumeist verbunden mit einer großen Wassertiefen-variabilität und Strömungsvielfalt sowie einer heterogenen Verteilung von unterschiedlichen Sohlsubstraten. Verbauungen von Sohle und Böschungs-unterkante sind schwerwiegende Eingriffe in die ökologische Funktionsfähig-keit des Gewässers (Abschn. 4.2). Der Uferbereich wird definiert als Bereich von der Böschungsunterkante bis zum Gebiet mit intensiver Landnutzung. Auf-genommen werden Breite und Beschaffenheit des Uferbereiches. Ausbreitungs-hindernisse wie Wehre, Abstürze, Durchlässe u. a. werden mit ihrer genauen Lage in Karten eingetragen. Die Abschnittslänge ergibt sich aus den ökomor-phologischen Gegebenheiten, wobei innerhalb eines Abschnittes die Aus-prägung der einzelnen Parameter in etwa gleich bleiben sollte. Erst wenn sich die ökomorphologischen Gegebenheiten ändern (z. B. bei einem Wechsel der Breitenvariabilität oder Verbauungsweise) beginnt ein neuer Abschnitt. Die Mindestabschnittslänge beträgt 25 m. Für die Bewertung wird jedem Parameter in Abhängigkeit von seiner Naturnähe eine bestimmte Punktzahl zugeordnet. Nach einem vorgegebenen Schema kann man die Abschnitte dann je nach erreichter Punktsumme in vier Klassen (natürlich/naturnah bis naturfremd/künstlich) einteilen, welche mittels farbiger Bänder in Karten dargestellt werden. Ausbreitungsstörungen fließen bei dieser Methode nur in die Abschnittsbewertung ein, wenn sie mit flächenhaften Sohlverbauungen einhergehen. Zudem beziehen sich die Auswirkungen von Ausbreitungshindernissen aber auch auf das gesamte stromaufwärts liegende Gewässersystem (Abschn. 4.2.2.1). Daher sind Ausbreitungshindernisse in den kartographischen Darstellungen mit ihrer genauen Lage verzeichnet und werden bei Gewässerentwicklungsmaßnahmen gesondert berücksichtigt (Abschn. 6.3).

Im deutschsprachigen Raum existieren zudem weitere Verfahren, bei welchen die Fließgewässerstruktur anhand von mehr als 30 Parametern sehr detailliert erhoben wird, aber keine Klassifikation im Sinne einer Benotung erfolgt (Hütte et al. 1994, EAWAG & BUWAL 1995, Amt der Tiroler Landesregierung 1996). Diese Verfahren eignen sich vor allem für planungsbezogene Erhebungen. Fachkundige Personen können die ökologischen Defizite hierbei direkt anhand der erhobenen Parameter erkennen, z. B. an einer zu geringen Breitenvariabilität oder fehlenden Ufergehölzen. Um den Handlungsbedarf an Fließgewässern auch der Öffentlichkeit und Entscheidungsträgern aus Verwaltung und Politik deutlich zu machen, sollten Karten mit einer farbigen Darstellung der abschnittsweisen Gewässerbenotung verwendet werden.

6.2.2 Hydrologie

Es gibt bisher für den deutschsprachigen Raum kein Verfahren für eine hydrologische Fließgewässerbewertung. Daher wird im folgenden eine Methode aus den USA vorgestellt, die (möglicherweise mit gewissen Modifikationen) auch in Mitteleuropa angewendet werden kann.

Richter et al. (1996, 1997, 1998) entwickelten mit dem „Range of Variability Approach (RVA)" eine hydrologische Bewertungsmethode anhand der zeitlichen Variabilität der Abflüsse. Voraussetzung für die Anwendung dieser Methode sind langjährige Pegelaufzeichnungen sowohl vor als auch nach den das Gewässer verändernden Eingriffen. Es werden 32 bzw. 33 ökologisch relevante Abflußparameter als Indikatoren der natürlichen Abflußvariabilität angesehen. Dabei handelt es sich um die mittleren Monatsabflüsse, um die Größe, Dauer und den Zeitpunkt von Hoch- und Niedrigwasserabflüssen im Jahresverlauf sowie um weitere Parameter, welche die Frequenz und Dauer von Abflußschwankungen beschreiben. Für jeden Parameter muß man einen Soll-Bereich festlegen. Dieser wird z. B. als Bereich zwischen dem 25. und 75. Perzentil definiert. In diesem Fall werden also im hydrologisch unbeeinflußten Gewässer 50 % der Parameterwerte innerhalb des Soll-Bereiches liegen (Abb. 6.2.2). Die prozentuale „hydrologische Beeinflussung" ergibt sich durch die Abweichung vom Soll-Bereich:

$$\text{Hydrologische Beeinflussung [\%]} = \frac{\text{Beobachtet} - \text{Erwartet}}{\text{Erwartet}} \cdot 100$$

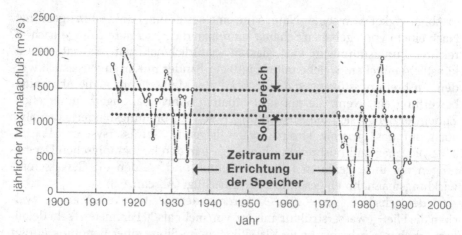

Abb. 6.2.2 Darstellung der jährlichen Maximalabflüsse in der Periode vor und nach der Errichtung von Speichern am Beispiel des Colorado River bei Cisco (Utah, USA). Aus Richter et al. (1998).

„Beobachtet" ist hierbei die Anzahl der Jahre, in welchen der betrachtete Parameter in den Soll-Bereich fällt, und „Erwartet" ist die Anzahl der Jahre, in welchen der Parameter in den Soll-Bereich fallen sollte. „Beobachtet" gibt also die Situation im Ist-Zustand wieder, während „Erwartet" sich auf den Soll-Zustand bezieht. Wenn die beobachteten Parameterwerte wie erwartet in den Soll-Bereich fallen, dann ist der Wert der hydrologischen Beeinflussung Null. Fallen mehr Parameterwerte in den Soll-Bereich als erwartet, dann ist der Wert der hydrologischen Beeinflussung positiv. Fallen hingegen weniger Parameterwerte in den Soll-Bereich, so ist der Wert der hydrologischen Beeinflussung negativ. Beträgt die hydrologische Beeinflussung –100 % oder +100 %, so liegen alle Parameterwerte außerhalb des Soll-Bereiches.

Richter et al. (1998) führten an dem durch zahlreiche Speicherseen beeinflußten Gewässernetz des Colorado River (Colorado und Utah, USA) nach der hier beschriebenen Methode eine hydrologische Bewertung durch. Dabei wurden sechs der RVA-Parameter ausgewählt, welche sich für die Gegebenheiten von speicherbeeinflußten Gewässerstrecken als besonders sensibel erwiesen:
– die Größe des jährlichen Maximalabflusses (angegeben als größter mittlerer Tagesabfluß),
– der über 30 Tage gemittelte jährliche Mindestabfluß,
– der Zeitpunkt des jährlichen Maximalabflusses (angegeben als Julianisches Datum),
– der Zeitpunkt des jährlichen Minimalabflusses (angegeben als Julianisches Datum),
– die Zeitdauer der Abflüsse, bei welchen das 75. Perzentil im Jahresverlauf überschritten wird (angegeben in Tagen),
– die Anzahl der Abflußänderungen von steigend zu fallend und umgekehrt.
Für die Bewertung wird die hydrologische Beeinflussung dieser sechs Parameter zusammengefaßt und gemittelt. Die untersuchten Gewässerstrecken

können dann in drei Stufen mit unterschiedlichem hydrologischen Beeinflussungsgrad eingeteilt werden: 0–33 % = keine bis geringe Beeinflussung, 34–67 % = mäßige Beeeinflussung, 68–100 % = starke Beeinflussung. In Übersichtskarten kann die hydrologische Beeinflussung der Fließgewässer dann anschaulich in Farbbändern dargestellt werden.

6.2.3 Fließgewässerfauna

Nicht alle Organismen sind für die ökologische Beurteilung von Fließgewässern gleichermaßen geeignet. Die zu untersuchenden Organismen müssen mit vertretbarem Aufwand erfaßbar, regelmäßig vorhanden, taxonomisch bearbeitbar sein und eine Bedeutung als Indikatoren haben. Da Wasserpflanzen und Ufervegetation in gewissem Umfang bei den Untersuchungen zur Gewässerstruktur Berücksichtigung finden, werden hier nur Fische und Makrozoobenthos als Indikatororganismen vorgestellt.

6.2.3.1 Makrozoobenthos

Die Verwendung des Makrozoobenthos als Indikator für Eingriffe in die ökologische Funktionsfähigkeit hat verschiedene Vor- und Nachteile (Rosenberg & Resh 1993, Moog 1994). Die Vorteile sind:
- Makrozoobenthos findet man in allen Gewässertypen, auch in Gewässern, welche von Fischen zumeist nicht besiedelt werden, wie Bächen mit hohen Felsabstürzen.
- Im Gegensatz zur Fischfauna wird das Makrozoobenthosvorkommen vom Menschen nicht direkt beeinflußt, es gibt keinen „Makrozoobenthos-Besatz".
- Auch kleinräumige Strukturunterschiede der Sohle (im Quadratdezimeter-Bereich) werden mittels Makrozoobenthosuntersuchungen erfaßt.
- Makrozoobenthos tritt zumeist in sehr hohen Artenzahlen auf, wodurch ein großes Spektrum an unterschiedlichen Umweltansprüchen abgedeckt wird.
- Für einen Teil der Makrozoobenthosarten liegen autökologische Angaben vor, so daß teilweise auch ohne real existierenden Referenzzustand die Makrozoobenthoszusammensetzung des Referenzzustandes rekonstruiert werden kann.
- Die Probennahme ist einfach und kostengünstig.

Nachteilig bei Makrozoobenthosuntersuchungen ist:
- In naturnahen Fließgewässern findet man zumeist einige hundert Makrozoobenthosarten, von welchen nur ein geringer Teil bis zur Art bestimmt werden kann. Höhere taxonomische Einheiten (Gattungen, Familien) haben im allgemeinen keinen großen Indikationswert.
- Die Bestimmung der Makrozoobenthosarten ist sehr zeitaufwendig und daher auch kostenintensiv.
- Da die Sohlbesiedlung bei naturnahen Fließgewässern räumlich und zeitlich sehr stark schwankt, müssen zahlreiche Parallelproben mehrmals pro Jahr genommen werden. Trotz der großen Probenzahl sind quantitative Erhebungen nur für wenige Arten möglich.

Die in der österreichischen Norm (ÖNORM M 6232) verwendeten Kriterien zur Beurteilung der ökologischen Funktionsfähigkeit anhand des Makrozoobenthos sind Arteninventar, Dominanzstruktur, Abundanz sowie Längszonation und Ernährungstypen. Das zu beurteilende Gewässer wird anhand dieser Kriterien mit dem Referenzzustand* verglichen (Chovanec et al. 1994, Moog 1994, ÖNORM M 6232):

Die Kenntnis des **Arteninventars** ist bei einer ökologischen Fließgewässerbewertung von grundlegender Bedeutung. Häufig gibt schon die Artenzahl und teilweise auch die Taxazahl Hinweise auf den ökologischen Zustand eines Gewässers. So zeigt sich bei strukturreichen, naturnahen Fließgewässern häufig eine höhere Taxazahl als bei strukturarmen, naturfernen Gewässern (Abschn. 4.2.5). Ein ähnlicher Zusammenhang ergibt sich auch bei dem Vergleich unterschiedlicher Verbauungsmethoden: strukturreiche Verbauungen weisen im allgemeinen eine höhere Arten- bzw. Taxazahl auf als künstlich-glatte Verbauungen.

Bei einer detaillierteren Betrachtung muß berücksichtigt werden, inwieweit die vorkommenden Arten standortgerecht sind. So kann eine große Artenzahl auch das Ergebnis der Einwanderung von euryöken, eurytopen Arten sein (Böttger & Pöpperl 1992a). Hierbei handelt es sich um Arten, welche ein breites Spektrum von Umweltbedingungen ertragen können (euryök) und an vielen verschiedenartigen Lebensräumen vorkommen (eurytop). Engelhardt (1951) untersuchte die naturnahe Alte Ammer und die ursprünglich vergleichbare, dann aber kanalisierte Neue Ammer im bayerischen Alpenvorland. In der Neuen Ammer zeigten sich dabei 65 Insektenarten, während in der Alten Ammer 148 Arten ermittelt wurden. Die ökologisch negativen Auswirkungen der Kanalisation werden schon durch die wesentlich kleinere Artenzahl deutlich. Hinzu kommt allerdings noch, daß die 65 Arten der Neuen Ammer größtenteils eingewanderte Arten sind. Nur zwei (!) Arten haben beide Flüsse gemeinsam. Eingewanderte, nicht standortgerechte Arten erfüllen nicht die Anforderungen der ökologischen Funktionsfähigkeit und müssen dementsprechend negativ gewertet werden.

Sofern Referenzgewässer vorhanden sind, kann man die standortgerechten Arten direkt ermitteln. Frutiger (1997) schlägt die Untersuchung von drei nicht oder nur gering beeinträchtigten, vergleichbaren Gewässern vor und verwendet die Makrozoobenthosarten, die in allen drei Gewässern vorkommen (Schnittmenge), als Referenzarten. Existieren keine Referenzgewässer, dann muß das Arteninventar des Referenzzustandes theoretisch rekonstruiert werden. Hierzu gibt es eine Reihe von Arbeiten mit Angaben über die zu erwartenden Makrozoobenthosarten bei bestimmten Gewässertypen oder Gewässern bestimmter geographischer Regionen (z. B. Braukmann 1987, Böttger &

---

* Die ÖNORM M 6232 verwendet als Vergleichszustand uneinheitlich die Begriffe „Naturzustand", „gewässerspezifischer Naturzustand" oder „potentiell natürlicher Zustand gemäß Leitbild". Diese Begriffe sind im wesentlichen identisch mit dem in Abschnitt 6.1.3 definierten Referenzzustand. Daher wird im folgenden hierfür die Bezeichnung „Referenzzustand" benutzt.

Pöpperl 1992b, Burmeister & Reiss 1983, Colling & Schmedtje 1996, Darschnik et al. 1989, Moog 1995, Hütte et al. 1994, Timm et al. 1995).

Die **Dominanz** zeigt die relative Häufigkeit einer Art im Vergleich zu den übrigen Arten. Die Bewertung der Dominanzstruktur setzt im allgemeinen den Vergleich mit einem bestehenden Referenzgewässer voraus.

Unter **Abundanz** versteht man die Anzahl von Organismen pro Flächeneinheit. Bei ausbleibendem Hochwasser kann die Abundanz und Biomasse von Algen und höheren Wasserpflanzen und infolgedessen auch des Makrozoobenthos stark zunehmen. Bei Sohlverbauungen oder unter dem Einfluß von Wasserschwallen kann hingegen die Abundanz des Makrozoobenthos abnehmen. Insbesondere bei der Unterscheidung von Bächen mit einer geringfügigen Beeinträchtigung ist die Abundanz ein wichtiges Kriterium, da sich hier die qualitative Zusammensetzung des Makrozoobenthos noch nicht (Arteninventar) bzw. nur schwer nachweisbar (Dominanzstruktur) ändert. Häufig kann die Abundanz nur im direkten Vergleich mit einem Referenzgewässer beurteilt werden.

Die Änderungen der Umweltbedingungen im Fließgewässerlängsverlauf führen zu einer **Längszonierung** der Organismengemeinschaften (Abschn. 3.4.1). Durch Gewässerbegradigung kommt es zu einer flußaufwärts gerichteten Verschiebung der längszonalen Verteilungsmuster (Abschn. 4.2.1). Durch den Einfluß von Wasserschwallen kann die längszonale Makrozoobenthosbesiedlung ebenfalls flußaufwärts verschoben werden (Abschn. 5.4.5.1). Andere Eingriffe können hingegen zu einer flußabwärts gerichteten Verschiebung der längszonalen Verteilungsmuster führen. Dies zeigt sich beispielsweise bei Geschiebesperren (Moog 1995) oder Aufstauungen (Abschn. 5.4.1.2). Für den Großteil der Makrozoobenthosarten des deutschsprachigen Raumes liegt eine längszonale Einstufung vor (siehe Colling & Schmedtje 1996, Moog 1995).

Anhand der Einteilung der Makrozoobenthosarten in **Ernährungstypen** (Abschn. 2.2.4) läßt sich auf indirektem Weg die Produktions- und Abbau-

Tab. 6.2.3 Klassifikation der ökologischen Funktionsfähigkeit anhand des Makrozoobenthos. Nach ÖNORM M 6232.

Stufe	Ökologische Funktionsfähigkeit	Arten-inventar	Dominanz-struktur	Abundanz	Längs-zonierung, Ernährungs-typen
1	uneingeschränkt	+	+	+	+
1–2	geringfügig beeinträchtigt	+	+ bis (+)	(+)	+
2	mäßig beeinträchtigt	+	+ bis –	–	+ bis (+)
2–3	wesentlich beeinträchtigt	+ bis (+)	–	–	+ bis (+)
3	stark beeinträchtigt	+ bis –	–	–	+ bis –
3–4	sehr stark beeinträchtigt	– bis (–)	–	–	(–) bis –
4	nicht gegeben	–	–	–	–

+ volle Übereinstimmung mit dem Referenzzustand
(+) leichte Abweichung vom Referenzzustand
(–) Referenzzustand rudimentär vorhanden
– Abweichung vom Referenzzustand

leistung in einem Fließgewässer analysieren. Durch anthropogene Eingriffe im/am Gewässer wird häufig das Verhältnis der verschiedenen Ernährungstypen verschoben. Dies zeigt sich beispielsweise bei der Wasserrückgabe aus Speichern, bei Aufstauungen oder bei Veränderungen der gewässerumgebenden Vegetation. Für die meisten einheimischen Makrozoobenthosarten gibt es eine Zuordnung des Ernährungstyps (siehe Colling & Schmedtje 1996, Moog 1995).

Bei der Bewertung bzw. Klassifikation der ökologischen Funktionsfähigkeit werden alle genannten Kriterien berücksichtigt. Es erfolgt eine Einteilung in vier bzw. sieben Stufen, wobei die ökologische Funktionsfähigkeit bei Stufe 1 uneingeschränkt vorhanden ist, während sie bei Stufe 4 nicht mehr gegeben ist (Tab. 6.2.3).

6.2.3.2 Fischfauna

Die Verwendung von Fischen als Indikatororganismen für anthropogene Eingriffe im und am Gewässer hat verschiedene Vorteile (Schmutz & Waidbacher 1994):

- Lebensweise und Umweltansprüche der meisten einheimischen Fischarten sind bekannt.
- Da viele Fischarten im Verlauf ihrer Entwicklung spezifische Gewässerstrukturen benötigen, sind sie auch gute Indikatororganismen für die Gewässerstrukturgüte.
- Alle Fischarten bewegen sich über mehr oder weniger große Strecken im Fließgewässerlängsverlauf, und somit sind Fische auch Zeiger für eine funktionierende Längsvernetzung.
- Fische haben eine Lebensdauer von Jahren bis Jahrzehnten und können somit auch als Indikatororganismen für die Lebensbedingungen über diesen Zeitraum dienen.
- Fische sind Endglieder der Nahrungskette und zeigen über die Fischbiomasse die Intensität der Produktion an.
- Alle einheimischen Fische lassen sich im allgemeinen ohne Probleme bis zur Art bestimmen.
- Bei größeren Fließgewässern findet man häufig Angaben zur historischen Verbreitung der Fische.
- Auch Fischereistatistiken können in gewissem Umfang wichtige Informationen liefern.

Demgegenüber gibt es bei der Verwendung von Fischen als Indikatororganismen auch Nachteile:

- Bei fischereilich genutzten Gewässern werden nicht nur Fische entnommen, sondern es werden auch Individuen anderer Populationen und möglicherweise auch standortfremde Arten eingesetzt.
- Der Einfluß von Zu- und Abwanderungen ist schwer erfaßbar.
- Hochalpine Gewässer oder Bäche mit hohen Felsabstürzen werden größtenteils natürlicherweise nicht von Fischen besiedelt.
- Fischbiologische Erhebungen an größeren Fließgewässern sind aufwendig und kostenintensiv.

Die Kriterien zur Beurteilung der ökologischen Funktionsfähigkeit sind Arteninventar, Abundanz/Dominanz und Populationsstruktur (Chovanec et al. 1994, ÖNORM M 6232, Schmutz & Waidbacher 1994):

Das **Arteninventar** ist bei einer Gewässerbeurteilung anhand der Fische von grundlegender Bedeutung. Zwar kann – wie auch beim Makrozoobenthos – schon die Artenzahl wichtige Hinweise über den ökologischen Zustand eines Gewässers geben (Abschn. 4.2.5), doch erst eine Analyse des Arteninventars ermöglicht eine sichere Aussage über die ökologische Bedeutung der vorhandenen Fischfauna.

Sofern keine historischen Daten vorliegen, muß das potentiell natürliche Arteninventar anhand von Referenzgewässern oder theoretisch rekonstruiert werden. Geeignete Referenzgewässer sind nur schwer zu finden, da nicht nur Morphologie, Hydrologie und Wasserqualität unbeeinflußt sein müssen, sondern es dürfen im Verlauf des Referenzgewässers auch keine Ausbreitungshindernisse vorhanden sein, da diese die Fischbesiedlung verändern würden. Für eine theoretische Rekonstruktion der ursprünglichen Fischbesiedlung ist es hilfreich, wenn das Untersuchungsgewässer zunächst der entsprechenden Fischregion zugeordnet wird. Dies kann man anhand des Sohlgefälles und der Gewässerbreite durchführen (Abb. 3.4.1). Die den Fischregionen zugehörigen Fischarten können dann den vorhandenen Längszonierungen entnommen werden (siehe Abschn. 3.4.1, Colling & Schmedtje 1996, Roux & Copp 1993, Spindler 1997, DVWK 1996a).

Eine große Bedeutung bei einer ökologischen Beurteilung haben standortfremde Fischarten. Weit verbreitet ist z. B. die Regenbogenforelle, welche im 19. Jahrhundert aus Nordamerika eingeführt wurde und seitdem einen starken Konkurrenzdruck auf die einheimische Bachforelle ausübt. Ebenfalls aus Nordamerika wurde der Bachsaibling eingeführt. Der Aal wird heute auch im Einzugsgebiet der Donau ausgesetzt, wo er natürlicherweise nicht vorkommt und zudem auch keine Möglichkeit zur Fortpflanzung hat (Abschn. 2.1.6). Den Zander findet man entgegen der ursprünglichen Verbreitung heute auch im Einzugsgebiet von Rhein und Weser. Der Sterlet, welcher im deutschsprachigen Raum ursprünglich nur im Einzugsgebiet der Donau vorkam, ist heute vereinzelt auch in Rhein, Elbe und Weser anzutreffen (Lozan et al. 1996b), und die Nase ist heute auch im Gewässersystem der Elbe zu finden, obwohl dies natürlicherweise nicht der Fall wäre (Reinartz 1997). Aber auch innerhalb eines Fließgewässers kann durch Regulierungsmaßnahmen die längszonale Fischbesiedlung so verschoben werden, daß Fischarten in Gewässerabschnitten leben, in welchen sie ursprünglich nicht vorkamen. Beispielsweise tritt bei einer Laufverkürzung von Potamalgewässern ein „Rhithralisierungseffekt" ein, durch den Fischarten des Rhithrals nun auch in weiter unten gelegene Fließgewässerbereiche einwandern (Zauner & Schmutz 1994). Bei Aufstauungen hingegen wird die Fischzonierung eher stromabwärts verschoben werden (Abschn. 5.4.1.2).

Die **Abundanz** bezieht sich auf die Individuenzahl bzw. Fischbiomasse pro Fläche (z. B. Hektar) oder Fließgewässerlänge (z. B. 100 m). Durch Gewässerbegradigungen, Uferverbauungen, Schwellbetrieb und reduzierte Abflüsse sowie oberhalb von Ausbreitungsstörungen kann die Abundanz im Vergleich

Tab. 6.2.4 Klassifikation der ökologischen Funktionsfähigkeit anhand der Fischfauna.
Nach ÖNORM M 6232.

Stufe	Ökologische Funktionsfähigkeit		Arten- inventar	Abundanz und Dominanz	Populations- struktur
1	uneingeschränkt		+	+	+
1–2	geringfügig beeinträchtigt		+/–	+	++
		oder	+	+/–	++
2	mäßig beeinträchtigt		+/–	+/–	+
		oder	+	+	+/–
		oder	+	+/–	+/–
2–3	wesentlich beeinträchtigt		+/–	–	+/–
		oder	–	+/–	+/–
		oder	–	–	+/–
3	stark beeinträchtigt		+/–	+/–	–
		oder	–	+/–	–
3–4	sehr stark beeinträchtigt		+/–	–	–
4	nicht gegeben		–	–	–

+   volle Übereinstimmung mit dem Referenzzustand
+/– mäßige bis deutliche Übereinstimmung mit dem Referenzzustand
–   starke bis extreme Abweichung vom Referenzzustand

zur unbeeinflußten Situation verringert sein. In natürlichen wie auch in beeinflußten Situationen kommt es im allgemeinen zur **Dominanz** einiger Fischarten, wobei – je nach Art des Eingriffs – die Dominanz verstärkt oder vermindert sein kann oder aber andere Arten betrifft.

Unbeeinflußte Populationen zeigen eine charakteristische **Populationsstruktur** mit vielen Jungfischen und eine mit zunehmendem Alter abnehmende Anzahl von Adultfischen. Durch anthropogene Eingriffe wie Verbauungen, Wasserentnahmen oder Besatzmaßnahmen kann sich die Populationsstruktur verändern. In Gewässerbereichen mit einer kolmatierten Sohle wird man – sofern kein Besatz stattfindet – keine Forellenbrütlinge finden, da Sohlkolmation eine natürliche Reproduktion verhindert (Abschn. 5.4.4.3). In Bächen mit einer monotonen Morphologie können sich häufig keine älteren, großen Forellen entwickeln, da Bereiche mit großer Wassertiefe (Pools) fehlen.

Mittels von Längenfrequenzdiagrammen läßt sich indirekt der Altersaufbau einer Population* darstellen. Dazu wird bei allen gefangenen Fischen die Totallänge ermittelt, in Längenklassen eingeteilt und die Fischanzahl pro Längenklasse in Diagrammen dargestellt (siehe Abschn. 4.2.5).

Tabelle 6.2.4 zeigt die Klassifikation der ökologischen Funktionsfähigkeit anhand der Fischfauna.

---

* Obwohl man in diesem Zusammenhang immer die Begriffe „Population" und „Populationsstruktur" benutzt, werden bei diesen Untersuchungen nahezu nie ganze Populationen erfaßt, sondern nur Teile von Populationen, die nicht unbedingt repräsentativ für die Population sind.

6.2.4   Auen

Birkel & Mayer (1992) haben eine Methode zur Bewertung von Flußauen anhand der Vegetation entwickelt und diese an den Flüssen Iller, Lech, Isar, Inn, Salzach und Donau angewendet. Dabei werden die Auen in vier Bewertungsklassen eingeteilt: naturnah, bedingt naturnah, entfernt naturnah und naturfern.

Naturnahe Auwälder haben einen dem jeweiligen Auwaldtyp entsprechenden Bestandsaufbau im Hinblick auf Artenzusammensetzung und Strukturmerkmale (Ellenberg 1996). Die Strukturmerkmale umfassen dabei im wesentlichen den typischerweise stufigen Aufbau von Kraut-, Strauch- und Baumschicht. Bedingt naturnahe Auwälder zeigen ein verändertes Artgefüge, aber der stufige Aufbau ist weitgehend erhalten. Entfernt naturnahe Auwälder weisen deutliche Veränderungen im Artenspektrum und in der Struktur auf oder zeigen einen strengen Altersklassenaufbau oder eine einseitige Begünstigung bestimmter Baumarten. Naturferne (Au-)Wälder sind Aufforstungsbereiche aus überwiegend standortfremden Baumarten, Waldweiden oder Parkanlagen.

Tab. 6.2.5 Parameter zur Bewertung von Flußauen. In der letzten Spalte ist angegeben, ob es sich bei den einzelnen Parametern um Wertstrukturen (+) oder Schadstrukturen (–) handelt. Nach Pauschert & Buschmann (1999).

Abfluß	Ausuferungshäufigkeit	(+)
und	Deiche u. Bauwerke mit deichähnlicher Wirkung	(–)
Überflutung	Rückstaubereiche	(–)
	Unterwasser von Speicherbauwerken	(–)
	Ausleitungen	(–)
	Einleitungen	(–)
	Grundwasserentnahmen in der Aue	(–)
	sonstige Schadstruktur	(–)
Auenrelief	Ufer- u. Sohlsicherungsmaßnahmen	(–)
	Altgewässer	(+)
	Flutrinnen	(+)
	Inseln	(+)
	Seitengewässer	(+)
	Kleinrelief	(+)
	Reliefstrukturen der Talränder	(+)
	Terrassen, Dünen, Schwemmfächer in der Aue	(+)
	Moorkörper	(+)
Biotoptypen	Auwälder und -gebüsche	(+)
und	Bruch-, Sumpfwälder u. -gebüsche	(+)
Nutzungs-	Trockenwälder und -gebüsche	(+)
strukturen	Seitengewässer	(+)
	Stillgewässer	(+)
	Hoch- u. Zwischenmoore	(+)
	Niedermoore u. Sümpfe	(+)
	Feucht- und Naßgrünland	(+)
	Waldfreie Trockenbiotope	(+)
	Biotopflächendichte	(+)
	Land- und forstwirtschaftliche Nutzung	(–)
	Siedlungsbereiche	(–)
	sonstige Schadstrukturen	(–)
	Straßen u. Versorgungsanlagen	(–)

Auch wenn in diese Bewertung vor allem die Gehölzvegetation einfließt, so kann man doch davon ausgehen, daß auch Bodenflora und Fauna in etwa dieser Einteilung entsprechen, sofern andere Einflüsse (z. B. toxische Belastungen) nicht vorhanden sind.

Pauschert & Buschmann (1999) entwickelten eine Bewertungsmethode für die Auen mittelgroßer Fließgewässer (10–80 m breit), welche an Flüssen in Sachsen-Anhalt und Nordrhein-Westfalen getestet wurde. Als Grundlage zur Erhebung des Ist-Zustandes dienen Luftbilder, topographische und geologische Karten, vorhandene Nutzungskartierungen, Behördenauskünfte und evtl. Kontrollgänge bzw. Nachkartierungen. Die Länge der Kartierabschnitte beträgt ein bis vier Kilometer der Tallänge. Die Aufnahme des Ist-Zustandes erfolgt über drei Hauptparameter (Abfluß und Überflutung; Auenrelief; Biotoptypen und Nutzungsstrukturen) mit insgesamt 31 Einzelparametern (Tab. 6.2.5). Dabei werden sowohl Schadstrukturen wie Deiche, Sicherungsmaßnahmen und Flächennutzungen als auch Wertstrukturen wie Altgewässer, Flutrinnen und Auwälder kartiert. Die Bewertung erfolgt mittels eines Indexverfahrens in einem siebenstufigen Klassifikationssystem auf Ebene der Hauptparameter. In Übersichtskarten kann der ökologische Zustand der Auen mittels einer Darstellung der Klassen der drei Hauptparameter in Form von Farbbändern veranschaulicht werden.

6.3 Möglichkeiten einer ökologisch orientierten Entwicklung von Gewässersystemen

Der Referenzzustand bzw. das Leitbild wird allein unter dem Gesichtspunkt der ökologischen Funktionsfähigkeit unabhängig von sozio-ökonomischen Vorgaben festgelegt (Abschn. 6.1.3). Aus ökologischer Sicht zeigt der Referenzzustand aber auch das maximal mögliche Entwicklungspotential eines Fließgewässers (Patt et al. 1998). Die kurz-, mittel- und langfristigen Entwicklungsziele, welche unter Berücksichtigung der sozio-ökonomischen Randbedingungen festgelegt werden, sollten sich somit am Referenzzustand orientieren, so daß eine schrittweise Entwicklung „in Richtung Referenzzustand" erfolgt (Abb. 6.1.3).

Bei der Entwicklung von ökologisch orientierten Maßnahmen sollte immer das ganze Gewässersystem betrachtet werden, da viele Eingriffe nicht nur den Ort des Eingriffs beeinflussen, sondern auch Auswirkungen auf das übrige Gewässersystem haben. Dies zeigt sich insbesondere bei Eingriffen, die den Abfluß oder Feststofftransport verändern (Abschn. 4.2.1) oder bei Verbauungen, die die Organismenausbreitung behindern (Abschn. 4.2.2, Abschn. 4.2.3, Abschn. 5.4.2). Im folgenden werden die Maßnahmen für eine naturnahe Abfluß- und Feststoffdynamik sowie für eine ungehinderte, dem Referenzzustand entsprechende Organismenausbreitung erläutert. Zudem wird eine Kosten-Nutzen-Analyse vorgestellt, mittels der es möglich ist, die (im allgemeinen beschränkten) finanziellen Mittel so einzusetzen, daß sie im Hinblick auf die ökologische Funktionsfähigkeit des Gewässersystems eine größtmögliche Wirkung haben.

Maßnahmen für eine naturnahe Abfluß- und Feststoffdynamik sollten schon im Einzugsgebiet beginnen. In der Kulturlandschaft ist der Oberflächenabfluß durch die Bodennutzung erhöht, wodurch Hochwasserabflüsse verstärkt werden (Abschn. 1.1.3). Im Hinblick auf den Hochwasserschutz und aus ökologischer Sicht können die unnatürlich großen Hochwasserabflüsse auf ein gewisses, natürliches Maß reduziert werden. Zum einen sind dann weniger Sicherungs- und Hochwasserschutzmaßnahmen erforderlich und zum anderen entspricht die Hochwasserdynamik wieder mehr den natürlichen Gegebenheiten. Die Maßnahmen des dezentralen Hochwasserschutzes, wie Bodenentsiegelung und Erhöhung der Vegetationsdichte, reduzieren kleinere Hochwasser (Abschn. 4.3.3). Durch die Errichtung von dezentralen Hochwasser-Retentionsarealen können hingegen bei kleineren Einzugsgebieten auch 100jährliche Hochwasserabflüsse verringert werden (Assmann et al. 1998). Die meisten dieser Maßnahmen vermindern zudem die Bodenerosion und reduzieren so den Schwebstofftransport im Fließgewässer. Hierdurch wird die Gefahr einer Sohlkolmation (Abschn. 3.3) herabgesetzt.

Auch eine naturnahe Gewässergestaltung (Abschn. 4.2.5) und vor allem großflächige Auenwiederbelebungsmaßnahmen (Abschn. 4.3.2) können Hochwasserabflüsse reduzieren. Ökologisch weniger geeignete Maßnahmen zum Hochwasserrückhalt wie Hochwasserrückhaltebecken und Speicherpolder (Abschn. 4.3.1) sollten nur eingesetzt werden, wenn mit den genannten, naturnahen Maßnahmen kein wirksamer Hochwasserschutz möglich ist.

Direkte Eingriffe in das Abflußgeschehen sind Wasserentnahmen und Wassereinleitungen bzw. -rückgaben. Bei Wasserentnahmen steht die Ermittlung einer ökologisch angemessenen Restwassermenge im Vordergrund (Abschn. 5.4.4). Bei Spülungen und Schwellbetrieb müssen die Abflüsse ökologisch verträglich gesteuert werden (Abschn. 5.4.5). Sofern langjährige Pegelaufzeichnungen aus dem Zeitraum vor und nach einem Eingriff vorhanden sind, können Methoden für eine ökologische Klassifikation des veränderten Abflußgeschehens angewendet werden (Abschn. 6.2.2).

Durch Geschiebesperren, Talsperren, Wehre, Sohlbauwerke, Hochwasserrückhaltebecken sowie durch die Veränderung von Sohlgefälle und die Befestigung des Gerinnes wird der Feststofftransport massiv beeinflußt. Eine naturnahe Feststoffdynamik ist jedoch für die gewässertypische Morphologie (Abschn. 1.4) wie auch für die Organismen der Gewässersohle und Aue von großer Bedeutung (Abschn. 3.1, Abschn. 3.2). Daher sollte im Rahmen der vorhandenen Möglichkeiten ein gewisser Feststofftransport (vor allem Geschiebetransport) zugelassen werden. Durch die (teilweise) Entfernung von Sohl- und Ufersicherungen sowie die Förderung von Erosionsbereichen und Anlandungen wird gleichzeitig die Selbstentwicklung gefördert (Kern 1994). Gerinneaufweitungen sind ein Beispiel dafür, wie Erosionen und Auflandungen innerhalb festgelegter Grenzen ermöglicht werden können (Abschn. 4.2.2.2). Idealerweise betrachtet man Gewässer mitsamt ihren Zuflüssen und versucht die Feststoffdynamik durch ein „Feststoffmanagement" zu steuern. Voraussetzung hierfür ist die Kenntnis über die transportierten Feststoffmengen einschließlich der Erosions- und Ablagerungsbereiche. Für Wildbachsysteme mit einer

Einzugsgebietsgröße bis etwa 50 km² wurde hierzu eine Methode entwickelt (Lehmann et al. 1996). Mit entsprechenden Anpassungen ist diese Methode auch für andere Gewässertypen anwendbar.

Maßnahmen zur Verbesserung der Organismenausbreitung sollten nach zwei Grundsätzen festgelegt werden:

- Ein Gewässersystem ohne natürliche Ausbreitungshindernisse (wie Felsabstürze, steile Felsrinnen oder Abschnitte mit stufenförmigem oder großem Sohlgefälle) sollte durchgehend frei von künstlichen Ausbreitungshindernissen sein.

- Sind natürliche Ausbreitungshindernisse vorhanden, wie in alpinen Bächen oder dem Oberlauf vieler Mittelgebirgsbäche, so sollte das Gewässersystem von der Mündung aus gesehen bis zu diesen Hindernissen keine künstlichen Ausbreitungshindernisse aufweisen.

Abwärtsgerichtete Bewegungen von Fließwassertieren werden durch Talsperren vollständig und durch Wehre teilweise unterbrochen, während bei Durchlässen und Abstürzen eine Abwärtswanderung durchaus möglich ist. Hindernisse, welche jede aufwärtsgerichtete Ausbreitung unterbinden, sind Talsperren, Wehre ohne Fischpaß und sehr hohe Abstürze. Bei eher niedrigeren Abstürzen, Durchlässen, Verrohrungen und Teichen im Gewässerverlauf ist die aufwärtsgerichtete Oganismenausbreitung von den Gestaltungsdetails des Hindernisses, dem Abfluß und den betrachteten Tierarten abhängig (Abschn. 4.2.2, Abschn. 4.2.3).

Mit Ausnahme von Talsperren können bei nahezu allen künstlichen Wanderungshindernissen Maßnahmen entwickelt werden, um die Ausbreitungsmöglichkeiten zu verbessern. Bei Wehren kann man zu diesem Zweck beispielsweise naturnahe Umgehungsgerinne oder, bei begrenzten Platzverhältnissen, Fischtreppen mit natürlichen Sohlsubstraten anordnen (Abschn. 5.4.2.2). Künstliche Abstürze können durch Gerinneaufweitungen ersetzt oder zu naturnahen, dem Gewässer entsprechenden Sohlrampen umgestaltet werden (Abschn. 4.2.2.2). Durchlässe sollte man, wenn möglich, durch Brücken ersetzen oder mit natürlichen Sohlsubstraten ausstatten (Abschn. 4.2.3). Verrohrungen sind langfristig zu öffnen.

In Mitteleuropa finden sich in allen größeren und kleineren Gewässersystemen zahlreiche künstliche Wanderungshindernisse. Bei einem Großteil der gefährdeten Fischarten sind diese Hindernisse der Grund der Gefährdung (Lelek 1987). Um die Organismenausbreitung effektiv zu verbessern, muß die ökologische Bedeutung der einzelnen Hindernisse untersucht werden. Dabei sind zwei Faktoren von Bedeutung: erstens die Anzahl der Tierarten, welche aufgrund des Hindernisses einen für sie geeigneten Lebensraum nicht besiedeln können, und zweitens die Größe und Qualität dieses Lebensraumes. Bei den Erhebungen zur Gewässerstruktur werden die Ausbreitungsstörungen kartiert und häufig kann – wie beschrieben – vorausgesagt werden, welcher Eingriff für welche Tierart ein Hindernis darstellt. Aufgrund der Gewässerstrukturkartierungen ist aber nicht ersichtlich, wie viele und welche Tierarten unterhalb eines Hindernisses vorkommen. Erst eine Analyse des Arteninventars in Zusammenhang mit der Lage der Hindernisse zeigt, welche Hindernisse

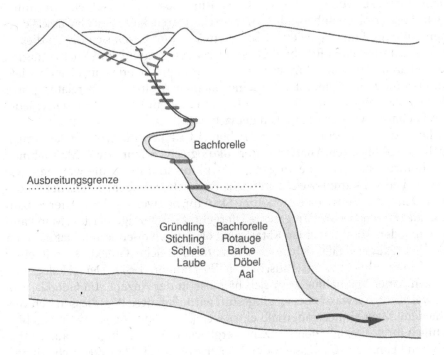

Bachforelle

Ausbreitungsgrenze

Gründling Bachforelle
Stichling Rotauge
Schleie   Barbe
Laube   Döbel
         Aal

Abb. 6.3.1 Schematische Darstellung der Verteilung der Fischarten ober- und unterhalb eines 40 cm hohen Absturzes in einem Mittelgebirgsbach (Sagentobelbach, Kanton Zürich). Nach Hütte et al. (1994), Peter (1998).

die Aufwanderung von welchen Tierarten verhindern. Als Indikator für eine funktionierende Organismenausbreitung eignet sich insbesondere die Fischfauna (Abschn. 6.2.3.2).

Von Bedeutung ist ferner die Größe und ökologische Qualität des oberhalb liegenden Lebensraumes. Handelt es sich hierbei um einen naturnahen Gewässerbereich mit idealen Fortpflanzungs- und Wachstumsbedingungen, so ist der Handlungsbedarf zur Beseitigung bzw. Umgestaltung des Hindernisses besonders groß. Bei einem Gewässer mit zahlreichen Ausbreitungsstörungen und eher kurzen Gewässerstrecken zwischen den verschiedenen Hindernissen finden sich die meisten Fischarten zumeist unterhalb des (von der Mündung aus gesehen) ersten Hindernisses. In Abbildung 6.3.1 ist die Situation in einem typischen Mittelgebirgsbach dargestellt. Unterhalb des ersten Absturzes kommen neun Fischarten vor, während oberhalb dieses Absturzes nur Bachforellen anzutreffen sind. Die erste und wichtigste Maßnahme zur Wiederherstellung einer funktionierenden Organismenausbreitung ist hier die Umgestaltung dieses Absturzes. Die nachfolgende Maßnahme wäre die Umgestaltung des nächsten, oberhalb liegenden Absturzes. Auf diese Weise wird im Gewässersystem sukzessive wieder die natürliche Ausbreitung der Wassertiere ermöglicht. Alle

Maßnahmen zur Verbesserung der Organismenausbreitung sollten von „unten nach oben" erfolgen. Inbesondere in überschaubaren, kleineren Gewässersystemen mit einer Einzugsgebietsgröße bis etwa 50 km² lassen sich die zu diesem Zweck erforderlichen Erhebungen von Gewässerstruktur und Fischfauna mit vertretbarem Aufwand durchführen. Zudem kann häufig mit kleinen Maßnahmen (etwa der Umgestaltung eines kleinen Absturzes) ein relativ großer ökologischer Nutzen erzielt werden (z. B. indem ein Lebensraum verschiedenen Fischarten wieder zugänglich gemacht wird).

Mittels der in Abschnitt 6.2 beschriebenen Güteklassifizierungen kann man auch **Kosten-Nutzen-Analysen der ökologisch orientierten Maßnahmen** durchführen. Bei den Erhebungen zur Struktur- und Auengüte werden – wie beschrieben – abschnittsweise zahlreiche Parameter erhoben, mittels derer konkrete Defizite wie etwa eine monotone Struktur, Sohlversiegelung, Uferverbauung oder fehlende standortgerechte Ufergehölze angezeigt werden. Man kann nun für jeden Abschnitt einen Katalog mit ökologisch orientierten Maßnahmen erstellen. Zumeist läßt sich auch abschätzen, welche Güteklasse mit einer Maßnahme erreichbar ist (Pauschert & Buschmann 1999). Der „ökologische Nutzen" einer Maßnahme zeigt sich hier also in der Anzahl von Güteklassen, um welche das Gewässer besser eingestuft wird. Auf diese Weise lassen sich verschiedene Maßnahmen innerhalb eines Gewässer- oder Auenabschnittes hinsichtlich ihres ökologischen Nutzens vergleichen. Sollen hingegen auch Maßnahmen in anderen Gewässer- oder Auenabschnitten in den Vergleich mit einbezogen werden, muß auch die Flächengröße des Gewässer- bzw. Auenabschnittes berücksichtigt werden:

ökologischer Nutzen = (Güteklasse vor Maßnahme – Güteklasse nach
Maßnahme) x Flächengröße

Eine grobe Abschätzung des finanziellen Aufwandes der einzelnen Maßnahmen (Kosten für Landerwerb, bauliche Veränderungen am Gewässer bzw. in der Aue u. a.) ermöglicht dann die Ermittlung eines Kosten/Nutzen-Index:

$$\text{Kosten/Nutzen-Index} = \frac{\text{Kosten der Maßnahme}}{\text{ökologischer Nutzen}}$$

Mittels dieses Indexes kann man nun verschiedene Maßnahmen zur Verbesserung der Lebensbedingungen innerhalb eines Gewässersystems hinsichtlich ihrer Effektivität miteinander vergleichen. Je kleiner dieser Index ist, desto wirkungsvoller werden die zur Verfügung stehenden finanziellen Mittel eingesetzt.

Im Prinzip kann man diese Kosten-Nutzen-Analyse auch bei einer hydrologischen Güteklassifikation durchführen. Die Kosten einer Maßnahme beziehen sich in diesem Fall beispielsweise auf Modifikationen der Wasserentnahme oder -abgabe.

Auch bei einer Güteklassifikation anhand des Makrozoobenthos oder der Fischfauna kann der Kosten/Nutzen-Index gebildet werden. Voraussetzung ist allerdings, daß abgeschätzt werden kann, welche Veränderungen bei dem Makrozoobenthos bzw. der Fischfauna infolge einer Maßnahme eintreten werden. Auf diese Weise kann man auch Kosten-Nutzen-Analysen für Ausbreitungshindernisse durchführen. Die „Kosten" der Beseitigung bzw. Umgestaltung eines Absturzes stehen dem „Nutzen" der Neu- bzw. Wiederbesiedlung der oberhalb liegenden Gewässerbereiche gegenüber. Der „Nutzen" zeigt sich hier in der Verbesserung der Fischgüteklasse.

Eine solche Analyse liefert allerdings immer nur Ansatzpunkte für eine ökologisch orientierte Entwicklung. Maßnahmen, welche sich aus einer Kosten-Nutzen-Analyse ergeben, dürfen nie unkritisch umgesetzt werden. Es ist immer ein Gewässer(-abschnitt) mit seinen Eigenheiten zu betrachten und die Entscheidung über die Durchführung einer Maßnahme in jedem Einzelfall abzuwägen. Denn schließlich ist die Sache „von einer solchen Art, daß sie die reiflichste Überlegung verdient, und daß von einem Collegio, dem sie übertragen ist, ohne andere Rücksichten, eine ausführliche und hinreichende Untersuchung der zweifelhafften Puncte angestellt, und ein bestimmter in der Folge zu verantwortender Vorschlag gethan werde." (Goethe, in seiner Tätigkeit als Geheimer Rat auch zuständig für den Wasserbau, in einem Brief an den Herzog von Sachsen Weimar am 5. März 1781).

Literaturverzeichnis

Allan, J.D. (1995): Stream Ecology. Chapman & Hall, London, 388 pp.

Aschwanden, H. & R. Weingartner (1985): Die Abflussregimes der Schweiz. Geographisches Institut der Universität Bern, Publikation Gewässerkunde Nr. 65

Ackers, P. (1992): Canal and river regime in theory and practice: 1929–92. Proc. Instn Civ. Engrs Wat., Marit. & Energy 96: 167–178

Ackers, P. & F.G. Charlton (1970): Dimensional analysis of alluvial channels with special reference to meander length. Journal of Hydraulics Research 8: 287–316

Ahnert, F. (1996): Einführung in die Geomorphologie. Ulmer, Stuttgart, 440 S.

Ambühl, H. (1959): Die Bedeutung der Strömung als ökologischer Faktor. Schweiz. Z. Hydrol. 21: 133–264

Ammann, M. (1993): Das durch Wasserkraftnutzung veränderte Abflussregime eines alpinen Fliessgewässers und dessen Auswirkungen auf das Makrozoobenthos. Dissertation an der ETH Zürich Nr. 10107: 146 S.

Amoros, C., Roux, A.L., Reygrobellet, J.L., Bravard, J.P. & G. Pautou (1987): A method for applied ecological studies of fluvial hydrosystems. Regulated Rivers 1: 17–36

Amoros, C. & P.M. Wade (1996): Ecological successions. In: Petts, G.E. & C. Amoros (eds) Fluvial hydrosystems. Chapman & Hall, London, 211–241

Amoros, C., Gilbert, J. & M.T. Greenwood (1996): Interactions between units of the fluvial hydrosystem. In: Petts, G.E. & C. Amoros (eds.) Fluvial hydrosystems. Chapman & Hall, London, 184–210

Amt d. oö. Landesregierung (1983): Gewässerkartierungen in Oberösterreich. Amt der oberösterreichischen Landesregierung, Abteilung Wasserbau, Linz

Amt d. Tiroler Landesregierung (1996): Fließgewässeratlas Tirol. Amt der Tiroler Landesregierung, Abteilung Wasserwirtschaft, Innsbruck

Andrews, E.D. (1979): Scour and fill in a stream channel, East Fork River, Western Wyoming. United States Geophysical Survey Professional Paper 1117

Arens, W. (1989): Comparative functional morphology of the mouthparts of stream animals feeding on epilithic algae. Arch. Hydrobiol. Suppl. 83: 253–354

Armitage, P.D., Cranston, P.S. & L.C.V. Pinder (eds.) (1995): The Chironomidae – the biology and ecology of non-biting midges. Chapman & Hall, London, 572 pp.

Arnold, A. & H. Längert (1995): Das Moderlieschen. Die Neue Brehm-Bücherei Band 623, Westarp Wissenschaften, Magdeburg

Aschwanden H. & R. Weingartner (1985): Die Abflussregimes der Schweiz. Publikation Gewässerkunde Nr. 65, Geographisches Institut der Univ. Bern

Assmann, A. (1998): Die Planung dezentraler, integrierter Hochwasserschutzmaßnahmen mit dem Schwerpunkt der Standortausweisung von Retentionsarealen an der Oberen Elsenz, Kraichgau. Dissertation an der Universität Heidelberg, 182 S.

Assmann, A., Gündra, H., Schukraft, G. & A. Schulte (1998): Konzeption und Standortauswahl bei der dezentralen, integrierten Hochwasserschutzplanung für die Obere Elsenz (Kraichgau). Wasser & Boden 50: 15–19

Baade, J. (1994): Geländeexperiment zur Verminderung des Schwebstoffaufkommens in landwirtschaftlichen Einzugsgebieten. Heidelberger Geographische Arbeiten Heft 95, 215 S.

Baer, H.-W. (1960): *Anopheles* und Malaria in Thüringen. Parasitologische Schriftenreihe Heft 12, 154 S.

Balon, E.K. (1975): Reproductive guilds of fishes: a proposal and definition. J. Fish. Res. Board Can. 32: 821–864

Barsch, D., Schukraft, G. & A. Schulte (1998): Der Eintrag von Bodenerosionsprodukten in die Gewässer und seine Reduzierung – das Geländeexperiment „Langenzell". In: Richter, G. (Hrsg.): Bodenerosion – Analyse und Bilanz eines Umweltproblems. Wissenschaftliche Buchgesellschaft, Darmstadt, 194–203 S.

Bayer. Landesamt für Wasserwirtschaft (1991): Stützkraftstufe Landau a.d. Isar: Entwicklung der Pflanzen- und Tierwelt in den ersten 5 Jahren. Schriftenreihe des Bayer. Landesamtes für Wasserwirtschaft Heft 24: 154 S.

Becker, G. (1987): Lebenszyklus, Reproduktion und ökophysiologische Anpassungen von *Hydropsyche contubernalis*, einer Köcherfliege mit Massenvorkommen im Rhein. Dissertation, Universität Köln, 108 S.

Begemann, W. & H.M. Schiechtl (1994): Handbuch zum ökologischen Wasser- und Erdbau. 2. Aufl., Bauverlag, Wiesbaden etc.

Belford, D.A. & W.R. Gould (1989): An evaluation of trout passage through six highway culverts in Montana. North American Journal of Fisheries Management 9: 437–445

Bell, M.C. (1990): Fisheries handbook of engineering requirements and biological criteria. Fish Passage Development and Evaluation Program, Corps of Engineers, North Pacific Division, Portland, Oregon

Bellmann, H. (1987): Libellen beobachten bestimmen. Neudamm, Melsungen, 268 S.

Bendig, A. (1995): Ökologische Bewertung von Hochwasserrückhaltebecken am Beispiel von zwei Standorten im Ruhrgebiet. Geographisches Institut der Universität Bochum, Materialien zur Raumordnung Band 48, 95 S.

Berg, R. (1985): Turbinenbedingte Schäden an Fischen – Bericht über Versuche am Laufkraftwerk Neckarzimmern. Unveröffentlichtes Gutachten der Fischereiforschungsstelle des Landes Baden-Württemberg, Langenargen

Berg, R. (1987): Gutachterliche Stellungnahme zu Fischschäden durch den Betrieb der Wasserkraftanlage „Am letzten Heller". Unveröffentlichtes Gutachten der Fischereiforschungsstelle des Landes Baden-Württemberg, Langenargen

Berg, R. (1993a): Untersuchung einer Fischscheucheinrichtung am Kraftwerk Neckarzimmern. Unveröffentlichtes Gutachten der Fischereiforschungsstelle des Landes Baden-Württemberg, Langenargen

Berg, R. (1993b): Untersuchungen zur Vermeidung von Aalschäden an Turbinen. Arbeiten des Deutschen Fischerei-Verbandes Heft 59: 23–36

Berg, R. (1994): Untersuchungen mit Fischscheucheinrichtungen am Kraftwerk Guttenbach (Neckar). Unveröffentlichtes Gutachten der Fischereiforschungsstelle des Landes Baden-Württemberg, Langenargen

Bernhart, H.H. (1996): Wasserkraftnutzung – Möglichkeiten und Grenzen. In: Lozan, J.L. & H. Kausch (Hrsg.): Warnsignale aus Flüssen und Ästuaren. Parey, Berlin, 168–177

BfG (1996): Internationales Hydrologisches Programm. Jahrbuch Bundesrepublik Deutschland Kalenderjahr 1990. Bundesanstalt für Gewässerkunde, Koblenz 1996

Biggs, B.J.F. (1996): Hydraulic habitat of plants in streams. Regulated Rivers 12: 131–144

Binder, W. & W. Kraier (1998): Gewässerstrukturgütekarte der Bundesrepublik Deutschland, Stand der Bearbeitung. Münchener Beiträge zur Abwasser-, Fischerei- und Flußbiologie 51: 320–333

Birkel, I. & A. Mayer (1992): Ökologische Zustandserfassung der Flußauen an Iller, Lech, Isar, Inn, Salzach und Donau und ihre Unterschutzstellung. Bayerisches Landesamt für Umweltschutz, Schriftenreihe Heft 124: 95 S.

Bisson, P.A. & D.R. Montgomery (1996): Valley segments, stream reaches, and channel units. In: Hauer, F.R. & G.A. Lamberti (eds.): Methods in Stream Ecology. Academic Press, San Diego, 23–52

Bisson, P.A., Nielsen, J.L., Palmason, R.A. & L.E. Grove (1981): A system of naming habitat types in small streams, with examples of habitat utilization by salmonids during low streamflow. Symposium on Acquisition and Utilization of Aquatic Habitat Inventory Information, Portland, 62–73

Blank, M., von Keitz, S. & N. Niehoff (1999): Gewässerstrukturgüte-Management – Herausforderung für die Wasserwirtschaft im 21. Jahrhundert? Wasser & Boden 51: 7–13

Bleines, W. (1970): Grundwasserprobleme im Oberrheintal. In: Johann Gottfried Tulla. Fachtagung in der Universität Karlsruhe, Eigenverlag des Theodor-Rehbock-Flußlaboratoriums der Universität Karlsruhe, 137–148

Bless, R. (1979): Wandernde Fischarten und deren besondere Schutzbedürfnisse. Natur und Landschaft 54: 202–205

Bless, R. (1981): Untersuchungen zum Einfluß von gewässerbaulichen Maßnahmen auf die Fischfauna in Mittelgebirgsbächen. Natur und Landschaft 56: 243–252

Bless, R. (1982): Untersuchungen zur Substratpräferenz der Groppe, *Cottus gobio* (Linnaeus 1758). Senckenbergiana biol. 63: 161–165

Bless, R. (1985): Zur Regeneration von Bächen der Agrarlandschaft – Eine ichthyologische Fallstudie. Schr.-Reihe für Landespflege und Naturschutz, Bonn-Bad Godesberg, 79 S.

Bluck, B.J. (1976): Sedimentation in some Scottish rivers of low sinuosity. Trans. Royal Soc. Edinburgh 69: 425–456

Boak, D. (1982): The Kingfisher. Blandford Press, Dorset, England

Bohl, E. (1998): Anforderungen an fischökologische Leitbilder. Münchener Beiträge zur Abwasser-, Fischerei- und Flußbiologie 51: 248–282

Bohle, H.W. (1995): Spezielle Ökologie: Limnische Systeme. Springer, Berlin, 267 S.

Bohle, H.W. & E. Engel-Methfessel (1993): Grundzüge für die ökologische Bewertung des amphibischen Lebensraumes. Wasser Abwasser Abfall 11: 262–274

Boller, M. & V. Mottier (1998): Wasserwirtschaftliche Bedeutung der Regenwasserversickerung am Beispiel einer Region. Z. f. Kulturtechnik und Landesentwicklung 39: 247–254

Bollrich, G. & G. Preißler (1992): Technische Hydromechanik Band 1: Grundlagen. 3. Aufl., Verlag für Bauwesen, Berlin München, 456 S.

Bork, H.-R. (1988): Bodenerosion und Umwelt – Verlauf, Ursachen und Folgen der mittelalterlichen und neuzeitlichen Bodenerosion. Bodenerosionsprozesse. Modelle und Simulationen. Institut für Geographie und Geoökologie der TU Braunschweig, Schriftenreihe Landschaftsökologie und Umweltforschung Heft 13: 249 S.

Born, O. (1995): Untersuchungen zur Wirksamkeit von Fischaufstiegshilfen am unterfränkischen Main. Dissertation an der TU München, 229 S.

Borne, M.v.d. (1877): Wie kann man unsere Gewässer nach den in ihnen vorkommenden Arten klassifizieren und welche Fische sind am besten geeignet, die verschiedenen Arten von Fischgewässern ertragreich zu machen? Circul. Deutsch. Fischerei Ver. Berlin, 1877 (1878) 4: 89–93

Böttger, K. & R. Pöpperl (1992a): Zur Makroinvertebraten-Besiedelung eines norddeutschen Tieflandbaches unter Herausstellung rheotypischer Arten. Limnologica 22: 1–15

Böttger, K. & R. Pöpperl (1992b): Aussagen zum Natürlichkeitsgrad von Bächen anhand rheotypischer Faunenelemente, dargestellt unter besonderer Berücksichtigung der Tieflandbäche Schleswig-Holsteins. In: Friedrich, G. & J. Lacombe (Hrsg.): Ökologische Bewertung von Fließgewässern. Limnologie aktuell Band 3, Gustav Fischer Verlag Stuttgart, 159–165

Bovee, K.D. (1982): A guide to stream habitat analysis using the instream flow incremental methodology. US Fish and Wildlife Service, Instream Flow Information Paper No. 12, US Fish and Wildlife Service Biologic Report 82/26: 248 pp.

Bovee, K.D. (1986): Development and evaluation of habitat suitability criteria for use in the instream flow incremental methodology. US Fish and Wildlife Service, Instream Flow Information Paper No. 21, US Fish and Wildlife Service Biologic Report 86/7: 235 pp.

Braukmann, U. (1987): Zoozönologische und saprobiologische Beiträge zu einer allgemeinen regionalen Bachtypologie. Archiv Hydrobiol. Ergebnisse Limnol. Beiheft 26, 316 S.

Braukmann, U. (1992): Typologischer Ansatz zur ökologischen Bewertung von Fließgewässern. In: Friedrich, G. & J. Lacombe (Hrsg.): Ökologische Bewertung von Fließgewässern. Limnologie aktuell Band 3, Gustav Fischer Verlag Stuttgart, 45–65

Braukmann, U. (1994): System der Bachtypen. In: Forschungsgruppe Fließgewässer: Fließgewässertypologie. Umweltforschung in Baden-Württemberg. ecomed, Landsberg, 33–46

Bravard, J.-P. & G.E. Petts (1996): Human impacts on fluvial hydrosystems. In:

Petts, G.E. & C. Amoros (eds.) Fluvial hydrosystems. Chapman & Hall, London, 242–262

Bravard, J.-P. (1987): Le Rhone, du Léman à Lyon. La Manufacture, Lyon, 451 pp.

Bravard, J.-P., Amoros, C. & G. Pautou (1986): Impacts of civil engineering works on the succession of communities in a fluvial system: a methodological and predictive approach applied to a section of the Upper Rhone River. Oikos 47: 92–111

Brehm, J. (1983): Landschafts- und gewässerökologische Gefahren des sommerlichen Einstaus von Hochwasserrückhaltebecken und deren Abwendung. Arbeiten des deutschen Fischereiverbandes Band 40: 32–59

Brehm, J. & M.P.D. Meijering (1990): Fließgewässerkunde: 2. Aufl. Quelle & Meyer, Wiesbaden

Bremer, H. (1989): Allgemeine Geomorphologie. Borntraeger, Berlin Stuttgart, 450 S.

Bretschneider, H. (1993): Fließgewässerausbau. In: Bretschneider, H., Lecher, K. & M. Schmidt (Hrsg.): Taschenbuch der Wasserwirtschaft. Parey Hamburg Berlin, 471–536

Brickenstein, C. (1955): Über den Netzbau der Larve von *Neureclipsis bimaculata* L. (Trichop., Polycentropodidae). Abh. Bayer. Ak. Wiss. Math.-Naturw. Kl. NF 69: 5–44

Brittain, J.E. & T.J. Eikeland (1988): Invertebrate drift – a review. Hydrobiologia 166: 77–93

Brittain, J.E. (1990): Life history strategies in Ephemeroptera and Plecoptera. In: Campell, I.C. (ed.): Mayflies and Stoneflies, Kluwer Academic Publishers, 1–12

Brunke, M. (1998): The influence of hydrological exchange patterns on environmental gradients and community ecology in hyporheic interstices of a prealpine river. Dissertation an der ETH Zürich Nr. 12734, 209 S.

Brunke, M. & T. Gonser (1997): The ecological significance of exchange processes between rivers and groundwater. Freshwater Biology 37: 1–23

Bundesamt für Energie (1998): Schweizerische Elektrizitätsstatistik 1997. Bundesamt für Energie, Bern

Bundesministerium für wirtschaftliche Zusammenarbeit (Hrsg.) (1984): Ökologische Auswirkungen von Staudammvorhaben. Erkenntnisse und Folgerungen für die entwicklungspolitische Zusammenarbeit. Forschungsberichte des Bundesministeriums für wirtschaftliche Zusammenarbeit Band 60, Weltforum Verlag, München, Köln, London, 181 S.

Bundi, U. & E. Eichenberger (1989): Wasserentnahme aus Fliessgewässern: Gewässerökologische Anforderungen an die Restwasserführung. Bundesamt für Umwelt, Wald u. Landschaft, Bern, Schriftenreihe Umweltschutz 110: 1–50

Burmeister, E.-G. & F. Reiss (1983): Die faunistische Erfassung ausgewählter Wasserinsektengruppen in Bayern. Informationsberichte des Bayerischen Landesamtes für Wasserwirtschaft 7/83

BUWAL (1998): Methoden zur Untersuchung und Beurteilung der Fließgewässer: Modul-Stufen-Konzept. Bundesamt für Umwelt, Wald und Landschaft (BUWAL), Bern, Mitteilungen zum Gewässerschutz Nr. 26: 41 S.

BWW (1987): Statistik der Wasserkraftanlagen der Schweiz. Bundesamt für Wasserwirtschaft, Bern

Canfield, D.E. & M.V. Hoyer (1988): Influence of nutrient enrichment and light availability on the abundance of aquatic macrophytes in Florida streams. Can. J. Fish. Sci. 45: 1467–1472

Carling, P. (1987): Bed stability in gravel streams, with reference to stream regulation and ecology. In: K. S. Richards (ed.): River channels: environment and process. Blackwell Science, Oxford, p. 321–347

Carling, P.A. (1992a): In-stream hydraulics and sediment transport. In: Calow, P. & G.E. Petts (eds.): The Rivers Handbook Vol. 1. Blackwell, Oxford, 101–125

Carling, P.A. (1992b): The nature of the fluid boundary layer and the selection of parameters for benthic ecology. Freshwater Biology 28: 273–284

Carlston, C.W. (1965): The relation of free meander geometry to stream discharge and its geomorphic implications. American Journal of Science 263: 864–885

Camargo, J.A. (1993): Dynamic stability in hydropsychid guilds along a regulated stream: the role of competitive interactions versus environmental perturbations. Regulated Rivers 8: 29–40

Cecen, K. (1976): Wasserfassung aus Gebirgsflüssen und über die Bemessung und Berechnung der Absetzbecken für Wasserkraftanlagen. Mitteilungen des Instituts für Wasserbau und Wasserwirtschaft der RWTH Aachen 13: 5–46

Chadwick, A. & J. Morfett (1993): Hydraulics in civil and environmental engineering. 2nd edition, E & FN Spon, London, 557 S.

Chovanek, A., Heger, H., Koller-Kreimel, V., Moog, O., Spindler, T. & H. Waidbacher (1994): Anforderungen an die Erhebung und Beurteilung der ökologischen Funktionsfähigkeit von Fließgewässern – eine Diskussionsgrundlage. Österreichische Wasser- und Abfallwirtschaft 46: 257–264

Chow, Ven Te (1982): Open-channel Hydraulics. McGraw-Hill, Tokyo

Christen, P., Jericke, E., Rihm, B. & S. Spörri (1987): Konzept zur Planung, Gestaltung und Organisation von biologisch aktiven Geschiebesammlern. Vermessung, Photogrammetrie, Kulturtechnik, Heft 6: 227–231

Cockburn, A. (1995): Evolutionsökologie. Gustav-Fischer-Verlag, Stuttgart, Jena, New York, 357 S.

Cogerino, L., Cellot, B. & M. Bournaud (1995): Microhabitat diversity and associated macroinvertebrates in aquatic banks of a large European river. Hydrobiologia 304: 103–115

Colling, M. & U. Schmedtje (1996): Ökologische Typisierung der aquatischen Fauna. Informationsberichte des Bayerischen Landesamtes für Wasserwirtschaft Heft 4/96: 543 S.

Connell, J.H. (1978): Diversity in tropical rainforests and coral reefs. Science 199: 1302–1310

Conrad-Brauner, M. (1994): Naturnahe Vegetation im Naturschutzgebiet „Unterer Inn" und seiner Umgebung. Beiheft 11 zu den Berichten der Akademie für Naturschutz und Landschaftspflege, Laufen a.d. Salzach, 173 S.

Coring, E. & B. Küchenhoff (1995): Vergleich verschiedener europäischer Untersuchungs- und Bewertungsmethoden für Fließgewässer. Landesumweltamt Nordrhein-Westfalen Materialien Nr. 18, 137 S.

Cranston, P.S., Ramsdale, C.D., Snow, K.R. & G.B. White (1987): Adults, larvae and pupae of british mosquitoes (Culicidae). Freshwater Biological Association: Scientific Publication No. 48, 152 pp.

Creutz, G. (1986): Die Wasseramsel. Ziemsen, Wittenberg Lutherstadt, 142 S.

Cuenco, M.L., Backman, T.W.H. & P.R. Mundy (1993): The use of supplementation to aid in natural stock restoration. In: Cloud, J.G. & G.H. Thorgaard (eds): Genetic Conservation of Salmonid Fishes. Plenum Press, New York, 269–293

Cummins, K.W. (1975): Macroinvertebrates. In: WHITTON, B.A. (ed.): River Ecology. – Studies in ecology Vol. 2, Blackwell Scientific Publications, Oxford London Edinburgh Melbourne, 170–198

Cummins, K.W., Cushing, C.E. & G.W. Minshall (1995): Introduction: an overview of stream ecosystems. In: Cushing, C.E., Cummins, K.W. & G.W. Minshall (eds.): Ecosystems of the World, 22: River and stream ecosystems. Elsevier, Amsterdam Lausanne New York Oxford Shannon Tokyo, 1–8

da Silva, A.M.A.F. (1991): Alternate bars and related alluvial processes. Thesis of Master of Science, Queen's University, Kingston, Ontario, Canada, 225 pp.

Darschnik, S., Rennerich, J., Schuhmacher, H. & B. Thiesmeier (1989): Rekonstruktion des potentiell natürlichen Gewässerzustandes als Grundlage für die ökologische Bewertung und Renaturierung von Fließgewässern im Ballungsraum. Verhandlungen der Gesellschaft für Ökologie XVIII: 541–547

Davies, J.A. & L.A. Barmuta (1989): An ecologically useful classification of mean and near-bed flows in streams and rivers. Freshwater Biology 21: 271–282

Death, R. G. & M. J. Winterbourn (1995): Diversity patterns in stream benthic invertebrate communities: the influence of habitat stability. Ecology 76: 1446–1460

Den Boer, P.J. (1970): On the significance of dispersal power for populations of carabid-beetles (Coleoptera, Carabidae). Oecologia 4: 1–28

DIN 1080-7: Begriffe, Formelzeichen und Einheiten im Bauingenieurwesen; Wasserwesen. In: DIN-Taschenbuch 211: Wasserwesen Begriffe. 3. Auflage 1996, Beuth-Verlag, Berlin, Köln

DIN 18918: Ingenieurbiologische Sicherungsbauweisen. In: DIN-Taschenbuch 179: Wasserbau 1: Stauanlagen, Stahlwasserbau, Wasserkraftanlagen, 3. Aufl. 1990, Beuth-Verlag, Berlin, Köln

DIN 19660 (Entwurf 1989): Landschaftspflege bei Maßnahmen der Bodenkultur und des Wasserbaus. In: DIN-Taschenbuch 179: Wasserbau 1: Stauanlagen, Stahlwasserbau, Wasserkraftanlagen, 3. Aufl. 1990, Beuth-Verlag, Berlin, Köln

DIN 19661, Blatt 1: Kreuzungsbauwerke. In: DIN-Taschenbuch 179: Wasserbau 1: Stauanlagen, Stahlwasserbau, Wasserkraftanlagen, 3. Aufl. 1990, Beuth-Verlag, Berlin, Köln

DIN 19661, Teil 2 (1978): Sohlbauwerke – Abstürze, Schußrinnen, Sohlgleiten, Absturztreppen, Stützschwellen, Sohlschwellen, Grundschwellen. Vornorm, Beuth-Verlag, Berlin, Köln

DIN 19663: Wildbachverbauung; Begriffe, Planung und Bau. In: DIN-Taschenbuch 179: Wasserbau 1: Stauanlagen, Stahlwasserbau, Wasserkraftanlagen, 3. Aufl. 1990, Beuth-Verlag, Berlin, Köln

DIN 19700: Stauanlagen. In: DIN-Taschenbuch 179: Wasserbau 1: Stauanlagen, Stahlwasserbau, Wasserkraftanlagen, 3. Aufl. 1990, Beuth-Verlag, Berlin, Köln

DIN 4044: Hydromechanik im Wasserbau; Begriffe. In: DIN-Taschenbuch 211: Wasserwesen Begriffe. 3. Auflage 1996, Beuth-Verlag, Berlin, Köln

DIN 4047: Landwirtschaftlicher Wasserbau; Begriffe. In: DIN-Taschenbuch 211: Wasserwesen Begriffe. 3. Auflage 1996, Beuth-Verlag, Berlin, Köln

DIN 4048: Wasserbau; Begriffe; Stauanlagen. In: DIN-Taschenbuch 211: Wasserwesen Begriffe. 3. Auflage 1996, Beuth-Verlag, Berlin, Köln

DIN 4049: Hydrologie. In: DIN-Taschenbuch 211: Wasserwesen Begriffe. 3. Auflage 1996, Beuth-Verlag, Berlin, Köln

DIN 4054: Verkehrswasserbau; Begriffe. In: DIN-Taschenbuch 211: Wasserwesen Begriffe. 3. Auflage 1996, Beuth-Verlag, Berlin, Köln

Dister (1980): Geobotanische Untersuchungen in der hessischen Rheinaue als Grundlage für die Naturschutzarbeit. Dissertation an der Universität Göttingen.

Dister, E. (1983): Zur Hochwassertoleranz von Auewaldbäumen an lehmigen Standorten. Verh. Ges. Ökologie Band 10: 325–336

Dister, E. (1985a): Auelebensräume und Retentionsfunktion. Laufener Seminarbeiträge 3/85: 74–90

Dister, E. (1985b): Taschenpolder als Hochwasserschutzmaßnahme am Oberrhein. GR 37: 241–344

Dittrich, A. (1998): Wechselwirkung Morphologie/Strömung naturnaher Fließgewässer. Mitteilungen des Instituts für Wasserwirtschaft und Kulturtechnik der Universität Karlsruhe Heft 198: 208 S.

Dittrich, A. & U. Schmedtje (1995): Indicating shear stress with FST-hemispheres – effects of stream-bottom topography and water depth. Freshwater Biology 34: 107–121

Dittrich, A. & M. Scherer (1996): Erfassung der Interaktion Strömungsangriff/Sohlewiderstand mittels der FST-Halbkugelmethode. Wasserwirtschaft 86: 296–300

Dittrich, A. & K. Träbing (1999): Turbulenzbedingte Prozesse kleiner Fließgewässer. Wasserwirtschaft 89: 2–7

Dole-Olivier, M.-J. & P. Marmonier (1992): Effects of spates on the vertical distribution of the interstitial community. Hydrobiologia 230: 49–61

Dole-Olivier, M. -J., Marmonier, P. & J. -L. Beffy (1997): Response of invertebrates to lotic disturbance: is the hyporheic zone a patchy refugium? Freshwater Biol. 37: 257–276

Dönni, W. (1993): Verteilungsdynamik der Fische in einer Staustufe des Hochrheins mit besonderer Berücksichtigung der Ökologie des Aals (*Anguilla anguilla* L.). Dissertation an der ETH Zürich Nr. 10287, 168 S.

Dorier, A. & F. Vaillant (1954): Observations et expériences relatives à la resistance au courant de divers invertébrés aquatiques. Trav. Lab. Hydrobiol. Grenoble 45, 46: 9–31

Downing, J.A. (1984): Sampling the benthos of standing waters. In: Downing, J.A. & F.H. Rigler (ed.): A manual on methods for the assessment of secondary productivity in freshwaters. – 2nd ed., IBP handbook 17, Blackwell Scientific Publications, Oxford London Edinburgh Boston Melbourne: 87–130

Drobir, H. (1981): Entwurf von Wasserfassungen im Hochgebirge. Österr. Wasserwirtschaft 33: 243–253

Dujmic, A. (1997): Der vernachlässigte Edelfisch: Die Äsche. Facultas Universitätsverlag, Wien, 111 S.

Düll, R. (1993): Exkursionstaschenbuch der Moose. IDH – Verlag für Bryologie und Ökologie, Bad Münstereifel, 338 S.

Dury, G.H. (1973): Magnitude-frequency analysis and channel morphology. In: Morisawa, M. (Ed.): Fuvial geomorphology. Binghampton.

DVWK (1991a): Hydraulische Berechnung von Fließgewässern. Hrsg. vom Deutschen Verband für Wasserwirtschaft und Kulturbau, Merkblätter Heft 220

DVWK (1991b): Ökologische Aspekte zu Altgewässern. Fachausschuß „Unterhaltung und Ausbau von Gewässern". Hrsg. vom Deutschen Verband für Wasserwirtschaft und Kulturbau, Merkblätter Heft 219, 48 S.

DVWK (1992): Auswirkungen der maschinellen Gewässerunterhaltung auf aquatische Lebensgemeinschaften. Fachausschuß „Unterhaltung und Ausbau von Gewässern". Hrsg. vom Deutschen Verband für Wasserwirtschaft und Kulturbau, Heft 99, 109 S.

DVWK (1993): Verlandung von Flußstauhaltungen – Morphologie, Bewirtschaftung, Umweltaspekte und Fallbeispiele. Arbeitskreis „Stauraumverlandung". Hrsg. vom Deutschen Verband für Wasserwirtschaft und Kulturbau, Heft 105, 300 S.

DVWK (1996a): Fischaufstiegsanlagen – Bemessung, Gestaltung, Funktionskontrolle. Fachausschuß „Fischaufstiegsanlagen". Hrsg. vom Deutschen Verband für Wasserwirtschaft und Kulturbau, Heft 232: 110 S.

DVWK (1996b): Gesichtspunkte zum Abfluß in Ausleitungsstrecken kleiner Wasserkraftanlagen. Fachausschuß „Restwasser". Hrsg. vom Deutschen Verband für Wasserwirtschaft und Kulturbau, Heft 114: 148 S.

DVWK (1996c): Bodenerosion durch Wasser – Kartieranleitung zur Erfassung aktueller Erosionsformen. Hrsg. vom Deutschen Verband für Wasserwirtschaft und Kulturbau, Merkblatt 239: 62 S.

DVWK (1999): Ermittlung einer ökologisch begründeten Mindestwasserführung mittels Halbkugelmethode und Habitat-Prognose-Modell. Hrsg. von dem Deutschen Verband für Wasserwirtschaft und Kulturbau, Heft 123, 94 S.

DVWK (1997): Maßnahmen zur naturnahen Gewässerstabilisierung. Hrsg. vom Deutschen Verband für Wasserwirtschaft und Kulturbau, Heft 118, 350 S.

Dyck, S. & G. Peschke (1983): Grundlagen der Hydrologie. VEB, Berlin

Dyck, S. & G. Peschke (1995): Grundlagen der Hydrologie. 3. Aufl. Verlag für Bauwesen, Berlin, 536 S.

EAWAG & BUWAL (1995): Anleitung zur Beurteilung der schweizerischen Fliessgewässer: Ökomorphologie, Hydrologie, Fischbiologie. Eidgenössische Anstalt für Wasserversorgung, Abwasserreinigung und Gewässerschutz, Dübendorf und Bundesamt für Umwelt, Wald und Landschaft, Bern, unveröffentlichter Bericht

Eder, R. (1981): Ökologische Zustandserfassung von Flußauen in Bayern und Vorschläge für ihre Unterschutzstellung. Akademie für Naturschutz und Landschaftspflege. Tagungsbericht 5/81: 58–67

Edington, J.M. (1968): Habitat preferences in net-spinning caddis larvae with special references to influence of water velocity. J. Anim. Ecol. 45: 675–692

Elber, F., Hürlimann, J. & K. Niederberger (1996): Algenmonitoring als Grundlage für das Abflußmanagement in der Sihl. Wasser, Energie, Luft 88: 55–59

Ellenberg, H. (1996): Vegetation Mitteleuropas mit den Alpen in ökologischer, dynamischer und historischer Sicht. 5. Aufl., Ulmer, Stuttgart, 1095 S.

Elliot, J.M. (1975): Effect of temperature on the hatching time of eggs of *Ephemerella ignita* (Poda) (Ephemeroptera: Ephemerellidae). Freshwater Biology 8: 51–58

Elliott, J.M. (1976): The growth rate of brown trout (*Salmo trutta* L.) fed on maximum rations. J. Anim. Ecol. 45: 805–821

Elliott, J.M. (1981): Some aspects of thermal stress on freshwater teleosts. In: Pickering, A.D. (ed.): Stress and fish. Academic Press, London, 209–245

Elliot, J.M. (1994): Quantitative ecology and the brown trout. Oxford University Press, Oxford, 286 pp.

Elliott, J.M. & U.H. Humpesch (1983): A key to the adults of the British Ephemeroptera with notes on their ecology. Freshwater Biological Association 47: 1–101

Elpers, C. & I. Tomka (1992): Struktur der Mundwerkzeuge und Nahrungsaufnahme bei Larven von *Oligoneuriella rhenana* Imhoff (Ephemeroptera, Oligoneuriidae). Mitt. Schweiz. Entomol. Ges. 65: 119–139

Elster, H.-J., Huber, P., Rehbronn, E. & O.-K. Trahms (1973): Vorschläge zum Schutz der Fischerei beim Gewässerausbau. Archiv für Fischereiwissenschaft 24, Beiheft 1: 1–28

Elwood, J.W., Newbold, J.D., O'Neill, R.V. & W. Van Winkle (1983): Resource spiraling: an operational paradigm for analyzing lotic ecosystems. In: Fontaine, T.D. & S.M. Bartell (eds.): Dynamics of lotic ecosystems, Ann Arbor – Michigan, 3–27

Emschergenossenschaft (1979): Niederschlag-Abfluß-Modell: Hochwasserabfluß-Berechnung mit Gebietsmerkmalen im Emscher- und Lippegebiet. Eigenverlag der Emschergenossenschaft, Essen

Engelhardt, W. (1951): Faunistisch-ökologische Untersuchungen über Wasserinsekten an den südlichen Zuflüssen des Ammersees. Mitteilungen d. Münchn. Ent. Ges. 41: 1–135

Engelhardt, W. (1985): Was lebt in Tümpel, Bach und Weiher? Kosmos Verlag, Stuttgart, 270 S.

Ergenzinger, P., Oostwoud-Wijdenes, D. & M.v. Werner (1996): Geschiebequellen. Universität der Bundeswehr München, Institut für Wasserwesen, Mitteilungen Heft 58: 6–20

Fausch, K.D. & T.G. Northcote (1992): Large woody debris and salmonid habitat in a small coastal British Colombia stream. Can. J. Fish. Aquat. Sci. 49: 682–693

Fisher, S.G. & G.E. Likens (1973): Energy flow in Bear Brook, New Hampshire: an integrative approach to stream ecosystem metabolism. Ecological Monographs 43: 421–439

Forschungsgruppe Fließgewässer (1994): Fließgewässertypologie. Umweltforschung in Baden-Württemberg. ecomed, Landsberg, 225 S.

Forstenlechner, E., Hütte, M., Bundi, U., Eichenberger, E., Peter, A. & J. Zobrist (1997): Ökologische Aspekte der Wasserkraftnutzung im alpinen Raum. vdf Hochschulverlag an der ETH Zürich, 100 S.

French, R.H. (1994): Open-Channel Hydraulics. McGraw-Hill, Inc., New York., 739 pp.

Friedrich, G. (1992): Ökologische Bewertung von Fließgewässern – eine unlösbare Aufgabe. In: Friedrich, G. & J. Lacombe (Hrsg.): Ökologische Bewertung von Fließgewässern. Limnologie aktuell. Band 3, Gustav-Fischer-Verlag, Stuttgart, 1–7

Friedrich, G. (1998): Integrierte Bewertung der Fließgewässer – Möglichkeiten und Grenzen. Münchener Beiträge zur Abwasser-, Fischerei- und Flußbiologie 51: 35–56

Friedrich, G. & J. Lacombe (Hrsg.) (1992): Ökologische Bewertung von Fließgewässern. Limnologie aktuell. Band 3, Gustav-Fischer-Verlag, Stuttgart

Friedrich, G., Hesse, K.-J. & J. Lacombe (1996): Bewertung der Gewässerqualität. In: Gunkel, G. (Hrsg.): Renaturierung kleiner Fließgewässer. Gustav-Fischer-Verlag, Jena, Stuttgart, 280–297

Frielinghaus, M (1998): Bodenschutzprobleme in Ostdeutschland. In: Richter, G. (Hrsg.): Bodenerosion – Analyse und Bilanz eines Umweltproblems. Wissenschaftliche Buchgesellschaft, Darmstadt, 204–262 S.

Frissel, C.A., Liss, W.J., Warren, C.E. & M.D. Hurley (1986): A hierarchical framework for stream habitat classification: viewing streams in a watershed context. Environmental Management 10: 199–214

Fritsch, A.J. (1872): Die Wirbelthiere Böhmens. Archiv für die naturwiss. Landesdurchforschung von Böhmen 2: 1–152

Fritz, H.-G. (1982): Ökologische und systematische Untersuchungen an Diptera/ Nematocera (Insecta) in Überschwemmungsgebieten des nördlichen Oberrheins. Dissertation an der TH Darmstadt, 296 S.

Frohmann, M. (1986): Bautechnik 1: Erdbau Wegebau Entwässerung. Ulmer, Stuttgart, 373 S.

Frutiger, A. & A. Imhof (1997): Life cycle of *Dinocras cephalotes* and *Perla grandis* (Plecoptera: Perlidae) in different temperature regimes. In: Landolt, P. & M. Sartori (eds): Ephemeroptera & Plecoptera: Biology-Ecology-Systematics. MTL Fribourg, 34–43

Frutiger, A. (1996): Embryogenesis of *Dinocras cephalotes*, *Perla grandis* and *P. marginata* (Plecoptera: Perlidae) in different temperature regimes. Freshw. Biol. 36: 497–508

Frutiger, A. (1997): Biologische Zustandsbeurteilung der Fliessgewässer – Ein Methodenvorschlag zur gesamtschweizerischen Anwendung. Unveröffentlichter Bericht, EAWAG, Dübendorf, Schweiz

Frutiger, A. (1998): Walking on suckers – new insights into the locomotory behaviour of larval net-winged midges (Diptera: Blephariceridae). J.N. Am. Benthol. Soc. 17: 104–120

Fuchs, U. (1994): Ökologische Grundlagen zur wasserwirtschaftlichen Planung von Abfluß und Morphologie kleinerer Fließgewässer. Dissertation, Univ. Karlsruhe, 131 S.

Garbrecht, G. (1981): Gewässerausbau in der Geschichte – Teil 1. Wasser und Boden, Heft 8: 372–380

Garbrecht, G. (1982): Gewässerausbau in der Geschichte – Teil 2. Wasser und Boden, Heft 1: 10–16

Garbrecht, G. (1985):Wasser: Vorrat, Bedarf und Nutzung in Geschichte und Gegenwart. Rowohlt, Reinbek, 279 S.

Garric, J. et al. (1990): Lethal effects of draining on Brown Trout. A predictive model based on field and laboratory studies. Wat. Res. 24: 59–65

Gaston, K.J. & J.I. Spicer (1998): Biodiversity – An Introduction. Blackwell Oxford, 113 pp.

Gebler, R.-J. (1991): Naturgemäße Bauweisen von Sohlenbauwerken und Fischaufstiegen zur Vernetzung der Fließgewässer. Mitteilungen des Instituts für Wasserwirtschaft und Kulturtechnik der Universität Karlsruhe Heft 181

Geiger, W. & H. Dreiseitl (1995): Neue Wege für das Regenwasser. Oldenbourg, 293 S.

Geitner, V. & U. Drewes (1990): Entwicklung eines neuartigen Pfahlfischpasses. Wasser und Boden 9: 604–607

Gepp, J., Baumann, N., Kauch, E.P. & W. Lazowski (1985): Auengewässer als Ökozellen. Grüne Reihe des Bundesministeriums für Gesundheit und Umweltschutz, Band 4, 322 S.

Gerken, B. (1988): Auen, verborgene Lebensadern der Natur. Verlag Rombach, Freiburg i. Br., 131 S.

Gerster, S. & P. Rey (1994): Ökologische Folgen von Stauraumspülungen. Schriftenreihe Umwelt Nr. 219, Bundesamt für Umwelt, Wald und Landschaft, Bern, 47 S.

Giesecke, J. & E. Mosonyi (1997): Wasserkraftanlagen: Planung, Bau und Betrieb. Springer, Berlin

Gilvear, D.J. & J.P. Bravard (1993): Dynamique fluviale. In: Amoros, C. & G.E. Petts (eds.): Hydrosystèmes Fluviaux. Masson, Paris, 61–82

Gmeinhart, W. (1988): Die Hochgebirgsstauseen der Tauernkraftwerke AG als Hochwasserschutzbauten. ÖZE 41: 240–256

Gordon, N.D., McMahon, T.A. & B.L. Finlayson (1992): Stream Hydrology – An Introduction for Ecologists. Wiley, Chichester, 526 pp.

Gorman, O.T. & J.R. Karr (1978): Habitat structure and stream fish communities. Ecology 59: 507–515

Goudie, A, (1993): The nature of the environment. Blackwell, Oxford

Granton, L.C. & H.J. Fraser (1935): Systematic packing of spheres with particular relation to porosity and permeability. J. Geol. 43: 785–909

Grass, A.J., Stuart, R.J. & M. Mansour-Tehrani (1991): Vortical structures and coherent motion in turbulent flow over smooth and rough boundaries. Phil. Trans. R. Soc. Lond. A 336: 35–65

Gray, J. (1953): The locomotion of fishes. In: Marshall, S.M. & A.P. Orr (eds.): Essays in marine biology. Oliver an Boyd, Edinburgh, 1–16

Greenwood, M.T. & M. Richardot-Coulet (1996): Aquatic invertebrates. In: Petts, G.E. & C. Amoros (eds) Fluvial hydrosystems. Chapman & Hall, London, 137–166

Gregory, K.J. (1992): Vegetation and river channel process interactions. In: Boon, P.J., Calow, P. & G.E. Petts: River conservation and management. Wiley, 255–269

Gregory, K.J. & R.J. Davis (1992): Coarse woody debris in stream channels in relation to river channel management in woodland areas. Regulated Rivers 7: 117–136

Gregory, K.J., Davis, R.J. & S. Tooth (1993): Spatial distribution of coarse woody debris dams in the Lymington Basin, Hampshire, UK. Geomorphology 6: 207–224

Griffith, M.B. & S.A. Perry (1993): The distribution of macroinvertebrates in the hyporheic zone of two small Appalachian headwater streams. Archiv Hydrobiol. 126: 373–384

Grimm, F. (1968) Das Abflußverhalten in Europa – Typen und regionale Gliederung. Wissenschaftliche Veröffentlichungen des Deutschen Instituts für Länderkunde: Neue Folge 25/26: 18–180

Große-Brauckmann, G. (1989): Die natürliche Flora an und in den mitteleuropäischen Bächen. Wasserbau-Mitteilungen der TH Darmstadt 29: 121–144

Grossman, G.D., Hill, J. & J.T. Petty (1995): Observations on habitat structure, population regulation, and habitat use with respect to evolutionarily significant units: a landscape perspective for lotic ecosystems. American Fisheries Society Symposium 17: 381–391

Gründel, A., Sauerwein, B., Schauberick, W. & F. Tönsmann (1995): Betriebserfahrungen mit den Hochwasserrückhalteanlagen des Wasserverbandes Schwalm. Kasseler Wasserbau-Mitteilungen Heft 2: 79–118

Gruschwitz, M. (1985): Status und Schutzproblematik der Würfelnatter (*Natrix tesselata* LAURENTI 1768) in der Bundesrepublik Deutschland. Natur und Landschaft 60: 353–356

Gullefors, B. (1987): Changes in flight direction of caddis flies when meeting changes in the environment of caddis flies. Proc. 5th Int. Symp. Trichoptera, Junk Publishers, Dordrecht, 229–233

Gunkel, G. (1996): Vorgabe von Leitbildern. In: Gunkel, G. (Hrsg.): Renaturierung kleiner Fließgewässer. Gustav Fischer Verlag, Jena, Stuttgart, 272–278

Günther, A. (1971): Die kritische mittlere Sohlschubspannung bei Geschiebemischungen unter Berücksichtigung der Deckschichtbildung und der turbulenzbedingten Sohlschubspannungsschwankungen. Dissertation, ETH Zürich, 69 S.

Guthruf, J. (1996): Populationsdynamik und Habitatwahl der Äsche (*Thymallus thymallus* L.) in drei verschiedenen Gewässern des schweizerischen Mittellandes. Dissertation, ETH Zürich Nr. 11720, 180 S.

Haddering, R.H. & H.D. Bakker (1998): Fish mortality due to passage through hydroelectric power stations on the Meuse and Vecht Rivers. In: Jungwirth, M., Schmutz, S. & S. Weiss (eds): Fish migration and fish bypasses. Fishing News Books Oxford, 315–328

Hainard, P., Bressoud, B., Giugni, G. & J.-L. Moret (1987): Wasserentnahme aus Fliessgewässern – Auswirkungen verminderter Abflussmengen auf die Pflanzenwelt. Bundesamt für Umweltschutz, Bern, Schriftenreihe Umweltschutz Nr. 72: 103 S.

Halle, M. (1993): Beeinträchtigung von Drift und Gegenstromwanderungen des Makrozoobenthos durch wasserbauliche Anlagen. Unveröffentlichtes Gutachten im Auftrag des Landesamtes für Wasser und Abfall Nordrhein-Westfalen. Umweltbüro Essen, 106 S.

Haslam, S.M. (1978): River plants. Cambridge University Press, Cambridge, 396 pp.

Hawkins, C.P., Kershner, J.L., Bisson, P.A., Bryant, M.D., Decker, L.M., Gregory, S.V., McCullough, D.A., Overton, C.K., Reeves, G.H., Steedman, R.J. & M.K. Young (1993): A hierarchical approach to classifying stream habitat features. Fisheries 18: 3–12

Hebauer, F. (1986): Käfer als Bioindikatoren, dargestellt am Ökosystem Bergbach. Laufener Seminarbeiträge 7: 55–65

Heggenes, J. & S.J. Saltveit (1990): Seasonal and spatial microhabitat selection and segregation in young Atlantic salmon, *Salmo salar* L. and brown trout, *Salmo trutta* L., in a Norwegian river. J. Fish Biol. 36: 707–720

Heidecke, D. & B. Klenner-Fringes (1992): Studie über die Habitatnutzung des Bibers in der Kulturlandschaft. Semiaquatische Säugetiere. Wiss. Beitr. Univ. Halle 1992: 215–265

Heilmair, T. (1997): Hydraulische und morphologische Kriterien bei der Beurteilung von Mindestabflüssen unter besonderer Berücksichtigung der sohlnahen Strömungsverhältnisse. Berichte der Versuchsanstalt Obernach und des Lehrstuhls für Wasserbau und Wasserwirtschaft der TU München Nr. 79: 122 S.

Heilmair, T. & T. Strobl (1994): Erfassung der sohlnahen Strömungen in der Ausleitungsstrecke mit FST-Halbkugeln und Mikro-Flowmeter – ein Vergleich der Methoden. Berichte der Versuchsanstalt Obernach und des Lehrstuhls für Wasserbau und Wasserwirtschaft der TU München Nr. 74: 65 S.

Heitfeld, K.H. (1991): Talsperren. Lehrbuch der Hydrogeologie Band 5. Borntraeger, Berlin Stuttgart, 468 S.

Hemphill, N. (1988): Competition between two stream dwelling filter-feeders, *Hydropsyche oslari* and *Simulium virgatum*. Oecologia 77: 73–80

Hemphill, N. (1991): Disturbance and variation in competition between two stream insects. Ecology 72: 864–872

Hendricks, S.P. & D.S. White (1991): Physicochemical patterns within a hyporheic zone of a northern Michigan river, with comments on surface water patterns. Can. J. Fish. Aquat. Sc. 48: 1645–1654

Hering, D. (1995): Nahrung und Nahrungskonkurrenz von Laufkäfern und Ameisen in einer nordalpinen Wildflußaue. Arch. Hydrobiol. Suppl. 101: 439–453

Hering, D. (1995): Nahrungsökologische Beziehungen zwischen limnischen und terrestrischen Zoozönosen im Uferbereich nordalpiner Fließgewässer. Dissertation, Universität Marburg, 207 S.

Hertel, E. (1974): Epilithische Moose und Moosgesellschaften im nordöstlichen Bayern. Beih. Ber. Naturwiss. Ges. Bayreuth, Heft 1, 489 S.

Heywood, V.H. & I. Baste (1995): Introduction. In: Heywood, V.H. (ed.): Global Biodiversity Assessment. Cambridge University Press, 1–19

HFR (1980): Die Pappel am Niederrhein. Mitteilungen und Berichte aus dem Bereich der Höheren Forstbehörde Rheinland (HFR), Heft 4, 48 S.

Hilgendorf, B. & W. Brinkmann (1980): Artenspektrum, regionale Verteilung und Stoffhaushalt der Makrophyten-Vegetation im Flußsystem der Nidda (Hessen). Verh. Ges. Ökol. 8: 335–341

Hinterhofer, M., Matitz, A., Meiss, C., Partl, P. & W. Steinberger (1994): Vergleichende Untersuchung des Fischaufstieges an drei Fischaufstiegshilfen im Rhithralbereich. Bundesministerium für Land- und Forstwirtschaft, Wien, 248 S.

Hjulström, F. (1935): The morphological activity of rivers as illustrated by river Fyris. Bulletin of the Geological Institution of the University of Uppsala 25

Holcik, J., Banarescu, P. & D. Evans (1989): General introduction to fishes. In: Holcik, J. (ed.): The freshwater fishes of Europe. Vol. 1, part II. AULA-Verlag, Wiesbaden, 18–147

Holland, M.M. (compiler) (1988): SCOPE/MAB technical consultations on landscape boundaries: report of a SCOPE/MAB workshop on ecotones. Biology International, Special Issue 17: 47–106

Hook, D.D. (1984): Adaptations to flooding with freshwater. In: Kozlowski, T.T. (ed.): Flooding and plant growth. Academic Press, Orlando, 265–294

Huet, M. (1949): Apercu des relations entre la pente et les populations piscioles des eaux courantes. Schweiz. Z. Hydrol. 11: 332–351

Huet, M. (1959): Profiles and biology of western european streams as related to fish management. Transactions of the American Fisheries Society 88: 155–163

Hunziker, R.P. (1995): Fraktionsweiser Geschiebetransport. Mitteilungen Nr. 138, Versuchsanstalt für Wasserbau, Hydrologie und Glaziologie der ETH Zürich

Hunzinger, L, Hunziker, R. & B. Zarn (1995): Der Geschiebetransport in lokalen Aufweitungen. Wasser, Energie, Luft 87: 195–200

Hunzinger, L. & B. Zarn (1997): Morphological changes at enlargements and constrictions of gravel bed rivers. 3rd International Conference on River Flood Hydraulics in Stellenbosch, South Africa, 227–236

Hütte, M. (1994): Die Bedeutung einer Wasserfassung für die Ökologie eines alpinen Baches. Dissertation am Institut für Zoologie und Limnologie der Universität Innsbruck, 110 S.

Hütte, M. (1995): Die ökologische Bedeutung der künstlich veränderten Hochwasserabflüsse in Restwasserstrecken. Darmstädter Wasserbau-Mitteilungen 40: 207–210

Hütte, M., Bundi, U. & A. Peter (1994): Konzept für die Bewertung und Entwicklung von Bächen und Bachsystemen im Kanton Zürich. Hrsg. von der EAWAG und dem Kanton Zürich, 133 S., ISBN 3-906484-10-6

Hütte, M., Bundi, U. & A. Peter (1995): Konzept für die Bachentwicklung im Kanton Zürich. Wasserwirtschaft 85, Heft 1, S. 16–20

Hütte, M. & P. Niederhauser (1998): Methoden zur Untersuchung und Beurteilung der Fließgewässer: Ökomorphologie Stufe F. Bundesamt für Umwelt, Wald und Landschaft (BUWAL), Bern, Mitteilungen zum Gewässerschutz Nr. 27: 49 S.

Hydrologisches Jahrbuch der Schweiz (1995), Landeshydrologie und -geologie, Bern

Hynes, H.B.N. (1970): The ecology of running waters. University of Toronto Press, Toronto, 555 pp.

Hynes, H.B.N. (1983): Groundwater and stream ecology. Hydrobiologia 100: 93–99

IKSR (1997): Rhein-aktuell Nr. 14, Internationale Kommission zum Schutz des Rheins, Koblenz

Illies, J. (1961): Versuch einer allgemeinen biozönotischen Gliederung der Fließgewässer. Int. Revue ges. Hydrobiol. 46: 205–213

Illies, J. (Hrsg.) (1978): Limnofauna Europaea. Gustav Fischer, Stuttgart, 532 S.

Illies, J. & L. Botosaneanu (1963): Problèmes et méthods de la classification et de
la zonation écologigue des eaux courantes, considerées surtout du point de
vue faunistique. Mitt. Int. Ver. Limnol. 12: 1–59

Imhof, G., Schiemer, F. & G.A. Janauer (1992): Dotation Lobau – Begleitendes
ökologisches Versuchsprogramm. Österr. Wasserwirtschaft 44: 289–299

Jacob, U., Jarisch, O., Joost, W., Klausnitzer, B., Klima, F. & G. Peters (1978):
Wasserinsekten. Kulturbund der Deutschen Demokratischen Republik, Zen-
trale Kommission Natur und Heimat, Zentraler Fachausschuß Entomologie,
Leipzig, 79 S.

Jäggi, M. (1992): Sedimenthaushalt und Stabilität von Flussbauten. Mitteilungen
Nr. 119, Versuchsanstalt für Wasserbau, Hydrologie und Glaziologie der ETH
Zürich

Jährling, K.-H. (1995): Deichrückverlegungen im Bereich der Mittelelbe –
Vorschläge aus ökologischer Sicht als Beitrag zu einer interdisziplinären
Diskussion. Arch. Hydrobiol. Suppl. 101: 651–674

Jens, G. (1982): Der Bau von Fischwegen. Parey Hamburg Berlin, 93 S.

Jonson, B. & J. Ruud-Hansen (1985): Water temperature as the primary influence
on timing of seaward migrations of Atlantic salmon (Salmo salar) smolts. Can.
J. Fish. Aquat. Sci. 42: 593–595

Jonson, N. (1991): Influence of water flow, water temperature and light on fish
migration in rivers. Nordic J. Freshw. Res. 66: 20–35

Jorde, K. (1997): Ökologisch begründete, dynamische Mindestwasserregelungen bei Ausleitungskraftwerken. Mitteilungen des Instituts für Wasserbau
der Universität Stuttgart Heft 90: 158 S.

Jorde, K., Wiese, A., Kaltschmitt & M. T. Hellwig (1995): Stromerzeugung aus
Wasserkraft. In: Kaltschmitt, M. & A. Wiese (Hrsg.): Erneuerbare Energien.
Springer, Berlin, Heidelberg, New York, 295–344

Jorga, W. & G. Weise (1977): Biomasseentwicklung submerser Makrophyten in
langsam fließenden Gewässern in Beziehung zum Sauerstoffhaushalt. Int.
Revue ges. Hydrobiol. 62: 209–233

Jungwirth, M. (1981): Auswirkungen von Fließgewässerregulierungen auf
Fischbestände am Beispiel zweier Voralpenflüsse und eines Gebirgsbaches.
Teil I. Wasserwirtschaft Wasservorsorge, Bundesministerium für Land- und
Forstwirtschaft, Wien, 104 S.

Jungwirth, M. (1984): Auswirkungen von Fließgewässerregulierungen auf
Fischbestände Teil II. In: Wasserwirtschaft Wasservorsorge, Bundesministerium für Land- und Forstwirtschaft, Wien, S. 105–124

Jungwirth, M. (1993): Auswirkungen anthropogener Maßnahmen auf die
Fischfauna in Fließgewässern – Planungserfordernisse für die Erhaltung und
Pflege. Wasser Abwasser Abfall 11: 275–287

Jungwirth, M. (1996): Bypass channels at weirs as appropriate aids for fish
migration in rhithral rivers. Regulated Rivers: Research & Management 12:
483–492

Jürging, P. (1992): Langzeitbeobachtungen zur ökologischen Entwicklung von Stauräumen, dargestellt am Beispiel der Stützkraftstufe Landau a. d. Isar. Laufener Seminarbeiträge 1/92: 52–59

Kahnt, U., Konold, W., Zeltner, G.-H. & A. Kohler (1989): Wasserpflanzen in Fließgewässern der Ostalb. Verlag Josef Margraf, Weikersheim, 148 S.

Kaltschmitt, M. & A. Wiese (Hrsg.) (1997): Erneuerbare Energien. 2. Auflage, Springer, Berlin Heidelberg, 540 S.

Karl, J. (1970): Über die Bedeutung quartärer Sedimente in Wildbachgebieten. Wasser und Boden 1970: 271–272

Karr, J.R. & I.J. Schlosser (1978): Water resources and the land-water interface. Science 201: 229–234

Karr, J.R. & E.W. Chu (1995): Ecological integrity: reclaiming lost connections. In: Westra, L. & J. Lemons (eds): Perspectives on ecological integrity. Kluwer, Dordrecht, 34–48

Keenleyside, M.H.A. (1979): Diversity and adaptation in fish behaviour. Springer, Berlin, 208 pp.

KELAG (1986): Der Dotierwasserentsander. Kärntner Elektrizitäts-AG, Klagenfurt, unveröffentlichter Bericht

Keller, E.A. & F.J. Swanson (1979): Effects of large organic material on channel form and fluvial processes. Earth Surface Processes 4: 361–380

Keller, R. (1968): Die Regime der Flüsse der Erde – Ein Forschungsvorhaben der IGU-Commision on the IHD. Freiburger geographische Hefte, Heft 6: 65–86

Keller, R. (1979): Hydrologischer Atlas der Bundesrepublik Deutschland. Deutsche Forschungsgemeinschaft (Hrsg.), Boppard: Boldt

Kern, K. (1994): Grundlagen naturnaher Gewässergestaltung. Springer, Berlin, 256 S.

Kern, K., Fleischhacker, T. & G. Rast (1999): Strukturgütebewertung mittelgroßer Flüsse – Methodenentwicklung am Beispiel der Mulde. Wasserwirtschaft 89: 8–14

KHR (1993): Der Rhein unter der Einwirkung des Menschen – Ausbau, Schiffahrt, Wasserwirtschaft. Internationale Kommission für die Hydrologie des Rheingebietes, Arbeitsgruppe „Anthropogene Einflüsse auf das Abflußregime, Lelystad, 252 S.

Kilian, T. (1998): Abflußcharakteristika und potentiell natürliche Gerinneformen von Fließgewässern in den verschiedenen Regionen Hessens. Mitteilungen des Instituts für Wasserbau und Wasserwirtschaft der TH Darmstadt Heft 100: 119 S.

Kirgis, L. (1962): Regulierungen und Wasserhaushalt. Berichte aus der Landesanstalt für Bodennutzungsschutz Nordrhein-Westfalen Heft 3: 193–196

Knauss, J. (1979): Flachgeneigte Abstürze, glatte und rauhe Sohlrampen. Versuchsanstalt für Wasserbau der TU München, Bericht Nr. 41: 1–55

Knauss, J. (1981): Neuere Beispiele für Blocksteinrampen an Flachlandflüssen. In: Versuchsanstalt für Wasserbau der TU München, Bericht Nr. 45: 1–18

Knauss, J. (1995): Von der oberen zur unteren Isar. Versuchsanstalt für Wasserbau der TU München, Bericht Nr. 76, 249 S.

Knighton, D. (1984): Fluvial forms and processes. Arnold, London, 218 pp.

Knighton, D. (1998): Fluvial forms and processes – a new perspective. Arnold, London, 383 pp.

Knöpp, H. & P. Kothé (1965): Bedeutung des biologischen Wasserbaus für die Gewässerbiologie und Fischerei. In: Bundesanstalt für Gewässerkunde (Hrsg.): Der biologische Wasserbau an den Bundeswasserstraßen. Ulmer, Stuttgart, 268–285

Kohmann, F. (1982): Struktur, Dynamik und Diversität der benthischen Invertebratengesellschaften des Unteren Inn. Dissertation an der Universität München

Kohmann, F. (1992): Gewässerökologie. Schriftenreihe des Österreichischen Wasserwirtschaftsverbandes, Heft 86: 13–27

Kohmann, F., Schmedtje, U. & R.F. Schmidtke (1990): Verfahren zur Quantifizierung von Auswirkungen auf Lebensgemeinschaften in Fließgewässern. Wasserbau-Mitteilungen der TH Darmstadt 34: 133–146

Kolkwitz, R. & M. Marsson (1902): Grundsätze für die biologische Beurteilung des Wassers nach seiner Flora und Fauna. Mitt. kgl. Prüfanstalt Wasserversorgung Abwasserreinigung 1: 33–72

Kölla, E. (1986): Zur Abschätzung von Hochwassern in Fließgewässern an Stellen ohne Direktmessungen. Versuchsanstalt für Wasserbau, Hydrologie und Glaziologie der ETH Zürich, Mitteilungen Nr. 87: 155 S.

Krause, A. (1992): Zur Natürlichkeit von Fließgewässern. In: Friedrich, G. & J. Lacombe (Hrsg.): Ökologische Bewertung von Fließgewässern. Limnologie aktuell Band 3, Gustav-Fischer-Verlag, Stuttgart, 9–18

Krebs, P. (1990): Fischgerechte Holzschwellen in Flüssen. Versuchsanstalt für Wasserbau, Hydrologie und Glaziologie der ETH Zürich, Mitteilungen Nr. 104: 87 S.

Krejci, V. et al. (1994): Integrierte Siedlungsentwässerung Fallstudie Fehraltorf. Schriftenreihe der EAWAG Nr. 8, 268 S.

Kühnelt, W. (1943): Die litorale Landtierwelt ostalpiner Gewässer. Int. Rev. Hydrobiol. 43: 430–457

Kummer, V. (1989): Allmählich veränderliche instationäre Strömungen in offenen Gerinnen. In: Bollrich, G. (Hrsg.): Technische Hydromechanik Band 2. VEB Verlag für Bauwesen, Berlin: 636–670

Ladle, M., Cooling, D.A., Welton, J.S. & J.A.B. Bass (1985): Studies on Chironomidae in experimental recirculating stream systems. II. The growth, development and production of a spring generation of *Orthocladius* (*Euorthocladius*) *calvus* Pinder. Freshwater Biol. 15: 243–255

Lake, P.S. (1990): Disturbing hard and soft bottom communities: a comparison of marine and freshwater environments. Australian Journal of Ecology 15: 477–488

Lange, G. (1993): Sicherung der Gewässerprofile. In: Lange, G. & K. Lecher (Hrsg.): Gewässerregelung Gewässerpflege. 3. Aufl., Parey, Hamburg, Berlin, 139–172

Lange, G. & U. Schlüter (1993): Hochwasserschutz. In: Lange, G. & K. Lecher (Hrsg.): Gewässerregelung Gewässerpflege. 3. Aufl., Parey, Hamburg, Berlin, 215–243

Larinier, M. (1998): Upstream and downstream fish passage experience in France. In: Jungwirth, M., Schmutz, S. & S. Weiss (eds): Fish migration and fish bypasses. Fishing News Books, Oxford, 127–145

Latzel, P. (1984): Hydrodynamische Untersuchungen an aquatischen Insekten- larven. Diplomarbeit, Univ. Marburg

Lauterborn, R. (1901): Die sapropelische Lebewelt. Zool. Anzeiger 24: 50–55

Lauterborn, R. (1903): Die Verunreinigung der Gewässer und die biologische Methode ihrer Untersuchung. Ludwigshafen. 33 S.

Lavandier, P. (1979): Ecologie d'un torrent pyrénéen de haute montagne: l'Estraragne. Thèse sciences Université Toulouse: 1–532

Lavandier, P. (1988): Semivoltinism dans de populations de haute montagne de *Baetis alpinus* Pictet (Ephemeroptera): Bull. Soc. Hist. Nat., Toulouse 124: 61–64

LAWA (1976): Die Gewässergütekarte der Bundesrepublik Deutschland. Län- derarbeitsgemeinschaft Wasser. Mainz. 16 S.

LAWA (1998): Gewässerstrukturgütekartierung in der Bundesrepublik Deutschland. Verfahrensbeschreibung für kleine bis mittelgroße Fließ- gewässer. Länderarbeitsgemeinschaft Wasser. Entwurf.

LAWA (1999): Gewässerstrukturgütekartierung in der Bundesrepublik Deutschland. Übersichtsverfahren Fließgewässer. Länderarbeitsgemeinschaft Wasser. Entwurf.

Lecher, K. & U. Schüter (1993a): Hochwasserschutz. In: Lange, G. & K. Lecher (Hrsg.): Gewässerregelung Gewässerpflege. 3. Aufl., Parey, Hamburg, Berlin, 215–243

Lecher, K. & U. Schüter (1993b): Renaturierung und Gestaltung von Talland- schaften. In: Lange, G. & K. Lecher (Hrsg.): Gewässerregelung Gewässer- pflege. 3. Aufl., Parey, Hamburg, Berlin, 194–214

Lecher, K. (1993): Hydraulische Grundlagen. In: Lange, G. & K. Lecher (Hrsg.): Gewässerregelung Gewässerpflege. 3. Aufl., Parey, Hamburg, Berlin, 65–112

Lehmann, C. (1993): Zur Abschätzung der Feststofffracht in Wildbächen. Geographisches Institut der Universität Bern, Geographica Bernensia G42: 261 S.

Lehmann, C., Spreafico, M. & O. Naef (1996): Empfehlung zur Abschätzung von Feststofffrachten in Wildbächen. Teil I und II. Arbeitsgruppe für operationel- le Hydrologie Mitteilung Nr. 4, Landeshydrologie und -geologie, Bern

Lehmann, J. (1991): Der Körperbau der wichtigsten Süßwasserfische. Landes- anstalt für Fischerei Nordrhein-Westfalen, Kirchhundem-Albaum, 77 S.

Lelek, A. (1987): Threatened Fishes of Europe. The Freshwater Fishes of Europe, Vol. 9, AULA-Verlag, Wiesbaden, 343 S.

Lelek, A. & G. Buhse (1992): Fische des Rheins. Springer-Verlag Berlin, 214 S.

Leopold, G. (1992): Großräumige Korrektur von Abflußreihen. Verbund Umwelttechnik, Wien, 197 S.

Leopold, G. (1993): Auswirkungen von Jahresspeichern auf den Abfluß und auf Flußkraftwerke. Wiener Mitteilungen, Band 113: 85–98

Leopold, L.B. & M.G. Wolman (1957): River channel patterns – braided, mean- dering and straight. Professional Paper. United States Geological Survey, 282B

Leopold, L.B. (1994): A view of the river. Harvard University Press, Cambridge, 298 pp.

Leopold, L.B., Wolman, M.G. & J.P. Miller (1964): Fluvial processes in geomor- phology. Freeman, San Francisco, 511 pp.

Lerch, G. (1991): Pflanzenökologie. Akademie Verlag, Berlin, 535 S.

Ligon, F.K., Dietrich, W.E. & W.J. Trusch (1995): Downstream ecological effects of dams. BioScience 45: 183–192

Limnex AG (1997): Gestaltungsgrundsätze zur gewässerökologischen Optimierung von Wasserfassungen. Bundesamt für Umwelt, Wald und Landschaft BUWAL, Bern, Umwelt-Materialien Nr. 74, 108 S.

Lindstedt, P. (1941): Untersuchungen über Respiration und Stoffwechsel von Kaltblütern. Z. Fischerei 14: 193–245

Linnenkamp, J. & M. Hoffmann (1990): Auswirkung von Reihenpflanzungen auf den ökologischen Zustand eines Flachlandbaches. Wasser und Boden 2: 82–86

Lisle, T. (1979): A sorting mechanism for a riffle-pool-sequence. Bulletin of the Geological Society of America 90: 1142–1157

Lozan, J.L., Hickel, W., Reise, K. & K. Ricklefs (1996a): Wechselwirkung zwischen Fluß und Meer. In: Lozan, J.L. & H. Kausch (Hrsg.): Warnsignale aus Flüssen und Ästuaren. Parey, Berlin, 6–11

Lozan, J.L., Köhler, Ch., Scheffel, H.-J. & H. Stein (1996b): Gefährdung der Fischfauna der Flüsse Donau, Elbe, Rhein und Weser. In: Lozan, J.L. & H. Kausch (Hrsg.): Warnsignale aus Flüssen und Ästuaren. Parey, Berlin, 217–227

LUA NRW (1998): Gewässerstrukturgüte in Nordrhein-Westfalen – Kartieranleitung. Landesumweltamt Nordrhein-Westfalen. Merkblatt Nr. 14: 157 S.

Ludwig, H.W. (1993): Tiere in Bach, Fluß, Tümpel, See. 2. Aufl. BLV, München, 255 S.

Ludwig, K. & C. Elpers (1998): Pflege und Entwicklung der Auengewässer des Oberrheins zur Verbesserung der Lebensbedingungen der Fischfauna. Aktion Blau. Gewässerentwicklung in Rheinland-Pfalz. Projekt 3.3 Rheinauengewässer, Landesamt für Wasserwirtschaft, Mainz, 116 S.

LWA (1993): Gewässerstrukturgütekarte – Kartieranleitung (Entwurf). Landesamt für Wasser und Abfall Nordrhein-Westfalen, Düsseldorf

Mackay, R.J. (1992): Colonization by lotic macroinvertebrates: a review of processes and patterns. Canadian Journal of Fisheries and Aquatic Sciences 49: 617–628

Mader, H. (1992): Festlegung einer Dotierwassermenge über Dotationsversuche. Wiener Mitteilungen Bd. 106: 375 S.

Mader, H. (1993): Ausgewählte Problemlösungen zur Dotierwasserabgabe. Wiener Mitteilungen 113: 99–116

Mader, H. & H. Meixner (1995): Messung sohlnaher Fließgeschwindigkeit – ein Methodenvergleich. Österreichische Wasser- und Abfallwirtschaft 47: 289–299

Mader, H, Steidl, T. & R. Wimmer (1996): Abflußregime Oesterreichischer Fließgewässer: Beitrag zu einer bundesweiten Fließgewässertypologie. Umweltbundesamt Monographien Band 82, Wien 192 S.

Maile, W. (1997): Bewertung von Fließgewässer-Biozönosen im Bereich von Ausleitungskraftwerken (Schwerpunkt Makrozoobenthos. Berichte der Versuchsanstalt Obernach und des Lehrstuhls für Wasserbau und Wasserwirtschaft der TU München Nr. 80: 1–245

Maile, W., Heilmair, T. & T. Strobl (1997): Das MEFI-Modell – Ein Verfahren zur

Ermittlung ökologisch begründeter Mindestabflüsse in Ausleitungsstrecken. Berichte der Versuchsanstalt Obernach und des Lehrstuhls für Wasserbau und Wasserwirtschaft der TU München Nr. 80: 247–267

Maitland, P.S. (1994): Conservation of freshwater fish in Europe. Nature and environment No. 66., Council of Europe Press, 50 pp.

Manderbach, R. & M. Reich (1995): Auswirkungen großer Querbauwerke auf die Laufkäferzönosen (Coleoptera, Carabidae) von Umlagerungsstrecken der oberen Isar. Arch. Hydrobiol. Suppl. 101: 573–588

Mangelsdorf, J. & K. Scheurmann (1980): Flußmorphologie. Ein Leitfaden für Naturwissenschaftler und Ingenieure. R. Oldenbourg Verlag, München, Wien, 262. S.

Marmonier, P. & M. Creuze des Chatelliers (1991): Effects of spates on interstitial assemblages of the Rhone River. Importance of spatial heterogenity. Hydrobiologia 210: 243–251

Martin, H. (1989): Plötzlich veränderliche instationäre Strömungen in offenen Gerinnen. In : Bollrich, G. (Hrsg.): Technische Hydromechanik Band 2. VEB Verlag für Bauwesen, Berlin: 565–635

Maser, C. & J.R. Sedell (1994): From the Forest to the Sea: The Ecology of Wood in Streams, Rivers, Estuaries, and Oceans. St. Lucie Press, Delray Beach, 200 pp.

Matthaei, C.D, Peacock, K.A. & C.R. Townsend (1999a): Patchy surface stone movement during disturbance in a New Zealand stream and its potential significance for the fauna. Limnology & Oceanography, in press

Matthaei, C.D, Peacock, K.A. & C.R. Townsend (1999b): Scour and fill patterns in a New Zealand stream and potential implications for invertebrate refugia. Freshwater Biology, in press

Matthaei, C.D., Uehlinger, U., Meyer, E. & A. Frutiger (1996): Recolonization of benthic invertebrates after experimental disturbance in a Swiss prealpine river. Freshwater Biology 35: 233–248

Matthess, G. & Ubell, K. (1983): Lehrbuch der Hydrogeologie Band 1: Allgemeine Hydrogeologie Grundwasserhaushalt. Borntraeger, Berlin, Stuttgart, 438 S.

Mayer, H. (1986): Europäische Wälder. UTB 1386, Gustav-Fischer-Verlag, Stuttgart, New York, 385 S.

McIntyre, A.D., Elliott, J.M. & D.V. Ellis (1984): Introduction: Design of sampling programmes. In: Holme, N.A. & A.D. McIntyre (eds.): Methods for the study of marine benthos. – IBP handbook 16, Blackwell Scientific Publications, Oxford London Edinburgh Boston Melbourne: 1–26

Meijering, M.P.D. (1972): Experimentelle Untersuchungen zur Drift und Aufwanderung von Gammariden in Fließgewässern. Arch. Hydrobiol. 70: 133–205

Menny, K. (1995): Strömungsmaschinen. Teubner, Stuttgart, 308 S.

Mensching, H. (1951): Akkumulation und Erosion niedersächsischer Flüsse seit der Rißeiszeit. Erdkunde 5: 60–70

Merrit, R.W. & J.B. Wallace (1981): Fischende Insektenlarven. Spektrum der Wissenschaft 6/81: 61–69

Mertens, W. (1987): Über die Deltabildung in Stauräumen. Leichtweiß-Institut für Wasserbau der TU Braunschweig, Mitteilungen Heft 91: 145 S.

Merwald, I.E. (1984): Untersuchung und Beurteilung von Bauweisen der Wildbachverbauung in ihrer Auswirkung auf die Fischpopulation. Dissertation, Universität für Bodenkultur, Wien

Merwald, I.E. (1994): Leitfaden für einen ökologischen Schutzwasserbau. Fischereiverband Krems/Donau

Meyer, E.I. (1995): Eine Frage des Maßstabes: Welche Faktoren und Prozesse bestimmen die Struktur von Lebensgemeinschaften in Fließgewässern? Gaia 4: 137–145

Meyer-Peter, E. & R. Müller (1949): Eine Formel zur Berechnung des Geschiebetriebs. Schweizerische Bauzeitung 67: 29–32

Mih, W.C. & G.C. Bailey (1981): The development of a machine for the restoration of stream gravel for spawning and rearing of salmon. Fisheries 6: 16–20

Mills, D. (1989): Ecology and Management of Atlantic Salmon. Chapman and Hall, London New York, 351 S.

Minshall, G.W. (1988): Stream ecosystem theory: a global perspective. J. N. Am. Benth. Soc. 7: 263–288

Minshall, G.W. (1996): Bringing biology back into water quality assessments. In: Committee on Inland Aquatic Ecosystems: Freshwater ecosystems: revitalizing educational programs in limnology. Water Science and Technology Board, Commission on Geosciences, Environment and Resources, National Research Council, 289–324

Minshall, G.W., Cummins, K.W., Petersen, R.C., Cushing, C.E., Bruns, D.A., Sedell, J.R. & R.L. Vannote (1985): Developments in stream ecosystem theory. Can. J. Fish. Aquat. Sci. 42: 1045–1055

Mock, J. (1989a): Physikalische und chemische Abläufe und Wirkungen in und um Stauseen. Wasser-Mitteilungen der TH Darmstadt 29, 63 S.

Mock, J. (1989b): Limnologische Besonderheiten von Stauseen. Wasser und Boden Heft 2: 62–65

Mock, J., Kretzer, H. D. Jelinek (1991): Hochwasserschutz am Rhein durch Auenrenaturierung im Hessischen Ried. Wasser und Boden Heft 3: 126–130

Mohr, E. (1952): Der Stör. Die neue Brehm-Bücherei Heft 84. Geest & Portig, Leipzig, 65 S.

Molls, F. (1997): Populationsbiologie der Fischarten einer niederrheinischen Auenlandschaft. Dissertation an der Universität Köln, 168 S.

Monten, E. (1985): Fish and turbines. Vattenfall, Stockholm, 111 S.

Moog, O. (1992): Auswirkungen von künstlich gesteuerten Abflußschwankungen (Schwall/Sunk) auf Gewässerbiozönosen – Möglichkeiten zur Minimierung von Schadwirkungen. Wertermittlungsforum, 10. Jahrgang, Heft 4: 145–152

Moog, O. (1993a): Makrozoobenthos als Indikator bei ökologischen Fragestellungen. TU Wien, Landschaftswasserbau 15: 103–143

Moog, O. (1993b): Quantification of daily peak hydropower effects on aquatic fauna and management to minimize environmental impacts. Regulated Rivers: Research & Management 8: 5–14

Moog, O. (1994): Ökologische Funktionsfähigkeit des aquatischen Lebensraumes. Wiener Mitteilungen 120: 15–59

Moog, O. (Hrsg.) (1995): Fauna Aquatica Austriaca. Wasserwirtschaftskataster, Bundesministerium für Land- und Forstwirtschaft, Wien

Moog, O. (1996): Gewässerschutz unter den Aspekten der „natürlichen Beschaffenheit" und „ökologischen Funktionsfähigkeit" – ein systembezogener Beurteilungsansatz. Wiener Mitteilungen, Band 133: 17–36

Moog, O. & R. Wimmer (1990): Grundlagen zur typologischen Charakteristik österreichischer Fließgewässer. Wasser u. Abwasser 34: 55–211

Moog, O., Jungwirth, M., Muhar, S. & B. Schönbauer (1993): Berücksichtigung ökologischer Gesichtspunkte bei der Wasserkraftnutzung durch Ausleitungskraftwerke. Österr. Wasserwirtschaft 45: 197–210

Moog, O. & R. Wimmer (1994): Comments to the water temperature based assessment of biocoenotic regions according to Illies & Botosaneanu. Verh. Internat. Verein. Limnol. 25: 1667–1673

Moog, O. & A. Chonavec (1998): Die „ökologische Funktionsfähigkeit" – ein Ansatz der integrierten Gewässerbewertung in Österreich. Münchener Beiträge zur Abwasser-, Fischerei- und Flußbiologie 51: 57–118

Moretti, G. (1983): Tricotteri (Trichoptera). Consiglio nazionale delle ricerche. Guide per il riconoscimento delle specie animali delle acque interne italiane, Guide 19

Morisawa, M. (1985): Rivers. Geomorphology Texts 7. Longman, London, New York, 222 S.

Morris, H.M. (1955): Flow in rough conduits. Transactions of the American Society of Civil Engineers 120: 373–398

Mosimann, T., Maillard, A., Musy, A., Neyroud, J.-A., Rüttimann, M. & P. Weisskopf (1991): Erosionsbekämpfung in Ackerbaugebieten. Themenbericht des Nationalen Forschungsprogrammes „Nutzung des Bodens in der Schweiz", Liebefeld-Bern, 187 S.

Muhar, S. (1996): Bewertung der ökologischen Funktionsfähigkeit von Fließgewässern auf Basis typenspezifischer Abiotik und Biotik. Wasserwirtschaft 86: 239–242

Muhr, D. (1981): Das Wasserkraftprojekt der Österreichisch-Bayerischen Kraftwerke AG an der Salzach. Akademie für Naturschutz und Landschaftspflege Tagungsbericht 11/81: 45–49

Mulholland, P.J., Newbold, J.D., Elwood, J.W., Ferren, L.A., & J.R. Webster (1985): Phosphorus spiralling in a woodland stream: seasonal variations. Ecology 66: 1012–1023

Muth, W. (1996): Hochwasserrückhaltebecken – DIN 19700 T12. In: Muth, W. (Hrsg.): Hochwasserrückhaltebecken: Planung, Bau und Betrieb. Expert-Verlag, Renningen-Malmsheim, 19–39

Mutz, M. & B. Nixdorf (1999): Leitbilder und Bewertung für Fließ- und Standgewässer in der technogenen Niederlausitzer Bergbaufolgelandschaft. In: Wiegleb, G., Schulz, F. & U. Bröring (Hrsg.): Naturschutzfachliche Bewertung im Rahmen der Leitbildmethode. Physica-Verlag, 84–97

Mutz, M. (1989): Muster von Substrat, sohlenaher Strömung und Makrozoobenthos auf der Gewässersohle eines Mittelgebirgsbaches. Dissertation, Univ. Freiburg i.Br.: 195 S.

Muus, B.J. & P. Dahlström (1993): Süßwasserfische Europas – Biologie, Fang, wirtschaftliche Bedeutung. BLV, München, Wien, Zürich, 223 S.

Nadolny, I. (1994): Morphologie und Hydrologie naturnaher Flachlandbäche unter gewässertypologischen Gesichtspunkten. Dissertation, Univ. Karlsruhe, 188 S.

Naef, F. (1989): Hydrologie des Bodensees und seiner Zuflüsse. Vermessung, Photogrammetrie, Kulturtechnik 87: 15–17

Naef, F. (1995): Hydrologie. Kursunterlagen zum PEAKurs: Ökologie und Wasserbau. Eidgenössische Anstalt für Wasserversorgung, Abwasserreinigung und Gewässerschutz (EAWAG), Dübendorf

Naiman, R.J. & H. Décamps (eds) (1990): The ecology and management of aquatic-terrestrial ecotones. MaB Series. The Parthenon Publishing Group, Park Ridge, New Jersey, 316 pp.

Nash, D.B. (1994): Effective sediment-transporting discharge from magnitude-frequency analysis. J. Geol. 102: 79–95

Naudascher, E. (1992): Hydraulik der Gerinne und Gerinnebauwerke. 2. Aufl. Springer, Wien, 352 S.

Nettman, H.-K. (1996): Amphibien und Reptilien in Flußauen Mitteleuropas, Indikatoren für Landschaftswandel? In: Lozan, J.L. & H. Kausch (Hrsg.): Warnsignale aus Flüssen und Ästuaren. Parey, Berlin, 213–217

Neumann, D. (1996): Fischökologische Probleme des Rheins und seiner Auengewässer. Forschung in Köln Heft 1: 77–85

Newbold, J.D., Elwood, J.W., O'Neil, R.V. & A.L. Sheldon (1983): Phosphorus dynamics in a woodland stream: a study of nutrient spiralling. Ecology 64: 1249–1265

Newbold, J.D., Elwood, J.W., O'Neil, R.V. & W. Van Winkle (1981): Measuring nutrient spiralling in streams. Can. J. Fish. Aquat. Sci. 38: 860–863

Newbold, J.D., Elwood, J.W., O'Neil, R.V. & W. Van Winkle (1982): Nutrient spiralling in streams: Implications for nutrient limitation and invertebrate activity. Am. Nat. 120: 628–652

Niemann, E. (1980): Zur Ansprache des „Verkrautungszustandes" in Fließgewässern. Acta Hydrochim. Hydrobiol. 8: 47–57

Nolte, U. & T. Hoffmann (1992): Fast life in cold water: *Diamesa incallida* (Chironomidae). Ecography 15: 25–30

Northcote, T.G. (1978): Migratory strategies and production in freshwater fishes. In: Gerking, S.D. (ed.): Ecology of freshwater fish production. Blackwell Science, Oxford, 326–359

Northcote, T.G. (1998): Migratory behaviour of fish and its significance to movement through riverine fish passage facilities. In: Jungwirth, M., Schmutz, S. & S. Weiss (eds): Fish migration and fish bypasses. Fishing News Books Oxford, 3–18

O'Hop, J. & J.B. Wallace (1983): Invertebrate drift, discharge, and sediment relations in a southern Appalachian headwater stream. Hydrobiologia 98: 71–84

Oberdorfer, E. (1994): Pflanzensoziologische Exkursionsflora. 7. Aufl. Ulmer, Stuttgart, 1050 S.

Olsson, T.I. (1982): Lateral movements versus stationary-adaptive alternatives in benthic invertebrates to the seasonal environment in a boreal river. Dissertation, Umeå Universitet

ÖNORM M 6232 (1995): Richtlinien für die ökologische Untersuchung und Bewertung von Fließgewässern. Österreichisches Normungsinstitut, Wien, 38 S.

Oplatka, M. (1998): Stabilität von Weidenverbauungen an Flussufern. Versuchsanstalt für Wasserbau, Hydrologie und Glaziologie der ETH Zürich, Mitteilungen Nr. 156, 217 S.

Otto, A. (1991): Grundlagen einer morphologischen Typologie der Bäche. Mitteilungen des Institutes für Wasserbau und Kulturtechnik der Universität Karlsruhe, Heft 180: 1–94

ÖWAV (1992): Umweltbeziehungen der Wasserkraftnutzung im Gebirge Teil 2. Schriftenreihe des Österreichischen Wasser- und Abfallwirtschaftsverbandes Heft 87, Wien, 114 S.

ÖWAV (1998): Entleerung, Spülung und Reinigung von Speichern und Becken. Schriftenreihe des Österreichischen Wasser- und Abfallwirtschaftsverbandes Heft 117, Wien, 47 S.

ÖWWV (1987): Berücksichtigung ökologischer Gesichtspunkte in Genehmigungsverfahren von Wasserbauten. Schriftenreihe des Österreichischen Wasserwirtschaftsverbandes Heft 76, Wien, 92 S.

ÖWWV (1990): Wasserkraftnutzung im Gebirge Teil 1. Schriftenreihe des Österreichischen Wasserwirtschaftsverbandes Heft 80, Wien, 91 S.

ÖWWV (1992): Schutzwasserbau Gewässerbetreuung Ökologie. Österreichischer Wasserwirtschaftsverband, Fachgruppe „Wasserbau und Ökologie", Arbeitsausschuß „Schutzwasserbau", Wien, 232 S.

Pabst, W. (1979): Sind Bachdurchlässe so unwichtig, wie die Straßenbauer meinen? Tiefbau – Ingenieurbau – Straßenbau 21: 730–740

Palmer, M.A., Bely, A.E. & K.E. Berg (1992): Response of invertebrates to lotic disturbance: a test of the hyporheic refuge hypothesis. Oecologia 89: 182–194

Panek, K. (1991): Dispersionsdynamik des Zoobenthos in den Bettsedimenten eines Gebirgsbaches. Dissertation, Universität Wien, 174 S.

Pardé, M. (1947): Fleuves et Rivières. Paris, 224 S.

Parker, G. (1976): On the cause and characteristic scale of meandering and braiding in rivers. Journal of Fluid Mechanics 76: 459–480

Pastuchov, D. (1961): On the ecology of Cinclus cinclus leucogaster Br. hibernating in the Angara sources. Zool. J. Moskau 40: 1536–1542

Patt, H. (1995): Der naturnahe Wasserbau. Institut für Wasserwesen der Universität der Bundeswehr München, Mitteilungen 52, 203 S.

Patt, H., Jürging, P. & W. Kraus (1998): Naturnaher Wasserbau – Entwicklung und Gestaltung von Fließgewässern. Springer, Berlin, 358 S.

Paulon, M.A.F. (1997): Der Einfluss verschiedener Uferstrukturen auf das Vorkommen von Fischen unter spezieller Berücksichtigung der Buhnen. Diplomarbeit an der Abteilung für systematische und ökologische Biologie der ETH Zürich, 87 S.

Pauschert, P. & M. Buschmann (1999): Kartierung und Bewertung der Strukturgüte von Flußauen – Methodik und Anwendung als Planungsinstrument am Beispiel der Mulde in Sachsen und Sachsen-Anhalt. Wasserwirtschaft 89: 16–23

Pautou, G. (1984): L'organisation des fôrets alluviales dans l'axe rhodanien entre

Genève et Lyon; comparaison avec d'autres systèmes fluviaux. Doc. Cartogr. Ecol. 27: 43–64

Pavlichenko, V.I. (1977): Role of larvae of *Hydropsyche augustipennis* Curt. (Trichoptera, Hydropsychidae) in the destruction of blackfly larvae in running water of Zaporozhe Oblast. Ekologiya 1: 104–105

Pechlaner, R. (1984): Auswirkungen von Lauf- und Speicherkraftwerken auf die Ökologie und den Fischertrag von Gebirgsgewässern. „Wassergesetze" Österr. Ges. Natur- u. Umweltschutz Heft 17: 191–209

Pechlaner, R. (1985a): Kriterien für umweltschonende Wasserkraftnutzung aus Sicht des Gewässerökologen. Fachtagung „Alpen-Fisch 85": 77–101

Pechlaner, R. (1985b): Voraussetzungen für die fischereiliche Nutzung von Speicherseen im Hochgebirge. Österreichs Fischerei 38: 268–272

Pechlaner, R. (1986): „Driftfallen" und Hindernisse für die Aufwärtswanderung von wirbellosen Tieren in rhithralen Fließgewässern. Wasser Abwasser 30: 431–463

Pechlaner, R. (1989): Ökologische Auswirkungen von Wasserableitungen auf Gebirgsbäche. In: Bayerisches Landesamt für Wasserwirtschaft & Landesgruppe Bayern im Deutschen Verband für Wasserwirtschaft und Kulturbau (Hrsg.): Wasserwirtschaft und Naturhaushalt – Ausleitungsstrecken bei Wasserkraftanlagen. Informationsberichte Bayer. Landesamt für Wasserwirtschaft 1/89: 163–188

Peckarsky, B.L. (1983): Biotic interactions or abiotic limitations? A model of lotic community structure. In: Fontaine, T.D. & S.M. Bartell (eds): Dynamics of lotic ecosystems, Ann Arbor – Michigan, 303–323

Pecl, K. (1989): Süßwasserfische. Dausien, Hanau, 224 S.

Pegel, M. (1980): Methodik der Driftmessung in der Fließwasserökologie unter besonderer Berücksichtigung der Simuliidae (Diptera). Z. angew. Entomol. 89: 198–214

Perry, S. A. & W. B. Perry. (1986): Effects of experimental flow regulation on invertebrate drift and stranding in the Flathead and Kootenai Rivers, Montana, USA. Hydrobiologia 134: 171–182

Persat, H., Olivier, J.M. & J.P. Bravard (1995): Stream and riparian management of large braided Mid-European rivers, and consequences for fish. In: Armantrout, N.B. (ed.) Condition of the World's Aquatic Habitats. Proceedings of the World Fisheries Congress. IBH Publishing, New Dehli, 139–169

Peschke, G., Rothe, M., Scholz, J., Seidler, C., Vogel, M. & W. Zentsch (1995): Experimentelle Untersuchungen zum Wasserhaushalt von Fichten (Picea abies (L.). Forstw. Cbl. 114: 326–339

Peter, A. (1995): Fischökologie. Unterlagen zum PEAKurs A4/95. Eidg. Anstalt für Wasserversorgung, Abwasserreinigung und Gewässerschutz, Dübendorf

Peter, A. (1998): Interruption of the river continuum by barriers and consequences for migratory fish. In: Jungwirth, M., Schmutz, S. & S. Weiss (eds): Fish migration and fish bypasses. Fishing News Books Oxford, 99–112

Petschallies, G. (1989): Entwerfen und Berechnen in Wasserbau und Wasserwirtschaft. Bauverlage, Wiesbaden, Berlin, 151 S.

Petts, G.E. (1990): The role of ecotones in aquatic landscape management. In:

Naiman, R.J. & H. Décamps (eds): The ecology and management of aquatic-terrestrial ecotones. MaB Series. The Parthenon Publishing Group, Park Ridge, New Jersey, 227–261

Petts, G.E. & C. Amoros (1996): Fluvial hydrosystems: a management perspective. In: Petts, G.E. & C. Amoros (eds) Fluvial hydrosystems. Chapman & Hall, London, 263–278

Pflug, W. (Hrsg.) (1988): Erosionsbekämpfung im Hochgebirge. Gesellschaft für Ingenieurbiologie. SEPIA Verlag, Aachen, 239 S.

Pinske, J.D. (1993): Elektrische Energieerzeugung. B.G. Teubner, Stuttgart, 148 S.

Plachter, H. (1986): Die Fauna der Kies- und Schotterbänke dealpiner Flüsse und Empfehlungen für ihren Schutz. Ber. ANL 10: 119–147

Plachter, H. (1993): Alpine Wildflüsse. Garten und Landschaft 4: 47–52

Poff, N.L. (1992): Why disturbance can be predictable: a perspective on the definition of disturbance in streams. J. N. Am. Benthol. Soc. 11: 86–92

Pont, D. & H. Perat (1990): Spatial variability of fish community in major Central European regulated river. Symp. on Floodplain Rivers, Baton Rouge, Louisiana, USA

Pott, R. (1993): Farbatlas Waldlandschaften. Ulmer, Stuttgart, 224 S.

Pott, R. (1995): Die Pflanzengesellschaften Deutschlands. 2. Aufl. Ulmer, Stuttgart, 622 S.

Pusch, M. (1993): Heterotropher Stoffumsatz und faunistische Besiedelung des hyporheischen Interstitials eines Mittelgebirgsbaches (Steina, Schwarzwald). Dissertation, Universität Freiburg i.Br., 108 S.

Radler, S. (1993): Wasserkraftanlagen. In: Bretschneider, H., Lecher, K. & M. Schmidt: Taschenbuch der Wasserwirtschaft. Parey, Hamburg Berlin, 651–675

Rathcke, P.-C. (1993): Untersuchung über die Schädigungen von Fischen durch Turbine und Rechen im Wasserkraftwerk Dringenauer Mühle (Bad Pyrmont). Arbeiten des Deutschen Fischerei-Verbandes Heft 59: 37–74

Raudkivi, A.J. (1990): Loose Boundary Hydraulics. Pergamon Press, Oxford, 538 pp.

Raumbaud, J. et al. (1988): Expérience acquise dans les vidanges de retenues par Électricité de France et la Compagnie Nationale du Rhône. Commission Internationale des Grands Barrages. Seizième Congrès des Grands Barrages. San Franciso: 483–514

Raven, P.J., Holmes, N.T.H., Dawson, F.H., Fox, P.J.A., Everard, M., Fozzard, I.R. & K.J. Rouen (1998): River Habitat Quality – the physical character of rivers and streams in the UK and Isle of Man. Environment Agency, Bristol, River Habitat Survey Report No. 2: 70 S.

Reich, M. (1991): Grasshoppers (Orthoptera, Saltatoria) on alpine and dealpine riverbanks and their use as indicators of natural floodplain dynamics. Regulated Rivers 6: 333–339

Reich, M. (1994): Kies- und schotterreiche Wildflußlandschaften – primäre Lebensräume des Flußregenpfeifers (*Charadius dubius*). Vogel und Umwelt 8: 43–52

Reichenbach-Klinke, H.-H. (1970): Grundzüge der Fischkunde. Gustav Fischer Verlag, Stuttgart New York

Reichenbach-Klinke, H.-H. (1980): Krankheiten und Schädigungen der Fische. Gustav Fischer Verlag, Stuttgart New York, 472 S.

Reichholf, J.H. (1988): Feuchtgebiete. Mosaik Verlag, München, 223 S.

Reichholf, J.H. (1992): Kriterien für die ökologische Bilanzierung von Stauhaltungen. Akad. Natursch. Landschaftspfl., Laufener Seminarbeiträge 1/92: 34–39

Reichholf, J. & H. Reichholf-Riehm (1982): Die Stauseen am unteren Inn. Berichte der Akademie für Naturschutz Laufen 6: 47–89

Reinartz, R (1997): Untersuchungen zur Gefährdungssituation der Fischart Nase (Chondrostoma nasus L.) in bayerischen Gewässern. Dissertation an der TU München, 338 S.

Reiser, D.W. (1976) Determination of physical and hydraulic preferences of brown trout and brook trout in the selection of spawning locations. M.Sc. Thesis, University of Wyoming.

Rey, P. & J. Ortlepp (1997): Der neue Lebensraum der Thurfische. Hydra – Institut für angewandte Hydrobiologie, Gutachten im Auftrag des Departements für Bau und Umwelt des Kantons Thurgau, 48 S.

Richter, B.D. & J. Powell (1996): Simple hydrologic models for use in floodplain research. Natural Areas Journal 16: 362–366

Richter, B.D., Baumgartner, J.V., Braun, D.P. & J. Powell (1998): A spatial assessment of hydrologic alteration within a river network. Regul. Rivers: Res. Mgmt. 14: 329–340

Richter, B.D., Baumgartner, J.V., Powell, J. & D.P. Braun (1996): A method for assessing hydrologic alteration within ecosystems. Conservation Biology 10: 1163–1174

Richter, B.D., Baumgartner, J.V., Wigington, R. & D.P. Braun (1997): How much water does a river need? Freshw. Biol. 37: 231–249

Richter, G. (Hrsg.) (1998): Bodenerosion – Analyse und Bilanz eines Umweltproblems. Wissenschaftliche Buchgesellschaft, Darmstadt, 262 S.

Riesen, S.G. van (1975): Uferfiltratverminderung durch Selbstabdichtung an Gewässersohlen. Diss. Universität Karlsruhe, 159 S.

Risser, P.G. (1990): The ecological importance of land-water ecotones. In: Naiman, R.J. & H. Décamps (eds): The ecology and management of aquatic-terrestrial ecotones. MaB Series. The Parthenon Publishing Group, Park Ridge, New Jersey, 7–22

Ritter, H. (1985): Die Ephemeropteren des Stocktalbaches (Kühtai, Tirol). Diss. Abt. Limnol. Innsbruck 20: 1–153

Rosemann, H.-J. & J. Vedral (1970): Das Kalinin-Miljukov-Verfahren zur Berechnung des Ablaufs von Hochwasserwellen. Schriftenreihe Bayer. Landesst. Gewässerkunde, Heft 6: 1–70

Rosenberg, D.M. & V.H. Resh (eds.) (1993): Freshwater biomonitoring and benthic macroinvertebrates. Chapman & Hall, New York, 488 S.

Rosgen, D. (1996): Applied river morphology. Pagosa Springs, CO

Ross, S.T., Matthews, W.J. & A.A. Echelle (1985): Persistence of stream fish assemblages: effects of environmental change. Am. Nat. 122: 583–601

Rössert, R. (1994): Hydraulik im Wasserbau. R. Oldenburg Verlag, München

Rotnicki, A. (1991): Retrodiction of palaeodischarges of meandering and sinuous alluvial rivers and its palaeohydroclimatic implications. In: Starkel, L.,

Gregory, K.J. & J.B. Thornes (eds): Temperate palaeohydrology. Wiley, Chichester, 431–471

Roux, A.L. & G.H. Copp (1996): Fish populations in rivers. In: Petts, G.E. & C. Amoros (eds) Fluvial hydrosystems. Chapman & Hall, London, 167–183

Ruhlé, C. (1996): Decline and conservation of migrating brown trout (*Salmo trutta f. lacustris* L.) of Lake Constance. In: Kirchhofer A. & D. Hefti (eds): Conservation of endangered freshwater fish in Europe. Birkhäuser Verlag, Basel, 203–211

Rühm, W. & W. Pieper (1989): Simuliidenlarven und -puppen als Beute räuberisch lebender Tierarten in Alster, Bille und Seve (Diptera, Simuliidae). Entomol. Mitt. Zool. Mus. Hamburg 9: 283–293

Ruhrmann, P. (1990): Biomasse und Produktivität phototropher epilithischer Aufwuchsorganismen in einem Mittelgebirgsbach (Steina, Südschwarzwald). Diss. Univ. Konstanz, 254 S.

Sattler, W. (1958): Beiträge zur Kenntnis von Lebensweise und Köcherbau der Larve und Puppe von *Hydropsyche* Pict. (Trichoptera) mit besonderer Berücksichtigung des Netzbaues. Z. Morphol. Ökol. Tiere 47: 115–192

Schade, H. & E. Kunz (1989): Strömungslehre. Walter de Gruyter, Berlin New York, 546 S.

Schäfer, W. (1973): Altrhein-Verbund am nördlichen Oberrhein. Cour. Forsch.-Inst. Senckenberg 7, Frankfurt a.M., 63 S.

Schälchli, U. (1991): Morphologie und Strömungsverhältnisse in Gebirgsbächen: ein Verfahren zur Festlegung von Restwasserabflüssen. Versuchsanstalt für Wasserbau, Hydrologie und Glaziologie der ETH Zürich, Mitteilungen Nr. 113: 94 S.

Schälchli, U. (1993): Die Kolmation der Fliessgewässersohlen: Prozesse und Berechnungsgrundlagen. Versuchsanstalt für Wasserbau, Hydrologie und Glaziologie der ETH Zürich, Mitteilungen Nr. 124: 273 S.

Schaumburg, J. (1989): Ökologische Untersuchungen an einheimischen Kleinfischarten unter kontrollierten Freilandbedingungen. Dissertation an der Univ. Marburg

Schetz, J.A. (1993): Boundary Layer Analysis. Prentice Hall, New Jersey, 586 S.

Scheuerlein, H. (1984): Die Wasserentnahme aus geschiebeführenden Flüssen. Verlag Ernst & Sohn, Berlin, 89 S.

Schiechtl, H.M. (1973): Sicherungsarbeiten im Landschaftsbau. Callwey, München, 244 S.

Schiechtl, H.M. (1992): Weiden in der Praxis. Patzer Verlag, Berlin Hannover, 130 S.

Schiechtl, H.M. & R. Stern (1994): Handbuch für den naturnahen Wasserbau. Österreichischer Agrarverlag, Wien, 176 S.

Schiemer, F. (1995): Revitalisierungsmaßnahmen für Augewässer – Möglichkeiten und Grenzen. Arch. Hydrobiol. Suppl. 101 Large Rivers 9: 383–398

Schiemer, F. & T. Spindler (1989): Endangered fish species of the Danube River in Austria. Regul. Rivers 4: 397–407

Schiemer, F. & H. Waidbacher (1992): Strategies of conservation of a Danubian fish fauna. In: Boon, P.J., Calow, P. & G.E. Petts (eds.): River conservation and management. Wiley. 363–382

Schiemer, F., Spindler, T., Wintersberger, H., Schneider, A. & A. Chovanec (1991): Fish dry associations: Important indicators for the ecological status of large rivers. Verh. int. Verein. Theor. angew. Limnol. 24: 2497–2500

Schiemer, F., Jungwirth, M. & G. Imhof (1994): Die Fische der Donau – Gefährdung und Schutz. Grüne Reihe des Bundesministeriums für Umwelt, Jugend und Familie, Band 5, Wien, 160 S.

Schiemer, F., Tockner, K. & C. Baumgartner (1997): Restaurierungsmöglichkeiten von Flußauen – Das Donau-Restaurierungs-Programm bei Regelsbrunn. Schriftenreihe des Bundesamtes für Wasserwirtschaft Band 4: 206–224

Schiller, G. (1995): Potential und Nutzungsmöglichkeiten der Wasserkraft in Österreich. 18. AHS-Seminar des VEÖ, 9 S.

Schleuter, M. (1991): Nachweis der Groppe (Cottus gobio) im Niederrhein. Fischökologie 4: 1–6

Schlichting, H. (1982): Grenzschicht-Theorie. Verlag G. Braun, Karlsruhe, 843 S.

Schlosser, I.J. & P.L. Angermeier (1995): Spatial Variation in demographic processes of lotic fishes: conceptual models, empirical evidence, and implications for conservation. American Fisheries Society Symposium 17: 392–401

Schlüter, U. (1996): Pflanzen als Baustoff: Ingenieurbiologie in Praxis und Umwelt. 2. Aufl. Patzer, Berlin, 319 S.

Schmedtje, U. (1995): Ökologische Grundlagen für die Beurteilung von Ausleitungsstrecken. Schriftenreihe des Bayerischen Landesamtes für Wasserwirtschaft Heft 25, 154 S.

Schmidt, H.-H. (1984): Einfluß der Temperatur auf die Entwicklung von Baetis vernus Curtis. Arch. Hydrobiol., Suppl. 69: 364–410

Schmutz, S & H. Waidbacher (1994): Definition und Bewertung der fischökologischen Funktionsfähigkeit im Rahmen von Gewässerbetreuungskonzepten. Wiener Mitteilungen 120: 61–88

Schneider, M. (1997): Hydraulisch-morphologische Modellierung von Fließgewässern mit dem Simulationsmodell CASIMIR: Aquatisches Volumen. Wasserwirtschaft 87: 372–373

Schöberl, F. (1989): Hydraulisch-technische Entwurfsprinzipien von Wasserfassungen im alpinen Wasserkraftbau. Österreichische Wasserwirtschaft 41, 3/4: 56–73

Schönborn, W. (1992): Fließgewässerbiologie. Gustav-Fischer-Verlag, Jena, Stuttgart, 504 S.

Schröder, P. (1976): Zur Nahrung der Larvenstadien der Köcherfliege Hydropsyche instabilis (Trichoptera: Hydropsychidae). Ent. Germ. 3: 260–264

Schröder, R.C.M. (1987): Auswirkungen der biologischen Sohlenbesiedelung auf den Geschiebetransport in Fließgewässern. Wasser und Boden 11: 571–575

Schröder, R.C.M. (1994): Technische Hydraulik – Kompendium für den Wasserbau. Springer Verlag, Berlin, 308 S.

Schröpfer, R. (1983): Die Wasserspitzmaus (Neomys fodiens Pennant, 1771) als Biotopgüteanzeiger für Uferhabitate an Fließgewässern. Verh. Dtsch. Zool. Ges. 1983: 137–141

Schröpfer, R. & B. Klenner-Fringes (1994): Semiaquatische Säugetiere als Monitoringorganismen für Uferhabitate. In: Bernhardt, K.-G. (Hrsg.): Revitalisierung einer Flußlandschaft. Zeller Verlag, Osnabrück, 220–231

Schuhmacher, H. (1993): Stadtgewässer. In: Sukopp, H. & R. Wittig (Hrsg.): Stadtökologie. Gustav Fischer Verlag, Stuttgart, 183–197

Schulz, U. (1994): Untersuchungen zur Ökologie der Seeforelle (*Salmo trutta f. lacustris*) im Bodensee. Konstanzer Dissertationen 456. Hartung-Gorre Verlag, Konstanz, 116 S.

Schumm, S.A. (1960): The shape of alluvial channels in relation to sediment type. United States Geological Survey Professional Paper 352B: 17–30

Schumm, S.A. (1977): The fluvial system. Wiley, New York, 338 pp.

Schumm, S.A. & R.W. Lichty (1963): Channel widening and flood plain construction along Cimarron river in south-western Kansas. United States Geological Survey, Professional Paper 352D: 71–88

Schüter, U. (1968): Zur Bestimmung von Ansiedlungshöhen der Ufervegetationszonen an Hochwasserrückhaltebecken. Natur und Landschaft 43: 171–174

Schwevers & Adam (1993): Erstellung von Hegeplänen gemäß § 25 ThürFischG. Hrsg. vom Thüringer Ministerium für Landwirtschaft und Forsten, Erfurt, 46 S.

Schwoerbel, J. (1961): Über die Lebensbedingungen und die Besiedelung des hyporheischen Lebensraumes. Arch. Hydrobiol. Suppl. 25, 182–214

Schwoerbel, J (1962): Hyporheische Besiedlung geröllführender Hochgebirgsbäche mit beweglicher Stromsohle. Die Naturwissenschaften 49: 67

Schwoerbel, J. (1970): Ökologie der Süßwassertiere – Fließgewässer. Fortschr. d. Zool. 20: 173–206

Schwoerbel, J. (1994): Methoden der Hydrobiologie Süßwasserbiologie. 4. Aufl., Uni-Taschenbücher 979, Spektrum Akad. Verlag

Schwoerbel, J. (1993a): Physikalische, chemische und limnologische Grundlagen. In: Lange, G. & K. Lecher (Hrsg.): Gewässerregelung Gewässerpflege. 3. Aufl. Paul Parey, Hamburg Berlin: 18–38

Schwoerbel, J. (1993b): Besiedelung und biologische Struktur der Fließgewässer. In: Lange, G. & K. Lecher (Hrsg.): Gewässerregelung Gewässerpflege. 3. Aufl. Paul Parey, Hamburg Berlin: 39–64

Schwoerbel, J. (1999): Einführung in die Limnologie. 8. Aufl., Gustav-Fischer, Stuttgart, Jena, 465 S.

Scullion, J., Parish, C.A., Morgan, N. & R.W. Edwards (1982): Comparison of benthic macroinvertebrate fauna and substratum composition in riffles and pools in the impounded River Elan and the unregulated River Wye, Mid-Wales. Freshw. Biol. 12: 579–595

Sedell, J.R., Reeves, G.H., Hauer, F.R., Stanford, J.A. & C.P. Hawkins (1990): Role of refugia in recovery from disturbances: modern fragmented and disconnected river systems. Environmental Management 14: 711–724

Seitz, A. (1998): Genfluß und die genetische Struktur von Populationen. Bayer. Akad. Natursch. Landschaftspfl. Laufener Seminarbeiträge 2/98: 7–16

Siegismund, H.R. & J. Müller (1991): Genetic structure of *Gammarus fossarum* populations. Heredity 66: 419–436

Siegloch, H. (1993): Strömungsmaschinen. Carl Hanser Verlag, München, Wien, 543 S.

Siepe, A. (1989): Untersuchungen zur Besiedelung einer Auen-Catena am südlichen Oberrhein durch Laufkäfer (Coleoptera: Carabidae) unter besonderer

Berücksichtigung der Einflüsse des Flutgeschehens. Dissertation, Universität Freiburg i.Br., 1–420

Slatick, E. (1971): Passage of adult salomon and trout through an inclined pipe. Trans. Am. Fish. Soc. 3: 448–455

Smith, R.D., Sidle, R.C. & P.E. Porter (1993): Effects on bedload transport of experimental removal of woody debris from a forest gravel-bed stream. Earth Surface Processes and Landforms 18: 455–468

Smith, R.D., Sidle, R.C., Porter, P.E. & J.R. Noel (1993): Effects of experimental removel of woody debris on the channel morphology of a forest, gravel-bed stream. J. Hydrol. 152: 153–178

Southwood, T.R.E. (1977): Habitat, the templet for ecological strategies? J. Anim. Ecol. 46: 337–365

Southwood, T.R.E. (1988): Tactics, strategies and templets. Oikos 52: 3–18

Spang, W.D. (1996): Die Eignung von Regenwürmern (Lumbricidae), Schnecken (Gastropoda) und Laufkäfern (Carabidae) als Indikatoren für auentypische Standortbedingungen. Heidelberger Geographische Arbeiten Heft 102, 236 S.

Späth, V. (1988): Zur Hochwassertoleranz von Auenwaldbäumen. Natur und Landschaft 63: 312–315

Spindler, T. (1997): Fischfauna in Österreich Ökologie – Gefährdung – Bioindikation – Fischerei – Gesetzgebung. Umweltbundesamt, Wien, Monographien Band 87, 140 S.

Spurk, J.H. (1993): Strömungslehre. Springer-Verlag, Berlin, 448 S.

Stahlberg, S. & P. Peckmann (1986): Bestimmung der kritischen Strömungsgeschwindigkeit für einheimische Kleinfischarten. Wasserwirtschaft 76: 340–342

Stahlberg, S. (1986): Das Schwimmverhalten von Bachschmerle (*Noemacheilus barbatulus*) und Gründling (*Gobio gobio*) im Strömungskanal. Mitteilungen des Instituts für Wasserwirtschaft, Hydrologie und landwirtschaftlichen Wasserbau der Universität Hannover, Heft 61: 219–296

Stanford, J.A., Ward, J.V., Liss, W.J., Frissell, C.A., Williams, R.N., Lichatowich, J.A. & C.C. Coutant (1996): A general protocol for restoration of regulated rivers. Regulated Rivers: Research & management 12: 391–413

Stankovic, S. & D. Jankovic (1971): Mechanismus der Fischproduktion im Gebiet des mittleren Donaulaufes. Arch. Hydrobiol./Suppl. 36: 299–305

Starkel, L. (1995): Changes of river channels in Europe during the holocene. In: Gurnell, A. & G.E. Petts (eds.): Changing River Channels. Wiley, Chichester, 27–42

Statzner, B. (1977): The effects of flight behaviour on the larval abundance of Trichoptera in the Schierenseebrooks (North Germany). Proc. 2nd Int. Symp. Trichoptera, The Hague, 121–134

Statzner, B. (1988): Growth and Reynolds number of lotic macroinvertebrates: a problem for adaptation of shape to drag. Oikos 51: 84–87

Statzner, B. & T.F. Holm (1982): Morphological adaptations of benthic invertebrates to stream flow – an old question studied by means of a new technique (Laser Doppler Anemometry). Oecologia 53: 290–292

Statzner, B. & B. Higler (1985): Questions and comments on the river continuum concept. Can. J. Fish. Aquat. Sci. 42: 1038–1044

Statzner, B. & B. Higler (1986): Stream hydraulics as a major determinant of benthic invertebrate zonation patterns. Freshwater Biology 16: 127–139

Statzner, B., Gore, J.A. & V.H. Resh (1988): Hydraulic stream ecology: observed patterns and potential applications. J. N. Benthol. Soc. 7: 307–360

Statzner, B. & R. Müller (1989): Standard hemispheres as indicators of flow characteristics in lotic benthos research. Freshwater Biology 21: 445–459

Statzner, B., Kohmann, F. & U. Schmedtje (1990): Eine Methode zur ökologischen Bewertung von Restwasserabflüssen in Ausleitungsstrecken. Wasserwirtschaft 80: 248–254

Steiner, K.-H., Blaschke, A.P. & D. Gutknecht (1998): Auswirkungen künstlicher Dekolmationsmaßnahmen: Fallstudie Altenwörth. Wiener Mitteilungen Wasser Abwasser Gewässer Band 148: 289–319

Steinman, A.D. & C.D. McIntire (1990): Recovery of lotic periphyton communities after disturbance. Environmental Management 14: 589–604

Strahler, A.N. (1957): Quantitative analysis of watershed geomorphology. Trans. Am. Geophys. Union 38: 913–920

Strobl, T., Heilmair, T. & W. Maile (1993): Mindestwasserproblematik bei Ausleitungskraftwerken. Hidroenergia 93, München, Tagungsband IV: 3–10

Studemann, D., Landolt, P., Sartori, M., Hefti, D. & I. Tomka (1992): Ephemeroptera. Schweizerische Entomologische Gesellschaft. Insecta Helvetica Fauna 9: 1–175

Swanson, F.J., Jones, J.A., Wallin, D.O. & J.H. Cissel (1993): Natural variability: implications for ecosystem management. In: Jensen, M.E. & P.S. Bourgeron (eds): Eastside Ecosystem Health Assessment. Vol. 2: Ecosystem Management, Principles and Application. U.S. Departement of Interior, Forest Service, Missoula, Montana, 89–103

Terofal, F. (1984): Süßwasserfische in europäischen Gewässern. Mosaik Verlag München, 287 S.

Thienemann, A. (1912): Der Bergbach des Sauerlandes. Int. Revue ges. Hydrobiol. Suppl. 4: 1–125

Thienemann, A. (1925): Die Binnengewässer Mitteleuropas. Die Binnengewässer 1. Schweizerbart'sche Verlagsbuchhandlung, Stuttgart

Thiesmeier, B. (1992): Ökologie des Feuersalamanders. Westarp Wissenschaften, Essen, 125 S.

Thiesmeier, B. & R. Günther (1996): Feuersalamander – Salamandra salamandra (Linnaeus 1758). In: Günther, R. (Hrsg.): Die Amphibien und Reptilien Deutschlands. Gustav-Fischer-Verlag, Jena, 82–104

Thompson, A. (1986): Secondary flows and the pool-riffle unit: a case study of the processes of meander development. Earth Surface Processes and Landforms 11: 631–641

Thorne, C.R. (1998): Stream reconnaissance Handbook. Wiley, Chichester, 133 pp.

Timm, T. (1993): Unterschiede in Eibiologie und Habitatbindung zwischen Prosimulium tomosvaryi (Prosimuliini) und verschiedenen Simuliini (Diptera, Simuliidae). Int. Rev. ges. Hydrobiol. 78: 95–106

Timm, T. et al. (1995): Leitbilder für Tieflandbäche in Nordrhein-Westfalen. Ministerium für Umwelt, Raumordnung und Landwirtschaft des Landes Nordrhein-Westfalen, Düsseldorf, 59 S.

Tittizer, T. & M. Bànning (1992): Über den ökologischen Wert von Schiffahrts-kanälen, erläutert am Beispiel des Main-Donau-Kanals. In: Friedrich, G. & J. Lacombe (Hrsg.): Ökologische Bewertung von Fließgewässern. Limnologie aktuell Band 3, Gustav Fischer Verlag Stuttgart, 379–392

Tockner, K. (1993): Ein Beitrag zur Ökologie der Uferbereiche der österrei-chischen Donau (Stauraum Altenwörth, Wiener Donaukanal, Frei Fließ-strecke). Dissertation an der Universität Wien

Tockner, K. & G. Bretschko (1996): Spatial distribution of particulate organic mat-ter (POM) and benthic invertebrates in a river-floodplain transect (Danube, Austria): importance of hydrological connectivity. Arch. Hydrobiol. Suppl. 115: 11–27

Tockner, K. & F. Schiemer (1997): Ecological aspects of the restoration strategy for a river-floodplain system on the Danube River in Austria. Global Ecology and Biogeography Letters 6: 321–329

Tockner, K. & J.A. Waringer (1997): Measuring drift during a receding flood: results from an Austrian mountain brook (Ritrodat-Lunz). Int. Revue ges. Hydrobiol. 82: 1–13

Tockner, K., Schiemer, F. & J.V. Ward (1998): Conservation by restoration: the management concept for a river-floodplain system on the Danube River in Austria. Aquatic Conserv: Mar. Freshw. Ecosyst. 8: 71–86

Tönsmann, F (1995a): Hochwasserschutz in Nordhessen unter Berücksichtigung ökologischer Forderungen. Kasseler Wasserbau-Mitteilungen Heft 2: 129–158

Tönsmann, F (1995b): Ökologische Verträglichkeit von Hochwasserschutz-maßnahmen. Kasseler Wasserbau-Mitteilungen Heft 2: 159–186

Townsend, C.R. (1989): The patch dynamics concept of stream community eco-logy. J. N. Am. Benthol. Soc. 8: 36–54

Townsend, C.R., Hildrew; A.G. & K. Schofield (1987): Persistence of stream invertebrate communities in relation to environmental variability. J. Anim. Ecol. 56: 597–613

Townsend, C.R., Scarsbrook, M.R. & S. Dolédec (1997): The intermediate-distur-bance hypothesis, refugia and biodiversity in streams. Limnology and Oceanography 42: 938–949

Travis, M.D. & T. Tilsworth (1986): Fish passage through Poplar Grove Creek cul-vert, Alaska. Transportation Research Record 1075, Roadside Design and Management, Transportation Research Board, Washington, D.C., 21–26

Truckenbrodt, E. (1992): Fluidmechanik Band 2: Elementare Strömungsvor-gänge dichteveränderlicher Fluide sowie Potential- und Grenzschichtströ-mungen. Springer Verlag, Berlin u.a., 404 S.

Tschada, H. & H. Moschen (1988): Die Hochwasserschutzfunktion der Speicherkraftwerke der TIWAG. ÖZE 41: 256–265

Tüxen, R. (1956): Die heutige potentielle natürliche Vegetation als Gegenstand der Vegetationskartierung. Angew. Pflanzensoziologie 13: 5–42

Uehlinger, U. (1991): Spatial and temporal variability of the periphyton biomass in a prealpine river (Necher, Switzerland). Arch. Hydrobiol. 123: 219–237

Uehlinger, U. (1995): Energie- und Stoffumsatz in Fließgewässern. Kursunter-lagen zum PEAKurs: Ökologie und Wasserbau. Eidgenössische Anstalt für

Wasserversorgung, Abwasserreinigung und Gewässerschutz (EAWAG), Dübendorf

Uehlinger, U. & M. Naegeli (1998): Ecosystem metabolism, disturbance and stability in a prealpine gravel bed river. Journal of the North American Benthological Society 17: 165–178

Umweltstiftung (Hrsg.) (1994): Revitalisierung einer Flußlandschaft. Deutsche Bundesstiftung Umwelt. Zeller Verlag, Osnabrück, 442 S.

Vannote, R.L. & B.W. Sweeney (1980): Geographic analysis of thermal equilibria: A conceptual model for evaluating the effect of natural and modified thermal regimes on aquatic insect communities. Am. Nat. 115: 667–695

Vannote R.L., Minshall G.W., Cummins K.W., Sedell J.R. & C.E. Cushing (1980): The river continuum concept. Can. J. Fish. Aquat. Sci. 37: 130–137

Vasicek, F. (1985): Litter fall from tree layer. In: Penka, M., Vyskot, M., Klimo, E. & F. Vasicek (eds.): Floodplain forest ecosystem: 1. Before water management measures. Elsevier Amsterdam, Oxford, New York, Tokyo, 251–258

VAW/GIUB (1987): Emme 2050: Studie über die Entwicklung des Klimas, der Bodenbedeckung, der Besiedelung, der Wasserwirtschaft und des Geschiebeaufkommens im Emmental, sowie über die Sohlenentwicklung und den Geschiebehaushalt in der Emme und mögliche Verbauungskonzepte. Versuchsanstalt für Wasserbau, Hydrologie und Glaziologie an der ETH Zürich und Geographisches Institut der Universität Bern; Zürich und Bern (unveröffentlicht)

VDEW (1992): Begriffsbestimmungen in der Energiewirtschaft. Teil 3: Wasserkraft. 6. Aufl. Vereinigung Deutscher Elektrizitätswerke, Frankfurt, 100 S.

VDFF (1995): Kleinwasserkraftanlagen und Gewässerökologie. Schriftenreihe des Verbandes Deutscher Fischereiverwaltungsbeamter und Fischereiwissenschaftler, Heft 9, 94 S.

VDFF (1997): Fischwanderhilfen – Notwendigkeit, Gestaltung, Rechtsgrundlagen. Schriftenreihe des Verbandes Deutscher Fischereiverwaltungsbeamter und Fischereiwissenschaftler, Heft 11, 113 S.

Verworn, H.-R. (1998): Regenwasserbewirtschaftung – eine Einführung. Z. f. Kulturtechnik und Landentwicklung 39: 241

Vischer, D. & W.H. Hager (1992): Hochwasserrückhaltebecken. vdf, Zuerich, 211 S.

Vischer, D. & A. Huber (1993): Wasserbau. 5. Aufl., Springer, Berlin, 360 S.

Vogel, S. (1994): Life in Moving Fluids. Princeton University Press, Princeton, N.J., 467 S.

Vollmer, C. (1952): Kiemenfuss, Hüpferling und Muschelkrebs. Die Neue Brehm-Bücherei, Heft 52, 56 S.

Wagner, U., Rouvel, L. & H. Schaefer (1997): Nutzung regenerativer Energien. IfE – Schriftenreihe Heft 1, Lehrstuhl für Energiewirtschaft und Kraftwerkstechnik der TU München, 425 S.

Waibel, F. 1962): Das Rheindelta im Bodensee. Bericht des österreichischen Rheinbauleiters 1961, 15 S.

Wallace, J.B. (1990): Recovery of lotic macroinvertebrate communities from disturbance. Environmental Management 14: 605–620

Ward, J.V. (1989a): Riverine-Wetland Interactions. DOE Symposium Series No. 61, Freshwater Wetlands and Wildlife, Oak Ridge, Tennessee, 385–400

Ward, J.V. (1989b): The four-dimensional nature of lotic ecosystems. J. N. Am. Benthol. Soc. 8: 2–8

Ward, J.V. (1992): Aquatic Insect Ecology – 1. Biology and Habitat. Wiley, New York, 438 pp.

Ward, J.V. (1992): River ecosystems. In: Encyclopia of Earth System Science, Vol. 4: 1–12, Academic Press

Ward, J.V. (1994): Ecology of alpine streams. Freshwater Biology 32: 277–294

Ward, J.V. (1994): The structure and dynamics of lotic ecosystems. In: Margalef (ed.): Limnology Now: A Paradigm of Planetary Problems. Elsevier, Amsterdam, 195–218

Ward, J.V. & J.A. Stanford (1983): The serial discontinuity concept of lotic ecosystems. In: Fontaine, T.D. & S.M. Bartell (eds.): Dynamics of lotic ecosystems. Ann Arbor Science, Michigan, 29–42

Ward, J.V. & J.A. Stanford (1995): The serial discontinuity concept: extending the model to floodplain rivers. Regulated Rivers 10: 159–168

Watts, J.F. & G.D. Watts (1990): Seasonal change in aquatic vegetation and its effect on river channel flow. In: Thornes, J.B. (ed.): Vegetation and erosion Processes and environment. Wiley, Chichester, 257–267

Wautier, J. & E. Pattée (1955): Expérience physiologique et expérience écologique. L'influence du substrat sur la consommation d'oxygène chez les larves d'Ephémeroptères. Bull. Mens. Soc. Linn. Lyon 24: 178–183

WBW (1991): Leitfaden für den Bau von Kleinwasserkraftwerken. Hrsg.: Wasserwirtschaftsverband Baden-Württemberg. Franckh-Kosmos Verlag, Stuttgart, 147 S.

Weber, H. & H. Weidner (1974): Grundriß der Insektenkunde. Gustav-Fischer-Verlag, Stuttgart, 640 S.

Wegner, H. (1992): Dezentraler Hochwasserschutz. Wasser und Boden 44, Heft 1: 6–10

Weichselbaumer, P. (1984): Die Populationsdynamik von Baetis alpinus (Pictet) und anderen Baetidae (Ephemeroptera) in einem kleinen Mittelgebirgsbach (Piburger Bach, Tirol). Diss. Abt. Limnol. Innsbruck 19: 1–171

Weingartner, R. & H. Aschwanden (1992): Abflussregimes der Schweiz – Bedeutung, Abschätzung, anthropogene Beeinflussung. Eidg. Anstalt für Wasserversorgung, Abwasserreinigung und Gewässerschutz (EAWAG), Dübendorf, Schriftenreihe Nr. 4: 237–260

Weissenberger, J., Spatz, H.C., Emanns, A. & J. Schwoerbel (1991): Measurement of lift and drag forces in the mN-range, experienced by benthic arthropods at flow velocities below 1.2 m/s. Freshwater Biology 25: 1–21

Welcomme, R.L. (1979): Fisheries ecology of floodplain rivers. Longman, London, New York, 317 pp.

Wesenberg-Lund, C. (1943): Biologie der Süßwasserinsekten. Gyldendalske Boghandel, Nordisk Forlag, Kopenhagen; Verlag J. Springer, Berlin, Wien, 682 S.

Westrich, B. (1988): Fluvialer Feststofftransport – Auswirkung auf die Morphologie und Bedeutung für die Gewässergüte. Schriftenreihe gwf Wasser Abwasser, Band 22, R. Oldenbourg Verlag München Wien, 173 S.

Wetzel, R.G. (1990): Reservoir ecosystems: conclusions and speculations. In:

Thornton, K.W., Kimmel, B.L. & F.E. Payne (eds.): Reservoir Limnology: Ecological Perspectives. Wiley, New York, Chichester, 227–238

Wheeler, A. (1969): The fishes of the British Isles and North-West Europe. MacMillan, London, 613 pp.

White, D.S. (1993): Perspectives on defining and delineating hyphorheic zones. J. N. Am. Benthol. Soc. 12: 61–69

Wichard, W. (1988): Die Köcherfliegen. Die Neue Brehm-Bücherei, A. Ziemsen Verlag, Wittenberg Lutherstadt, 79 S.

Wichard, W., Arens, W. & G. Eisenbeis (1995): Atlas zur Biologie der Wasserinsekten. Gustav Fischer, Stuttgart Jena New York, 338 S.

Wigger, S. (1997): Auswirkungen von Wasserentnahme und Wasserrückleitung auf ein alpines Fliessgewässer. Diplomarbeit, ETH Zürich, Abt. Xa, 75 S.

Wilcock, P. R. & B. W. McArdell (1993): Surface-based fractional transport rates: Mobilization thresholds and partial transport of a sand/gravel sediment. Water Resour. Res. 29: 1297–1312

Wilcock, P. R. & B. W. McArdell (1997): Partial transport of a sand/gravel sediment. Water Resour. Res. 33: 235–245.

Willer, K.-H. (1990): Sumpf- und Wasserpflanzen. Gebrüder Borntraeger, Berlin, Stuttgart.

Williams, D.D. & H.B.N. Hynes (1974): The occurence of benthos deep in the substratum of a stream. Freshwater Biology 4: 233–256

Williams, D.D. & H.B.N. Hynes (1976): The recolonization mechanism of stream benthos. Oikos 27: 265–272

Williams, D.D. & N.E. Williams (1993): The upstream/downstream movement paradox of lotic invertebrates: quantitative evidence from a Welsh mountain stream. Freshwater Biology 30: 199–218

Williams, G.P. (1983): Paleohydrological methods and some examples from Swedish fluvial environments. Geografiska Annaler 65A: 227–244

Wilmanns, O. (1993); Ökologische Pflanzensoziologie. 5. Aufl. Quelle & Meyer, Heidelberg, Wiesbaden, 479 S.

Wimmer, R. & O. Moog (1994): Katalog der Ordnungszahlen österreichischer Fließgewässer. Umweltbundesamt Wien, Monographien Band 51: 581 S.

Wipperfürth, J. (1989): Untersuchungen zur Passierbarkeit von Rohr- und Rahmendurchlässen in ausgewählten Harzbächen durch Vertreter rheobionter Tiergruppen (Ephemeroptera, Plecoptera, Trichoptera, Pisces). Diplomarbeit, Univ. Göttingen, 120 S.

Wißkirchen, R. (1995): Verbreitung und Ökologie von Flußufer-Pioniergesellschaften (Chenopodion rubri) im mittleren und westlichen Europa. Dissertationes Botanicæ. J. Cramer, Berlin, Stuttgart, 375 S.

Wohlrab, B., Ernstberger, H., Meuser, A. & V. Sokollek (1992): Landschaftswasserhaushalt. Paul Parey, Hamburg, Berlin, 352 S.

Wolf, H. (1996): Ökologische Gesichtspunkte – Hochwasserrückhaltebecken mit Dauerstau. In: Muth, W. (Hrsg.): Hochwasserrückhaltebecken: Planung, Bau und Betrieb. Expert-Verlag, Renningen-Malmsheim, 83–118

Wolf, P., Boes, M. & H. Buck (1986): Auswirkungen von Flußstauhaltungen auf die Gewässerbeschaffenheit. Wasserwirtschaft 76: 314–319

Wundt, W. (1953): Gewässerkunde. Springer-Verlag, Berlin, Göttingen, Heidelberg

Yalin, M.S. (1992): River Mechanics. Pergamon Press, Oxford, New York, Seoul, Tokyo

Young, W.J. (1992): Clarification of the criteria used to identify near-bed flow regimes. Freshwater Biology 28: 383–391

Zanke, U. (1982): Grundlagen der Sedimentbewegung. Springer Berlin, 402 S.

Zarn, B. (1992): Lokale Gerinneaufweitung. Versuchsanstalt für Wasserbau, Hydrologie und Glaziologie der ETH Zürich, Mitteilungen Nr. 118: 83 S.

Zauner, G. & S. Schmutz (1994): Fischökologische Untersuchungen im Rahmen von Gewässerbetreuungskonzepten. Wiener Mitteilungen Wasser Abwasser Gewässer, Band 120: 322–359

Zeh, M. (1993): Reproduktion und Bewegungen einiger ausgewählter Fischarten in einer Staustufe des Hochrheins. Dissertation an der ETH Zürich Nr. 10288, 130 S.

Zeidler, A. & G. Burkl (1998): Ökologische Untersuchungen zur Bewertung von Augewässern. Münchener Beiträge zur Abwasser-, Fischerei- und Flußbiologie 51: 283–300

Zierep, J. (1993): Grundzüge der Strömungslehre. Springer Berlin, 171 S.

Zika, U. & P. Strässle (1995): Totholz als Strukturelement in Fließgewässern. Diplomarbeit an der Abteilung für Umweltnaturwissenschaften der ETH Zürich, 153 S.

Zinke, A. & U. Eichelmann (1996): Probleme bei der Renaturierung der Flußauen am Beispiel der Mittleren Donau. In: Lozan, J.L. & H. Kausch (Hrsg.): Warnsignale aus Flüssen und Ästuaren. Parey, Berlin, 345–348

Zumbroich, T., Müller, A. & G. Friedrich (Hrsg.) (1999): Strukturgüte von Fließgewässern. Springer Berlin, 283 S.

Zwick, H. (1974): Faunistisch-ökologische und taxonomische Untersuchungen an Simuliidae (Diptera) unter besonderer Berücksichtigung der Arten des Fulda-Gebietes. Abh. dtsch. naturforsch. Ges. 33: 1–116

Zwick, P. (1990): Emergence, maturation and upstream oviposition flights of Plecoptera from the Breitenbach, with notes on the adult phase as a possible control of stream insect populations. Hydrobiologia 194: 207–223

Zwick, P. (1992): Stream habitat fragmentation – a threat to biodiversity. Biodiversity and Conservation 1: 80–97

Glossar

(teilweise nach DIN 4047, DIN 4048, DIN 4049, DIN 4054, DVWK 1996c, ÖNORM M6232, ÖNORM M7103, Lange & Lecher 1993, Schaefer 1992, Schwoerbel 1999, VDEW 1992)

Abfluß (discharge, runoff)
Wasservolumen, das in einem bestimmten Querschnitt und einer Zeiteinheit durchfließt und einem Einzugsgebiet zugeordnet ist; in m^3/s oder l/s

Abflußfülle (flow volume)
Wasservolumen, das in einer bestimmten Zeitspanne oberhalb eines gewählten Abflußschwellenwertes abgeflossen ist, z. B. während eines Hochwasserereignisses

Abflußregime (discharge pattern)
Charakteristischer Gang des Abflusses, bedingt durch die klimatischen Gegebenheiten und die Einzugsgebietsmerkmale (Größe, Form, Bodenart, Flächennutzung u. a.)

Abflußspende (discharge per unit area)
Quotient aus Abfluß und Fläche des zugeordneten Einzugsgebietes; in $l/(s\ km^2)$

abiotische Faktoren (abiotic factors)
Wirkungen der unbelebten Umwelt wie Licht, Temperatur, Morphologie u. a.

Absturz (drop structure)
Sohlstufe mit senkrechter oder steil geneigter Absturzwand

Abundanz (abundance)
Anzahl der Individuen pro Flächeneinheit, bei Makrozoobenthos pro m^2, bei Fischen pro ha ($10\ 000\ m^2$)

adult (adult)
erwachsen, geschlechtsreif

aerob (aerobic)
Milieu mit Anwesenheit von Sauerstoff

allochthon (allochthonous)
Bezeichnung für Organismen oder Stoffe, die von außerhalb kommen, also nicht dem betrachteten Gebiet entstammen

Altarm (old arm, old bed)
als Altarm (Parapotamon) bezeichnet man einseitig mit dem Fließgewässer in Verbindung stehende Gewässerstrecken

Altgewässer
Oberbegriff für abgetrennte ehemalige Flußverzweigungen (Plesiopotamon), Altarme (Parapotamon), Altwasser und Qualmgewässer

Altwasser
abgetrennter Teil eines Fließgewässers, welcher nur noch bei Überschwemmung mit dem Hauptfluß in direkter Verbindung steht

anadrom (anadromous)
Bezeichnung für Fische, welche zur Eiablage vom Meer ins Süßwasser ziehen (z. B. Lachs)

anaerob (anaerobic)
Milieu ohne Sauerstoff

anthropogen (anthropogenic)
durch Menschen beeinflußt bzw. verursacht

A-Strategie (A-strategy)
Form der ökologischen Strategie, bei der als Ergebnis der natürlichen Selektion die Anpassung an ungünstige, extreme, abiotische Umweltbedingungen im Vordergrund steht

Auflandung, Anlandung (accretion, aggradation)
Erhöhung der Gewässersohle durch Ablagerung von Geschiebe und/oder Schwebstoffen

Aufwuchs, Periphyton (periphyton)
Gemeinschaft von Mikroorganismen (Bakterien, Pilze, Algen, Mikrozoobenthos u. a.) auf einer festen Oberfläche

Ausbaudurchfluß (rated discharge)
Volumenstrom, für den ein Wasserkraftwerk oder eine Gewässerstrecke ausgelegt ist

Ausbautage (operation time per year)
Zahl der Tage des Regeljahres, an denen mindestens der Ausbaudurchfluß vorhanden ist

Ausbreitungs- oder Wanderhindernisse (instream barriers)
Gegebenheiten, welche die Ausbreitung von Fließwassertieren im Längsverlauf der Fließgewässer stören oder unterbinden (z. B. Talsperren, Wehre, Abstürze, Durchlässe u. a.)

autochthon (autochthonous)
Bezeichnung für Organismen oder Stoffe, die in einem betrachteten Gebiet entstanden sind

Autökologie (autecology)
Ökologie des Einzelorganismus; bei autökologischer Betrachtung wird eine einzelne Art in ihren Beziehungen zu den einzelnen Umweltfaktoren in den Mittelpunkt gestellt

autotroph (autotrophic)
sich ausschließlich von anorganischen Stoffen ernährend

Beharrungsstrecke (persisting stretch)
Abschnitt eines Fließgewässers, bei dem weder Erosion noch Sedimentation feststellbar sind

Benthal (benthal, benthic zone)
Lebensraum im Bereich der Bodenzone eines Gewässers

Benthos (benthos)
die am Gewässergrund lebende Tier- und Pflanzenwelt, Lebensgemeinschaft des Benthals

Biofilm (biofilm)
auf festen Oberflächen vorkommende, komplexe Gesellschaft von Bakterien, Protozoen, Pilzen, Algen und kleinen mehrzelligen Tieren in einer Matrix von selbstproduzierten Substanzen

biotische Faktoren (biotic factors)
Wirkungen der belebten Umwelt wie Nahrung, Feinde, Konkurrenten u. a.

Biotop (biotope)
Lebensraum einer Biozönose, verschiedene Habitate umfassend

Biozönose (biocoenosis)
Lebensgemeinschaft verschiedener Pflanzen- und Tierarten in einem Biotop, die durch gegenseitige Abhängigkeit und Beeinflussung bedingt ist

Brackwasser (brackish water)
hinsichtlich seines Salzgehaltes zwischen dem ozeanischen Wasser und Süßwasser liegendes Gewässer, in dem das Meerwasser durch das Süßwasser (z. B. der Flüsse) verdünnt wird

Buhne (groyne, groin)
quer zum Ufer liegendes Regelungsbauwerk zur seitlichen Begrenzung des Abflußquerschnitts und/oder zum Schutz des Ufers

Charakterarten (characteristic species)
nicht einheitlich definiert; hier: Arten, welche ausschließlich oder vorzugsweise in einem bestimmten Lebensraum vorkommen

Choriotop, Biochorion (choriotope)
Teillebensraum eines Biotops, der einem bestimmten Strukturtyp (z. B. Steine, Kies, Sand, Detritus u. a.) zugeordnet ist; die Choriotope einer Gewässerstrecke sind meist mosaikartig miteinander verflochten

Dauereier (dormant eggs)
gegen Extremfaktoren (z. B. Austrocknung) resistente Eier

Dauerlinie (duration curve)
Darstellung von zeitäquidistanten Mittelwerten (z. B. mittlere Tagesabflußmenge in m^3/s) einer zugehörigen Zeitspanne (z. B. ein Jahr) in der Reihenfolge ihrer Größe aufgetragen; aus der Dauerlinie läßt sich ablesen, wie lange ein bestimmter Wert während der betrachteten Zeitspanne unter- oder überschritten wird

Deckschichtbildung, Sohlabpflasterung (bed armouring)
relative Anreicherung der Grobkornanteile in der oberen Schicht der Gewässersohle durch Herauslösen und Abtransport von feineren Bestandteilen

Destruenten (reducers)
Mikroorganismen, die organische Stoffe in anorganische Grundstoffe abbauen

Detritus (detritus)
tote organische Substanz (z. B. Fallaub) einschließlich der sie besiedelnden Mikroorganismen

Diapause (diapause)
Ruhestadium eines Organismus zur Bewältigung ungünstiger Perioden (z. B. Kälte, Nahrungsmangel), welches durch äußere Zeitgeber (z. B. Höhe der Wassertemperatur, Tageslänge) ausgelöst wird

Dominanz (dominance)
relative Individuenhäufigkeit einer Art im Vergleich zu anderen Arten pro Flächeneinheit

dorsal (dorsal)
die Rückenseite eines Körper(teil)s betreffend

Dotierwasserabfluß, -abgabe, -vorschreibung, Mindestwasserabgabe
Abfluß, der zu Beginn der Ausleitungsstrecke abgegeben werden muß; eine spätere Versickerung oder Wasserzufuhr bleibt unberücksichtigt

Drift (drift)
Verfrachtung von Organismen (organismische Drift) und Material mit der fließenden Welle flußabwärts

Durchlaß (culvert)
Kreuzungsbauwerk, in dem ein Gewässer, in der Regel mit freiem Wasserspiegel und erheblicher Einengung des Abflußquerschnitts, unter einem Verkehrsweg oder Damm hindurchgeleitet wird

Emergenz (emergence)
Ausschlüpfen adulter Insekten, deren Larven im Wasser leben, Übergang zum Luftleben

emers (emersed)
aus dem Wasser ragend, z. B. emerse Wasserpflanzen

Entlastungspolder, Speicherpolder
eingedeichte Becken, welche seitlich vom Fluß angeordnet sind und bei Hochwasser gefüllt werden können, um so die Abflußspitze zu kappen

Entnahmestrecke (diverted streams)
ursprüngliche Gewässerstrecke zwischen Ausleitungs- und Rückgabestelle (Restwasserstrecke, Mindestwasserstrecke)

Epilimnion (epilimnion)
Oberflächenschicht eines Sees während der Stagnation

Epipotamal (epipotamal)
Barbenregion

Epirhithral (epirhithral)
obere Forellenregion

Eukrenal (eucrenal)
Begriff für die Quelle als Lebensraum

euryök (euryoecious)
Bezeichnung für Organismen, die Schwankungen lebenswichtiger Umweltfaktoren innerhalb weiter Grenzen ertragen; sie können daher verschiedenar-
tigste Lebensräume besiedeln

Feststoffe (solids)
feste Stoffe, die im Wasser fortbewegt werden, ausschließlich Eis (Schwimmstoffe, Schwebstoffe, Sinkstoffe, Geschiebe)

Filtrierer (filter feeders)
Tiere, welche schwebende Nahrungspartikel (Algen, kleine Beutetiere, feinpartikuläres organisches Material) aus dem Wasser herausfiltrieren

Flußdeich (embankment)
Damm aus Erdbaustoffen an einem Fließgewässer zum Schutz des Umlandes
vor Hochwasser

Flußkraftwerk (river power plant)
im Flußlauf errichtetes Wasserkraftwerk (es wird kein Wasser ausgeleitet!)

genetische Drift (genetic drift)
Veränderung der Genfrequenz in kleinen Populationen

Genfluß (genetic flow)
Austausch von genetischen Merkmalen zwischen Populationen (z. B. durch
Migration).

Geschiebe (bed load)
Feststoffe, die nur im Bereich der Sohle transportiert werden

Gewässerstrukturgüte (habitat quality)
Ökomorphologie; bezieht sich auf eine ökologische Gewässerbewertung
anhand einfach erfaßbarer, ökologisch wichtiger Strukturen im und am
Fließgewässer; bei Erhebungen zur Gewässerstrukturgüte werden im allgemei-
nen Parameter der Gewässermorphologie und Vegetation sowie Art und
Ausmaß von baulichen Maßnahmen im und am Gewässer aufgenommen

Gleitufer (slip-off slope bank)
schwach angeströmtes inneres Ufer in der Kurve eines Wasserlaufes

Gradtage (degree days)
fortlaufende Addition der mittleren Tagestemperatur (des Wassers)

Grenzschicht (boundary layer)
Bereich stark verminderter Strömungsgeschwindigkeit an über- oder umströmten festen Oberflächen

Grundschwelle (ground sill)
über die Sohle hinausragende Schwelle, die auch der Niedrigwassseranhöhung
dient

Habitat (habitat)
Standort, an dem eine Tier- oder Pflanzenart regelmäßig vorkommt

Hartholzaue (hardwood-floodplain)
flußferne Gehölzzone mit eher seltenen Überschwemmungen, in Mitteleuropa
mit Esche, Ulme und Stieleiche

heterotroph (heterotrophic)
auf organisches Material als Nahrung angewiesen

Hochdruckkraftwerk (high head power plant)
Wasserkraftwerk mit relativ großer Fallhöhe, in der Regel mit Francis- oder
Pelton-Turbinen ausgerüstet

Hypokrenal (hypocrenal)
Quellrinnsal, der Lebensraum unterhalb der eigentlichen Quelle

Hypolimnion (hypolimnion)
Tiefenschicht eines Sees während der Stagnation

Hypopotamal (hypopotamal)
Kaulbarsch-Flunderregion oder Brackwasserregion

hyporheisches Interstitial, Hyporheal (hyporheic zone, hyporheic habitat)
Hohlraumsystem in den fluviatilen Lockergesteinen unter und dicht neben
einem frei fließenden Gewässer: Grenzzone zwischen Fließgewässer und
Grundwasserbereich

Hyporhithral (hyporhithral)
Äschenregion

Imago (imago)
voll entwickeltes, geschlechtsreifes Insekt

Indikatorarten, Zeigerarten (indicator species)
Arten, durch deren Vorkommen oder Fehlen bestimmte Umweltbedingungen
in einem Lebensraum anzeigt werden

instationäre Strömung (unsteady flow)
Strömung mit zeitlichen Änderungen der Geschwindigkeiten

Jährlichkeit, Wiederholungszeitspanne (recurrence interval, return period)
n-jährlicher Hochwasserabfluß, der in einer langen Reihe von Jahren im Mittel
alle n Jahre einmal erreicht oder überschritten wird, z. B. HQ_{100} (tritt in einer
sehr langen Reihe von Jahren im Mittel alle 100 Jahre einmal auf)

juvenil (juvenile)
zur Jugendphase gehörend

katadrom (catadromous)
Bezeichnung für Fische, welche zur Eiablage vom Süßwasser ins Meer ziehen
(z. B. Aal)

Kolmation (kolmation)
Ablagerung von Schwebstoffen in und auf der Fließgewässersohle; bewirkt
einerseits eine Reduktion der Sohldurchlässigkeit und andererseits eine Verringerung des Porenraums bei gleichzeitiger Verfestigung des Sohlsubstrates;

kolmatierte Gewässersohlen führen damit zu einer Reduktion der Grundwasserneubildung und zu einer Beeinträchtigung des Lebensraumes der Gewässerfauna (Schälchi 1993)

Konsumenten (consumers)
Organismen, welche organische Substanz verbrauchen

Krenal (krenal)
Quellbereich eines Fließgewässers

K-Strategie (K-strategy)
bei der K-Strategie wird die Selektion Arten mit einer guten Konkurrenzfähigkeit bevorzugen; diese Organismen haben eine eher geringe Nachkommenszahl und eine eher langsame Entwicklung; K-Strategen findet man bevorzugt bei konstanten und/oder voraussagbaren Umweltbedingungen.

laminare Strömung (laminar flow)
Wasserbewegung, bei der die einzelnen Stromfäden in Fließrichtung parallel verlaufen

Laufwasserkraftwerk (run-of-power plant)
Wasserkraftwerk, das den jeweils anfallenden nutzbaren Zufluß abarbeitet

Leitarten
nicht einheitlich definiert; hier: Arten, welche regelmäßig in großer Anzahl in einem bestimmten Lebensraum vorkommen; Beispiel: Leitfischarten der Fischregionen

limnisch (limnic)
Bezeichnung für Organismen und Stoffe, die im Süßwasser vorkommen und für Vorgänge, die in Süßgewässern ablaufen

limnobiont (limnobiotic)
stillwasserbedürftig; Bezeichnung für Organismen, die ausschließlich in Stillwasser leben

Limnokrene (limnocrene)
Tümpelquelle

limnophil (limnophilous)
stillwasserliebend; Bezeichnung für Organismen, die in Gewässerbereichen mit geringer oder keiner Strömung leben

Mäander (meander)
durch natürliche Fließvorgänge und Feststoffbewegungen entstehende, mehr oder weniger regelmäßig aufeinanderfolgende Flußschlingen

Makrophyten
mit bloßem Auge sichtbare pflanzliche Organismen

Makrozoobenthos (macrozoobenthos)
nicht einheitlich definiert; hier bezeichnet der Begriff alle im ausgewachsenen Stadium sehr gut sichtbaren Tiere, welche zumindest in ihrem letzten Entwicklungsstadium an oder auf der Gewässersohle leben oder als fliegendes Insekt das Wasser verlassen

Mesofauna (mesofauna)
nicht einheitlich definiert; hier bezeichnet der Begriff alle mehrzelligen Tiere, welche ihren gesamten Lebenszyklus im Lückenraumsystem an und unter der Gewässersohle verbringen

Mesohabitat (mesohabitat)
Kleinlebensraum

Metapopulation (metapopulation)
Gesamtheit von vernetzten Subpopulationen einer bestimmten Art, wobei der genetische Austausch innerhalb einer Subpopulation größer ist als der zwischen verschiedenen Subpopulationen

Metapotamal (metapotamal)
Brachsen- oder Bleiregion

Metarhithral (metarhithral)
untere Forellenregion

Migration (migration)
in der Ökologie werden die Begriffe „Migration" und „Wanderung" synonym verwendet und bezeichnen zielgerichtete Bewegungen zwischen unterschiedlichen Habitaten, die mit einer gewissen Regelmäßigkeit (z. B. saisonal) und von großen Teilen einer Population durchgeführt werden (Northcote 1978); aus Sicht der Evolutionsbiologie verwendet man den Begriff „Migration" in bezug auf die Ausbreitung und Aufnahme von Genen einer Population in eine andere (Seitz 1998)

Mikrofauna (microfauna)
nicht einheitlich definiert; hier bezeichnet der Begriff alle einzelligen Tiere der Gewässersohle

Mindestwasserabgabe, Dotierwasserabfluß, -abgabe, -vorschreibung
Abfluß, der zu Beginn der Ausleitungsstrecke abgegeben werden muß; eine spätere Versickerung oder Wasserzufuhr bleibt unberücksichtigt

Mindestwasserstrecke (diverted streams)
ursprüngliche Gewässerstrecke zwischen Ausleitungs- und Rückgabestelle (Entnahmestrecke, Restwasserstrecke)

Mortalität, Sterblichkeit (mortality)
Zahl der Individuen einer Ausgangspopulation bestimmter Größe, die innerhalb einer bestimmten Zeitspanne sterben

Natürlichkeitsgrad (degree of naturalness)
Beschreibung von Ökosystemen nach dem Ausmaß des erkennbaren menschlichen Einflusses

Oberflächenabfluß (surface runoff)
auf der Bodenoberfläche abfließendes Wasser mit seinen Inhaltsstoffen; der Oberflächenabfluß hängt u. a. vom Feuchtezustand, von der Infiltrationskapazität, der Bodendurchlässigkeit und der Rauhigkeit der Bodenoberfläche ab

Ökologie (ecology)
Wissenschaft von den Beziehungen der Organismen untereinander und zu ihrer Umwelt

Ökomorphologie (habitat quality)
Gewässerstrukturgüte; bezieht sich auf die einfach erfaßbaren, ökologisch wichtigen Strukturen im und am Fließgewässer; bei Erhebungen zur Ökomorphologie werden im allgemeinen Parameter der Gewässermorphologie und Vegetation sowie Art und Ausmaß von baulichen Maßnahmen im und am Gewässer aufgenommen

Ökosystem (ecosystem)
Beziehungsgefüge der Lebewesen untereinander und mit ihrem Lebensraum

Ökoton (ecotone)
Übergangsbereich zwischen verschiedenen Ökosystemen

Paläopotamon (paleopotamon)
ober- und unterseitig abgetrennter Flußmäander

Parapotamon (parapotamon)
Altarm; bezeichnet einseitig mit dem Fließgewässer in Verbindung stehende Gewässerstrecken

Periphyton, Aufwuchs (periphyton)
im Gewässer auf festen Oberflächen lebende Organismengesellschaft von Bakterien, Pilzen, Algen u. a.

Pflichtwasserabfluß, Restwasservorschreibung (compensation water flow)
von der Behörde vorgeschriebener oberirdischer Mindestdurchfluß in einem bestimmten Durchflußquerschnitt innerhalb einer Entnahmestrecke zu einer bestimmten Zeit

Photosynthese (photosynthesis)
Aufbau von organischer Substanz aus CO_2 und H_2O mit Hilfe des Sonnenlichts

Phototaxis (phototaxis)
Orientierung und gerichtete Bewegung von freibeweglichen Organismen im Hinblick auf das Licht, als negative Phototaxis vom Licht weg, als positive Phototaxis zum Licht hin

phytophil (phytophilous)
Bezeichnung für Organismen, welche bevorzugt Pflanzen besiedeln

Plankton (plankton)
Organismen, die sich schwebend oder schwimmend im freien Wasser aufhalten, deren Eigenbewegungen aber nicht ausreichen, sie von der Wasserbewegung unabhängig zu machen

Plesiopotamon (plesiopotamon)
ober- und unterseitig abgetrennte Flußverzweigung

Pool (pool)
Vertiefungen in der Gewässersohle durch einen strömungsbedingten Materialaustrag (Erosion)

Population (population)
Gesamtheit der Individuen einer Art, die einen bestimmten, zusammenhängenden Lebensraumabschnitt bewohnen und im allgemeinen durch mehrere Generationen genetische Kontinuität zeigen

Potamal (potamal)
nach Illies (1961) Lebensraum in der sandig-schlammigen Region eines sommerwarmen Fließgewässers (Tieflandflusses); nach Schwoerbel (1999) Fließgewässer, bei denen der Stoffumsatz vor allem im Freiwasserraum lokalisiert ist

potamodrom (potamodromous)
Bezeichnung für Tiere (Fische), welche nur innerhalb des Süßwassers wandern

Prallufer (undercut-slope bank)
stark angeströmtes äußeres Ufer in der Kurve eines Wasserlaufes

Produzenten (producers)
Organismen (Pflanzen), die aus anorganischen Stoffen organische Substanz aufbauen (autotrophe Organismen)

Pumpspeicherkraftwerk (pumped storage plant)
Speicherkraftwerk, dessen Oberbecken ganz oder teilweise durch Pumpenbetrieb gefüllt und durch Turbinenbetrieb entleert wird

Qualmgewässer
abgetrennte ehemalige Flußstrecke, welche nur noch unterirdisch mit dem Wasserregime des Fließgewässers in Verbindung steht

Räuber, Prädatoren (predators)
Tiere, welche sich von lebenden Beutetieren ernähren

Regeljahr (average year)
fiktives Jahr, dessen wasserwirtschaftliche Größen Mittelwerte einer zusammenhängenden Reihe von möglichst vielen, jedoch mindestens zehn, für die gegebene Aufgabenstellung repräsentativen Jahren sind

Restwasserabfluß
Abfluß, der in einer Entnahmestrecke an einer bestimmten Stelle unterhalb einer Wasserentnahmestelle oberirdisch abfließt

Restwasserstrecke (diverted stream)
ursprüngliche Gewässerstrecke zwischen Ausleitungs- und Rückgabestelle (Entnahmestrecke, Mindestwasserstrecke)

Restwasservorschreibung, Pflichtwasserabfluß (compensation water flow)
von der Behörde vorgeschriebener oberirdischer Mindestdurchfluß in einem bestimmten Durchflußquerschnitt innerhalb einer Entnahmestrecke zu einer bestimmten Zeit

Retentionsflächen
Flächen, die aufgrund ihrer Vegetationsbedeckung oder Oberflächenform den Oberflächenabfluß bremsen oder ganz zurückhalten; die Retentionsflächen erfüllen als Pufferzonen eine wichtige Funktion

rheobiont (rheobiotic)
strömungsbedürftig; Bezeichnung für Organismen, die ausschließlich in Gewässerbereichen mit strömendem Wasser leben

Rheokrene (rheocrene)
Sturzquelle: Quelle, deren Wasser beim Austritt mit größerem Gefälle zu Tal fließt

rheophil (rheophilous)
strömungsliebend; Bezeichnung für Organismen, die Gewässerbereiche mit strömendem Wasser bevorzugen

Rheotaxis (rheotaxis)
Ausrichtung der Bewegung von Organismen in Bezug zur Strömung; zumeist als positive Rheotaxis, also Bewegung gegen die Strömungsrichtung

Rhithral (rhithral)
nach Illies (1961) der Lebensraum in der steinig-sandigen Region im Oberlauf eines sommerkühlen Fließgewässers; nach Schwoerbel (1999) Fließgewässer, bei denen der Stoffumsatz vor allem an und unter der Stromsohle lokalisiert ist

r-Strategie (r-strategy)
bei der r-Strategie wird die Selektion Arten mit einer großen Nachkommenzahl und einer raschen Entwicklung begünstigen, welche im allgemeinen über eine eher geringe Konkurrenzfähigkeit verfügen; r-Strategen findet man bevorzugt bei variablen und/oder schlecht vorhersagbaren Umweltbedingungen

Sammler (collector)
zusammenfassender Begriff für Filtrierer und Sedimentfresser

Saprobie (saprobity)
Intensität des Abbaus organischer Substanz

Scheitelabfluß (flood peak)
größter Abfluß während eines Hochwasserereignisses

Schwebstoffe (suspended load)
Feststoffe, die durch das Gleichgewicht der Vertikalkräfte in Schwebe gehalten werden

Schwellbetrieb (swell operation)
Betriebsart einer oder mehrerer Laufwasserkraftwerke einer unmittelbar hintereinander liegenden Kette von Laufwasserkraftwerken zur Anpassung an den zeitlichen Energiebedarf, wobei der Zufluß durch begrenzte Speicherbewirtschaftung beeinflußt und genutzt wird

Schwelle (sill)
Sohlbauwerk, das zunächst ohne Veränderung des vorhandenen Sohlgefälles die Erosion verändert

Sedimente (sediments)
abgelagerte Wasserinhaltsstoffe in oberirdischen Gewässern und Karstgewässern

Sedimentfresser (deposit feeder)
Tiere, welche sich von sedimentiertem, feinpartikulärem organischen Material ernähren

Sohlabpflasterung, Deckschichtbildung (bed armouring)
relative Anreicherung der Grobkornanteile in der oberen Schicht der Gewässersohle durch Herauslösen und Abtransport von feineren Bestandteilen

Sohlbauwerk (river bottom protection structure)
Bauwerk zum Verhindern der Sohlerosion, das quer zur Fließrichtung über die gesamte Breite des Gewässers angeordnet ist

Sohlgleite (river bottom slide)
Sohlstufe mit rauher Oberfläche und einem Gefälle zwischen etwa 1:20 und 1:30

Sohlrampe (river bottom ramp)
Sohlstufe mit rauher Oberfläche und einem Gefälle zwischen etwa 1:3 bis etwa 1:10

Sohlschwelle (river bottom sill)
mit der Sohle bündige Schwelle

Sohlstufe (river bottom step)
Sohlbauwerk, mit dem ein Höhenunterschied in der Sohle eines Gewässers überwunden wird

Speicher (storage reservoir)
Staubecken, das der Speicherung von Wasser dient; man kann Speicher nach der Entleerungsdauer unterscheiden: Tagesspeicher (etwa bis zu 6 h), Wochenspeicher (etwa zwischen 6 und 25 h), Saisonspeicher (bis zu etwa 500 h), Jahresspeicher (über 500 h)

Speicherkraftwerk (storage power plant)
Wasserkraftwerk, das Wasser aus einem Speicherbecken unabhängig vom jeweiligen Zufluß abarbeitet

Speicherpolder, Entlastungspolder
eingedeichte Becken, welche seitlich vom Fluß angeordnet sind und bei Hochwasser gefüllt werden können

Stagnation (stagnation phase)
energetischer Stabilitätszustand horizontal übereinander geschichteter, meist in der Temperatur unterschiedlicher Wassermassen eines Sees; bei der Sommerstagnation beispielsweise schichtet sich das wärmere Oberflächenwasser über dem kälteren Tiefenwasser

stationäre Strömung (steady flow)
Strömung, bei der die Geschwindigkeit im gesamten Strömungsfeld keinen zeitlichen Änderungen unterliegt

Stauhaltung (upstream reach)
Strecke zwischen zwei benachbarten Staustufen eines staugeregelten Flusses

Stauwurzel (end of upstream reach)
Übergangsbereich vom ungestauten zum gestauten Wasserlauf

stenök (stenoecious)
Bezeichnung für Organismen, die keine große Schwankungsbreite der Umwelt-bedingungen vertragen, sondern nur an ganz bestimmte Bedingungen (bezüg-lich Temperatur, Licht, Sohlstruktur u. a.) angepaßt sind; stenöke Organismen können nur in bestimmten Lebensräumen leben

Störung (disturbance)
in der Ökologie wertfreier Begriff für zeitlich begrenzte Veränderungen der Umweltbedingungen, welche die normale Variationsbreite der Umweltbedin-gungen deutlich überschreiten und wodurch ein gewisser Anteil von Organis-men aus ihrem Lebensraum entfernt oder deren Überlebenswahrscheinlichkeit reduziert wird

Stromstrich (channel line)
ausgeglichene Verbindungslinie der Punkte größter Oberflächengeschwindig-keiten in aufeinanderfolgenden Querschnitten eines Fließgewässers bei einem bestimmten Durchfluß

Stützschwelle (special weir)
Sohlbauwerk, das so hoch über die Sohle hinausragt, daß über der Krone Fließwechsel auftritt

submers (submersed, immersed)
untergetaucht, z. B. submerse Wasserpflanzen

Subpopulation, Teilpopulation (subpopulation)
Untereinheit einer Population; zwischen Subpopulationen ist der Austausch von Genen vermindert, oder es findet kein Austausch mehr statt

Sukzession (succession)
Ablösung einer Organismengemeinschaft durch eine andere, hervorgerufen durch Klima, Boden oder die Lebenstätigkeit der Organismen selbst

Talsperrenkraftwerk (barrage power plant)
im Bereich des Absperrbauwerkes einer Talsperre (Staumauer, Staudamm) errichtetes Wasserkraftwerk

Talweg (thalweg)
ausgeglichene Verbindungslinie der tiefsten Punkte in aufeinanderfolgenden Querschnitten eines oberirdischen Gewässers

Taxon (Plural: Taxa)
Gruppe von Organismen, die als formale Einheit auf irgendeiner Stufe einer hierarchischen Klassifikation gewertet wird; Beispiel: *Baetis rhodani* (Art), *Baetis* (Gattung), Baetidae (Familie), Ephemeroptera (Ordnung), Insecta (Klasse)

Teilpopulation, Subpopulation (subpopulation)
Untereinheit einer Population; zwischen Teilpopulationen ist der Austausch von Genen vermindert, oder es findet kein Austausch mehr statt

terrestrisch (terrestrial)
das Land betreffend; terrestrische Organismen sind solche, die an Land leben

Tiefenlinie
im Zusammenhang mit der Bodenerosion die Verbindungslinie der tiefsten
Punkte einer länglichen Relief-Hohlform; die in solchen Hohlformen oft besonders geförderte Konzentration des Oberflächenabflusses führt in ausgeprägten
Tiefenlinien oft zu bedeutenden linearen Erosionen

Transportkörper (bed form)
Erhebungen in der Sohle eines Fließgewässers, die sich in Strömungsrichtung
(z. B. Riffle, Unterwasserdünen) oder gegen die Strömungsrichtung (Anti-
dünen) fortbewegen

Trophie (trophy)
Intensität der Produktion organischer Substanz durch Photosynthese (Primärproduktion)

turbulente Strömung (turbulent flow)
Wasserströmung, bei der sich die Stromfäden verflechten, also auch eine
Durchmischung in Querrichtung stattfindet

Überwasser
Anteil eines Hochwasserabflusses, der bei einem Wehr bzw. einer Talsperre
nicht eingezogen bzw. zurückgehalten wird und daher ins unterhalb gelegene
Gewässerbett weitergegeben wird

Ubiquisten (ubiquists)
Organismen ohne Bindung an einen bestimmten Lebensraum

Uferlinie (shore line)
Schnittlinie zwischen Ufer und Wasserspiegel

Umleitungskraftwerk (diversion power plant)
Wasserkraftwerk, bei dem die am Absperrbauwerk (z. B. Wehr) vorhandene
Fallhöhe durch Umleitung genutzt wird

ventral (ventral)
die Bauchseite eines Körper(teil)s betreffend

Verklausung (debris dam)
wenn sich Baumstämme oder Äste im Gerinnequerschnitt verkeilen und durch
weiter angeschwemmtes Totholz der Gerinnequerschnitt gesperrt wird; das
zufließende Wasser wird aufgestaut, und mitgeführte Sedimente können sich
ablagern

Verlandung (warping)
Sammelbegriff für Vorgänge, die bei stehenden Gewässern zu einer Verkleinerung des Wasserkörpers führen (vor allem durch Verkrautung)

Verrohrung (piping)
Rohrleitung, in der ein Fließgewässer unter flächenhaften Hindernissen, in der
Regel mit freiem Wasserspiegel, durchgeleitet wird

Wander- oder Ausbreitungshindernisse (instream barriers)
Gegebenheiten, welche die Ausbreitung von Fließwassertieren im Längsverlauf der Fließgewässer stören oder unterbinden (z. B. Talsperren, Wehre, Abstürze, Durchlässe u. a.)

Wehr (weir)
Absperrbauwerk, das der Hebung des Wasserstandes und meist auch der Regelung des Abflusses dient

Weichholzaue (softwood-floodplain)
Flußnahe Gehölzzone, in Mitteleuropa mit Weide und Grauerle als dominierenden Baumarten

Weidegänger (grazer)
Tiere, welche Algen bzw. den Biofilm auf Steinen und anderen Substraten abweiden

Wiederholungszeitspanne, Jährlichkeit (recurrence interval, return period)
n-jährlicher Hochwasserabfluß, der in einer langen Reihe von Jahren im Mittel alle n Jahre einmal erreicht oder überschritten wird, z. B. HQ_{100} (tritt in einer sehr langen Reihe von Jahren im Mittel alle 100 Jahre einmal auf)

Zeigerarten, Indikatorarten (indicator species)
Arten, durch deren Vorkommen oder Fehlen bestimmte Umweltbedingungen in einem Lebensraum angezeigt werden

Zerkleinerer (shredder)
Tiere, welche sich von Fallaub und anderem grob-partikulären organischem Material ernähren

Zonierung (zonation)
Abfolge verschiedenartiger (Teil-)Lebensräume durch sich ändernde Umweltbedingungen, z. B. im Längsverlauf der Fließgewässer oder quer zur Aue

Zwischenabfluß (interflow)
unterirdischer aber oberflächennaher lateraler Abfluß im ungesättigten Boden

Sachwortverzeichnis

Seitenangaben in **Fettdruck** verweisen auf Abbildungen bzw. Tabellen.